国家林业和草原局普通高等教育"十三五"规划教材

气 象 学

严菊芳　刘淑明　主编

中国林业出版社
China Forestry Publishing House

内容提要

本书是高等农林院校非气象专业的专业基础课教材。全书共9章，包括绪论、大气概况、太阳、地面和大气辐射、地—气系统的热状况、大气中的水分与水量平衡、大气的运动、天气与气象灾害、气候与中国气候、小气候。本书内容着重阐述基本原理，介绍基本知识，同时能联系农林业生产的实际情况。在介绍基本知识的同时，力求反映本学科的前瞻性。

本书知识体系完整，可读性强，可作为高等农林院校农学类、林学类、植物生物类、自然保护与环境生态类等专业的本科生教材，也可供环境、地理、水文及其他专业参考使用。

图书在版编目（CIP）数据

气象学 / 严菊芳，刘淑明主编. —北京：中国林业出版社，2023.12
国家林业和草原局普通高等教育"十三五"规划教材
ISBN 978-7-5219-2614-9

Ⅰ.①气… Ⅱ.①严… ②刘… Ⅲ.①气象学-高等学校-教材 Ⅳ.①P4

中国国家版本馆 CIP 数据核字（2024）第 027555 号

审图号：GS 京（2024）0984 号

策划编辑：肖基浒
责任编辑：肖基浒　田夏青
封面设计：睿思视界视觉设计

出版发行	中国林业出版社
	（100009，北京市西城区刘海胡同 7 号，电话 83223120）
电子邮箱	cfphzbs@163.com
网　　址	https：//www.cfph.net
印　　刷	北京中科印刷有限公司
版　　次	2023 年 12 月第 1 版
印　　次	2023 年 12 月第 1 次印刷
开　　本	787mm×1092mm　1/16
印　　张	18.25
字　　数	455 千字
定　　价	54.00 元

《气象学》编写人员

主　编：严菊芳　刘淑明
副主编：韩国君　张丁玲　穆婉红
　　　　姚　平　王晶莹
编写人员（按姓氏拼音排序）
　　　　韩国君（甘肃农业大学）
　　　　刘晶晶（西安理工大学）
　　　　刘淑明（西北农林科技大学）
　　　　穆婉红（西北农林科技大学）
　　　　王翠花（南京农业大学）
　　　　王晶莹（吉林大学）
　　　　王文彩（中国海洋大学）
　　　　严菊芳（西北农林科技大学）
　　　　姚　平（西南林业大学）
　　　　杨尚英（咸阳师范学院）
　　　　张丁玲（西北农林科技大学）
　　　　张　磊（西北农林科技大学）

前　言

气象学是研究大气中所发生的各种物理现象和物理过程及其发生、发展和演变规律的科学，是大气科学的分支学科。随着科学技术发展，气象学被广泛应用于各个领域，在人类文明的进步、国民经济建设和国防建设等方面发挥着巨大的作用。

目前，高等农林院校不再限于涉农林专业开设农业气象学或农林气象学课程，资源环境、生态学、水土保持与荒漠化防治等专业也陆续开设气象学课程，而教材仍使用农林气象学不再适合。为此，我们组织了国内 8 所院校编写了本教材。教材共 9 章，内容涉及光、热、水等基本气象要素的变化规律、天气学基础知识、农林气象灾害及其防御、气候与中国气候及小气候等基本理论及其应用，突出了气象学理论与农林业生产实际的交融，反映了学科发展的前瞻性。

本教材由严菊芳、刘淑明主编。具体编写分工如下：第 0 章、第 1 章由刘淑明编写；第 2 章 2.2、2.3、2.4 节由刘晶晶编写；第 2 章 2.1、2.5 节和第 3 章 3.5 节由王翠花编写；第 3 章 3.1、3.2 节由穆婉红编写；第 3 章 3.3、3.4 节由杨尚英编写；第 4 章 4.1、4.2、4.3 节，第 7 章 7.3、7.4、7.5 节由严菊芳编写；第 4 章 4.4、4.5、4.6 节，第 6 章 6.3、6.4、6.5 节由张丁玲编写；第 5 章由姚平编写；第 6 章 6.1、6.2 节由张磊编写；第 7 章 7.1、7.2 节由王文彩编写；第 8 章由韩国君编写；附录由王晶莹编写。刘淑明对书稿进行了全面的审核和补充；严菊芳负责全书初审，经过充分讨论和进一步完善，最后统稿定版。

由于编者水平有限，书中难免有不足之处，敬请各位读者批评指正。

编　者

2022 年 5 月

目 录

前 言

第0章 绪 论 (1)
0.1 气象与气象学 (1)
0.1.1 气象学的概念 (1)
0.1.2 气象学的研究领域 (1)
0.1.3 气象学与社会经济发展的关系 (2)
0.2 气象学发展简史 (3)
0.2.1 定性描述与知识积累时期 (4)
0.2.2 创建时期 (4)
0.2.3 发展时期 (5)
思考题 (6)
参考文献 (6)

第1章 大气概况 (7)
1.1 大气的组成 (7)
1.1.1 干洁大气 (7)
1.1.2 水 汽 (9)
1.1.3 大气杂质 (10)
1.2 大气的垂直结构 (10)
1.2.1 对流层 (10)
1.2.2 平流层 (12)
1.2.3 中间层 (12)
1.2.4 热成层 (12)
1.2.5 散逸层 (13)
1.3 大气的基本性状 (13)
1.3.1 大气的基本物理性质 (13)
1.3.2 空气的状态方程 (13)
1.4 大气污染 (15)
1.4.1 大气污染概述 (15)
1.4.2 大气污染物及其危害 (16)
1.4.3 大气污染源 (19)
1.4.4 影响大气污染物扩散的主要因子 (19)
思考题 (21)

参考文献 (21)

第2章 太阳、地面和大气辐射 (22)

2.1 辐射的基本知识 (22)
2.1.1 辐射与辐射能 (22)
2.1.2 表征辐射的物理量 (23)
2.1.3 物体对辐射的吸收、反射和透射 (23)
2.1.4 辐射的基本定律 (24)

2.2 太阳辐射及其在大气中的减弱 (25)
2.2.1 太阳高度角和方位角 (25)
2.2.2 大气上界的太阳辐射 (27)
2.2.3 太阳辐射在大气中的减弱 (29)

2.3 到达地面的太阳辐射 (33)
2.3.1 太阳直接辐射 (33)
2.3.2 太阳散射辐射 (34)
2.3.3 太阳总辐射 (35)
2.3.4 地面对太阳辐射的反射 (35)

2.4 地面辐射、大气辐射和地面净辐射 (36)
2.4.1 地面辐射 (37)
2.4.2 大气辐射 (37)
2.4.3 地面有效辐射 (38)
2.4.4 地面净辐射 (38)

2.5 太阳辐射与农林业生产 (39)
2.5.1 不同光谱成分对植物的影响 (39)
2.5.2 光照强度对植物的影响 (41)
2.5.3 光照时间对植物的影响 (42)
2.5.4 植物的光能利用率及其提高途径 (42)

思考题 (44)
参考文献 (44)

第3章 地—气系统的热状况 (45)

3.1 土壤与空气的热量交换方式 (45)
3.1.1 分子热传导 (45)
3.1.2 辐射热交换 (45)
3.1.3 对流热交换 (45)
3.1.4 乱流热交换 (46)
3.1.5 平流热交换 (46)
3.1.6 潜热交换 (46)

3.2 土壤温度 (46)
3.2.1 地面热量收支状况 (46)

  3.2.2 土壤的热特性 ……………………………………………………… (47)
  3.2.3 土壤温度随时间的变化 ………………………………………… (49)
  3.2.4 土壤温度的垂直分布类型 ……………………………………… (53)
  3.2.5 土壤的冻结与解冻 ……………………………………………… (54)
 3.3 水体温度 ……………………………………………………………… (54)
  3.3.1 水温的日变化 …………………………………………………… (55)
  3.3.2 水温的年变化 …………………………………………………… (55)
 3.4 空气温度 ……………………………………………………………… (56)
  3.4.1 空气温度随时间的变化 ………………………………………… (56)
  3.4.2 气温的垂直分布 ………………………………………………… (59)
 3.5 空气的绝热变化与大气稳定度 ……………………………………… (60)
  3.5.1 空气的绝热变化 ………………………………………………… (60)
  3.5.2 大气稳定度 ……………………………………………………… (61)
 3.6 温度与农林业生产 …………………………………………………… (63)
  3.6.1 植物生长发育的几个温度指标 ………………………………… (63)
  3.6.2 积温及其应用 …………………………………………………… (65)
 思考题 ……………………………………………………………………… (67)
 参考文献 …………………………………………………………………… (68)
第4章 大气中的水分 ………………………………………………………… (69)
 4.1 空气湿度 ……………………………………………………………… (69)
  4.1.1 空气湿度的表示方法 …………………………………………… (69)
  4.1.2 空气湿度的变化 ………………………………………………… (73)
 4.2 蒸发与蒸腾 …………………………………………………………… (75)
  4.2.1 蒸　发 …………………………………………………………… (75)
  4.2.2 表征蒸腾作用的物理量 ………………………………………… (77)
  4.2.3 蒸散量 …………………………………………………………… (78)
 4.3 水汽凝结 ……………………………………………………………… (80)
  4.3.1 水汽凝结的条件 ………………………………………………… (80)
  4.3.2 水汽凝结物 ……………………………………………………… (81)
 4.4 降　水 ………………………………………………………………… (85)
  4.4.1 降水的形成 ……………………………………………………… (85)
  4.4.2 降水的种类 ……………………………………………………… (87)
  4.4.3 降水的表示方法 ………………………………………………… (88)
  4.4.4 人工影响云雨 …………………………………………………… (90)
  4.4.5 降水的地理分布 ………………………………………………… (90)
 4.5 水分循环和水分平衡 ………………………………………………… (92)
  4.5.1 水分循环 ………………………………………………………… (92)
  4.5.2 水分平衡 ………………………………………………………… (93)

4.6 水分与农林业生产 (95)
    4.6.1 水分与植物的关系 (95)
    4.6.2 土壤水分对植物的影响 (95)
    4.6.3 空气湿度对植物的影响 (97)
    4.6.4 降水对植物的影响 (97)
    4.6.5 植物对水分的需求 (99)
    4.6.6 水分利用效率及其提高途径 (101)
思考题 (103)
参考文献 (103)

第5章 大气的运动 (104)

5.1 气压及其空间分布 (104)
    5.1.1 气压及其变化 (104)
    5.1.2 气压场 (108)
5.2 空气的水平运动和垂直运动 (111)
    5.2.1 空气的水平运动——风 (111)
    5.2.2 作用于空气的力 (111)
    5.2.3 自由大气中风的形成 (113)
    5.2.4 摩擦层中风的形成 (115)
    5.2.5 空气的垂直运动 (117)
5.3 大气环流 (117)
    5.3.1 三圈环流 (117)
    5.3.2 大气活动中心 (119)
    5.3.3 季风环流 (120)
    5.3.4 地方性风 (122)
5.4 湍流 (124)
    5.4.1 湍流的概念 (124)
    5.4.2 湍流扩散的基本理论 (125)
5.5 风与农林业生产 (127)
    5.5.1 风可以调节农田小气候 (127)
    5.5.2 风能传播花粉、种子 (128)
    5.5.3 风害 (128)
思考题 (129)
参考文献 (129)

第6章 天气与气象灾害 (130)

6.1 天气与天气系统 (130)
    6.1.1 天气与天气系统的概念 (130)
    6.1.2 气团 (131)
    6.1.3 锋 (133)

  6.1.4　气旋和反气旋 ……………………………………………………………… (135)
6.2　天气预报 ………………………………………………………………………… (138)
  6.2.1　天气预报的概念 …………………………………………………………… (138)
  6.2.2　天气预报的流程 …………………………………………………………… (138)
  6.2.3　天气预报的方法 …………………………………………………………… (139)
  6.2.4　现代气象监测技术 ………………………………………………………… (140)
6.3　气象灾害 ………………………………………………………………………… (142)
  6.3.1　干　旱 ……………………………………………………………………… (142)
  6.3.2　雨　涝 ……………………………………………………………………… (146)
  6.3.3　干热风 ……………………………………………………………………… (149)
  6.3.4　寒　潮 ……………………………………………………………………… (151)
  6.3.5　霜　冻 ……………………………………………………………………… (153)
  6.3.6　冷　害 ……………………………………………………………………… (156)
  6.3.7　台　风 ……………………………………………………………………… (157)
  6.3.8　冰　雹 ……………………………………………………………………… (161)
  6.3.9　森林火灾 …………………………………………………………………… (162)
思考题 …………………………………………………………………………………… (165)
参考文献 ………………………………………………………………………………… (165)

第7章　气候与中国气候 …………………………………………………………… (166)

7.1　气候概述 ………………………………………………………………………… (166)
7.2　气候形成因素 …………………………………………………………………… (167)
  7.2.1　辐射因素 …………………………………………………………………… (167)
  7.2.2　大气环流因素 ……………………………………………………………… (169)
  7.2.3　下垫面因素 ………………………………………………………………… (171)
  7.2.4　人类活动因素 ……………………………………………………………… (177)
7.3　气候带和气候型 ………………………………………………………………… (179)
  7.3.1　概　述 ……………………………………………………………………… (179)
  7.3.2　气候带 ……………………………………………………………………… (179)
  7.3.3　气候型 ……………………………………………………………………… (183)
7.4　气候变化 ………………………………………………………………………… (185)
  7.4.1　气候变化的进程 …………………………………………………………… (186)
  7.4.2　气候变化的可能原因 ……………………………………………………… (193)
  7.4.3　气候变化对农林业的影响 ………………………………………………… (196)
7.5　中国气候与中国气候区划 ……………………………………………………… (207)
  7.5.1　中国气候的基本特征 ……………………………………………………… (207)
  7.5.2　中国气候区划 ……………………………………………………………… (212)
7.6　中国气候资源 …………………………………………………………………… (219)
  7.6.1　气候资源概述 ……………………………………………………………… (219)
  7.6.2　中国气候资源 ……………………………………………………………… (221)

思考题…………………………………………………………………………………………（233）
　　参考文献………………………………………………………………………………………（233）
第8章　小气候……………………………………………………………………………………（237）
　8.1　小气候及其形成的理论基础……………………………………………………………（237）
　　　8.1.1　小气候的概念………………………………………………………………………（237）
　　　8.1.2　小气候的特点………………………………………………………………………（237）
　　　8.1.3　小气候形成的理论基础……………………………………………………………（238）
　8.2　农田小气候………………………………………………………………………………（240）
　　　8.2.1　农田中的太阳辐射和光能分布……………………………………………………（241）
　　　8.2.2　农田中温度的分布…………………………………………………………………（242）
　　　8.2.3　农田中湿度的分布…………………………………………………………………（244）
　　　8.2.4　农田中风的分布……………………………………………………………………（244）
　　　8.2.5　农田中二氧化碳的分布……………………………………………………………（245）
　　　8.2.6　农业技术措施的小气候效应………………………………………………………（246）
　8.3　设施农业小气候…………………………………………………………………………（251）
　　　8.3.1　地膜覆盖小气候……………………………………………………………………（251）
　　　8.3.2　塑料大棚小气候……………………………………………………………………（253）
　　　8.3.3　日光温室小气候……………………………………………………………………（254）
　8.4　地形和水域小气候………………………………………………………………………（257）
　　　8.4.1　地形小气候…………………………………………………………………………（257）
　　　8.4.2　水域小气候…………………………………………………………………………（260）
　8.5　林地小气候………………………………………………………………………………（261）
　　　8.5.1　森林小气候…………………………………………………………………………（261）
　　　8.5.2　防护林小气候………………………………………………………………………（267）
　　思考题…………………………………………………………………………………………（270）
　　参考文献………………………………………………………………………………………（270）
附　录……………………………………………………………………………………………（271）
　1　日地关系与昼夜形成………………………………………………………………………（271）
　　　1.1　日地关系……………………………………………………………………………（271）
　　　1.2　昼夜形成与日照长短的变化………………………………………………………（272）
　2　时间及其计量………………………………………………………………………………（273）
　　　2.1　真太阳时……………………………………………………………………………（273）
　　　2.2　平太阳时和地方时…………………………………………………………………（273）
　　　2.3　标准时（区时）和世界时……………………………………………………………（274）
　　　2.4　北京标准时…………………………………………………………………………（274）
　3　季节与二十四节气…………………………………………………………………………（275）
　　　3.1　季节的形成…………………………………………………………………………（275）
　　　3.2　二十四节气…………………………………………………………………………（276）

第0章 绪 论

0.1 气象与气象学

0.1.1 气象学的概念

地球周围聚集着一层深厚的空气,构成大气圈,称为地球大气,简称大气。在大气中,不断进行着各种各样的物理过程,如大气的增热与冷却、蒸发与凝结等。在各种物理过程中,经常伴随着一些物理现象,如风、云、雨、雪、光、声、电、旱涝、寒暑等,这些现象统称为大气现象,简称气象。

气象学(meteorology)是研究大气中所发生的各种物理现象和物理过程的科学。构成和反映大气状态、大气现象的基本因素称为气象要素(meteorological element),主要有气压、气温、湿度、风、降水、云、能见度、太阳辐射、日照以及各种天气现象等。各种气象要素之间是相互联系、相互制约的。气象要素随时间和空间的变化而变化,对其进行观测和记录,可为天气预报、气候分析和有关科学研究提供基础资料。

0.1.2 气象学的研究领域

气象学的研究领域很广,涉及的问题很多,在解决问题的方法上差异很大,随着科学技术的发展,形成了许多分支学科,主要有天气学(synoptic meteorology)、气候学(climatology)、大气物理学(atmospheric physics)、动力气象学(dynamic meteorology)、应用气象学(applied meteorology)、大气探测学(atmospheric observation)、灾害天气学(disaster weather science)等。

天气学:研究大气中各种天气现象发生发展的规律,并运用这些规律预报未来天气的学科。

气候学:研究气候的形成原因、时空分布规律、气候与其他自然环境因子和人类活动关系,并有效地预测未来的气候及其变化趋势。

大气物理学:研究大气的物理现象、物理过程及其演变规律的学科,包括大气结构、大气光学及辐射学、大气热力学、大气声学、大气电学、云雾物理学、微气象学等。

动力气象学:应用物理学和流体力学定律,研究大气运动的动力过程、热力过程以及它们之间相互关系的学科。

应用气象学:将气象学的原理、方法和成果应用于人类社会经济活动的各方面,同各专业学科相结合而形成的边缘性学科,包括农业气象学、森林气象学、水文气象学、航空气象学、海洋气象学、医疗气象学以及污染气象学等。

大气探测学：研究各种气象要素观测仪器的原理、构造与观测方法，观测数据的处理，地基遥感仪器与空基遥感仪器的构造、原理和观测方法。

灾害气象学：研究灾害性天气、灾害性气候及其影响评估。

气象学的各个分支学科不是孤立的，相互间存在着有机联系，并且在深入发展中呈现出又分又合的趋势。

0.1.3 气象学与社会经济发展的关系

在世界各国的经济生活中，不少行业与天气的变化息息相关，随着气象在社会生产生活中越发受到重视，气象业务也在不断地拓宽领域，从最基础的天气预报到现有的气候预测、气候可行性论证、公共气象服务、专业专项气象服务、气象防灾减灾等，气象业务仍将继续拓展，把气象产品送到更多人手中，为社会创造财富、减轻损失。

0.1.3.1 气象学与农业的关系

首先，作物在生长发育过程中，要求环境必须具备一定的光照、温度、水分等气象条件。其次，在各种农事活动中，必须时刻根据短期和中长期天气预报来合理安排播种、移栽、收获等农事活动，尽量克服不利的天气条件，使农业生产能够顺利、高效地完成。在进行农业区划时，更需要根据各地区的相关气象要素统计资料，充分利用当地气候资源，合理布局农业生产。在设施农业生产上，还可以通过人工控制设施内各种气象条件，改善区域小气候，提高作物的产量和品质。

0.1.3.2 气象学与林业的关系

林业生产与气象条件的关系也十分密切。不同树种对光照、温度、水分、风等气象因子的要求有很大差别。因此在林木品种的培育、经营和跨地区引种时，应当充分考虑当地的气象条件，避免不利气象条件带来的损失。根据气候资源的现状，合理规划防护林带的树种组成及其位置、大小、走向，才能充分发挥其防护作用。在森林灾害频繁发生的今天，更应充分利用天气预报和气候信息，尽早采取防护措施，防患于未然。

0.1.3.3 气象学与海洋渔业的关系

由于地球表面70.8%是海洋，面积约为$3.61×10^8 \text{ km}^2$，而海水与陆地的性质又迥然不同，这就决定了海洋对于一些大气现象有着不可或缺的影响。海洋气象学研究海上大气的物理信息和海洋与大气的相互作用，并且能够通过海洋与大气的相互作用，建立对应的数学模型，科学地解释海洋对气候的影响，同时，也能反演出大气对于海洋的作用。精密的海洋大气探测系统，能够有效地获取相关资料，并能应用于实际的海上天气预报，为海上航运安全和渔业生产提供气象保障。

0.1.3.4 气象学与交通运输的关系

交通运输是经济生产和社会生活的命脉，而气象条件的变化直接影响交通运输的各个环节。出现雾霾等低能见度天气现象时，会严重影响飞机的起飞降落、车辆的正常行驶、船舶的安全航行等，并可能造成重大交通事故。降水时会导致能见度降低和路面湿滑，从而对交通产生不利影响。路面积水会对路况和交通造成持续不良影响。当气温较低时，路面容易形成积雪、结冰等，造成车辆打滑，极易造成交通事故。因此，深入分析气象与交通的关系，开展交通气象预报和做好交通保障工作，对确保交通安全具有重要的现实意义。

0.1.3.5 气象学与水利的关系

研究结果表明，气象因素对径流有重要影响。径流变化的主要影响因素是降水量，同时，蒸散变化也对径流有较为显著的影响，相对湿度减少和温度升高也在一定程度上通过对蒸散的影响间接作用于径流变化。

强降水容易导致山洪暴发，河水徒长，水库库容陡增，严重影响到水利设施的安全运行。

随着气象大数据在各大领域运用的逐步深化，气象、水利大数据得到有效应用。根据气象大数据在降水过程中的监控和预警，可通过平台获得未来 1 h、3 h、6 h、24 h、72 h 的洪水总量、洪水过程、最大洪峰等预报数据，结合实际情况对水库、水电站等水利工程进行科学决策及调度。

0.1.3.6 气象学与建筑的关系

城市规划与气象。在全年只有一个盛行风向的地区，工业区常设在盛行风向的下风侧，居住区在其上风侧，以避免工业区向大气排放的有害物对居民区的影响；在季风区，由于冬季和夏季的风向基本上相反，故将工业区布置在最小风频的上风方位，而把居住区设在最小风频的下风方位，使居住区的空气受污染的程度最小；在建筑规划或设计时，不但要考虑大气候的影响，还要考虑与局地环境条件有关的气候特征的影响，如"城市热岛""城市风"等；山区工厂排放的热量，可使近地面层热状况改变，引起逆温强度变弱、逆温中心抬高，逆温时，大气稳定，污染物质很难扩散，在工厂设计时，烟囱的有效高度通常应达逆温层之上。

建筑结构设计与气象。风压是建筑结构设计中侧向载荷的一种主要基本数据，建筑设计中必须考虑风荷载。在设计中，若风压取值偏低，建筑物的安全就无法得到保障；若风压取值合理，则安全，且可以节约资金。雪压是单位面积上的雪重。在建筑结构设计中，计算雪压时，还要考虑降雪时的风速，风可引起雪花飘移，使屋面积雪重新分布，没有障碍物的屋面上的积雪比地面少，有障碍物的部位积雪比地面多。西欧冬季降雪大的地区，为了减少积雪，其屋面坡度一般为 60°，以使屋面积雪下滑而减小雪压。

地基、管道工程、建筑施工与气象。为确保各种工程的地基基础和排水给水、煤气管道不致冻胀而破坏，必须埋置在冻土层以下的深度；建筑施工要避开最可能出现不利天气的时段，雨季需要考虑防雨施工措施；冬季施工需要按混凝土的水化作用和气温的关系采取适当措施。

0.2 气象学发展简史

气象学是在人类认识自然和改造自然的过程中产生的，起源于生产实践，服务于人类社会。随着社会发展和科技进步，气象科学取得了长足的进步。纵观 3000 多年来的发展历史，气象学的发展可以概括为 3 个时期。

0.2.1 定性描述与知识积累时期

该时期主要是指从人类有文字记载的历史时期到 16 世纪末，也称世界气象科学史的古气象史时代。这个时期以原始的天象观察、简单的手工器械测定和不完整的甚至带有神秘色彩的文字记载为主，但这个时期许多卓有成效的工作积累了丰富的气象学理论与实践经验，也奠定了近代世界气象科学大飞跃的基础。

我国在这一时期有不少成就，根据考古发现，商代甲骨文中已有关于风、云、雨、雪、虹、霞、龙卷、雷暴等文字记载，还常卜问未来十天的天气（称为"卜旬"）。春秋战国时代已能根据风、云、物候的观测记录确定 24 节气，对指导黄河流域的农业生产季节意义很大，并沿用至今。秦汉时代的《吕氏春秋》《淮南子》和《礼记》等内容涉及物候的书，是世界上最早关于物候记载的文献。随着农牧业的发展，气象观测的活动增多，最初的气象仪器问世。在西汉时，已盛行倪、铜凤凰和相风铜乌 3 种风向器，到唐代又发展到在固定地方用木制相风乌，在军队中用鸡毛编成的风向器测风。在西汉时还利用羽毛、木炭等物的吸湿特性来测量空气湿度。南宋时已使用多种仪器测量降水量，明永乐二十二年（1424 年），开始使用雨量器测量降水，比欧洲早 200 多年。

在国外，公元前 4 世纪希腊哲学家亚里士多德（Aristotle）所著《气象学》（*Meteorolosis*）一书对大气现象进行了解释。现在气象学的外文名字就是从亚里士多德的原书名演变而来的。古希腊人认为，地球上由于受到太阳光线倾斜角度的不同，才产生气候的差异，并建立了关于热带、温带和寒带的概念。

0.2.2 创建时期

该时期是从 16 世纪末至 20 世纪中叶。这一时期由于欧洲工业的发展，推动了科学技术的发展，物理学、化学和流体力学等随着当时工业革命的要求，也快速发展起来。又由于航海技术的进步，远距离商业与探险队的活动，拓宽了人们的视野，地理学蓬勃兴起，这就为介于物理学与地理学之间的边缘科学——气象学的发展奠定了基础。再加上这一段时间内气象观测仪器纷纷发明，地面气象观测台（站）相继建立，形成了地面气象观测网，并因无线电技术的发明，能够开始绘制地面天气图。

16 世纪末以后的 160 年（1700—1859 年），一些气象仪器（如温度表、雨量器、气压表等）相继发明，气象学迈进定量发展阶段，航海事业的发展和气象观测仪器的应用，导致对信风和全球大气环流的研究，这是近代气象学的第 1 次飞跃。1860 年前后，由于无线电报的发明，使观测得来的地面资料能迅速传递集中，因此地面气象观测站得到迅速发展，形成了有一定密度的地面气象观测网，随之地面天气图发明并得到广泛应用。天气图的诞生是近代气象学研究的起点。1918—1928 年，挪威气象学家 V. Bjerknes 创立了气团及锋面学说，同时将流体力学和热力学理论应用于大气和海洋的大尺度运动研究，提出了著名的斜压理论和环流原理，从此天气学和动力气象学形成并得到发展。

1940 年左右，无线电探空仪的发明，高空观测网的迅速建立，使气象科学发生新的飞跃。著名气象学家 C. G. Rossby 从高空天气图上发现了长波，提出了长波动力学，并由此引出了位势涡度概念，创立了长波理论。此后，他的学生们提出了斜压不稳定理论、正压不稳定理论和能量频散理论。以 Bjerknes 为代表的挪威学派和以 Rossby 为代表的芝加哥学派奠定了天气学和动力气象学的基础，从而使大尺度气象学理论得到迅速发展。

这一时期，我国的气象事业也取得了一定的成就。1743 年，法国传教士高比在北京设立的测候所，是我国境内用近代气象仪器进行气象观测的开始。1911 年辛亥革命以后，北洋政府将明清时期的皇家天文台改组为中央观象台；1924 年，中国气象学会成立；1928 年，国立中央研究院设置气象研究所。抗日战争时期的 1941 年，国民政府在重庆成立了中央气象局。在这期间，竺可桢研究了我国的区域气候、季风强弱和降水量的关系、台风的频率、我国历史上的气候变迁、地面大气的运行等；涂长望修订了竺可桢的气候分区，研究了我国的气团和锋面，并应用相关系数来研究夏季旱涝等；赵九章对信风主流热力学等方面的问题进行了研究。

0.2.3 发展时期

该时期是指 20 世纪中叶以来的时期。随着生产发展的需要和技术的进步，气象观测的高度从地面上升到高空，从认识自然，逐步向预测自然、控制和改造自然的方向发展。

1947 年，研究人员发现干冰和碘化银落入过冷却水滴中可以产生冰晶，这就为人工影响冷云降水提供了途径。进一步研究还发现，在热带暖云中由于大、小水滴碰并也可导致降雨，这又为人工影响暖云降水奠定了理论基础。由此人类开始从认识自然进入人工影响局部天气时代。20 世纪五六十年代，大尺度气象学获得了进一步发展的机会。1963 年，美国气象学家 E. N. Lorenz 的奇异吸引子理论和混沌理论是当代自然科学的重大突破，他把确定论与随机论联系起来，带动了整个自然科学甚至社会科学的发展。此后，全球大气大尺度运动的研究取得巨大进展，关于大气环流的研究取得了许多成果，准地转理论、适应理论、突变理论、不稳定理论等相继提出并加以应用，大尺度天气学进入成熟阶段。随着高速、大存储量计算机的发展，数值天气预报从梦想变为现实，数值实验成为研究气象科学的重要手段，使气象学从描述性学科成长为具有坚实数值基础的学科。由于气象卫星、气象火箭、激光、微波、红外线和声学等遥感探测手段，以及各种化学痕量分析方法等新技术的使用，许多新的学科分支相继兴起和发展，使气象学发展为分支众多的综合性学科。

20 世纪 80 年代，气象学开始进入快速时期，空间和地面大气遥感探测与气象信息技术系统日趋完善，大气科学试验从局部的专业试验向全球的综合性试验过渡，大气已被作为一个整体来进行研究，气象学家把对流层与平流层、中高纬度与低纬度、南半球与北半球结合起来进行全面的研究；快速而海量存储的大型计算机被用于对各种大气现象进行数值模拟试验，从而使气象科学进入定量地深入研究各种大气物理过程的新阶段。同时，研究学者也更注意海洋与陆地表面的物理性质对天气和气候的影响，注意气候变迁问题，关注人类活动对气候的影响。

进入 21 世纪以来，作为世界自然科学前沿的气象科学已越来越引起国际学术界的广泛关注。目前和未来一段时期内世界气象科学研究的热点将可能集中在下列 4 个主要方面。①中小尺度天气系统研究，以灾害性天气为重点，基于高分辨率天气观测和多元大气环境信息的收集、分析，发展新的预报模式和资料同化技术使不同尺度的天气预报走向精细化、准确化。②气候和气候变化预测研究，充分利用卫星、雷达及各种特殊观测设备对气候进行系统观测，获取各种尺度气候及其环境演变信息，研发新的气候预测方法和预测模式，同时充分考虑人类活动对气候的影响，为经济发展和社会生活提供更准确的气候预测信息。③大气物理与大气化学交叉的灰霾生消的物理化学过程、酸雨、对流层化学、平流层臭氧等研究。④健康气象、生态环境气象和交通气象的研究，在人们越来越关注生存环境、生活质量、出行便利的当今社会，天气对健康的影响、城市空气质量、重大交通气象灾害等已成为当今和未来研究的热点。

中华人民共和国成立以来，我国气象科学和技术有了较大发展。业务上，全国各地陆续建立了各级地面观测或高空探测台站，我国比较完整的、有较高分辨率的地面和高空气象测报网已基本建成。特别是结合农业生产的需要，具有独创性的县站预报已经建立并得到发展，气象服务经济、服务民生彰显特色。基础理论研究上，大气环流和动力气象学理论和方法的创新，天气学和气候学的中国天气、东亚季风、高原气象、热带气象相关研究的进展，卫星气象中超高分辨率云图接收机的研制、卫星气象学和雷达气象学探测原理的系统研究，人工影响天气领域云雾物理、人工消雹和人工增雨新理论和新技术的提出等，在国际气象学界影响卓著。

我国是世界气象组织(World Meteorological Organization)的重要成员国，1987年2月成立了国家气候委员会，组织编写了《国家气候蓝皮书》(1990年11月出版)，制订了国家气候研究计划，其指导思想是以气候灾害监测和预报问题及全球性气候变化可能对我国气候的影响问题为重点，同时考虑世界气候研究计划中所提出的问题和要求，以使气候研究工作既解决我国的需要，同时又对世界气候作出贡献。我国政府一贯高度重视应对气候变化工作，积极地应对气候变化，落实《巴黎协定》，把推进绿色低碳发展作为生态文明建设的重要内容，作为加快转变经济发展方式、调整经济结构的重大机遇。2017年以来，我国在减缓气候变化、适应气候变化、完善体制机制、加强能力建设、鼓励地方行动、提升公众意识等方面取得了积极进展。截至2017年年底，我国碳强度已经下降了46%，已提前3年落实了《巴黎协定》的部分承诺。

思考题

1. 什么是气象学？气象学的研究领域有哪些？
2. 什么是气象要素？主要的气象要素有哪些？
3. 结合自己的实际情况，谈谈为什么要学习气象学。

参考文献

钱允祺，许秀娟，张嵩午，等，1997. 农业气象学[M]. 西安：世界图书出版公司.
段若溪，姜会飞，2002. 农业气象学[M]. 北京：气象出版社.
贺庆棠，2001. 中国森林气象学[M]. 北京：中国林业出版社.
周淑贞，张如一，张超，1997. 气象学与气候学[M]. 3版. 北京：高等教育出版社.

第1章　大气概况

1.1　大气的组成

大气是由多种气体、水汽和气溶胶粒子组成的混合物。

1.1.1　干洁大气

1.1.1.1　干洁大气的组成

不含水汽和杂质的混合空气称为干洁大气(pure dry air)，也称干空气。干洁大气平均相对分子质量保持在28.966左右，其主要成分是氮气、氧气和氩气，其在大气中所占体积的百分数分别为78.084%、20.950%和0.934%，这3种气体约占大气总体积的99.968%，其余气体如二氧化碳、氖气、氙气、氪气、氢气和臭氧等的含量甚微。表1-1列举了距离地面25 km以下气层干洁大气的成分，除二氧化碳和臭氧稍有变化外，其他气体都比较稳定。据观测，在100~120 km高空下面，干洁大气中各成分的比例基本上不变。组成干洁大气的各种气体的沸点都很低，在自然条件下，永无液化的可能，干洁大气是永久气体。

由于大气中存在着空气的对流、湍流及扩散作用，除水汽、二氧化碳、臭氧及悬浮杂质外，各种主要气体在约90 km以下的大气层中混合得相当均匀，因此，干洁大气可以看

表1-1　干洁大气的成分

气体名称	相对分子质量	含量(占体积的百分数,%)
氮气(N_2)	28.013	78.084
氧气(O_2)	32.000	20.950
氩气(Ar)	39.944	0.934
二氧化碳(CO_2)	44.010	0.030
氖气(Ne)	20.183	18.18×10^{-4}
甲烷(CH_4)	16.042	1.75×10^{-4}
氪气(Kr)	83.700	1.14×10^{-4}
氢气(H_2)	2.016	0.50×10^{-4}
氙气(Xe)	131.300	0.08×10^{-4}
臭氧(O_3)	48.000	1.00×10^{-4}
干洁大气	28.966	100

注：引自包云轩，2015；中国气象局，2020。

作单一成分的气体。

1.1.1.2 干洁大气中具有气象学和生物学意义的成分

低层干洁大气中的氮气、氧气、臭氧和二氧化碳最为重要,它们对大气的物理过程和物理现象的发生及地球上生物活动影响较大,在气象上和生物学上都具有重要的意义。

(1) 氮气

氮气是大气中含量最多的气体,约占大气体积的78%,是地球上生命体的基本成分,并以蛋白质的形式存在于有机体中。氮气是一种不活泼的气体,大气中的氮气不能被植物直接吸收,但可同土壤中的根瘤菌结合,转化成能被植物吸收的氮化物。另外,大气中的闪电可将氮气、氧气结合起来,形成氮氧化物并随降水进入土壤,被植物吸收利用。

(2) 氧气

大气中氧气的含量仅次于氮气,约占大气体积的21%。氧气是大气中维持人类及动植物生命极为重要的气体,参与大气中的许多化学过程,对有机物质的燃烧、腐败及分解过程具有重要作用。

(3) 臭氧

大气中的臭氧主要是氧气分子在太阳紫外线辐射的作用下形成的。另外,有机物的氧化和闪电作用也能形成臭氧。在近地面空气层中,臭氧含量很少,在 5~10 km 高度,含量开始增加,在 20~25 km 处达最大浓度,形成明显的臭氧层,再往上则逐渐减少,至 55 km 逐渐消失。其原因在于臭氧一般是由氧气分子与氧原子结合而成的,在大气上层太阳紫外辐射很强,氧气分子解离多,使氧原子很难遇到氧分子,不能形成臭氧,所以高层空间臭氧逐渐消失;相反,在低层大气中,太阳紫外辐射大为减弱,氧分子不易被分解,氧原子数量极少,也不能形成臭氧。而在 20~25 km 高度,氧分子和氧原子都有相当数量,是形成臭氧的最适环境。

大气中的臭氧浓度虽然很低,但它能强烈吸收太阳紫外辐射。由于紫外线对人类和动植物有杀伤作用,臭氧的存在对地球上有机体的生存起了保护作用。另外,臭氧层因吸收紫外线而引起的增暖,影响大气温度的垂直分布。

20世纪70年代,科学家发现大气中的臭氧浓度有减少的趋势。1985年英国南极考察队在南纬60°地区观测发现臭氧层空洞,引起世界各国极大关注。臭氧层的臭氧浓度减少,使太阳对地球表面的紫外辐射量增加,对生态环境产生破坏作用,影响人类和其他生物有机体的正常生存。不仅在南极,在北极上空也出现了臭氧减少的现象,美国、日本、英国、俄罗斯等国家联合观测发现,北极上空臭氧层减少了20%,已形成了面积约为南极臭氧空洞三分之一的北极臭氧空洞。在被称为世界上"第三极"的青藏高原,我国大气物理及气象学者的观测也发现,青藏高原上空的臭氧正在以每10年2.7%的速度减少,已经成为大气层中的第三个臭氧空洞。

1987年9月,联合国为了避免工业产品中的氟氯碳化物对地球臭氧层继续造成恶化及损害,承续1985年《保护臭氧层维也纳公约》的大原则,邀请所属26个会员国在加拿大蒙特利尔签署环境保护公约《蒙特利尔破坏臭氧层物质管制议定书》,又称《蒙特利尔议定书》。《蒙特利尔议定书》规定,参与条约的每个成员组织,将冻结并依照缩减时间表来减少5种氟利昂的生产和消耗,冻结并减少3种溴化物的生产和消耗。美国国家航空航天局(NASA)与美国国家海洋和大气管理局(NOAA)的卫星数据显示,臭氧层空洞的历史最大值发生在2000年9月6日,面积达$2990×10^4 km^2$,到2012年,臭氧空洞当年最大值发生在9月22日,面积为$2120×10^4 km^2$。2019年,科学家又发现南极上空臭氧层恢复的迹象。在低纬度地区,上平流层也显示出明显的臭氧层恢复迹象。但是,由于氟利昂相当稳定,可以存在50~100年,要使臭氧层浓度恢复到变化前的水平,还需要相当长的时间。

(4) 二氧化碳

大气中二氧化碳源于海洋及陆地上有机物的腐烂、分解,动植物的呼吸作用和石油、煤等矿物的燃烧、火山喷发等。因此,二氧化碳多集中于大气底部20 km以下的气层内。二氧化碳含量随时间和地点而不同,一般夏季少,冬季多;白天少,夜间多;农村少,城市、工矿区多。某些大工业城市含量可达0.05%,而农村可低至0.02%。随着全球人口迅速增长,木材需求大量上升,使森林面积急剧减少,对二氧化碳的吸收能力降低,而工业化进程的加快,排到大气中的二氧化碳越来越多,浓度日趋升高。据观测,大气中的二氧化碳浓度在1800年之前仅为260~285 mg/L。2019年5月,美国夏威夷冒纳罗亚气象站记录的二氧化碳浓度为415.26 mg/L。二氧化碳属于温室气体,它能强烈吸收和放射长波辐射,对空气和地面有增温效应。如果大气中二氧化碳含量不断增加,则将使全球气候发生明显的变化,这一问题已引起全世界的重视。

二氧化碳是植物进行光合作用制造有机物质不可缺少的原料。很多研究指出,增加空气中二氧化碳浓度,能提高农作物产量,但在目前技术水平下,要保持农田中较高的二氧化碳浓度是困难的。

1.1.2 水 汽

大气中的水汽来自江、河、湖、海及潮湿物体表面的蒸发,主要集中在低层大气中。水汽密度随高度的增加而迅速减少。在1.5~2 km高度上,水汽密度仅为近地气层的1/2;在5 km的高度上,仅为地面的1/10;在10~15 km高度上,水汽的含量就极少了。大气中的水汽在水平方向上的分布也是不均匀的。在炎热干燥的沙漠上空,其含量几乎接近于零;在温暖潮湿的海洋上空,其含量可达4%;在极地平均为0.02%。

大气中水汽含量虽然不多,但由于它在大气温度变化范围内可以进行相变,变为水滴或冰晶,因而它对大气中的物理过程起着重要作用,是天气变化的主角,大气中的雾、云、雨、雪、雹等天气现象都是水汽相变的产物。水汽在相变过程中要吸收或放出潜热,所以大气中水汽含量的多少直接影响地面和空气的温度,影响天气的变化。它还是自然界中水分由海洋转移到陆地的使者,由于它制约着云的形成和雨的降落,通过地面和植被的蒸发、蒸腾作用,调节着大气的湿度并完成热量的转移。

大气中的水汽能强烈吸收长波辐射,参与大气温室效应等。大气中的水汽含量能影响植物蒸腾和土壤蒸发的速率,并间接制约着植物对二氧化碳的吸收、病菌的萌发和流行,因此,对植物的生长发育和产量的形成有着重要作用。水汽的凝结物如露、雾、雨、雪等对农林业生产的影响更大。

1.1.3 大气杂质

大气中除含有上述气体成分和水分外,还含有一些固态或者液态的微粒(气溶胶粒子,aerosol)及大气污染物质(atmospheric pollutant),这些统称为大气杂质。

1.1.3.1 气溶胶粒子

大气气溶胶粒子是指悬浮在大气中的固态、液态微粒,包括燃烧产生的烟粒、被风卷起的尘土微粒、海洋中浪花溅起在空中水分蒸发后留下的盐粒、火山爆发后进入大气的火山灰、流星燃烧后的灰烬,还有一些有机物杂质,如植物的花粉、孢子、微生物等。

气溶胶粒子的直径很小,大的不超过几十微米,多集中于大气底层,含量随时间、地点和高度而异,通常城市多于农村,陆地多于海洋,冬季多于夏季,随高度的增加而迅速减少。它的存在可使大气能见度变低,但它能充当水汽凝结核,对云、雨的形成起着重要作用。这些微粒还能吸收一部分太阳辐射和阻挡地面放热,对地面和空气温度也有一定的影响。

1.1.3.2 大气污染物

由于自然过程和人类活动的结果,直接或者间接地把大气正常成分以外的一些物质输入大气中,其数量超出了大气的净化能力,以致伤害生物、影响人体健康,这类物质就是大气污染物。大气污染物的种类很多,其中对人类及环境危害较大的主要有硫化物、氮氧化物、碳氧化物、碳氢化合物、氟化物等。

1.2 大气的垂直结构

大气的底界是地球表面,又称下垫面,但其上界是模糊的,地球大气和星际气体之间不存在一个截然的界面,而是逐渐过渡的。为了实际上的应用,仍可将大气划定一个大致的上界。一种是根据大气中物理现象——极光出现的最大高度,作为大气的物理上界,高度为 1 000~1 200 km;另一种是以大气密度接近星际气体密度的高度作为大气上界的标准,按人造卫星探测资料,大气上界约在 2 000~3 000 km 高度处。

观测证明,大气在垂直方向上的物理性质是不均匀的。根据温度、成分、电荷等物理性质,同时考虑到大气的垂直运动等情况,可将大气从地面到大气上界分为5层,即对流层、平流层、中间层、热成层和散逸层(图1-1)。

1.2.1 对流层

对流层(troposphere)是靠近地表的大气最底层,它的厚度随纬度和季节的不同而变化。就纬度而言,低纬度为 17~18 km,中纬度为 10~12 km,高纬度只有 8~9 km。就季节而言,夏季厚、冬季薄。

对流层的厚度同整个大气层相比,虽然十分薄,不及整个大气层厚度的1%,但由于地球引力,使大气质量的3/4和几乎全部的水汽都集中在这一层。云、雾、雨、雪、风等主要大气现象都发生在这一层中,它是天气变化最为复杂的一层,因而也是对人类生产、

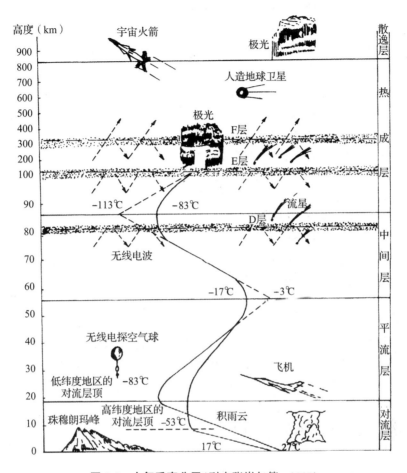

图 1-1　大气垂直分层(引自张嵩午等，2007)

生活影响最大的一层。

对流层的主要特征如下：

(1) 气温随高度增加而降低

由于对流层与地面相接触，空气从地面获得热量，温度随高度的增加而降低。在不同地区、不同季节、不同高度，气温降低的情况是不同的。平均而言，每升高 100 m，气温约下降 0.65 ℃。在高山上常年积雪，高空云多为冰晶或过冷却水滴组成也充分说明了这一点。

(2) 空气具有强烈的对流和乱流运动

由于地面受热不均匀，产生空气的垂直对流运动，高层和低层的空气能够进行交换和混合，使近地面的热量、水汽、杂质等向上输送，对成云致雨有重要作用。

(3) 气象要素水平分布不均匀

由于对流层受地表影响最大，而地表有海陆、地形起伏等性质差异，使对流层中温度、湿度、二氧化碳等的水平分布极不均匀。在寒带大陆上空的空气，因受热较少和缺乏水源，就显得寒冷而干燥；在热带海洋上空的空气因受热多、水汽充沛，则比较温暖而潮湿。温度、湿度等的水平差异常引起大规模的空气水平运动。

在对流层内，按气流、温度和天气特点又可分为下层、中层、上层3个层次。

下层(又称摩擦层)：自地面起到1~2 km高度的气层。该层受地面状况影响最大，各气象要素具有明显的日变化，空气的对流和乱流运动很强，再加上水汽充沛、杂质颗粒多，因而云、雾、霾、浮尘等现象出现频繁。2 m以下贴近地面的薄层称为贴地气层。

中层：距地面2~6 km高的气层。该层受地表摩擦的影响较小，空气的垂直运动也比下层小。云和降水现象多发生在此层。研究中层的大气状况对天气预报具有重要意义。

上层：自6 km高度到对流层顶的气层。该层受地面的影响更小，风速较大，在中纬度和低纬度地区常出现高空急流，成为风速≥30 m/s的强风带。上层大气常年在0 ℃以下，水汽含量少。

另外，对流层和平流层之间，有一厚度为数百米到1~2 km的过渡层，称为对流层顶。这里气温不再随高度上升而降低，甚至出现等温或逆温状态，大气层结稳定，这一特征对垂直气流有很大的阻挡作用，能使旺盛发展的积雨云的顶部被迫平行呈砧状。对流层顶的温度在赤道上空约为-83 ℃，在极地附近约为-53 ℃。

1.2.2 平流层

从对流层顶到距地面55 km左右的高度是平流层(stratosphere)。平流层的主要特征是气流垂直运动显著减弱，多呈水平运动，水汽和尘埃等很少。下部气温随高度几乎不变，上部气温随高度升高而显著增高，这是臭氧强烈吸收紫外线的结果。平流层顶气温可达-17~-3 ℃。

有时对流层中发展旺盛的积雨云也可伸展到平流层下部。在高纬度20 km以上高度，可在早晚观测到贝母云(又称珍珠云)。当火山猛烈爆发时，火山尘可达到平流层，影响能见度和气温。

1.2.3 中间层

从平流层顶到85 km左右的高度为中间层(mesosphere)。这一层的特征是气温随高度的增加迅速降低，气流有强烈的垂直运动，故又称高空对流层。该层顶部的气温可降至-113~-83 ℃，其原因是这一层中几乎没有臭氧存在，能被氮气和氧气直接吸收的波长更短的太阳辐射大部分被其上层大气(热成层)吸收了。层内的二氧化碳、水汽等更稀少，几乎没有云层出现，仅在75~90 km高度有时能见到一种薄而带银白色的夜光云，但机会很少，这种夜光云有人认为是由极细微的尘埃组成的。在60~90 km高度上，有一个只在白天出现的电离层称为D层。

1.2.4 热成层

从中间层顶向上伸延到800 km的高度称为热成层，又称暖层(thermosphere)。该层空气密度很小，质量只占大气总质量的0.5%。该层气温随高度增加迅速升高，至500 km处高达2 000 ℃，这是由于波长小于0.175 μm的太阳紫外辐射都被该层大气(主要是原子氧)吸收的缘故。同时，热成层空气质点在太阳紫外辐射和宇宙高能粒子作用下，处于高度电离状态。据探测,热成层中各高度上的空气电离的程度是不均匀的,其中最强的有两层,即 E 层和 F 层。E 层位于 90~130 km,F 层位于 160~350 km。据研究,高层大气由于受到太阳的强烈辐射,迫使气体电离,产生带电离子和自由电子,使高层大气产生电流和磁场,并可反射无线电波。从这一特征来说,这种高层大气又可称为电离层,正是由于该层的存在,人们才可以收听到很远地方的无线电台的广播。

此外,在高纬度地区的晴夜,热成层中可以出现彩色的极光,这是由太阳发出的高速带电粒子使高层稀薄的空气分子或原子激发后发出的光。这些高速带电粒子在地球磁场的作用下向南、北两极移动,所以极光常出现在高纬度地区的上空。

1.2.5 散逸层

散逸层是大气的最高层,又称外层(exosphere),是大气圈与星际空间的过渡带。这一层气温随高度的增加很少发生变化。由于温度高,空气粒子运动速度很快,又因距地心很远,受地心引力很小,所以大气粒子常可散逸至星际空间。

1.3 大气的基本性状

1.3.1 大气的基本物理性质

大气具有一般流体所共有的 4 个基本特性,即连续性、流动性、可压缩性及黏性。

流体和固体一样都是由分子组成的,而分子之间是有空隙的,并且分子本身的体积比分子之间的空隙要小得多,分子在这些空隙间杂乱无章地运动着,因此,流体内部是不连续的。但流体微团是连成一体的,所以在宏观上可以把流体看成连续体。

流体是可以压缩的,气体的压缩性比液体的压缩性大得多。但在气流速度很小时,其压缩性也是不很显著的,所以气象学中常把空气当作不可压缩的流体来处理。

当两层流体有相对运动时,在它们之间存在着一种相互牵引的作用力,称为内摩擦力或黏性力,这是由于两层流体之间分子运动的动量交换引起的。

大气区别于一般流体的特点:大气密度的空间分布不仅与压强有关,而且依赖温度。因此,大气运动便和热量传递过程有着密切的关系。此外,大气的运动可以看成两部分运动叠加而成的。一是有规律的运动,如水平运动和垂直运动;二是无规则运动,又称湍流运动。在湍流运动情况下,每个运动质点的速度和方向,随时间和空间都有极不规则的变化,常表现为多种多样的涡旋。湍流运动与分子的不规则运动很相似,所不同的是,湍流运动参与运动的最小单位不是单个分子,而是由大量分子组成的空气微团。大气的湍流运动是普遍存在的,树叶摆动、纸片飞舞、炊烟缭绕等都是湍流引起的现象。

1.3.2 空气的状态方程

空气的状态常用密度(ρ)、体积(V)、压强(P)、温度(T)4 个量来表示。对于一定质量的空气来说,它的体积、压强、温度三者之间有着密切的关系。例如,一小团空气由地面附近上升时,其压强减小,随之发生体积增大和温度降低。也就是说,1 个量变化时,会引起其余的1个或者2个量发生变化,使空气的状态发生改变;如果3个量都不变,则空气处于一定的状态中。分析这4个量之间的关系,就可以得到空气状态变化的基本规律。

1.3.2.1 干洁大气的状态方程

(1)理想气体的状态方程

实验证明,一切气体在压强不太大,温度不太低(远离绝对零度)的条件下,一定质量气体的压强和体积的乘积除以其绝对温度等于常数,即:

$$\frac{P_1V_1}{T_1}=\frac{P_2V_2}{T_2}=\cdots=\frac{P_nV_n}{T_n}$$

$$\frac{PV}{T}=常数 \tag{1-1}$$

式(1-1)是理想气体的状态方程。对于质量为 M,摩尔质量为 μ 的理想气体,在标准状态下($P_0=1\,013.25\,\text{hPa}$,$T_0=273\,\text{K}$),可表达为:

$$PV=\frac{M}{\mu}R^*T \tag{1-2}$$

式中,R^* 为普适气体常数,等于 $8.31\,\text{J}/(\text{mol}\cdot\text{K})$。

$$P=\frac{M}{V}\frac{R^*}{\mu}T \tag{1-3}$$

式中,$\frac{M}{V}$ 为密度 ρ,用 R 表示 $\frac{R^*}{\mu}$,则:

$$P=\rho RT \tag{1-4}$$

式中,R 为比气体常数。

(2)干洁大气的状态方程

干洁大气并不是单一气体,而是由多种气体混合而成的,但由于大气的各种气体均可看成理想气体,且干洁大气的各种气体成分的比例是固定的,因此,在常温常压下,可以将干洁大气视为相对分子质量为28.966的单一成分的理想气体。

对于干洁大气,压强为 P_d,密度为 ρ_d,比气体常数为 R_d,则其状态方程可写为:

$$P_d=\rho_d R_d T$$

$$\rho_d=\frac{P_d}{R_d T} \tag{1-5}$$

式中,$R_d=\frac{8.31}{28.966}=0.287[\text{J}/(\text{g}\cdot\text{K})]$。

由干洁大气的状态方程可知,空气密度随气压和温度而变化,与气压成正比,与温度成反比。

1.3.2.2 水汽的状态方程

大气中的水汽在没有相变的情况下,也可以利用理想气体的状态方程得到水汽的状态方程,即:

$$e=\rho_w R_w T$$

或

$$\rho_w = \frac{e}{R_w T} \tag{1-6}$$

式中，e 为水汽的压强（Pa）；ρ_w 为水汽的密度（g/m³）；R_w 为水汽的比气体常数，$R_w=0.461$ J/(g·K)；T 为水汽的热力学温度（K）。

1.3.2.3 湿空气的状态方程

在实际大气中，尤其是在近地面气层中的空气，总是含有水汽，称为湿空气。根据道尔顿定律，混合气体的总压强等于各气体成分分压强之和。因此，对于湿空气来说，其压强（P）应等于其中的干空气的分压强（P_d）和水汽的分压强（e）之和，即 $P=P_d+e$；湿空气的密度（ρ）应等于干空气的密度（ρ_d）与水汽密度（ρ_w）之和，即 $\rho=\rho_d+\rho_w$。因此，由干空气的状态方程和水汽的状态方程可以得到湿空气的状态方程，即：

$$\rho = \rho_d + \rho_w = \frac{P-e}{R_d T} + \frac{e}{R_w T} = \frac{P}{R_d T}\left(1 - 0.378 \frac{e}{P}\right) \tag{1-7}$$

将上式右边分子分母同乘 $\left(1+0.378\frac{e}{P}\right)$，并考虑到 e 比 P 小得多，因而 $\left(0.378\frac{e}{P}\right)^2$ 很小，可以忽略不计，上式可写成：

$$\rho = \frac{P}{R_d T\left(1+0.378\frac{e}{P}\right)} \tag{1-8}$$

或

$$P = \rho R_d T \left(1+0.378\frac{e}{P}\right) \tag{1-9}$$

式(1-9)为湿空气状态方程的常见形式。如果引进一个虚设的物理量——虚温（T_v），则有：

$$T_v = \left(1+0.378\frac{e}{P}\right)T \tag{1-10}$$

由于 $\left(1+0.378\frac{e}{P}\right)T$ 恒大于 1，虚温要比湿空气的实际温度高一些。引入虚温后，湿空气的状态方程可写成：

$$P = \rho R_d T_v \tag{1-11}$$

比较湿空气和干洁大气的状态方程，在形式上是相似的，其区别在于把方程右边的实际气温换成了虚温。虚温的意义是在同一压强下，干洁大气的密度等于湿空气的密度时干洁大气应有的温度。从中可以看出，湿空气的密度总是小于干洁大气的密度，湿空气比干洁大气轻。

1.4 大气污染

1.4.1 大气污染概述

大气污染是指由于人类活动或自然过程引起的某些物质进入大气中，呈现出足够的浓度、持续足够的时间并因此危害人体的舒适、健康或环境的现象。大气污染物由人为源或天然源进入大气(输入)，参与大气的循环过程，经过一定的滞留时间之后，又通过大气中的化学反应、生物活动和物理沉降从大气中去除(输出)。如果输出的速率小于输入的速率，就会在大气中相对集聚，造成大气中某种物质的浓度升高。当浓度升高到一定程度时，就会直接或间接地对人、生物或材料等造成急性、慢性危害，大气就被污染了。

1.4.2 大气污染物及其危害

1.4.2.1 大气污染物

大气污染物指由于人类活动或者自然过程所直接排入大气或在大气中转化生成的对人或环境产生有害影响的物质。目前，人们已从大气中识别出大气污染物有2 800余种，其中90%以上为有机化合物。对人类危害较大的，已被人类关注的有100多种。

污染物按照存在的形态可分为两大类：颗粒态污染物和气态化合物。

(1) 颗粒态污染物

通常，在大气质量管控中，根据大气中粉尘(或者烟尘)颗粒的大小将其分为总悬浮颗粒(TSP)、降尘、飘尘和细微颗粒物。

①总悬浮颗粒(TSP) 指大气中空气动力学直径小于100 μm的所有颗粒物，是大气质量评价中一个通用的重要污染指标。

②降尘 指大气中空气动力学直径大于10 μm的固体颗粒物。

③飘尘 指空气动力学直径小于10 μm的固体颗粒，又称可吸入尘、PM_{10}。

④细微颗粒物 指空气动力学直径小于2.5 μm的固体颗粒，又称$PM_{2.5}$。

(2) 气态化合物

气态化合物指在大气中以分子状态存在的污染物。气态化合物的种类很多，常见的有以二氧化硫为主的含硫化合物、以一氧化氮和二氧化氮为主的含氮化合物、碳氧化物、碳氢化合物、卤素化合物和臭氧等。

排放到大气的污染物，在与空气成分的混合过程中，还会发生各种物理变化与化学变化。因此，把原始排放的直接污染大气的污染物称为一次污染物，又称原发性污染物，如二氧化硫、一氧化碳等；把经过物理变化和化学反应生成的新的污染物称为二次污染物，如一次污染物二氧化硫在环境中氧化生成硫酸盐，氮氧化物、碳氢化合物等在日光作用下生成臭氧、过氧化乙酰硝酸酯等。通常二次污染物对环境和人体的危害比一次污染物要严重得多。

目前颗粒污染物中的PM_{10}或$PM_{2.5}$、硫氧化物中的二氧化硫、氮氧化物中的二氧化氮及一氧化碳、铅和臭氧等被划分为标准污染物，世界各国都对其制定了相应的大气质量标准。世界卫生组织(WHO)2006年提出$PM_{2.5}$、PM_{10}、二氧化硫、二氧化氮、铅、一氧化碳和臭氧的全球大气质量指导值。我国2012年修订的空气质量标准中共提出了10种物质的空气质量标准，增加了$PM_{2.5}$指标。

1.4.2.2 大气污染的危害

大气污染的主要危害有：污染的大气直接产生危害；大气中的污染物通过干沉降、湿沉降或水面和地面吸收，进而污染水体和土壤，产生间接危害；大气中的污染物还会影响地表能量的得失,改变能量平衡关系,影响气候,也能产生间接危害。

1)对人体的危害

大气污染通过3种途径对人体健康产生影响,即表面接触、食入含污染物的食物和水、吸入被污染的空气,其中第三种途径的影响最大。

美国环境保护署(EPA)曾用14年选择36个城市进行了死亡率与细微颗粒物浓度关系的研究。研究结果表明,在对吸烟和空气中其他一些因素进行修正以后,得到的死亡率与空气细微颗粒物浓度基本上呈线性关系,并且不存在阈值。研究的结果反映的是较低浓度水平下的情况,所得到的研究结果成为美国在1997年修改颗粒物标准的重要数据之一。空气污染物对人体的主要影响包括中毒、致癌、致畸、刺激眼睛及呼吸道;增加了人体对病毒感染的敏感性而易于患上肺炎、支气管炎,同时会加重心血管疾病等。许多情况下空气污染物还具有协同效应,如二氧化硫的危害会因颗粒物的存在而成倍增加。

一些主要空气污染物的危害概述如下。

(1)颗粒物

空气中的颗粒物是由有机物和无机物构成的复杂混合物,包括天然海盐、土壤颗粒以及燃烧生成的烟尘,空气中二次转化生成的硫酸盐、硝酸盐等。人们越来越认识到,细颗粒物 $PM_{2.5}$ 会导致城区人口患病率和死亡率的增加。$PM_{2.5}$ 的浓度即使相对较低也会引起肺功能的改变,导致心血管和呼吸系统疾病(哮喘)的增加。原因在于细颗粒物空气动力学直径较小,可以直接进入人体的下呼吸道和肺泡,并直接与血液接触;令人十分不安的是细颗粒物可能没有一个安全浓度阈值。到达肺泡的细颗粒物一般不可能被无害地排出,更多的情况是被吸收进入血液对人体产生危害;或者如果细颗粒物不溶解,吸入的数量又很大,这些颗粒物可能存留在肺中,引起肺病(如肺气肿)。对动物的实验研究表明,多环芳烃具有致癌性。

(2)硫氧化物

二氧化硫对人体的呼吸器官有较强的毒害作用,造成鼻炎、支气管炎、哮喘、肺气肿、肺癌等。此外,二氧化硫还通过皮肤经毛孔浸入人体,或通过食物和饮水经消化道进入人体而造成危害。但硫氧化物中对人体影响最大的是硫酸和硫酸盐的危害,动物试验表明,硫酸烟雾引起的生理反应要比单一的二氧化硫气体强4~20倍。

(3)一氧化碳

一氧化碳是一种影响全身的毒物,它之所以能影响健康是因为它妨碍血红蛋白吸收氧气,恶化心血管疾病,影响神经并导致心绞痛。通过呼吸摄入的一氧化碳会进入血液。人体血液中血红蛋白的正常功能之一是把氧气输送到身体的各个组织,但一氧化碳与血红蛋白的亲和力很强,会形成碳氧血红蛋白,占据了结合氧的位置。一氧化碳与血红蛋白的亲和力是氧气与血红蛋白亲和力的200~240倍。因此,吸入一氧化碳的后果是降低血液的输氧能力,并可能使脑和其他组织缺氧。

(4)氮氧化物

造成空气污染的氮氧化物,主要是一氧化氮和二氧化氮,其中二氧化氮的毒性要比一氧化氮大5倍。另外,若二氧化氮参与了光化学作用而形成光化学烟雾,则毒性更大。接触较高水平的二氧化氮会危及人体的健康。二氧化氮的危害性与暴露接触的程度有关,资料报道,若在含二氧化氮为 $50×10^{-6} \sim 100×10^{-6}$(体积比)的环境中暴露几分钟到 1 h,有可能导致肺炎。二氧化氮的急性接触可引起呼吸系统疾病(如咳嗽和咽喉痛),如果再加上二氧化硫的影响则可加重支气管炎、哮喘病和肺气肿。这对幼童和哮喘病患者格外有害。

一氧化氮的活性和毒性都不及二氧化氮,与一氧化碳和二氧化氮一样,一氧化氮也能与血红蛋白作用,降低血液的输氧功能。在大气污染物中,一氧化氮的浓度远不如一氧化碳,因此,它对人体血红蛋白的危害是有限的。

(5) 光化氧学剂

臭氧、过氧乙酰硝酸酯(PAN)、过氧苯酰硝酸酯(PBN)等氧化剂及醛等其他能使碘化钾的碘离子氧化的痕量物质,称为光化学氧化剂。空气中的光化学氧化剂主要是臭氧和过氧乙酰硝酸酯。过氧乙酰硝酸酯和过氧苯酰硝酸酯对眼睛有很强的刺激性,当它们和臭氧混合在一起时,会刺激鼻腔、咽喉,引起胸腔收缩,接触时间过长还会损害中枢神经。

2) 对植物的危害

大气污染对植物的危害表现在抑制或降低生长速率,增加植物对病虫害及不利天气条件变化的敏感程度,干扰破坏植物的繁殖过程等。而排入大气中的污染物导致的酸雨对环境和生物体的危害性更加明显。大气污染还会因沉积而降低土壤和水体资源的质量。酸雨沉降到土壤中后,会导致钾、钙、磷等类碱性营养物质被淋洗而使土壤肥力显著下降,大大影响作物的生长。

3) 对器物和材料的危害

在污染的大气中,金属的腐蚀速率要远高于无污染或较少污染的情形,油漆涂层的寿命也有同样的情况。轮胎类橡胶制品因大气中的臭氧而易于氧化,使人们不得不在橡胶制品中添加抗氧化剂。光化学烟雾还会加速电镀层的腐蚀;氮氧化物能使某些织物的染料褪色;氮氧化物对材料的腐蚀作用,主要是由其次级产物硝酸和硝酸盐引起的。此外,高浓度的氮氧化物能使尼龙织物分解;大气污染还会造成建筑物的褪色、腐蚀和建筑材料的老化分解;酸雨对于建筑物和露天材料有较强的腐蚀性,据不完全统计,全世界每年因遭酸雨腐蚀而造成的经济损失达 200 亿美元。

4) 对天气和气候的影响

大气污染物质影响天气和气候。颗粒物使大气能见度降低,减少到达地面的太阳辐射量。尤其是在大工业城市中,在烟雾不散的情况下,日光比正常情况减少 40% 左右。高层大气中的氮氧化物、碳氢化合物和氟氯烃类等污染物使臭氧大量分解,引发的"臭氧洞"问题,成为全球关注的焦点。

从工厂、发电站、汽车、家庭小煤炉中排放到大气中的颗粒物,大多具有水汽凝结核或冻结核的作用。这些微粒能吸附大气中的水汽使之凝成水滴或冰晶,从而改变了该地区原有降水的情况。如在离大工业城市不远的下风向地区,降水量比四周其他地区要多,这就是所谓的"拉波特效应"。如果微粒中夹带着酸性污染物,那么,在下风地区就可能受到酸雨的侵袭。

大气污染除对天气产生不良影响外,对全球气候的影响也逐渐引起人们关注。由大气中二氧化碳浓度升高引发的温室效应的加强,是对全球气候的最主要影响。地球气候变暖会给人类的生态环境带来许多不利影响,人类必须充分认识到这一点。

1.4.3 大气污染源

尽管大气污染源有人为大气污染源(artificial pollution source)和天然大气污染源(natural pollution source),但对大气污染来说,绝大多数是人为造成的。人为大气污染源(air pollution source)种类很多,根据大气污染物的种类,可将人为污染源大致分为三大类,即燃料燃烧、工业生产和交通运输,见表 1-2。

表 1-2 主要大气污染物及其人为污染源

污染物	人为污染源
1. 二氧化硫(SO_2)	以煤或者石油为燃料的火力发电厂、工业锅炉、垃圾焚烧炉、生活取暖、柴油发动机、金属冶炼厂、造纸厂等
2. 颗粒物(灰尘、烟雾、$PM_{2.5}$、PM_{10})	以煤或者石油为燃料的火力发电厂、工业锅炉、垃圾焚烧炉、生活取暖、餐饮烹调、建筑、采矿、水泥厂、裸露地面等
3. 一氧化碳(CO)	机动车、燃料燃烧
4. 氮氧化物	以煤或者石油为燃料的火力发电厂、工业锅炉、垃圾焚烧炉、机动车、氮肥厂等
5. 挥发性有机物(VOCs)	机动车、油漆涂装、石油化工、干洗
6. 有毒微量有机物(如多环芳烃、多氯联苯、二噁英等)	垃圾焚烧炉、焦炭生产、燃煤、机动车
7. 有毒金属(如铅、铬)	机动车(含铅汽油)、金属加工、垃圾焚烧炉、石油和煤燃烧、电池厂、水泥厂、化肥厂
8. 温室气体(CO_2、CH_4)	二氧化碳:燃料燃烧;甲烷:采煤、废渣填埋场、气体泄漏
9. 臭氧(O_3)	机动车排放的挥发性有机物和氮氧化物形成的二次污染物
10. 放射性物质	核反应堆、核废料储藏库
11. 恶臭	污水处理厂、污水泵站、垃圾填埋场、化工厂、石油冶炼厂、食品加工厂、油漆制造、塑料生产

注:引自蒋维楣等,2004。

1.4.4 影响大气污染物扩散的主要因子

对大气污染状况的监测工作中,常常会发现,在同一地点发自同一污染源的空气污染物,对其浓度监测结果的分析表明,有时可测到很高的浓度,有时却测不出来,不同时间的测量值也有很大差异,这虽然与污染源排放条件的变化及采样点位置的选取有关,但主要是由气象条件的影响所致。大气扩散的理论研究和试验研究表明,在不同的气象条件下,同一污染源排放所造成的地面污染物浓度可相差几十倍甚至几百倍,这是由于大气对污染物的扩散稀释能力随着气象条件的不同而发生巨大变化的缘故。日常观察经验也发现,有时烟囱排出的烟流像一根带子那样飘向远方而迟迟不散开,有时烟囱排出的烟流像一团气体很快散布开来并与周围空气混合。不同的烟流形状反映不同的气象状况,也意味着大气的扩散稀释能力不同。烟气向四周散布的速率越高,单位时间参与同烟气混合的空气就越多,也就表示大气的扩散稀释能力越强,污染物质将会很快被稀释到人类可以接受的程度,不致造成污染危害。

1.4.4.1 风

空气相对于地面的水平运动称为风,它有方向和大小。排放到大气中的污染物在风的作用下,会被输送到其他地区,风速越大,单位时间内污染物被输送的距离越远,混入空气的量越多,污染物浓度越低,所以风不但对污染物进行水平搬运,而且有稀释冲淡的作用。同时,污染物总是分布在污染源的下风方,于是在考虑风速和风向对污染物浓度的影响时,常引入污染系数的概念:

$$污染系数=风向频率/平均风速 \tag{1-12}$$

由式(1-12)可知,风频低,风速大,污染系数较小,空气污染程度较轻。

同时,大气总是处于不停息的湍流运动之中,排放到大气中的污染物质,在湍流涡旋的作用下散布开来。大气湍流运动的方向和速度都是极不规则的,具有随机性,并会造成流场中各部分之间的混合和交换。日常可以看到,烟囱中冒出的烟气总是向下风方向飘去,不断地向四周扩散,这就是大气对污染物的输送和扩散稀释过程。如果大气中只有有规则的风而没有湍涡运动,烟团仅仅靠分子扩散使烟团长大,速度非常缓慢,事实上大气中存在剧烈的湍流运动,使烟团与空气之间强烈地混合和交换,加快了烟团的扩散。

1.4.4.2 大气稳定度

当大气处于不稳定层结时,会促使湍流运动的发展,使大气扩散稀释能力加强;反之,当大气处于稳定层结时,则对湍流起抑制作用,减弱大气的扩散能力。

1.4.4.3 天气形势

天气现象与气象状况都是在相应的天气形势背景下产生的。一般情况下,在低气压控制时,空气有上升运动,云量较多,如果风速再稍大,大气多为中性或不稳定状态,有利于污染物的扩散。相反,在高气压控制下,一般天气晴朗,风速较小,并伴有空气的下沉运动,往往在几百米或1 000~2 000 m的高度上形成下沉逆温,抑制湍流的向上发展。夜间容易形成辐射逆温,阻止污染物的扩散,造成地面污染。

另外,降水、雾等对空气污染状况也有影响。降水对清除大气中的污染物质起着重要的作用,由于有些污染气体能溶解在水中或者与水起化学反应产生其他的物质,颗粒物与雨滴碰撞可附着在雨滴上并随降水带到地面,降水可以迁移空气污染物。雾是悬浮在大气近面层的小水滴或小冰晶,可清洗空气中的一些粒子污染物或气体污染物。对雾的观测取样分析表明,气层中气溶胶粒子在雾形成后明显比雾形成前减少。但由于雾是在近地面气层非常稳定条件下产生的,这种条件下,空气污染物不易扩散,雾的出现可能会造成不利的地面空气污染状况。

1.4.4.4 下垫面条件

地形和下垫面的非均匀性,对气流运动和气象条件会产生动力与热力的影响,从而改变空气污染物的扩散条件。例如,城市上空的热岛效应和粗糙度效应,有利于污染物的扩散,但在一些建筑物背后局地气流的分流和滞留则将会使污染物积聚。由于地形的影响会使地表面受热不均,形成山谷风,以及由于地表性质不均而形成的海陆风和湖陆风等,这些都会改变大气流场和温度场的分布,从而影响空气污染物的散布。

思考题

1. 大气的主要成分有哪些?水汽、二氧化碳、臭氧以及固体微粒的含量、存在范围、作用是什么?
2. 大气在垂直方向上分为哪几个层次?各层次的主要特征是什么?
3. 为什么对流层内温度随高度升高而降低,平流层内温度随高度升高而升高?
4. 大气污染源有哪些?影响大气污染扩散的主要因子是什么?

参考文献

包云轩,2017. 气象学[M]. 3版. 北京:中国农业出版社.

姜世中,2010. 气象学与气候学[M]. 北京:科学出版社.

羌宁,季学李,徐斌,等,2015. 大气污染控制工程[M]. 北京:化学工业出版社.

蒋维楣,孙鉴泞,曹文俊,等,2004. 空气污染气象学教程[M]. 北京:气象出版社.

严菊芳,刘淑明,2018. 农林气象学[M]. 北京:气象出版社.

第 2 章 太阳、地面和大气辐射

太阳辐射(solar raditation)是地面和大气的能量来源之一,也是植物生长发育的必要条件之一。地面和大气在获得太阳辐射的同时,本身也在放射长波辐射,辐射是地球表面与大气之间、不同气层之间热量交换的重要方式。本章主要讲述太阳辐射、地面辐射和大气辐射的基本知识、基本规律及在地面和大气范围内进行的辐射能的传输和交换过程,以及辐射对农林业生产的影响。

2.1 辐射的基本知识

2.1.1 辐射与辐射能

物体以电磁波或粒子的形式向周围传递或交换能量的方式,称为辐射(radiation),传递交换的能量称为辐射能。任何温度在绝对零度以上的物体,都具有辐射的本领。辐射具有波粒二象性,辐射的传播过程表现为波动性(wave),而与物质间相互作用时表现为粒子性。辐射的波动性在光学中具有广泛意义,而当研究问题进入分子或原子领域时,辐射的粒子性则具有重要意义。例如,研究光合作用的能量转化时,辐射的粒子性就极为重要。

2.1.1.1 辐射的波动性

物体时刻不停地放射和吸收电磁波,其波长(λ)、频率(f)和波速(V)三者关系为:

$$V = \lambda f \tag{2-1}$$

式中,V 的单位为 m/s,各种频率的电磁波在真空中的传播速度相等,通常光速 V 取 3×10^8 m/s;f 的单位为赫(Hz)或千赫(kHz);λ 的法定单位为纳米(nm)、微米(μm), 1 nm = 10^{-3} μm = 10^{-7} cm = 10^{-9} m。

由于 V 为常数,频率不同的电磁波,波长也不同。式(2-1)说明,频率高的波长短,频率低的波长长。将各种不同电磁波的波长(或频率)从小到大依次排列成一个谱,这个谱被称为电磁波谱。辐射的波长范围很广,从波长为 10^{-3} nm 的宇宙射线到波长达几千米的无线电波,都属于辐射波谱范围,如图 2-1 所示。

2.1.1.2 辐射的粒子性

辐射的粒子学说认为,电磁辐射是由具有一定质量、能量和动量的微粒子(或称光量子)流组成,每个光量子的能量(E_L)与其频率或波长的关系式为:

$$E_L = hf = \frac{hV}{\lambda} \tag{2-2}$$

式中,$h = 6.626 \times 10^{-34}$ J·s,称为普朗克常数。式(2-2)说明光量子能量越高,其辐射

第 2 章　太阳、地面和大气辐射

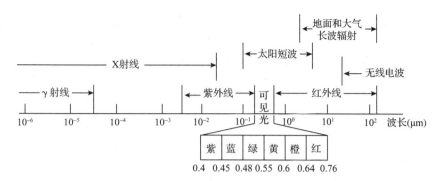

图 2-1　各种辐射的波长范围(引自穆彪,1997)

频率越高,辐射波长越短;反之,则辐射频率越低,辐射波长越长。故太阳辐射能量高,属于高频短波辐射。

【例 2-1】 欲求波长为 400 nm 的光谱的频率和光量子能量,只要将 $\lambda = 500$ nm 代入式(2-1),则有 $f = V/\lambda = 3 \times 10^8/(400 \times 10^{-9}) = 7.5 \times 10^{14}$(Hz),进一步将 f 代入式(2-2),可得
$$E_L = hf = 6.626 \times 10^{-34} \times (7.5 \times 10^{14}) = 4.969 \times 10^{-19}(\text{J})$$

2.1.2　表征辐射的物理量

(1) 辐射通量和辐射通量密度

辐射通量(radiative flux)是单位时间通过任意面积上的辐射能量,单位为 J/s 或 W。

辐射通量密度(radiative flux density)是单位面积上的辐射通量,单位为 J/(m²·s) 或 W/m²。通过单位的对比发现,辐射通量密度实际上就是辐射强度,即单位时间内通过单位面积的辐射能量。辐射通量密度没有限定方向,投射来的辐射为入射辐射通量密度,放射出的辐射为放射辐射通量密度,其数值大小表征物体辐射能力强弱,故常把辐射通量密度称为辐射强度、辐射能力或放射能力,把入射辐射通量密度称为辐照度(irradiance)。

(2) 光通量和光通量密度

光通量是单位时间通过任意面积上的光能,单位为 lm。

光通量密度(luminous flux density)是单位面积上的光通量,单位为 lm/m²。光通量密度也称照度,单位是 lx,音译为勒克斯,意译为米烛光,即以一支国际烛光的点光源为中心,在半径为 1 m 的球面上所得的照度,1 lx = 1 lm/m²。

根据美国 Rechard Lee 所著《森林小气候学》关于辐射通量密度和光通量密度的近似关系,用现行单位,晴天:1 W/m² = 103.7 lx,多云天:1 W/m² = 108.34 lx。

2.1.3　物体对辐射的吸收、反射和透射

投射到物体上的辐射,并不能全部被物体所吸收,而是一部分被它反射,另一部分可能透过该物体(图 2-2)。物体对辐射吸收、反射和透射的能力,分别以吸收率(absorptivity, a)、反射率(reflectivity, r)和透射率(transmissivity, t)来表示。设投射到该物体表面上的总辐射量为 Q,被吸收、反射、透射的能量分别为 Q_a、Q_r、Q_t,则 $a = Q_a/Q$、$r = Q_r/Q$、

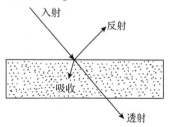

图 2-2　物体对辐射的吸收、反射和透射

$t=Q_t/Q$，它们之和为1，即：

$$a+r+t=1 \tag{2-3}$$

式中，a、r、t 都是在 0~1 变化的无量纲量，分别表示物体对辐射吸收、反射和透射的能力。

物体的吸收率、反射率和透射率的大小，随着物体的性质和辐射的波长而改变。例如，雪面对短波辐射的反射率很大，但对长波辐射则几乎能全部吸收。干洁大气对红外线是近似透明的，而水汽对红外线强烈吸收。不同性质的物体对不同波长的辐射有不同的吸收率、反射率和透射率，称为物体对辐射吸收、反射和透射的选择性。

为了研究方便，设想有一个物体，对于投射到该物体上所有波长的辐射都能全部吸收，则该物体被称为绝对黑体。对于绝对黑体来说，式(2-3)中的 $a=1$，$r=t=0$。实际上，自然界中并不存在真正的绝对黑体。但在一定条件下，如在一定的波长范围内，可以把某物体近似地看成绝对黑体。对于灰体，透射率 $t=0$，吸收率 $a=(1-r)$，且 a 不随 λ 辐射的波长而变。绝对黑体和绝对灰体都是理想的辐射体。

2.1.4 辐射的基本定律

2.1.4.1 基尔荷夫(Kirchoff)定律(选择吸收定律)

1859年，基尔荷夫通过实验得出如下定律：在一定温度下，任何物体对于某一波长的放射能力与物体对该波长的吸收率的比值，只是温度和波长的函数，而与物体的其他性质无关，即：

$$\frac{e_{\lambda,T}}{a_{\lambda,T}}=E_{\lambda,T} \tag{2-4}$$

式中，$e_{\lambda,T}$ 为物体对该波长的放射能力；$a_{\lambda,T}$ 为物体对该波长的吸收率；$E_{\lambda,T}$ 为波长和温度的函数，当温度和波长一定时，$E_{\lambda,T}$ 为常数。根据这一定律，可以推出两点结论。

①对不同性质的物体，放射能力较强的物体，吸收能力也较强；反之，放射能力弱者，吸收能力也弱，黑体的吸收能力最强，所以它也是最强的放射物体。

②对同一物体，如果在温度 T 时它放射某一波长的辐射，那么，在同一温度下它也吸收这一波长的辐射。

基尔荷夫定律把各种物体的放射、吸收能力与黑体的放射、吸收能力联系起来，从而通过对黑体辐射的研究来了解一般物体的辐射特征。

2.1.4.2 斯蒂芬-玻尔兹曼(Stefan-Boltzmann)定律

在研究物体的辐射过程中，科学家通过实验发现，物体的放射能力是随温度、波长而改变的。图 2-3 是温度为 500~20 000 K 时黑体的放射能力随波长的变化。由图 2-3 可见，随着温度的升高，黑体对各波长的放射能力都相应地增强，因而物体放射的总能量(用曲线与横坐标所包围的

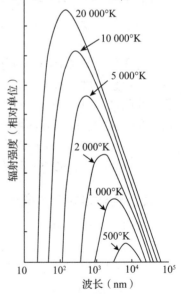

图 2-3 不同温度下黑体辐射强度与波长的关系
(引自 Rosenberg，1983)

面积来表示)也会显著地增大。根据研究,黑体的总放射能力与它本身的绝对温度的四次方成正比。即:

$$E_T = \sigma T^4 \tag{2-5}$$

式中,$\sigma = 5.67 \times 10^{-8} \text{W}/(\text{m}^2 \cdot \text{K}^4)$ 为斯蒂芬-玻尔兹曼常数;T 为绝对温度,$T(\text{K}) = 273.15 + t\,(℃)$。式(2-5)称为斯蒂芬-玻尔兹曼定律。

根据式(2-5)可以计算出黑体在温度 T 时的放射能力,也可以由黑体的放射能力求得其表面温度。将该式推广到一般物体时,可以说明物体温度越高,其放射能力越强。

2.1.4.3 维恩位移定律

维恩(Wien)位移定律是由德国物理学家威廉·维恩(Wilhelm Wien)于1893年通过对实验数据的经验总结提出的。这一定律指出绝对黑体的放射能力最大值对应的波长(λ_m)与其本身的绝对温度成反比,即:

$$\lambda_m = C/T \quad \text{或} \quad \lambda_m T = C \tag{2-6}$$

在式(2-6)中,如果波长以 nm 为单位,则常数 $C = 2\,897 \times 10^3 \text{nm} \cdot \text{K}$,于是式(2-6)为

$$\lambda_m = 2\,897 \times 10^3 \text{nm} \cdot \text{K}/T \quad \text{或} \quad \lambda_m T = 2\,897 \times 10^3 \text{nm} \cdot \text{K} \tag{2-7}$$

式(2-7)表明,物体的温度越高,放射能量最大值的波长越短,随着物体温度不断升高,它所发出的光就由红橙色转为青蓝色,即最大辐射波长由长波向短波方向位移(图2-3)。因此,凡是高温物体,其放射能力最大值的波长多为短波,如太阳辐射;凡是低温物体,其放射能力最大值的波长多为长波,如人、地面辐射和大气辐射。

【例2-2】 欲求温度为 27 ℃ 的黑体的辐射强度和最大辐射波长。

解: $t = 27$ ℃,则 $T = 273 + 27 = 300(\text{K})$,代入式(2-5)和式(2-7)有

$$E_T = \sigma T^4 = 5.67 \times 10^{-8} \times 300^4 = 459(\text{W}/\text{m}^2)$$

$$\lambda_m = C/T = 2\,897 \times 10^3/300 = 9\,657(\text{nm})$$

2.2 太阳辐射及其在大气中的减弱

太阳是一个炽热的气体星球,其表面温度约 6 000 K,中心温度高达 $1\,000 \times 10^4 \sim 2\,000 \times 10^4$ ℃。太阳时刻不停地向宇宙空间辐射着巨大的能量,这种放射出来的光、热能量总称为太阳辐射能,简称太阳辐射或太阳能。太阳表面的平均辐射出射度为 $7.35 \times 10^7 \text{W}/\text{m}^2$,太阳辐射的总功率(辐射通量)为 3.83×10^{26} W。地球在一年中从太阳获得的热量大约只占其总量的二十二亿分之一,相当于人类现有各种能源在同期内所提供能量的上万倍。地球上获得太阳辐射的多少与太阳在天空中的位置有关,太阳在天空中的位置可以用太阳高度角和方位角来表示。

2.2.1 太阳高度角和方位角

地球各地的太阳辐射状况,受太阳在天空中位置的影响。在地球上观察,太阳在天空中的位置时刻都在变化,因此把地球上观察者看到的太阳相对于地球的运动,称为太阳视运动。太阳周日视运动和太阳周年视运动中,太阳高度角和方位角随时都在变化。

2.2.1.1 太阳高度角

由于日地相距甚远,太阳辐射的能量可近似地认为是以平行光的形式到达地球表面的。太阳平行光线与地表水平面的夹角称为太阳高度角(solar elevation angle),简称太阳高度,常用 h 表示。

太阳高度角与该地的地理纬度(φ)、太阳赤纬(δ),以及当时的时刻(以时角 ω 表示)有关,太阳高度角的计算公式为:

$$\sin h = \sin\varphi\sin\delta + \cos\varphi\cos\delta\cos\omega \quad (2\text{-}8)$$

式中,φ 为观测地点的地理纬度,北半球为正,南半球为负。δ 为观测时间的太阳赤纬,即太阳直射点的纬度,当太阳直射点在北半球时赤纬取正值,在南半球时赤纬取负值。一年中太阳赤纬在 $-23°26'\sim+23°26'$ 变动。春分日和秋分日,太阳直射赤道,$\delta=0$;夏至日,太阳直射北回归线,$\delta=+23°26'$;冬至日,太阳直射南回归线,$\delta=-23°26'$。太阳赤纬可从天文年历查得。ω 为时角,以当地真太阳时正午时刻为 $0°$,下午为正,上午为负,真太阳每运动 1 h,相对应的时角为 $15°$。

由式(2-8)可推导出正午时刻太阳高度角的表达式:

$$h = 90° - |\varphi - \delta| \quad (2\text{-}9)$$

正午时刻的太阳高度角是一天中太阳高度的最大值,它是反映太阳辐射状况的一个重要特征值。太阳高度角的大小,是水平面上单位面积获得太阳辐射能量多少的决定因素。

由于日出日落时太阳高度角 $h=0$,式(2-8)可写成:

$$\cos\omega_0 = -\tan\varphi\tan\delta \quad (2\text{-}10)$$

由此可计算出日出时的时角 $-\omega_0$ 和日落的时角 ω_0。那么,日出到日落的时间间隔即可照时数(duration of possible sunshine,单位为 h),也叫作昼长(daylength)为 $2|\omega_0|$。

由此推出昼长的计算公式为:

$$昼长 = 2|\omega_0|/15°h^{-1} \quad (2\text{-}11)$$

可照时数只反映某个地方最大可能日照时间。事实上,太阳光线由于受到云、雾等天气现象与地形、地物遮蔽的影响,一地实际受到的照射时间通常短于可照时数。气象学上,把太阳光实际照射的时数称为实照时数。在评价某地农业条件时,为获得时空的可比性,常用日照百分率作为指标,可表示为:

$$日照百分率(\%) = \frac{实照时数}{可照时数} \times 100 \quad (2\text{-}12)$$

2.2.1.2 太阳方位角

太阳方位角(solar azimuth)是指太阳光线在地表水平面上的投影与当地子午线之间的夹角,用 A 表示。取正南为 $0°$,以西为正(正西为 $+90°$);以东为负(正东为 $-90°$),正北为 $\pm 180°$。由天球坐标系推导出的太阳方位角公式:

$$\cos A = \frac{\sin h\sin\varphi - \sin\delta}{\cos h\cos\varphi} \quad (2\text{-}13)$$

日出日落时太阳高度角 $h=0$,则式(2-13)可简化为:

$$\cos A_0 = -\sin\delta\sec\varphi \quad (2\text{-}14)$$

式中,A_0 为日出日落时的太阳方位角。对于北半球来说,由式(2-14)可得出如下结论:①在春分日、秋分日,$\delta=0°$,$\cos A_0=0$,$A_0=\pm 90°$,太阳正东出,正西落。②在夏

半年(春分至秋分)，$\delta>0°$，$\cos A_0<0°$，$90°<|A_0|<180°$，太阳东偏北出，西偏北落。纬度越高，日出日落方向越偏北。③在冬半年(秋分至春分)，$\delta<0°$，$\cos A_0>0°$，$A_0<+90°$ 或 $A_0>-90°$，太阳东偏南出，西偏南落。纬度越高，日出日落的方位越偏南。

2.2.2 大气上界的太阳辐射

大气上界的太阳辐射又称天文辐射(astronomical radiation)，天文辐射的时空分布由太阳和地球间的天文位置决定。

(1) 太阳常数

太阳辐射穿过星际空间来到地球大气的上界。由于地球绕太阳公转轨道是椭圆形的，日地间距离会发生变化。考虑到大气上界的太阳辐射辐照度随日地距离的变化有所不同，规定以日地平均距离处，地球大气上界，垂直于太阳光线的平面上单位面积、单位时间获得的太阳辐射能作为标准，称为太阳常数(solar constant，S_0)。对于太阳常数的测量和推算，由于受到仪器精度、观测点的大气条件及对大气影响订正方法的限制，至今仍不能达到1%的精度。许多研究工作者得出的太阳常数的值在 1 339.1~1 395.6 W/m²。世界气象组织(WMO)在1981年推荐的太阳常数最佳值为 1 367 W/m²±7 W/m²，通常取 1 367 W/m²。

地球大气上界太阳辐射的时空分布和变化，与大气及地面能接收到的辐射能量密切相关，是形成地球气候差异的基本因素。

地球以椭圆轨道绕太阳旋转，称为公转。公转轨道平面称为黄道平面。日地之间的平均距离称为一个天文单位(AU)。地球约在1月3日离太阳最近，距离为0.973 AU；约在7月4日离太阳最远，距离为1.017 AU。日地距离的这种变化将影响到大气上界太阳辐照度的数值。太阳常数是以日地平均距离 d_0 为标准的(地球在3月21~22和9月22~23日达到日地平均距离)，而在其他日期，大气上界与日光垂直平面上的太阳积分辐照度(S'_0)要按下式作相应的订正：

$$S'_0 = S_0 \left(\frac{d_0}{d}\right)^2 = S_0 d_m^2 \tag{2-15}$$

式中，d 为当日的日地距离；$d_m = d_0/d$ 为日地距离订正因数，也称地球轨道偏心率订正因子。但值得注意是，日地距离的这种变化并不是造成四季变化的原因。对于北半球而言，冬季恰好是日地距离最近而夏季的日地距离最远。

(2) 太阳辐射光谱

太阳辐射经色散分光后按波长的分布，称为太阳辐射光谱(solar radiative spectrum)。太阳辐射光谱包括无线电波、红外线、可见光、紫外线、X 射线、γ 射线等几个波段。

在大气上界太阳辐射能量的99%集中在波长 0.15~4.0 μm 的光谱区内，其中，约7%的能量在紫外线区，47%的能量在可见光的范围内，46%的能量在红外线范围内。其能量最大的波长为 0.48 μm(图2-4)。

(3) 大气上界水平面上太阳辐射通量的计算

由于不同时刻太阳处于不同的高度，入射到大气上界水平面上的太阳辐射辐照度(S'_{00})可表示为：

$$S'_{00} = S'_0 \sin h = S_0 d_m^2 (\sin \varphi \sin \delta + \cos \varphi \cos \delta \cos \omega) \tag{2-16}$$

对地球上任意一点，大气上界水平面上单位面积接收到的太阳辐射能日总量为：

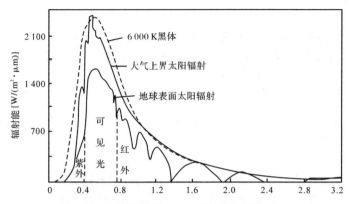

图 2-4　太阳光谱的能量分布（引自严菊芳等，2018）

$$Q_d(\varphi, \lambda, D) = \int_{-\omega_0}^{\omega_0} d_m^2 S_0 (\sin\varphi\sin\delta + \cos\varphi\cos\delta\cos\omega) \frac{T}{2\pi} d\omega \qquad (2\text{-}17)$$

式中，T 为一昼夜的时间，取 $T = 86\,400$ s，由式（2-17）可算出：

$$Q_d = \frac{T}{\pi} d_m^2 S_0 (\omega_0 \sin\varphi\sin\delta + \cos\varphi\cos\delta\sin\omega_0) \qquad (2\text{-}18)$$

式中，S_0 为太阳常数，单位为 W/m²；Q_d 为大气上界太阳辐射能日总量，单位为 J/(m²·d)。

图 2-5 是按式（2-18）获得的一年中全球各地大气上界太阳辐射能日总量（Q_d）的等值线图。图中阴影部分对应于极夜。由图中可以看出，低纬度区 Q_d 的年变化较小，而高纬度

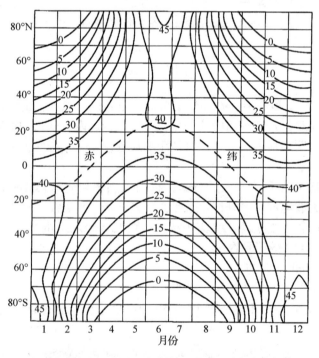

图 2-5　全球各地大气上界太阳辐射的日总量（引自盛裴轩等，2013）

地区年变化较大；北半球夏季各纬度间 Q_d 的差别不大，冬季 Q_d 则随纬度的增高而迅速下降，进入极圈甚至变为零。Q_d 随纬度的变化是决定地球上各纬度间气候差异的基本因素。S'_{00} 的日变化与 Q_d 的年变化，使气温也具有日变化与年变化的特征。不过气温并非简单地取决于 S'_{00} 和 Q_d，影响气候的因子十分复杂。例如，在夏至日，北半球自赤道向极地 Q_d 是增加的，因为北极全天有日照，其太阳辐射能日总量是赤道的 1.37 倍，这并不意味着北极的气温会比赤道高。

2.2.3 太阳辐射在大气中的减弱

太阳辐射通过大气时，分别受到大气中的水汽、二氧化碳、微尘、氧气和臭氧，以及云滴、雾、冰晶、空气分子的吸收、散射、反射等作用，从而使大气上界的太阳辐射不能完全到达地面，如图 2-6 所示。

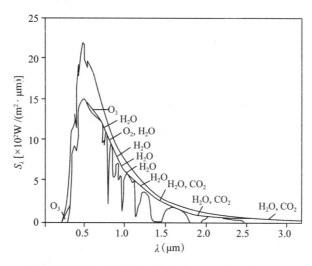

图 2-6 大气上界和海平面的太阳辐射光谱（引自盛裴轩等，2013）

注：在大气上界（最上方的曲线）和海平面处（最下方的曲线）所接收的太阳辐射光谱，其中阴影区表示各气体的吸收区，两条曲线的空白区代表被空气、水汽、灰尘和气溶胶各向散射及云反射的部分。

2.2.3.1 大气减弱太阳辐射的方式

1) 大气对太阳辐射的吸收作用

太阳辐射经过大气时，由于臭氧、水汽及二氧化碳对紫外线、可见光和红外线的吸收，使直接到达地面的太阳辐射强度与光谱都发生了变化（图 2-7）。大气中吸收太阳辐射的主要成分是水汽和液态水、二氧化碳、氧气、臭氧、二氧化氮、甲烷、一氧化碳及尘埃等。

大气各成分对太阳辐射的吸收具有选择性，即吸收能力随波长的不同而改变。太阳辐射穿过大气层时，太阳辐射光谱中 0.29 μm 以下的紫外辐射在到达对流层顶高度以前几乎全部被大气吸收了（吸收率接近于 1），其中高层大气中的氧气强烈吸收 0.25 μm 以下的紫外线，平流层中的臭氧强烈吸收 0.2~0.32 μm 的紫外线；在可见光区，大气吸收很少，比较透明，仅有较弱的吸收线带，因此到达地面的太阳辐射中一半以上的能量位于可见光

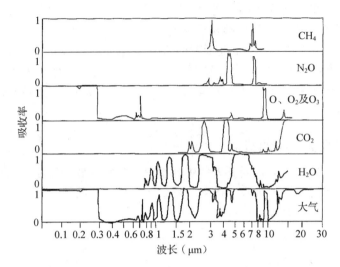

图 2-7　大气及主要吸收成分对太阳辐射的吸收光谱

（引自王明星，1984）

的波长范围内；在红外区，主要是水汽的吸收，其次是二氧化碳和甲烷的吸收；在 14 μm 以外，大气可以看成近于黑体，地面发射的大于 14 μm 的远红外辐射全部被吸收，不能透过大气传向空间。

(1) 水汽和液态水的吸收光谱

水汽对太阳辐射的吸收主要位于红外区，在 0.93~0.99 μm、1.09~1.17 μm、1.32~1.50 μm、1.76~1.98 μm、2.52~2.85 μm 存在 5 个主要的吸收带。在可见光区也有几个弱的吸收带。水汽对太阳辐射的吸收与水汽含量的多少有关，水汽含量越多，吸收的也越多。据估计，太阳辐射因水汽吸收，可损耗 4%~15%。大气中的水分不仅处于气态，也有处于液态水，液态水吸收能力比水汽更强烈，而且吸收带的位置向波长较长的方向移动。

(2) 二氧化碳的吸收光谱

二氧化碳是大气中另一种重要的红外吸收气体。二氧化碳在波长大于 2 μm 的红外区有若干个吸收带，比较强的中心位于 2.7 μm(2.6~2.8 μm)和 4.3 μm(4.1~4.45 μm)。但该波段内太阳辐射比较弱，因此在研究太阳短波辐射时，可以忽略不计。对于大气长波辐射，以 15 μm 附近的吸收带最为重要。

(3) 臭氧的吸收光谱

臭氧在大气中含量虽少，但对太阳辐射能量的吸收很强。臭氧最强的吸收带在紫外区，波长为 0.22~0.30 μm。由于这个波段的辐射被臭氧吸收，使它不能到达地面，从而保护了地球上的生物，使之免受过量紫外线的危害。在可见光和红外区的吸收带分别位于 0.44~0.75 μm、4.7 μm、9.6 μm 和 14.1 μm。

(4) 氧气的吸收光谱

氧气对太阳辐射的吸收主要在波长小于 0.25 μm 的紫外区，波长分别为 0.175~0.2026 μm 和 0.242~0.26 μm。虽然吸收作用很强，但由于太阳辐射能在 0.25 μm 以下的能量不到 0.2%，因此吸收的能量甚低。在可见光区，还有两个较弱的吸收带，分别位于

0.76 μm 和 0.69 μm 附近,但对太阳辐射的削弱并不大。

2) 大气对太阳辐射的散射作用

太阳辐射通过大气时,遇到大气中的气体分子,以及悬浮的尘埃、云滴、雨滴、冰粒和雪花等粒子时,一部分太阳辐射能以电磁波的形式向四面八方传播开,而原方向的辐射能被削弱,这种现象称为散射。散射过程中,能量并不损失,只是改变了部分辐射的方向,因此使到达地面的太阳辐射能量减弱,但使整个大气层变得明亮起来。

在大气中散射粒子的尺度较宽,从气体分子直到降水粒子。散射在电磁波谱的各个波长上都会发生,且散射强弱及空间分布强烈依赖粒子尺度与入射辐射波长的相对大小。因此,引入尺度参数 $\alpha = 2\pi r/\lambda$,r 为散射粒子的半径,λ 为入射辐射的波长。按 α 的大小可将散射分为 3 类:当 $\alpha < 0.1$($r \ll \lambda$)时的散射称为瑞利散射或者分子散射;当 $0.1 < \alpha < 50$($r \approx \lambda$)时的散射称为米散射,也称粗粒散射(如大气中的云滴、尘埃等对可见光的散射);当 $\alpha > 50$($r \gg \lambda$)时的散射属于几何光学范畴(如大雨滴对可见光的散射),服从几何光学的规律。

(1) 瑞利散射

瑞利散射由英国物理学家瑞利于 1871 年提出,故称为瑞利散射。瑞利散射证明:散射光的强度与波长的四次方成反比,这种散射是有选择性的。因此,太阳辐射通过大气时由于空气分子散射的结果,波长较短的光被散射得较多。雨后天晴,天空呈青蓝色就是因为辐射中青蓝色光波长较短,容易被大气散射的缘故。而在日出和日落时,当太阳高度角较小时,太阳辐射在到达地面前所经过的光学厚度很大,蓝色光被散射殆尽,所以太阳光呈红色。

云滴和雨滴对于微波雷达的散射也属于瑞利散射。α 随着雨滴的增大而增大,微波的散射与 α^4 成正比例增强。因而,雨滴对微波的散射远大于云滴。由此,可用雷达测定大面积的降水强度或积雨云所占面积和垂直伸展的高度。

(2) 米散射

1908 年,德国物理学家古斯塔夫·米(Gustav Mie)用电磁理论给出了均匀球状粒子散射问题的精确解,也就是米散射理论。该理论证明,当散射体的半径较大时,散射强度与波长无关,这种散射是没有选择性的,即辐射的各种波长都同样被散射。所以天空有云时,因云滴或冰晶较大,它们对可见光的散射属于米散射,散射出的光与波长无关,从而天空呈白色。

(3) 几何光学散射

大雨滴对可见光的散射就属于几何光学散射。虹和晕就是光在雨滴和冰晶上发生反射、折射等现象造成的,它们服从几何光学规律。

3) 大气对太阳辐射的反射作用

太阳辐射进入大气层后,会被云层和颗粒较大的尘埃所反射,其中以云的反射作用最为显著,致使一部分太阳辐射返回宇宙空间,削弱了到达地面的太阳辐射。云的反射随云的种类、云层厚度等而不同,云层越厚,云量越多,反射作用越大。反射对各种波长没有选择性。

大气对太阳辐射的减弱以反射和散射作用大于吸收作用。就全球平均状况而言,进入大气的太阳辐射约有 30% 因反射和散射返回宇宙空间,约有 20% 被大气直接吸收(水汽、气溶胶粒子等吸收16%，云层吸收4%），最终约50%到达地球表面。

2.2.3.2 影响太阳辐射减弱的因素

太阳辐射穿过深厚的大气层时，由于大气的吸收、散射和反射作用而被减弱，太阳辐射穿过大气层越厚或大气中能吸收、散射和反射的质点越多，太阳辐射被减弱的也就越多。前者可用大气(质)量(m)表示，后者可用大气透明系数(P)说明。

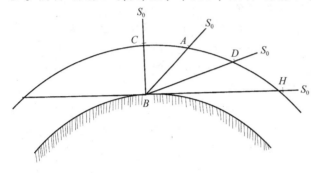

图2-8 在不同的太阳高度角下光线的路径

(1) 大气(质)量

大气(质)量(atmospheric mass)通常用太阳辐射通过大气路径的长度(AB)与大气在垂直方向上的厚度(CB)的比值来表示，如图2-8所示。由图可见，若将大气视为均匀介质，且不考虑地球表面和大气曲率的影响，同时略去光线在大气中传播时的折射现象，太阳辐射穿过大气的路径仅随太阳高度角而变化。

当太阳位于天顶时，太阳光线垂直到达海平面(标准大气压)所穿过的大气路径为1个大气量。即$CB=1$，太阳高度角为h，则大气(质)量m近似为：

$$m \approx \csc h \quad (2-19)$$

式中，m为一无因次量，当$h>30°$时，m可根据式(2-19)计算，较精确；当$h<30°$时，计算会有一定误差。表2-1列出不同太阳高度角时的大气(质)量。

表2-1 不同太阳高度角时的大气(质)量

$h(°)$	90	80	70	60	50	40	30	20	10	5	1	0
大气(质)量m	1.00	1.02	1.06	1.15	1.30	1.55	2.00	2.90	5.60	10.40	26.96	35.40

注：引自张嵩午等，2007。

从表2-1和图2-8可以看出，大气(质)量随太阳高度角的增大而减少。当太阳高度角比较大时，如30°~90°，m值随太阳高度角增大变化很慢，m值在2.00~1.00；但当太阳高度角很小时，只要h有微小变化，m值就有较大的变化。

(2) 大气透明系数

大气透明系数(atmospheric transparency coefficient)指太阳辐射透过一个大气(质)量后的辐射通量密度与透过前的辐射通量密度之比，即：

$$P_m = \frac{S_m}{S_{m-1}} \quad (2-20)$$

式中，P_m为第m个大气(质)量的透明系数；S_m，S_{m-1}分别为透过第m个大气(质)量和第$m-1$个大气(质)量的辐射通量密度。大气透明系数P_m值通常在0~1变化，其大小主要取决于大气中能引起吸收、散射和反射成分的多少。当大气中水汽或凝结物、微尘杂质多时，大气透明系数减小。云的透明系数随云状及云的厚度改变，阳光能透过不太厚的高云，不能透过浓密的低云。

对于不同波长的辐射,大气透明系数也不同,短波光的透明系数小,长波光的透明系数大。透明系数还随时间、季节、地区而有变化。在一天中,下午透明系数小;在一年内,夏季透明系数小;高纬度地区的透明系数大于低纬度地区;高空的透明系数大于低空。

2.2.3.3 大气减弱太阳辐射的规律

太阳辐射透过大气层后的减弱与大气透明系数和大气(质)量之间的关系可由布格-朗伯定律说明,其表达式为:

$$S_m = S_0 P^m \tag{2-21}$$

式中,S_m 为透过 m 个大气(质)量后垂直于太阳光线的平面上的太阳辐射通量密度;S_0 为大气上界垂直于太阳光线的平面上的太阳辐射通量密度,日地平均距离时,其值等于太阳常数;P 为大气平均透明系数。式(2-21)说明,如果大气透明系数一定,当大气量以算术级数增加时,那么垂直于太阳光线平面上的太阳辐射通量密度则以几何级数减小;当大气量一定时,大气越浑浊,即 P 值越小,透过 m 个大气(质)量后垂直于太阳光线的平面上的太阳辐射通量密度也越小。

2.3 到达地面的太阳辐射

经过大气层的减弱后,投射到地面的太阳辐射称为太阳总辐射(total solar radiation)。太阳总辐射由两部分组成:一部分是太阳以平行光线的形式直接投射到地面的辐射,称为太阳直接辐射(direct solar radiation);另一部分是被大气散射后自天空各个方向投射到地面的辐射,称为太阳散射辐射(total solar radiation)或太空辐射。

2.3.1 太阳直接辐射

通常以到达地平面上的太阳直接辐射通量密度(S',也称太阳直接辐射辐照度)来表示太阳直接辐射的强弱。

如图2-9所示,平面 $ABCD$ 为垂直太阳光线的平面,$ABC'D'$ 为其在水平地面上的投影。单位时间内,水平面 $ABC'D'$ 上与垂直于太阳光线 $ABCD$ 面上所接收的太阳辐射通量是相等的。设 $ABC'D'$ 面的面积为 M',其上的太阳辐射通量密度为 S',$ABCD$ 面的面积为 M,其上的太阳辐射通量密度为 S,则:

$$S'M' = SM$$

$$\frac{S'}{S} = \frac{M}{M'} = \frac{AD}{AD'} = \sin h, \text{ 即 } S' = S\sin h \tag{2-22}$$

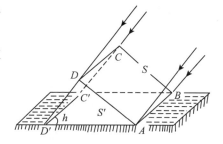

图2-9 水平面上与垂直面上的太阳辐射通量密度的关系

式中,h 为太阳高度角。

式(2-22)表明,水平面上的太阳辐射通量密度与太阳高度角的正弦成正比,这就是朗伯定律。

将式(2-21)代入式(2-22)得:

$$S' = S_0 P^m \sin h \tag{2-23}$$

由式(2-23)可以看出,地平面上太阳直接辐射随太阳高度角的增大而增加。一方面,太阳高度角越大,照射在地平面单位面积上的太阳辐射能量越多;另一方面,太阳高度角越大,太阳光穿过的大气量越少,太阳辐射被削弱的越少,因此太阳直接辐射越大。

太阳直接辐射随着大气透明系数的改变而改变。当大气透明系数越大时,太阳辐射被削弱得越少,因此太阳直接辐射越强。

太阳直接辐射随着海拔的增高而增大。海拔增高,阳光穿越的大气路径减短,空气中水汽及尘埃杂质含量相对减少,因此太阳直接辐射增大。

直接辐射还随纬度而改变。北半球冬半年,由于太阳高度角和太阳可照时间随纬度的增高而减小,直接辐射也随纬度增高而减小;夏半年,虽然可照时间随纬度的增高而增加,在极地地区还有永昼现象,但高纬度地区太阳高度角比较小,所以直接辐射仍然不大,加上透明系数的影响,全年直接辐射的最大值出现在北回归线附近。

太阳直接辐射具有明显的日变化和年变化,其变化也取决于太阳高度角的变化。在晴朗无云的天气条件下,一天中,太阳直接辐射在上午随太阳高度角的增大而增强,正午达最大值,下午随太阳高度角的减小而减弱(图 2-10)。图中曲线的偏对称性(午前略小于午后)是由该地区上午大气较混浊(常有轻雾)造成的。太阳直接辐射的年变化和日变化一样,主要取决于太阳高度角的变化。一年中太阳直接辐射夏季最大,冬季最小。但有些地区,由于盛夏大气中水汽含量增加,云量增多,大气透明系数减小,太阳直接辐射的月平均最大值不在盛夏而在春末夏初季节(表 2-2)。

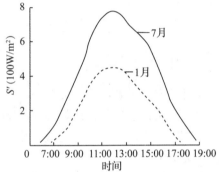

图 2-10 湖北宜昌市 7 月和 1 月太阳直接辐射的日变化(引自姜世中,2020)

表 2-2 辽宁沈阳市太阳直接辐射日总量的月平均值　　　　　　MJ/m²

月份	1	2	3	4	5	6	7	8	9	10	11	12
太阳直接辐射	3.77	5.90	8.49	8.97	10.40	8.61	5.94	7.41	9.09	6.84	4.24	3.27

注:引自龚强,2000。

2.3.2 太阳散射辐射

通常以到达地表水平面上的太阳散射辐射通量密度(D)表示太阳散射辐射的强弱,其变化主要取决于太阳高度角。在干洁大气中,随太阳高度角的增加,太阳散射辐射增大。因为太阳高度增高,太阳直接辐射增强,被散射的能量也随之增强。在太阳高度角一定时,大气透明度差,散射质点多,太阳散射辐射增强。

有云时,能增加太阳散射辐射,因水滴和冰晶是很强的散射质点;但当云很厚时,太阳直接辐射削弱得多,散射辐射反而比晴天时还低。

太阳散射辐射还随下垫面反射率而变,下垫面反射率越大,散射辐射越强。

太阳散射辐射随海拔而改变。在碧空情况下，随海拔的增加而减小，但在全天有云时，随海拔的增高而增加。

太阳散射辐射的日变化基本上与太阳高度角的日变化一致，中午附近达最大值，但上下午不全对称，这是因为上下午的大气透明系数和云况不同。太阳散射辐射日总量的年变化基本上取决于正午太阳高度角、云量和昼长的年变化，最大值总是出现在夏季（表2-3）。

表2-3　辽宁沈阳市太阳散射辐射日总量的月平均值　　　　　MJ/m²

月份	1	2	3	4	5	6	7	8	9	10	11	12
太阳散射辐射	3.20	4.45	5.95	8.13	8.38	9.39	10.22	8.03	6.04	4.10	3.06	2.68

注：引自龚强，2000。

2.3.3　太阳总辐射

同时到达地平面的太阳直接辐射（S'）和散射辐射（D）之和称为太阳总辐射（Q），表示为：

$$Q = S' + D \tag{2-24}$$

显然，太阳总辐射的大小取决于太阳直接辐射和散射辐射。

碧空条件下，太阳总辐射随着太阳高度的增加而近于线性地增加；有云时，总辐射既可增加也可减少，主要视云状和云量而定。如果云量不多，而太阳视面无云，总辐射可能会比晴空时大；当整个天空有云时，总辐射完全由散射辐射构成，总辐射明显小于晴天。太阳总辐射还随海拔的增高而增大。

晴空条件下，太阳总辐射的日变化与太阳直接辐射的日变化基本一致。一天中，总辐射在夜间为零，日出后逐渐增加，正午达最大值，午后又逐渐减小。

太阳总辐射的年变化与太阳直接辐射基本一致。中高纬度地区，最大值在夏季，最小值在冬季；赤道地区，一年中有两个最大值，分别出现在春分日和秋分日。

太阳总辐射日总量随纬度的分布一般是纬度越低，总辐射越大。在春分日和秋分日，最大值出现在赤道上，由赤道向两极减小。在夏至日和冬至日，最大值出现在极地。总辐射的年总量随纬度的降低而增大，但由于赤道附近云多，太阳辐射被削弱得多，因此，总辐射的年总量最大值并不出现在赤道，而是出现在纬度20°附近。

太阳直接辐射和散射辐射在总辐射中所占的比例随太阳高度和云况而有很大的不同：在日出前和日落后，总辐射完全为散射辐射；日出后，随着太阳高度的升高，太阳直接辐射和散射辐射均增大。但前者增加较快，故散射辐射在总辐射中所占的比例逐渐减小，直接辐射就成为总辐射的主要部分。

2.3.4　地面对太阳辐射的反射

到达地面的总辐射，一部分被地面反射回到大气和宇宙空间，称为地面反射辐射；另一部分总辐射被地面吸收并转变成热能。地面对太阳辐射的反射能力常用反射率（reflectance，r）表示，它是地面各方向上总反射辐射通量密度（Q_r）与投射到该地面的总辐射通量

密度(Q)的比值,即:

$$r = \frac{Q_r}{Q} \tag{2-25}$$

各种下垫面对太阳辐射的反射率的差异主要与下垫面的性质和状态有关,其中以颜色、湿度、粗糙度等的影响较大。此外,太阳高度角的改变,使太阳光线的入射角和光谱成分发生变化,反射率也随之改变。几种不同性质下垫面的平均反射率见表2-4。雪面的反射率最大,而森林、裸地、草地和海面的反射率较小。

表2-4 不同性质下垫面的平均反射率

地面状况	裸地	沙漠	耕地	草地	森林	新雪	陈雪	海面($h>25°$)	海面($h<25°$)
反射率(%)	10~25	25~40	14	15~25	10~20	75~95	25~75	2~10	10~70
地面状况	小麦地	水稻田	针叶林	阔叶林	砂土	黏土	浅色土	深色土	黑钙土
反射率(%)	16~23	12	10~15	15~20	29~35	20	22~32	10~15	5~12

注:引自姜世中,2020。

颜色不同的各种下垫面对太阳辐射可见光部分有选择性反射作用。在可见光谱区,各种颜色表面的最强反射光谱带就是它本身颜色的波长。白色表面具有最强的反射能力,黑色表面的反射能力较小,绿色植物对黄绿光的反射率大。表2-5列出各种下垫面的平均反射率。从中可以看出,颜色不同,反射率可有很大的差异,白沙的反射率可高达40%,而黑钙土的反射率只有5%~12%。

一般来说,水面的反射率比陆地的小,陆地表面的反射率为10%~30%,海平面平均反射率约为10%。但水面的反射率随太阳高度角的变化比陆地表面的大,太阳高度角越小,其反射率越大(表2-5)。此外,水面的反射率还与水面平静程度及水的浑浊度有关。海冰的反射率为30%~40%。

表2-5 不同太阳高度角水面的平均反射率

太阳高度角	90°	70°	50°	40°	30°	20°	10°	5°
反射率(%)	2.0	2.1	2.5	3.4	6.0	13.4	34.8	58.4

注:引自姜世中,2020。

2.4 地面辐射、大气辐射和地面净辐射

由前面的讨论可知,太阳辐射虽是地球上的主要能量来源,但大气(尤其是低层大气)对太阳辐射吸收很少,而地面能吸收大量的太阳辐射。地面吸收太阳辐射的同时,按其本身的温度不断地向外发射长波辐射;大气强烈吸收地面长波辐射的同时,也按其本身的温度向外发射长波辐射。通过长波辐射,地面和大气之间及大气中气层和气层之间相互交换热量,并向宇宙空间散发着热量。

2.4.1 地面辐射

地面在吸收太阳辐射的同时，按其本身的温度向外放出辐射能，称为地面辐射（surface/ground radiation）。地面辐射可看作灰体辐射，根据斯蒂芬-玻尔兹曼定律，地面辐射可表示为：

$$E_g = \delta_g \sigma T^4 \tag{2-26}$$

式中，E_g 为地面辐射；$\sigma = 5.67 \times 10^{-8}$ W/(m²·K⁴)；T 为地面温度（K）；δ_g 为地面的相对辐射率（relative radiation rate），又称比辐射率，是指地面的辐射能力与同温度下黑体辐射能力的比值。由此可知，地面辐射能力随地面温度和地面性质而改变。

地面温度越高，辐射能力则越强。白天地面温度比夜间高，因此地面辐射比夜间强，但是由于白天因吸收的太阳辐射总量大大超过了地面辐射所损失的能量，白天地面温度是上升的；夜间没有太阳辐射的情况下，由于地面辐射散发能量导致地面温度降低。地面性质不同，其向外辐射的能力也不同，不同性质下垫面的相对辐射率见表2-6。由表可知，绝大部分下垫面的辐射能力为黑体辐射的80%以上，新雪的相对辐射率最大，为99%，对于长波辐射来说，可把新雪视为黑体。一般情况下，地面的相对辐射率取0.90~0.95。例如，当地面温度取15 ℃，$\varepsilon = 0.9$ 时，地面的辐射能力为 $E_g = 0.9 \times 5.67 \times 10^{-8} \times (288)^4 = 351$ （W/m²）。

表 2-6 不同性质下垫面的相对辐射率

地面物质	石英	石灰石	花岗岩	干沙	湿沙	干沙性土壤	黑土	黄黏土	浅草
相对辐射率	0.712	0.910	0.815~0.893	0.914	0.936	0.954	0.870	0.850	0.840
地面物质	厚绿草	针叶树	沥青	纯水	海水	泥炭	新雪	湿雪	冰
相对辐射率	0.936	0.971	0.956	0.993	0.960	0.97~0.983	0.986	0.997	0.980

注：引自姜世中，2020。

2.4.2 大气辐射

大气在吸收地面长波辐射的同时，按其本身的温度向外放出辐射能，称为大气辐射（atmospheric radiation）。大气辐射也可近似看作灰体辐射，计算公式为：

$$E_a = \delta_a \sigma T^4 \tag{2-27}$$

式中，E_a 为大气辐射；δ_a 为大气的相对辐射率；T 为大气温度（K）；$\delta = 5.67 \times 10^8$ W/(m²·k)。对流层大气平均温度为250 K，绝大部分大气辐射能集中在 4~120 μm 波长范围内，最大辐射能力的波长为 11.6 μm。

大气辐射朝向四面八方，其中一部分外逸到宇宙中；另一部分投向地面，称为大气逆辐射（downward atmospheric radiation，用 E'_a 表示）。地面辐射被大气吸收，同时大气逆辐射的一部分被地面吸收，从而使地面因放射长波辐射而损失的能量得到一定的补偿，可见大气对地面起了保温作用，大气对短波辐射的透明和阻拦长波辐射逸出的作用很像温室玻璃的作用，故称大气的温室效应。据估算，如果没有地球大气，地面的平均温度将是 -23 ℃ 左右，实际上地面平均温度约为 15 ℃，这说明大气的存在使地面温度提高了约 38 ℃。

2.4.3 地面有效辐射

地面放射的辐射(E_g)与地面吸收的大气逆辐射之差,称为地面有效辐射(surface effective radiation)。地面有效辐射可用下式表示:

$$F = E_g - \varepsilon E'_a \tag{2-28}$$

式中,F 为地面有效辐射,地面有效辐射表明了在长波辐射的交换过程中地面能量的损失。当 $E_g > \varepsilon E'_a$ 时,F 为正值,这意味着地面从大气逆辐射所获得的能量并不能完全补偿自身辐射所损失的能量,即通过长波辐射的放射和吸收,地面失去能量;当 $E_g < \varepsilon E'_a$ 时,F 为负值,只有当大气温度高于地面温度时,大气逆辐射才有可能大于地面辐射值,这时通过长波辐射交换使地面从大气得到能量。通常情况下,地面温度高于大气温度,相应地,E_g 也大于 $\varepsilon E'_a$,F 为正值,只有当近地面气层有很强的逆温或空气湿度很大的情况下,有效辐射才可能为负值。地面有效辐射的强弱受多种因素的影响。

地面温度、大气温度、空气湿度和云况对地面有效辐射均有重要影响。地面温度高时,地面辐射增强,有效辐射增大;大气温度高时,大气逆辐射增强,有效辐射减小;大气湿度增大时,有效辐射减小;反之,大气湿度减小,有效辐射增大。云量多、云层厚,大气逆辐射增强,有效辐射减小,浓厚的低云甚至可使地面有效辐射为零。

地面有效辐射具有明显的日变化和年变化。其日变化具有与温度日变化相似的特征。在白天,由于低层大气中垂直温度梯度增大,有效辐射也增大,中午 12:00~14:00 达到最大;而在夜间由于地面辐射冷却,有效辐射值也逐渐减小,在清晨达到最小。当天空有云时,可以破坏有效辐射的日变化规律。有效辐射的年变化也与气温的年变化相似,夏季最大,冬季最小。但由于水汽和云的影响,有效辐射的最大值不一定出现在盛夏。我国秦岭、淮河以南地区有效辐射秋季最大、春季最小;华北、东北等地区有效辐射则春季最大、夏季最小,这是水汽和云况影响的结果。

全球有效辐射年总量的最大值出现在热带大陆的沙漠地区,这是由于热带沙漠地区下垫面的巨大增温及空气湿度很小;赤道附近有效辐射年总量较低,并且在赤道附近的大陆上和海洋上的有效辐射并无多大差异。在大洋上,有效辐射随着纬度的增加而增大,直到纬度 60°处达到最大值;纬度再增高,有效辐射又将减小,甚至改变符号。在大陆地区,除热带纬度外,有效辐射平均比同纬度的洋面上稍大,在干燥地区尤其如此。

2.4.4 地面净辐射

任何物体都能不断地以辐射方式进行着热量交换。地面辐射能的总收入和总支出之差值称为地面净辐射(surface net radiation),又称地面辐射差额或地面辐射平衡。地表面辐射能的收支可用地面辐射平衡方程表示:

$$R = (S' + D)(1 - r) - F \tag{2-29}$$

式中,R 为地面净辐射;$(S' + D)$ 为到达地面的太阳总辐射;r 为地面反射率;F 为地面有效辐射。

在没有其他方式进行热交换时,辐射差额决定着物体的升温或降温。当 $R = 0$ 时,地面热量收支平衡;当 $R > 0$ 时,地面吸收的太阳总辐射大于地面有效辐射,地面有能量的积累；当 $R<0$ 时，地面因辐射有能量的亏损。阴天时，$S'=0$，地面辐射平衡方程改写成 $R=D(1-\alpha)-F$，夜间地面没有太阳辐射的收入，$R=-F$。

式(2-29)表明，地面净辐射受总辐射、有效辐射和地面反射率等因子的影响，这些因子又受制于如太阳高度角、昼夜长短、下垫面特性、大气成分及天空云况等多因子，致使净辐射值在不同的地理环境、不同的气候条件下有所不同。

净辐射有明显的日变化和年变化。在一天内，白天，地面吸收的太阳辐射能大于支出的辐射能，即 $(S'+D)(1-r)>F$，所以 R 为正值，白天太阳短波辐射起主导作用，一般正午时 R 达最大值；夜间，地面得不到太阳辐射，所以 $R=-F$，即夜间地面净辐射在数值上等于地面有效辐射。R 由正转变为负，或由负转变为正的时间分别出现在日落前及日出后太阳高度角为 $10°\sim15°$ 时，与日出、日落时间相差 $1\sim1.5$ h。一年中，夏季为正值，冬季为负值，最大值出现在 6 月，最小值出现在 12 月，与正午太阳高度角的年变化一致。正负值转换的月份因纬度而不同，纬度越低，净辐射维持正值时间越长，高纬度则越短（图 2-11）。

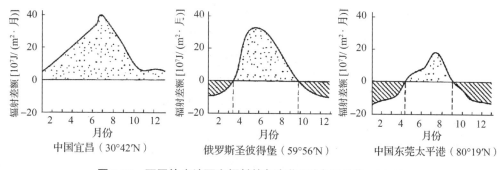

图 2-11 不同纬度地面净辐射的年变化(引自王世华，2019)

全球地面净辐射年平均值随纬度的增加而减小。赤道附近为 $160\sim180$ W/m²，$60°$ 纬度处减小至 $20\sim40$ W/m²。在全球大多数地区，地面辐射差额为正，不过在极地的冬季，地面辐射差额为负，这是因为极夜太阳入射辐射非常小或接近于零。

地面净辐射在天气、气候及农田小气候的形成与变化中有重要作用。地面净辐射对土壤温度、空气温度和地面水分的蒸发，以及露、雾、霜和霜冻的形成有重要影响。有目的地改变地面净辐射，就可改变和改善气候和小气候条件。例如，采用覆盖，可减少地面有效辐射；用遮阴、屏障，可改变辐射能的收支；通过土壤染色、松土、铺砂或灌溉等，改变地面的反射率，进而调节土壤温度。

2.5 太阳辐射与农林业生产

2.5.1 不同光谱成分对植物的影响

到达地面的太阳辐射光谱大致分为紫外辐射、可见光辐射和红外辐射 3 个波谱段，各波谱段对植物有不同的生物学意义。

2.5.1.1 紫外辐射

到达地面的紫外辐射，虽然在太阳辐射波谱中的比例小，但有较强的生物学意义。紫外辐射中波长较短部分能抑制作物生长，杀死病菌孢子。其中波长小于 0.290 μm 的短紫外辐射对生物有伤害作用，波长越短伤害性越大，有人称为灭生性辐射。幸有臭氧层吸收，保护了地面生物。其波长较长部分对作物有刺激作用，可促进种子萌发。农民播种前晒种就是这个道理。紫外辐射还能促进果实成熟，提高蛋白质和维生素含量。在果实成熟时，紫外辐射丰富，可增加果实含糖量，且使果实着色好，所以向阳果实比较香甜。高山、高原紫外辐射较多，植物根部发达，茎节短小，叶面窄小。减少紫外辐射有利于提高茶叶、纤维植物、生姜、芹菜、韭黄等作物的品质。

此外，紫外辐射对生物的向光性、感光性和趋光性有重要作用。

2.5.1.2 可见光辐射

可见光辐射对植物生活机能起决定性作用，真正对有机物质合成和植物产量形成有实际意义的波谱段是 0.4~0.76 μm 的可见光谱区，其中最有效的是红橙光和蓝紫光。

波长为 0.61~0.760 μm 的红橙光谱区，是叶绿素吸收最强的光谱带，也是红光光谱区的光合活性最强的光谱带。在这一波谱段辐射的作用下，植物的光合作用、肉质直根、鳞茎、球茎等的形成过程，植物开花过程和光周期过程都能以最大速度完成。其中波长为 0.73 μm 附近和 0.660 μm 附近的红光影响长日照植物和短日照植物的开花，影响植物茎的伸长和种子萌发。红橙光谱区对形成光学机构起主要作用，对植物化学成分有强烈的影响，形成的碳水化合物多。

波长为 0.4~0.51 μm 的蓝紫光谱区，是一个强的叶绿素吸收带和黄色素吸收带，又是可见光中强的光合作用活性光谱带。它的效率虽只及红橙光的一半，但对植物化学成分有强烈影响，能促进蛋白质和脂肪的合成和数量的增加；对叶片和质体的运动起主要作用；大多数情况下，还能延迟植物开花。

波长为 0.495~0.595 μm 的黄绿光谱区，是低光合效率和无特殊意义的光谱区，同时也是一个弱活性带，叶片吸收很少，几乎被绿色植物反射。

叶绿素 a 和叶绿素 b 大量吸收红橙光和蓝紫光；胡萝卜素和叶黄素吸收多为青蓝光，其次为绿紫光。

有试验证明，在量子密度相同的红光与蓝光下，叶片干物重的增加，前者大于后者。其原因可能是这两种光的量子效率不同。红光下所增长的干物质中有 68% 为碳水化合物，而蓝光下仅为 42%。故红光有利于碳水化合物的积累，蓝光有利于蛋白质和非碳水化合物的积累。

2.5.1.3 红外辐射

波长大于 1 μm 的远红外辐射，对植物无特殊效应，一旦被植物吸收，立即转换成热能而不参与光化学反应过程。

波长 1~0.710 μm 的近红外辐射和红光辐射，是对植物细胞有伸长作用的波谱带。

红外辐射对植物的萌芽和生长有刺激作用，但不能直接被叶绿体吸收。因此，红外辐射主要是提高地面、大气和植物体温度，为植物生长发育提供必需的热量条件。

2.5.2 光照强度对植物的影响

光照强度是太阳可见光在物体表面的照度。光照强度的大小取决于可见光的强弱,包括直射光和散射光。

在自然光照条件下,由于天气状况、季节变化和植株密度的不同,光照度常有很大的变化。阴天的光照度小,晴天的光照度大。一天中,早晚的光照度小,中午的光照度大。一年中,冬季的光照度小,夏季的光照度大。植株密度大时,株间光照度小;植株密度小时,株间光照度大。

2.5.2.1 光饱和点和光补偿点

光照度对植物的生长发育影响很大,直接影响植物的光合作用强弱。在一定光照度范围内,随着光照度的增加,光合效率也相应地增加。但当光照度超过一定的限度时,光照度即使继续增大,光合效率也不再增加,此时的光照度即光饱和点(light saturation point),也称饱和光强。过强的光照度会破坏原生质,引起叶绿素分解,或者使细胞失水过多而使气孔关闭,造成光合作用减弱,甚至停止。光照度过弱时,植物光合作用制造的有机物质比呼吸作用消耗的还少,这时植物就会停止生长。林冠下的幼树,有时因光照不足,会导致叶和嫩枝枯萎,甚至死亡。因此,只有当光照度能够满足光合作用的要求时,植物才能生长发育良好。植物呼吸作用与光合作用强度相等时的光照度,称为光补偿点(light compensation point),也称补偿光强。在补偿点以上,光合作用(积累)大于呼吸作用(消耗)。所以,培育作物新品种时要求作物品种所需光补偿点越低,光饱和点越高,越能充分利用光能,获得高产。

2.5.2.2 光照强度与植物的产量和品质

强光有利于作物繁殖器官的发育,相对的弱光却有利于营养生长。因此,多云的天气条件对以植株营养部分为收获对象的作物有利,晴朗的天气条件对以果实籽粒为收获对象的作物有利。遮光的试验证明:强光下,小麦可以分化更多的小花;弱光下,小花分化减小。强光还有利于黄瓜雌花增加,雄花减少;弱光则使棉花徒长,并因光合作用形成的营养物质相对减少,造成蕾铃的大量脱落。

光照度对植物产品质量有影响。生长在遮阴地的与生长在光照好的相比,禾本科作物的蛋白质含量会少,糖用甜菜根中的含糖量较少,马铃薯的块茎中淀粉量也变少。光照条件很好的瓜果因含糖多而香甜可口,如吐鲁番葡萄和哈密瓜。

不同的植物对光照度的要求是不同的。有些喜光,要求在强光照下生长,属于喜光植物。有些植物比较耐阴,它们在微弱的阳光下就能正常生长发育,属于耐阴植物。因此,人们可根据植物需光特性实行立体用光。

光照度对树木的外形也有影响。例如,长在空旷地的孤立木,常常是树干粗矮,树冠庞大;生长在光照度较弱条件下的树木,树干细长,树冠狭窄且集中于上部,节少挺直,生长均匀。

多数栽培作物正常生长发育的适宜照度为 8 000~12 000 lx,光照过强或不足都会引起植物生长不良,产量降低,甚至死亡,如过热、灼伤、黄化、倒伏等。根据作物的要求,正确地调节照度以提高对太阳能的利用,是栽培措施需要解决的重要问题之一。

2.5.3 光照时间对植物的影响

昼夜交替、光暗变换及其时间长短对植物进入发育阶段(开花结果)的影响,称光周期现象(photoperiodism)。昼夜长短变化作为一信息传递给植物,诱导了植物的一系列生长发育过程。起源于不同纬度的植物,由于长期生活在不同的昼夜交替、光暗变换条件下,在生理变化上适应了外界昼夜交替、光暗变换的变化,形成了不同的生物特性。根据植物对白昼长短的反应可把植物分为3类。

(1) 长日照植物

长日照植物(critical day length)在发育前期,要在较长白昼条件下,才能进入开花结实的植物。例如,小麦、大麦、燕麦、马铃薯、油菜、甜菜、豌豆、洋葱、菠菜、蒜、落叶松等。这类植物要求日照越长,发育(开花结实)越快,若缩短日照时间则只长茎叶而延迟或不开花。长日照植物一般发源于高纬度地区,多为耐寒植物。此类植物往南方引种易出现不开花结果现象。

(2) 短日照植物

短日照植物(short day plant)在发育前期,要在较短白昼条件下,才能进入开花结实的植物。例如,水稻、玉米、高粱、棉花、大豆、烟草、甘薯、茶树等。短日照植物要求日照越短,发育越快,若延长日照时间则只长茎叶而延迟或不开花。这类植物多发源于低纬度地区,多为喜温植物。此类植物由原产地北引时易出现延迟抽穗开花现象,由原产地南引时易出现早花早实现象。

(3) 中间性植物

中间性植物(neutrophilous plant)对日照长短不敏感。例如,荞麦、茄子、黄瓜等。日照时间长短主要影响植物发育阶段,但是,短日照也可诱导植物停止生长和昆虫滞育。在温带地区日照缩短预示着冬季来临,当日照时间缩短到一定程度时,树体接收此信息后进行一系列生理变化,芽休眠和落叶与短日照诱导密切相关;滞育型昆虫在短日照下滞育也与短日照诱导有关。

植物被分成长日照植物和短日照植物类型,需要一个客观的日照时间的标准,即植物通过光周期而开花结果的光照时间临近界值,称为临界日照长度。对长日照植物取其下限值,要求日照时间不短于这个界限;对短日照植物取其上限值,要求日照时间不长于这个界限。长于或短于这个界限,长、短日照植物都不能开花结实,始终保持原有的营养生长状态。临界日照长度随植物生境的纬度而改变。一般以每日时间 12~14 h 为临界日照时间长度,但并非任何植物都是如此。例如,短日照植物苍耳,临界日长达 16 h;而长日照植物天仙子,临界日长仅 12 h。植物对日照时间长短的反应特性称为植物感光性,感光性强即反应敏感,感光性弱即反应迟钝。

2.5.4 植物的光能利用率及其提高途径

2.5.4.1 光能利用率的定义及其计算

单位面积上作物收获物中所储存的能量与同期投射到该单位面积上太阳辐射能(或生

理辐射)的百分比,称为光能利用率(solar energy use efficiency,P)。即:

$$P = \frac{hm}{\sum (S' + D)} \times 100\% \tag{2-30}$$

式中,m 为单位面积上作物产量的干重,如果是作物根茎叶果实全部干重,则叫作生物学产量,据此而计算出的太阳能利用率,以 P_b 表示;如果 m 只是具有经济价值的收获物,如籽粒、块茎、块根、果实、茶叶等的干重,则称为经济产量,据此计算出的光能利用率可用 P_e 表示。h 为每克干物质燃烧所产生的热量,称为折能系数,不同物质成分的 h 值不同。平均而言,作物中的碳水化合物为 17 368 J/g,蛋白质为 23 645 J/g,脂肪为 39 339 J/g,各种作物所含以上成分不同,h 值自有差异。各种作物总以碳水化合物含量为主,在不求十分精确的情况下,常以 17 368 J/g 计算。$(S'+D)$ 为到达单位水平表面上的直接辐射加散射辐射的日总量,$\sum (S' + D)$ 为全生长期中太阳总辐射日总量的总和。

如果计算光合有效辐射的利用率,则可直接辐射及散射辐射分别乘系数 0.43 及 0.57,求出生长期中单位面积上获得的光合有效辐射值。为简化计算,也常将总辐射值乘系数 0.5。

现代的研究结果表明,在水、热、矿物营养得到保证的情况下,光合有效辐射有效利用系数 10% 是理论上可能达到的产量上限。由于种种原因,如在整个植物生长期内的温度条件、水分供应、矿物质营养等未能完全满足植物的最适要求,作物群体下部受光量不足、二氧化碳浓度低、生长初期叶面积很小、漏光量多,成熟期光合机能衰退,茬口间光能未被利用(与计算光能的年利用率有关),以及病虫及自然灾害的影响等,一般都难达到这样高的数值。目前,每公顷 15 000 kg 以上的产量水平,其经济产量的光合有效辐射利用率也不超过 2%,说明提高光能利用率以增加单位面积产量这种措施的潜力是很大的。

2.5.4.2 提高太阳能利用率的途径

太阳辐射能是植物光合作用过程的唯一能源。从能量角度来看,提高单位面积的植物产量,就是提高光能利用率。提高植物光能利用率的基本问题是探明植物的内在生理因素和外在生态条件,可通过农业技术措施加以调节和改善。一方面通过培育和筛选高光合效率新品种来充分发挥植物个体光能利用潜力;另一方面通过耕作改制和农业技术手段来挖掘植物群体充分利用光能的潜力。具体途径如下。

①改革耕作制度,充分利用生长季。在温度条件许可范围内,使一年中尽可能多的时间在耕地上长满作物。

②采用合适的栽培技术措施,通过合理密植、间作套种、育苗移栽等技术,尽可能扩大田间群体绿色叶面积,并维持较长功能期,使之有利于光合产量的积累。

③选育高光合效率新品种,使作物新品种有好的株叶型,其光饱和点高,光补偿点低。

④科学施肥,合理施肥,改善田间二氧化碳供应,使作物营养充足而协调。

⑤改造自然条件(如兴修水利、温室、塑料棚、地膜、人工调剂光照等),使光、热、水资源达到最佳配合。

⑥及时预测和防治病虫害及其他自然灾害。

⑦对于果林方面，可采用林粮间作、抚育间伐、合理修剪、小株密植等措施，以达到合理充分利用光能，提高果林产量的目的。

思考题

1. 太阳辐射在大气中衰减的原因是什么？到达地面的总辐射由哪两部分组成？试比较二者的不同。
2. 为什么在大气比较干洁时，太空呈蔚蓝色，而浑浊时天空呈灰白色？
3. 太阳辐射随太阳高度角、大气透明度、纬度、海拔是如何变化的？
4. 计算西安地区(34°N，109°E)10月13日(a)13:00时的太阳高度角和方位角；(b)日出、日落时角及昼长。
5. 若不考虑日地距离变化，假定 $d=d_0$，求北半球纬度 $\phi=0°$、40°、90°处，在春分、夏至、秋分、冬至时大气上界水平面上太阳辐射日总量的值(Q_d)，并说明这3个纬度上 Q_d 年变化的不同特点。
6. 太阳辐射和地面辐射有何异同？
7. 什么叫地面有效辐射？其影响因子有哪些？
8. 在南北引种过程中，为什么长日照植物引种较短日照植物容易？
9. 什么是光能利用率？影响光能利用率提高的因素有哪些？

参考文献

龚强，2000. 沈阳市太阳辐射状况的初步分析[J]. 辽宁气象(2)：26-28.

穆彪，张邦琨. 农业气象学[M]. 贵阳：贵州科技出版社，1997.

S. 图梅，1984. 大气气溶胶[M]. 王明星，王庚辰，译. 北京：科学出版社.

盛裴轩，毛节泰，李建国，等，2003. 大气物理学[M]. 北京：北京大学出版社.

王世华，崔日鲜，张艳慧，2019. 农业气象学[M]. 北京：化学工业出版社.

姜世中，2020. 气象学与气候学[M]. 2版. 北京：科学出版社.

葛朝霞，曹丽青，2009. 气象学与气候学教程[M]. 北京：中国水利水电出版社.

严菊芳，刘淑明，2018. 农林气象学[M]. 北京：气象出版社.

张嵩午，刘淑明，2007. 农林气象学[M]. 杨凌：西北农林科技大学出版社.

MIE G，1908. A contribution to the optics of turbid media, especially colloidal metallic suspensions[J]. Ann. phys.，25(4)：377-445.

第3章 地—气系统的热状况

地—气系统(earth-air system)的热状况是植物生命活动的重要条件之一。温度(temperature)是地—气系统热状况的表征值,是重要的气象要素之一,也是气候系统状态及演变的主要控制因子。本章主要阐述土壤、大气和水的增温冷却过程、温度变化规律、成因及温度对植物生长发育的影响。

3.1 土壤与空气的热量交换方式

地球表面热量的来源是太阳辐射,地球表面吸收太阳辐射后,如何将热量传递给土壤下层和大气,大气和水体上下层之间又如何进行热量传递,从而引起土壤、空气和水体温度发生变化。物质之间热量交换(radiant heat exchange)的方式主要归纳为以下几种。

3.1.1 分子热传导

通过分子运动来传递热量的方式,称为分子热传导(molecular heat conduction),是土壤中热量传递的主要方式。分子热传导的强弱直接影响着土壤层内热量的分布状况,影响土壤温度的变化。由于静止的空气是热的不良导体,分子导热率很小,通过分子热传导方式传递的热量很少,仅在贴地气层(约几毫米到几厘米,空气密度大,单位距离内温度差异也较大)中较为明显,一般忽略不计。

3.1.2 辐射热交换

辐射热交换(radiant heat exchange)是地面和大气层之间进行热交换的主要方式。地面吸收太阳短波辐射和大气逆辐射,同时放射长波辐射,大气主要吸收地面的长波辐射增热,地面与大气之间不停地通过长波辐射进行交换热量。

3.1.3 对流热交换

垂直方向上空气大规模、有规律的升降运动,称为对流(convection),依据形成原因可分为热力对流和动力对流。

(1)热力对流(自由对流)

热力对流是由热力引起的对流。通常在低层大气温度剧烈增高或高层空气冷却时,上下层温差加大,下层空气密度小,上层密度大,空气处于不稳定状态,进而产生对流运动,进行热量交换。

(2)动力对流(强迫对流)

动力对流是由动力引起的对流。即水平流动的空气遇到山脉等障碍物时被迫抬升,或者因受其他外力作用强迫抬升而发生垂直运动。

实际大气中对流运动大多是由热力原因和动力抬升共同引起的。对流的结果使上下层空气混合,并发生热量交换。一般在夏季及午后对流较强,冬季及清晨较弱。对流运动是对流层中上下层空气热量交换的主要方式。

3.1.4 乱流热交换

当下垫面受热不均匀,或者空气沿着粗糙不平的下垫面移动时,常出现一种小规模、无规则的升降气流或空气的涡旋运动,这种空气微团的不规则运动称为乱流(turbulence),也称湍流。乱流可使空气在各个方向得到充分混合,并伴随热量交换。与对流相比,乱流的规模较小,但它"无处不在、无时不有",更具有普遍性,对缓和近地气层的温度变化起着十分重要的作用,是摩擦层空气之间热量交换的主要方式之一。

3.1.5 平流热交换

大范围地区空气的水平运动称为平流(advection)。冬季大规模冷空气南下,所到之处温度下降;夏季暖湿空气北上,所经之地温度上升。平流是对流层中水平方向上热量交换的主要方式,可以调节地区之间和纬度之间的温度差异。

3.1.6 潜热交换

由水的相变过程引起的热量转移,称为潜热交换(latent heat exchange)。大气中水分蒸发或升华消耗热量,水汽凝结或凝华释放出来。由于大气中水分主要集中在 5 km 以下气层,潜热交换对下垫面温度和对流层温度变化有直接影响,特别是在天气演变过程中起着重要作用。

3.2 土壤温度

3.2.1 地面热量收支状况

土壤温度的变化由地表热量收支(surface heat budget)状况决定,通常用地面热量平衡方程来表示:

$$R = P + B + LE \tag{3-1}$$

式中,R 为土壤表面的净辐射,又称辐射差额;P 为地表面与大气之间的乱流交换热通量,也称感热通量;B 为地表面与下层土壤间的分子传导热通量;LE 为地表面水分蒸发或水汽凝结的潜热通量,其中 L 为蒸发或凝结潜热,E 为蒸发量或凝结量。各项单位均为 W/m^2。

白天,从日出后 1 h 到日落前 1 h,地表面吸收的太阳辐射大于地面有效辐射,净辐射(R)为正值,地面吸收的辐射转变为热能,使地表温度高于贴地气层和地表下层,于是热量从温度高的地表向温度低的贴地层和地表下层传递,一是以乱流热交换方式使空气升温,二是以分子热传导方式使土壤升温,三是以潜热方式促使土壤水分蒸发进入近地层[图 3-1(白天)]。

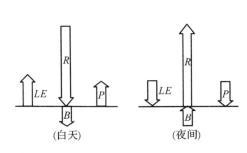
图 3-1 土壤表面热量收支示意

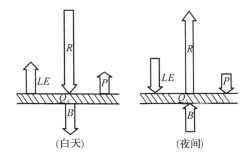
图 3-2 土壤层热量收支示意

夜间，从日落前 1 h 至次日日出后 1 h，地面吸收的太阳辐射小于地面有效辐射，净辐射（R）为负值，地表因消耗能量而降温，使地表温度低于近地层空气和地表下层的温度，于是空气和地表下层将热量以不同传递方式输送给土壤表面，同时空气中水汽以凝结释放潜热的方式传递热量给地表[图 3-1（夜间）]。

式(3-1)中，R、P、B、LE 在地表获得热量时为正值，在地表失去热量时为负值。

由于式(3-1)中是把地表面作为一个几何平面进行分析的，而实际上辐射能的交换及地表面和空气、地表面和地表下层之间的热量交换是在一定厚度的层间进行的，故可将式(3-1)的 B 分解为地表面土壤的热量收支（Q_S）和下层土壤的热量收支（B'）之和（图 3-2），则式(3-1)可写成：

$$Q_S = R - P - B' - LE \tag{3-2}$$

当 Q_S 为正值时，地表层得到热量大于失去的热量，地表温度上升；当 Q_S 为负值时，地表温度下降；当 $Q_S=0$ 时，地表层得热失热相同，地面温度出现最高或最低值。

在不同时间、不同性质的下垫面上，地面热量平衡方程中各项收支大小不同，导致地表温度发生变化。例如，林地和沙地获得相同的净辐射，沙地的 LE 项几乎为零，B' 也很小，P 和 Q_S 的偏大，造成地面和空气温度变化剧烈；相对而言，林内湿度较大，温度变化缓和。

3.2.2 土壤的热特性

不同的下垫面在热量收支状况相同时，温度变化不同，这是因为温度的高低不只受地面热量收支的支配，还受土壤热特性的影响。土壤的热特性包括热容（heat capacity）、导热率（thermal conductivity）和导温率（temperature conductivity）等。

3.2.2.1 热 容

热容包括质量热容 c_m（massic heat capacity）和质量定容热容 c_V（massic heat capacity at constant volume）。

（1）质量热容

单位质量的土壤，温度变化 1 K 时所吸收或放出的热量，称为质量热容，简称比热，单位为 J/(kg·K)或 J/(g·K)。

（2）质量定容热容

质量定容热容是指单位体积的土壤，温度变化 1 K 时所吸收或放出的热量，单位是

J/(m³·K)。质量定容热容与质量热容的关系是：

$$c_V = c\rho \tag{3-3}$$

式中，c_V 为质量定容热容；c_m 为质量热容；ρ 为密度。

显然，当土壤获得或失去相同的热量时，热容越大的土壤，升温或降温都缓和。农林气象上通常使用质量定容热容。

土壤是由固体成分和不定量的水及空气组成，各固体成分的质量定容热容变化不大，因此，土壤质量定容热容的大小主要取决于土壤中比例发生变化的水和空气，即土壤的湿度和孔隙度。土壤热容的大小主要取决于土壤的组成成分和组成比例，不同的土壤组成成分，具有不同的质量定容热容(表3-1)。

表3-1　土壤固体成分、空气和水的热特性

土壤成分	质量定容热容(c_V) [×10⁶ J/(m³·K)]	导热率(λ) [J/(m·s·K)]	导温率(K) (×10⁻⁶ m²/s)
固体	2.05~2.43	0.8~2.8	0.39~1.15
空气	0.0013	0.021	16
水	4.19	0.59	0.15

注：引自张嵩午等，2007。

从表3-1可知，质量定容热容空气的最小，水的最大，为空气质量定容热容的3 000多倍，约为土壤固体成分的2倍。

土壤质量定容热容随着土壤湿度的增大而增加，随着土壤孔隙度增大而减少。干燥疏松的土壤具有较多的孔隙，热容小，升温降温都迅速；潮湿紧实的土壤湿度大，空隙小，热容大，温度升降缓和。春季时，对于干燥的沙质土壤，由于迅速升温，农事活动可以相应提早。

自然状况下，土壤孔隙的变化并不大，所以质量定容热容的变化主要取决于土壤湿度的变化。如耕翻后的土壤，孔隙度增大，若土壤水分没有增加，则土壤热容量减小；镇压后的土壤，孔隙度减小，热容增加。

3.2.2.2　导热率(λ)

当物体不同部位之间存在温差时，就会产生由高温到低温间热量的传递，物体传递热量的能力用导热率来表示。

导热率指单位厚度(1 m)的土壤垂直方向上温度相差1 K时，在单位截面土柱内，每秒所通过的热量，也称土壤的热导率或导热系数，单位为J/(m·s·K)。它表示土壤内部传递热量的能力，当其他条件相同时，导热率越大，物体表面温度变化越缓和。

土壤导热率的大小，也取决于土壤组成成分和组成比例。从表3-1可以看出，土壤固体成分导热率最大；空气的导热率最小；水分的导热率居中，但比空气的导热率大20余倍。土壤的固体成分一般不变，因此，当土壤湿度增加时，土壤导热率变大；当孔隙度增大时，土壤导热率变小。另外，土壤中有机质含量越多，导热率越小。

单位时间内通过单位面积的热量称为土壤热通量，单位是J/(m²·s)。它与土温垂直梯度成正比，则有：

$$B = -\lambda(\Delta T/\Delta Z) \qquad (3-4)$$

式中，B 为土壤热通量；$\Delta T/\Delta Z$ 为土壤温度垂直梯度；λ 为导热率；负号表示热量传递方向是由高温指向低温。当 B 为正时，热量由地面向下传递；当 B 为负时，热量由下向地面传递，导热率越大，热量传递越快。

3.2.2.3 导温率（K）

因导热引起土壤不同层次温度变化的现象，称为土壤导温性，其大小由导温率表示。即指单位容积的土壤，由垂直方向流入或流出 λ 的热量后，温度升高或降低的数值，也称热扩散率，单位为 m^2/s。它表示因传递热量土壤消除层次间温度差异的能力，可用下式表示：

$$K = \lambda/c_V \qquad (3-5)$$

式中，K 为导温率；λ 为导热率；c_V 为质量定容热容。

由表 3-1 可知，导温率最大的是空气，它比水的导温率大百倍，比土壤固体颗粒大几十倍。因此，过湿的沼泽土壤导温性很差。

由式(3-5)可知，土壤导温率与导热率成正比，与质量定容热容成反比。土壤中，随着土壤湿度增加，导热率和热容都是增大的，但两者增大的速度不同，因此，导温率与土壤湿度的关系比较复杂。据研究，在干土变湿土时，随湿度增大导热率增大速度超过质量定容热容增大速度，导温率是随土壤湿度的增大而增大；但当土壤湿度增大到一定程度后，质量定容热容增大速度超过导热率增大的速度，导温率随湿度增大而减少。因此，土壤湿度在 20%~30%，土壤的导温性能最好，太干或太湿都不好。

土壤导温率决定着土壤温度的垂直分布及最高、最低温度出现的时间。在其他条件相同时，导温率越大，土壤表面温度变化越小，而土壤内温度变化越大。同时，导温率越大，土壤温度变化所及的深度也越深，各深度最高温度和最低温度与地表出现的时间相差越短。

在农林业生产中，通常利用灌溉、镇压、松土（浅锄、中耕、深翻）、覆盖等方法来调节土壤温度，实质是通过改变土壤中水分和空气的含量来改变土壤热特性。例如，冬灌可以减轻冻害和冷害，夏灌可以减轻干热风及高温带来的灾害。

3.2.3 土壤温度随时间的变化

受到达地面太阳辐射周期性变化的影响，土壤温度（soil temperature）出现相应周期性的日变化和年变化。通常温度的变化用"较差"和"极值出现时间"来描述。较差又称变幅，有日较差和年较差，较差的 1/2 称为振幅（amplitude）。日较差（diurnal range）是指一日的最高温度与最低温度之差，年较差（annual range）是指一年里最热月的平均温度与最冷月平均温度之差，极值出现的时间是指最高温度或最低温度出现的时间。

3.2.3.1 土壤温度的日变化

1) 土壤温度的日变化规律

土壤温度日变化是指土壤温度一昼夜内随时间的连续性变化。观测证明，一天中土壤表面温度出现一个最高值和一个最低值，通常最高温度出现在 13:00 左右，最低温度出现在日出前。正午过后,太阳辐射逐渐减弱,但土壤表面收入的热量仍然大于由不同方式所支出的热量,即土壤表层的 Q_S 为正值($Q_S>0$),所以温度继续上升;到 13:00 左右,热量收支达到平衡($Q_S=0$);之后,Q_S 为负值($Q_S<0$),温度下降,所以土壤表面的最高温度不是出现在正午太阳辐射最强时,而是出现在能量积累最大的 13:00 左右。

最低温度出现在地表面热量差额 Q_S 由负值转为正值的平衡时刻,即将近日出的时候。日出前,土壤表面经过夜间的冷却,通过长波辐射失去的能量越来越少,几乎完全由分子热传导、水相变化传输来的热量予以补偿,因而日出前出现热量差额由负值转为正值的平衡时刻,热量积累最少,故出现最低温度。

2)影响土壤变化的因素

土壤表面温度日较差的大小主要取决于土壤表层的热量收支及土壤的热特性,与季节、纬度、地形、地面颜色、土壤自然覆盖及天气条件等有关。

(1)太阳高度角

太阳高度角是影响土壤表面温度的主要因子,太阳高度角的大小决定地面接受太阳辐射的多少。正午时刻太阳高度角大的季节和地区,土壤表面温度的日较差也大,反之则小。由于正午太阳高度角随纬度的增高而减小,温度日较差也随纬度的增高而减小。中纬度地区太阳高度角随季节的变化较大,所以中纬度地区土壤温度日较差随季节的变化也较大。

(2)土壤热特性

导热率大的土壤,表层获得的热量较多传向深层;表层损失的热量,也会有较多热量由深层向上补偿,所以导热率大的土壤温度日较差小,导热率小的土壤温度日较差大。热容大的土壤温度日较差小,热容小的土壤温度日较差大。

(3)地形

地形主要影响乱流热交换,乱流的强弱决定了地面和空气间热量交换的多少。与平地相比,凸地由于通风良好,乱流交换旺盛,白天地面温度不易升高,夜间地面温度不易降低,因而凸地的土壤温度日较差比平地的小;凹地则相反,其乱流交换弱,白天热量不易散失,夜间除辐射冷却外,冷空气下滑汇集到凹地,加剧了地面的冷却,所以凹地土壤温度日较差大。如间伐的林地、山谷、盆地的日较差都比其邻近地区大。

(4)土壤颜色

土壤颜色主要影响土壤的反射率,反射率不同,土壤吸收的太阳辐射也不同。一般深色土壤表面的日较差比浅色土壤的大。

(5)天气

阴天时由于云层对太阳辐射的削弱,使白天地面增温明显减少,夜间大气逆辐射增加又减少了地面的有效辐射,故阴天土壤温度日较差较小。

上述因子中,太阳高度角是主导因子,不同下垫面状况使温度日变化带有区域性特点,天气条件的影响使地面温度变化不规则,无论何时何地温度日较差都是上述各因子综合作用的结果。

图 3-3 是实测的土壤表面和浅层土壤温度的日变化曲线,从图中可以明显看出,随着土壤深度的增加,土壤温度日较差很快减小,最高温度和最低温度出现的时间逐渐落后。

3.2.3.2 土壤温度的年变化

地表面温度的年变化主要受地面接收的太阳辐射年变化的影响。在北半球中高纬度地区，地表面月平均最高温度出现在 7~8 月，月平均最低温度出现在 1~2 月，它们分别落后于太阳辐射最强的夏至月份和最弱的冬至月份。赤道附近一年中有两次太阳直射，因此土壤表面温度的年变化也有两个起伏，月平均最高温度分别出现在春分和秋分之后，月平均最低温度分别出现在夏至和冬至之后。

土壤温度年较差的大小与纬度、地表状况、天气等因子密切相关。由于太阳辐射年总量的差异随纬度增高而增大，纬度越高差异越明显，土壤温度的年较差随纬度增高而增大（表 3-2）。其他因子对年较差的影响与日较差大体相同。

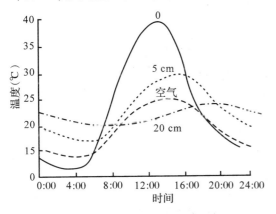

图 3-3　地表及不同深度土壤温度日变化
（引自肖金香，2014）

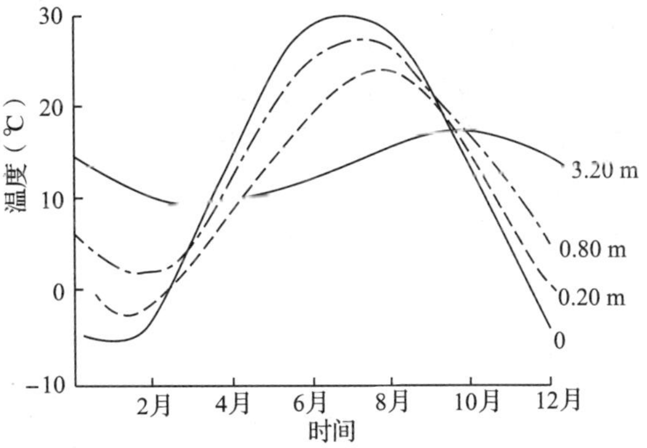

图 3-4　北京地区不同深度土壤温度的年变化
（引自王世华，2019）

表 3-2　我国不同纬度地面温度年较差

地名	纬度	温度年较差(℃)	地名	纬度	温度年较差(℃)
广州	23°08′N	13.5	北京	39°48′N	34.9
长沙	28°12′N	29.1	沈阳	41°46′N	40.3
汉口	30°38′N	30.2	哈尔滨	45°41′N	46.4
郑州	34°43′N	31.1			

注：引自张嵩午等，2007。

土壤温度年较差较随深度增加而减小。到某一深度处年较差为零，该层土壤温度周年保持恒定，此层以下的土层称为年恒温层（annual constant temperature layer）。年恒温层的深度随纬度增高而增加，在低纬度地区为 5~10 m，中纬度地区为 15~20 m，高纬度地区可深达 25 m。各土层最热月和最冷月出现的时间随深度的增加而延迟（图 3-4），平均深度每增加 1 m，延迟 20~30 d。

3.2.3.3 土壤层中温度变化的规律

白天地表吸收的热量从地表向下逐渐传递，随着深度的增加，热量向下传递越来越少，土层增温也越来越小，直至消失；夜间地表冷却降温，热量从下层向地表传递，使下层土壤逐级降温，降温的程度也随深度增加而减小，直至消失。另外，热量的传递和吸收需要时间，所以随着深度的增加，最高温度和最低温度出现的时间逐渐落后。土壤温度随深度和时间的分布遵循如下 3 个定律。

定律1 土壤最高温度和最低温度出现的时间随深度增加而落后，其落后的时间与土壤深度成正比。

深度 Z 处温度极值出现时间相对于地面落后的时间为 Δt，其表达式为：

$$\Delta t = \frac{Z}{2}\sqrt{\frac{\tau}{K\pi}} \tag{3-6}$$

式中，Z 为土壤深度；τ 为温度变化周期，日变化为 1 d 或 24 h，年变化为 365 d；K 为土壤导温率。

例如，若地面最高温度出现在 13:00，10 cm 深处最高温度出现在 16:00，则可以推知 20 cm 深处最高温度出现在 19:00，30 cm 深处出现在 22:00 出现。通常认为，土壤深度每增加 10 cm，日最高温度和最低温度出现时间落后 2.5~3.5 h。深度每增加 1 m，年最高温度和最低温度出现时间落后 20~30 d。

定律2 当土壤深度按等差数列递增时，其温度振幅按等比数列递减。

令 A_Z 表示深度 Z 处温度的振幅，则其表示式为：

$$A_Z = A_0 e^{-Z\sqrt{\frac{\tau}{K\pi}}} \tag{3-7}$$

式中，A_0 为地表温度振幅；其他符号的含义和式(3-6)相同。

例如，若测得地面温度的日振幅为 16 ℃，10 cm 深处温度日振幅为 8 ℃，则可以推知 20 cm 处温度振幅为 4 ℃，30 cm 处温度振幅为 2 ℃，40 cm 处温度振幅为 1 ℃，至 80 cm 处温度日振幅已不足 0.1 ℃。当深度增大到某以深度时，其振幅趋于零即该层没有了温度的日变化，称为日恒温层，对于年振幅消失层称为年恒温层。

定律3 土壤温度振幅随深度衰减的速度与周期相关，在导温率相同的条件下，若振幅衰减相同的倍数，则相应的深度与周期的平方根成正比，即：

$$\frac{Z_1}{Z_2} = \frac{\sqrt{\tau_1}}{\sqrt{\tau_2}} \tag{3-8}$$

式中，τ_1，τ_2 为 2 个温度波的周期；Z_1，Z_2 为振幅衰减相同倍数时所需的深度。

例如，某地日变化温度振幅衰减为地面振幅一半的深度为 12 cm，则该地年变化温度振幅衰减为地面振幅一半的深度 Z 应满足：

$$\frac{12}{Z} = \frac{\sqrt{\tau_1}}{\sqrt{\tau_2}} = \frac{1}{19.1}$$

由此可得 $Z=229$ cm。由上式可知，温度年变化的深度大约是日变化的 19.1 倍。

以上定律是在诸多假设条件下得出的，实际上土壤的热力性质并不均匀，地面温度变化并不是简单的正弦波，因此用上述理论方法计算的结果与实测值有一定误差。观测表明，土壤温度日变化传递深度为 40~100 cm，低纬度地区传递深度大于高纬度地区。土壤温度年变化传递深度在低纬度地区为 5~10 m，中纬度地区为 10~20 m，高纬度地区可达 25 m。

3.2.4 土壤温度的垂直分布类型

土壤中各层热量昼夜不停地进行交换，使土壤温度的垂直分布随时间的推移而各具特点。根据土温观测资料，土壤温度的垂直分布可归纳为 3 种类型：日射型、辐射型、过渡型。

(1) 日射型

日射型是指土壤温度随深度增加而降低。一日中，白天地表吸收热量，各层通过分子热传导把热量逐渐向下层传递，因此土壤温度随深度增加而降低，如图 3-5 中 13:00 所示。一年中，夏季土壤温度也呈现随深度增加而降低现象，称为日射型，如图 3-6 中 7 月所示。

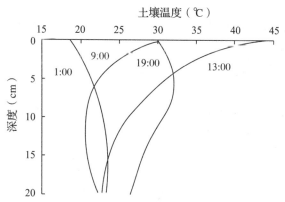

图 3-5　一日中土壤温度的垂直分布
（引自严菊芳等，2018）

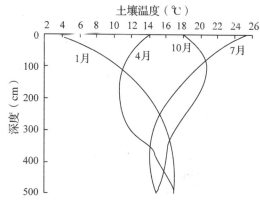

图 3-6　一年中土壤中温度的垂直分布
（引自严菊芳等，2018）

(2) 辐射型

辐射型是指土壤温度随深度的增加而增加。一般一日中出现在夜间，一年中出现在冬季。辐射型是由土壤表面首先冷却造成的，热量由下层向地表传递。以一日中 1:00 和一年中 1 月的土壤温度垂直分布为代表（图 3-5、图 3-6）。

(3) 过渡型

清晨（春季）过渡型是由辐射型向日射型过渡的分布型。一般出现在一日中的上午和一年中的春季。日出以后，地面辐射差额很快由负值变为正值，地表温度开始上升，于是土壤上层的温度分布迅速转变为日射型，但下层土壤温度仍然保持辐射型，此时最低温度出现在土层中部，以图 3-5 中 9:00 和图 3-6 中的 4 月的土壤温度垂直分布为代表。

傍晚（秋季）过渡型是由日射型向辐射型过渡的分布型。一般出现在傍晚和秋季。傍晚地面因辐射冷却而温度下降，土壤上层开始出现辐射型，土壤下层温度仍然保持日射型，此时最高温度出现在土层中部，以图 3-5 中 19:00 和图 3-6 中 10 月的土壤温度垂直分布为代表。

3.2.5 土壤的冻结与解冻

(1) 土壤冻结

土壤温度达0℃以下时，土壤中水分与潮湿土粒发生凝固或结冰，使土壤呈现坚硬状态的现象称为土壤冻结，也称冻土。由于土壤水分中含有盐类，其冰点比纯水低，所以土壤温度必须降到0℃以下时才会结冰。

土壤冻结的深度与当地的天气气候条件、地形地势、土壤结构、土壤湿度、积雪厚度、植被覆盖等因素有关。冬季严寒地区土壤冻结深；地表有积雪和植被覆盖的土壤冻结较浅，甚至不冻结；湿度大的土壤较湿度小的土壤冻结较浅而且较晚；高山较低地冻结深；干燥疏松土壤比潮湿紧密土壤冻结深；沙土比黏土冻结深。

冻土主要分布于高纬度地带和高海拔地区（高山垂直地带上部），我国高纬度冻土主要分布在东北地区，高海拔冻土主要分布在东部一些较高山地及西部高山高原（如大兴安岭南端的黄岗梁山地、长白山、五台山、太白山）。

我国的冻土深度自北向南减小，东北地区冻土层可达3 m；华北平原1 m以内；西北地区1 m以上；长江流域及西南部分地区不超过5 cm；长江流域以南很少有土壤冻结。东北北部、内蒙古北部、青藏高原等地区冻结最早，越往南方，冻结日期越迟。

(2) 土壤解冻

春季随着土壤温度的升高，土壤逐渐解冻，当温度上升到0℃以上时，表层土壤开始融化，这个过程称为土壤解冻。当春季温度较高时，植物地上部分蒸腾较快，耗水量增加，而冻土的根部暂不能从土壤中获得水分，会造成植物生理干旱，引起植物枯萎或死亡。

土壤解冻过程随春季温度的波动而变化，使土表出现时冻时化、冻融交替的情况，极易产生冻拔（也称土壤掀耸）。冻拔是在土壤反复融冻的情况下，表层土壤连同植株的根系一起被抬出地面而使植株受害的现象。冻拔有根拔和凌截两种类型，根拔是指被害植物如麦苗分蘖节或根系被抬出地表后冻死或枯干的现象，凌截是指麦苗在冻土层和非冻土层之间被抬断的现象。冻拔常出现在土壤质地黏重、养分不足、土壤结构不良和含水量过高的地段，我国主要发生在淮北各地，北方高寒地区和低洼地区的林木，也常有发生。为防止该现象的发生，可采取播种分蘖节较深的品种、种子深覆盖、播种前镇压等预防措施。

3.3 水体温度

地球表面水的面积占71%，是陆地的2倍多，这样大而均匀下垫面的温度变化对其上方乃至其他区域的天气、气候有很大的影响。相对于土壤温度，水层温度的变化受到水体热量收支和热特性的影响。水温的变化特点与土壤温度基本相似，但在温度较差、极值出现的时刻方面却有很大不同。

水体的辐射特征和热力特征如下：

①水的质量定容热容约比土壤大1倍，因此，当二者吸热量或放热量相等时，水层升温或降温幅度约比土壤小1倍。

②水为半透明体，太阳辐射可透入相当深的水层（几十米的水层）中，约一半的能量为

10 cm 以上的水层所吸收，另一半的能量则为 10 cm 以下直到 100 m 深左右的水层所吸收；在陆地上，太阳辐射被很薄的表土层所吸收，土壤表面增热剧烈。所以水层温度的升高要比陆地小得多。

③水面消耗于蒸发的热量大于陆地，因而水层的升温和降温和缓。

④水中热量传递方式与土壤完全不同，这是水层与陆地增热和冷却不同的决定性原因。土壤中，热量传递的基本方式是分子传导；在水中，则主要是乱流混合和对流作用，这种传热方式比分子传热快得多，能使水层的升温、降温减慢为土壤中的几十分之一。

3.3.1 水温的日变化

一般来说，一天中水面的最高温度出现在 15:00~16:00，最低温度出现在日出后的 2~3 h，最高、最低温度出现的时间均比土壤的极值滞后 2~3 h。水面最高、最低温度出现的时间受许多因素的影响，如纬度、天气条件、水域面积大小等。

图 3-7 为养殖池塘和海湾 0.5 m 深度在不同天气情况下的水温日变化曲线。由图 3-7 可以看出，海湾由于水域大且与外海相通，热容更大，导致其水温变化幅度较小，其变化过程也较缓慢。不同天气条件下，池塘水温最低值和最高值分别出现于 7:00 和 15:00；养殖海湾水温最低值出现于 7:00~8:00，最高值出现于 16:00~17:00。

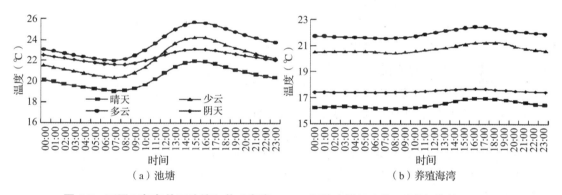

图 3-7 不同天气条件下池塘和养殖海湾 0.5 m 深处水温日变化（引自杨栋等，2017）

水体温度的日较差比土壤小，在中纬度地区，洋面的温度日较差 0.1~0.5 ℃，湖面的温度日较差 2.0~5.0 ℃。由图 3-7 还可以看出，无论在什么天气情况下，海湾的日较差均小于池塘；两者的日较差在阴天明显较其他天气偏小。

3.3.2 水温的年变化

一年中，北半球中高纬度地区水面月平均最高温度出现在 8 月，月平均最低温度出现在 2~3 月。相比土壤，水层温度年较差很小。海洋表面温度年较差低纬度为 2.0~4.0 ℃，中纬度为 5.0~8.0 ℃。中纬度深水湖和内海面的温度年较差 15.0~20.0 ℃，随深度增加，水温年较差减小（图3-8）。月平均最高温度和月平均最低温度出现时间大约是每深入 60 m 落后 1 个月，相当于土壤中加深 1 m 落后的时间。

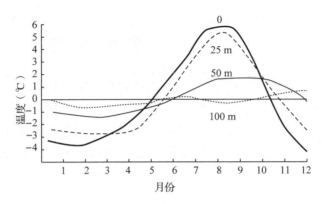

图 3-8 不同深度海水温度的年变化
(引自肖金香,2014)

3.4 空气温度

低层大气的热量主要来源于地面,因此空气温度随时间的变化和地表温度的变化有相似的规律。地面温度有周期性的变化,所以空气温度也有周期性的日变化和年变化。这种变化在接近地面空气层里表现得最为显著。

3.4.1 空气温度随时间的变化

3.4.1.1 空气温度的日变化

近地层气温日变化的主要特征:一天中,气温有一个最高值和一个最低值。最高气温出现在14:00~15:00,比地面最高温度的出现时间落后1~2 h,最低气温出现在日出前后。由于日出时间随纬度和季节不同,最低温度出现的时间也不相同。

日出以后,地面开始积累热量,同时将部分热量输送给空气,空气也积累热量,直至14:00~15:00低层大气热量积累达到最多,因而出现一天中的最高气温;15:00以后,大气得到的热量小于支出的热量,大气所积累的热量开始逐渐减小,直至次日日出前后,出现一天中的最低气温。

一天中,最高气温与最低气温之差,称为气温日较差,其大小反映一天气温的变化程度。一天中太阳辐射最强在正午12:00左右,但最高气温出现在14:00左右(陆地),这是因为大气热量主要来源于地面,地面一方面吸收太阳短波辐射和大气长波辐射而得热,另一方面向大气热辐射。地面吸收的热量与地面散失的热量为地面辐射差额,地面辐射差额大于零,则有热量盈余,地面温度会升高,随着地面辐射差额不断增加,也就是累计的热量不断增加,大约在13:00,地面累计热量达到最大值,这时地表温度达到一天最高值。而空气主要吸收太阳辐射和地面辐射,同时也不断向地面和宇宙太空辐射热量,空气层吸收与辐射出的热量之差为大气辐射差额,大气辐射差额大于零,气温升高,随着空气累计热量不断增加,气温不断升高,空气热量累计最大约在14:00,落后于地面1 h左右。夜间地表辐射差额小于零,地面净失热量不断累积,大约在日出前后的前1 h累计净失去热量达到最大值,因而这时地表温度达到一天的最低值。近地层空去受到地表的影响,也不断地失去热量，累计失去热量时间落后于地面 1 h 左右。

气温日较差受纬度、季节、地形、下垫面状况和天气状况等因素的影响。

(1) 纬度

气温日较差最大值出现在副热带地区，向两极逐渐减小。这是因为正午太阳高度角随着纬度的增高而降低，赤道地区中午太阳高度角最大，但是云量较多，致使白天最高气温没有副热带高，夜间最低气温不及副热带低，造成日较差最大值并不在赤道地区。热带地区的平均气温日较差为 12 ℃ 左右，温带为 8.0~9.0 ℃，极圈内为 3~4 ℃ 或更小。

(2) 季节

一年中，气温日较差最小值出现在冬季，最大值出现在春季而不是在夏季。这是因为日较差的大小不仅取决于最高温度，也取决于最低温度。夏季虽然最高气温很高，但由于夜短，冷却时间短，最低温度不够低。

(3) 地形

凸出的地形如小山丘、高地等气温日较差较小；凹陷的地形如谷地、盆地等气温日较差较大。在高的地方，气流的速度较大，乱流混合强度也较大，经常受日变幅不大的高层空气的影响，因而日较差不大。低凹的地形，空气和地表的接触面积大，即受热面大，加之通风不良，和较高层大气的交换作用弱，因而白天温度容易上升，造成"热锅效应"；夜间高地的空气冷却下滑，积聚在低凹的地方，因而温度较低，造成"冷湖效应"，这样就形成了较大的日较差。

(4) 下垫面状况

下垫面性质不同，使气温日较差大为不同。陆地上的气温日较差大于海洋，而且离海洋越远，日较差越大；同样的陆地，潮湿地面比干燥地面日较差小。海洋面上气温日较差一般 1.0~1.5 ℃，大陆上则大得多，尤其是沙漠地区，气温日较差可达到 20 ℃ 以上，正所谓：早穿皮袄午穿纱，晚上围着火炉吃西瓜。

另外，沙土、深色土、干燥疏松土壤的气温日较差分别较黏土、浅色土和潮湿紧密土壤大。有植物覆盖和雪覆盖的地方，气温日较差小于裸地。

(5) 天气状况

晴天气温日较差大于阴天。阴天时，白天到达地面太阳辐射较少，地面最高气温就要比晴天低，夜间阴天地面有效辐射小，最低气温比晴天要高，因而同一时段阴天气温日较差较小。

3.4.1.2 空气温度的年变化

气温的年变化与日变化存在着一些共同特点，如大部分地区，一天中有一个最高气温和最低气温，一年中有一个最热月和一个最冷月。一般情况下，北半球中、高纬度地区，月平均最高气温和月平均最低气温分别出现在 7 月和 1 月；沿海地区最热月出现在 8 月，最冷月在 2 月。赤道地区一年中两次受到太阳直射，气温年变化表现为 2 个高值和 2 个低值的双峰型，最热月出现在春分、秋分后的 4 月和 10 月，最冷月出现在夏至和冬至的 7 月和 1 月。

一年中，最热月平均气温与最冷月平均气温之差，称为气温年较差。气温年较差主要受以下因素的影响。

(1) 纬度

气温年较差随纬度的增加而增大。纬度越高，太阳辐射的年变化越大，因此高纬度地区的气温年较差大于低纬度地区(表 3-3)。我国气温年较差由南向北增大,华南地区为 10~20 ℃,长江流域 20~30 ℃,华北和东北南部为 30~40 ℃;东北北部在 40 ℃以上。

表 3-3 纬度与气温年较差

地点	纬度	气温年较差(℃)	地点	纬度	气温年较差(℃)
西沙群岛	16°50′N	6.0	呼和浩特	40°49′N	35.9
长沙	28°12′N	29.1	漠河	52°35′N	47.7

注:引自郑国光,2019。

(2)距海远近

气温年较差还和距海远近有关。水的热特性决定了海洋升温与降温比较缓和,故距海近的地方受海洋的影响,气温年较差小。距海越远,气温年较差就越大(表 3-4)。

表 3-4 距海远近与气温年较差

项目	纬度			
	39°N		40°N	
距海远近	远	近	远	近
地点	保定	大连	大同	秦皇岛
气温年较差(℃)	32.6	29.4	37.5	30.6

注:引自张嵩午等,2007。

(3)其他因素

在纬度相当时,气温年较差还受到下垫面性质、地形、海拔的影响。海洋上年较差小于陆地;沿海小于内陆;潮湿的地方小于干旱的地方;植物覆盖的地方小于裸露的地方;凸地小于凹地;云雨多的地方年较差小,干旱少雨地方年较差大;海拔越高年较差越小。

地形、天气情况等对气温年较差的影响与对气温日较差的影响相同,不再赘述。

按照气温年较差的大小和极值出现的时间不同,将全球气温的年变化分为 4 种类型,见表 3-5。

表 3-5 4 种类型气温年变化特征

类型	气温年变化特点	气温年较差(℃)
赤道型	有两个最高值和两个最低值;最高值出现在春分和秋分以后,最低值出现在冬至和夏至以后	海洋上约为 5,大陆上为 5~10
热带型	有一个最高值和一个最低值;最高值出现在夏至以后,最低值出现在冬至以后	海洋上为 5,大陆上为 10~20
温带型	有一个最高值和一个最低值;最高值出现在夏至以后,最低值出现在冬至以后	海洋上 10~15,陆地上为 40~50
极地型	冬季长而冷,夏季短而凉	海洋上 25~40,陆地上约为 65

注:引自周淑贞,1997。

3.4.1.3 气温的非周期性变化

气温的变化除具有周期性的日变化、年变化外,还有非周期性的变化。这种非周期的变化往往是由大规模空气水平运动引起的。在中、高纬度地区,气温的非周期性影响很强。如我国春季气温在回暖时,若有西伯利亚冷空气南下,可使气温大幅度下降,24 h 内可降温 10.0 ℃以上,称为"倒春寒";秋季,若有南方来的暖空气,可出现气温陡增现象,也称"秋老虎"。

实际上,一个地方气温的变化总是在周期性与非周期性之间交替进行,气温的变化也是两者共同作用的结果。

3.4.2 气温的垂直分布

3.4.2.1 气温垂直递减率(γ)

在对流层中,气温的垂直分布特点一般是随高度升高而降低。气温随高度的变化,用气温垂直递减率(temperature lapse rate,又称气温直减率)表示,单位是℃/100 m,其表达式为:

$$\gamma = -\frac{T_2 - T_1}{Z_2 - Z_1} = -\frac{\Delta T}{\Delta Z} \tag{3-9}$$

式中,T_2,T_1 分别为 Z_2,Z_1 高度上的温度。γ 值有 3 种情况,即:

$\gamma > 0$,随高度增加气温降低,称为常温大气;

$\gamma = 0$,随高度增加气温无变化,称为等温大气;

$\gamma < 0$,随高度增加气温升高,称为逆温大气。

在对流层中,气温一般随高度升高而降低。其原因一是对流层热量的直接主要来源是地表面,离地面越近则吸热越多;二是离地面越近水汽密度越大,吸收地面长波辐射的能力越强。在整个对流层,气温垂直递减率平均约为 0.65 ℃/100 m。气温垂直递减率的大小不是固定的,因地、因高度、因季节而变化,尤其近地气层变化极大,一般来说,夏季、晴天气温垂直递减率数值较大,冬季、阴天气温垂直递减率较小。

在近地层大气中温度垂直分布规律受下垫面影响极大,它与土壤温度分布规律类似,在一天中可归纳为 4 种类型(图 3-9):①日射型,气温随高度增加而降低,以 12:00 为代表;②辐射型,主要出现在夜间,由于地面辐射冷却,气温随高度的增加而升高,以 0:00 为代表;③清晨过渡型,日出以后,贴地层空气随地面的增热而升温,离地较远的气层仍保持夜间分布状态,形成上部为辐射型、下部为日射型的分布,以 6:00 为代表;

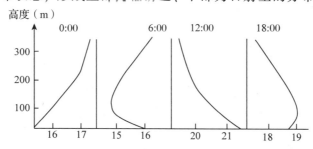

图 3-9 近地层大气温度的垂直分布

④傍晚过渡型，以 18:00 为代表，日落前后，地面冷却，形成上部日射型、下部辐射型的分布。

气温直减率越大，空气层越不稳定，对流运动越强。但在一定条件下，会出现随高度增加气温升高的逆温现象。

3.4.2.2 逆温

气温随高度增加而升高的现象称为逆温(temperature inversion)，出现逆温的气层叫作逆温层(inversion layer)。逆温层是稳定度较大的气层。当逆温出现时，冷而重的空气在下，暖而轻的空气在上，使大气很难发生上下扰动，大气层处于稳定状态。在逆温层中，由于垂直运动不能向上发展，水汽、烟尘等多集中在逆温层下部，出现雾或烟雾天气，加剧了大气污染。

根据逆温层形成的原因，可将逆温分为辐射逆温(radiation inversion)、平流逆温(advection inversion)等。

(1) 辐射逆温

由于地面强烈辐射冷却而形成的逆温，称为辐射逆温。一般是在晴朗无风或微风的夜晚，地面由于有效辐射而强烈降温，接近地面的空气也随之降温，较高层的空气冷却较慢，因此，从地面向上，出现了气温随高度增加而递增的现象。这种逆温通常在夜间形成，黎明前强度最大，随着太阳辐射逐渐增强，地面及附近的空气增温，逆温便自下而上逐渐消失。辐射逆温在大陆上常年都可出现，中纬度地区，秋、冬季节较为多见。辐射逆温层的厚度可达 200~300 m。

(2) 平流逆温

当暖空气平流到冷的地面上或冷的水面上时，使接近地面的空气冷却而形成的逆温称为平流逆温。由于平流运动的存在，使地面附近湍流混合运动加强，致使平流逆温在地面附近被破坏。冬季海洋上来的气团流到冷却的大陆上，或秋季空气由低纬度流到高纬度时，平流逆温都可能发生。

平流逆温的强弱，主要由暖空气与冷表面的温差决定。温差越大，逆温越强。白天，平流逆温可能由于太阳辐射使地面受热而变弱；夜间因地面有效辐射冷却而加强。

逆温现象在农林业生产上应用很广，如用喷雾法防治植物病虫害时，常选择有逆温的天气进行。因为这时喷撒的农药受到逆温层的阻挡而停留在近地层中，药效时间长，不易扩散，能实现大量杀死病虫的目的。

3.5 空气的绝热变化与大气稳定度

底层空气的热量交换以非绝热交换为主，主要通过传导、辐射、对流、湍流、水的相变完成热量交换，而近地面以上大气(自由大气)的能量交换主要是绝热变化。

3.5.1 空气的绝热变化

由于空气的导热率很小，气块在垂直运动中所经历各气层的时间也很短，致使气块在垂直运动中与周围空气间的热量交换远小于气块内能的变化，所以可把空气的垂直运动近似地看作绝热过程(adiabatic process)。

由于空气中水汽含量不同，空气做垂直运动时，其温度变化是不同的。当一块干空气或未饱和的湿空气绝热上升时，由于周围气压随高度增加而降低，气块的体积向外膨胀增大，气块对外做功，内能减小，因而它的温度就会降低，称为绝热降温；相反，当一块空气从高处绝热下降时，由于外界气压增大，外力压缩对它做功，气块的内能增加，因而它的温度就会升高，称为绝热增温。

(1) 干空气的绝热变化

干空气或未饱和的湿空气，在绝热上升或下沉过程中的温度变化，称为干绝热变化，其温度的变化率称为干绝热直减率(atmospheric stability)，通常以 γ_d 表示，其值为 0.98 ℃/100 m。也就是说，干空气或未饱和的湿空气每绝热升降 100 m，温度要降低或升高 0.98 ℃。在实际计算中，可近似取 1 ℃/100 m。

(2) 湿空气的绝热变化

饱和湿空气在绝热升降中都维持饱和状态，每改变单位距离的温度变化称为湿绝热直减率(moist adiabatic lapse rate)，用 γ_m 表示。湿绝热直减率是一个变量，随气温的降低而增大，随气压的降低而减小。表 3-6 列举了不同气温和气压下的湿绝热直减率。大气中，气温和气压都是随高度增加而减小的，它们对湿绝热直减率的影响正好相反，但由于气温变化的影响比气压大，所以随着高度的增加，湿绝热直减率是逐渐增大的。在高层或温度特别低的区域，因水汽凝结量很小，湿绝热直减率接近于干绝热直减率。因而湿绝热直减率一般恒小于干绝热直减率。

表 3-6　湿绝热直减率随气温和气压的变化　　　　　　　　　　　　℃/100 m

气压(hPa)	气温(℃)				
	-20	-10	0	10	20
1 000	0.88	0.78	0.66	0.54	0.44
750	0.84	0.71	0.59	0.48	0.39
500	0.76	0.62	0.48	0.41	0.33

注：引自周淑贞，1997。

实际上，气温的变化常常是绝热变化和非绝热变化两种原因共同引起的。何者为主，何者为次，要看当时的具体情况。当空气团停留在某地或在地面做水平运动时，外界气压的变化很小，但受地面增热和冷却的影响很大，因而气温的非绝热变化是主要的；空气团作升降运动时，虽然也能和外界交换热量，但因垂直方向上气压的变化大，空气团因膨胀或压缩引起的温度变化要比和外界交换热量所引起的温度变化大得多，因而气温的绝热变化是主要的。一般来讲，气块的升降运动以绝热过程为主。

3.5.2　大气稳定度

3.5.2.1　大气稳定度的概念

任意选取大气中某一高度的一块空气，对它进行扰动，使其产生向上或向下的运动，若它运动后逐渐减速并有返回原来高度的趋势,则这时大气是稳定的;反之,若它一离开原来的位置就加速运动,则这时大气是不稳定的;如果将它推到任意高度后,既不加速,也不减速,这时大气处于中性状态。在自然界,如果一块空气在外力作用下离开原来位置,发生铅直运动,这种运动能否继续发展,取决于气层的稳定度。所以,大气稳定度(atmospheric stability)是指气块受到垂直方向扰动后返回或远离平衡位置的趋势和程度。

3.5.2.2 影响大气稳定度的因子

无论气块是否饱和,当它受到外力作用发生运动时,只要它本身的绝热直减率与周围空气的温度垂直递减率(γ)不一致,那么在它到达新的位置后,其温度与周围空气的温度就不等,它就具有向上或向下的加速度。垂直加速度的表示式为:

$$a = \frac{T' - T}{T} g \tag{3-10}$$

式中,T'为运动气块的温度;T为周围空气的温度;g为重力加速度。因此,大气是否稳定,垂直运动的速度是加大还是减小,取决于γ与γ_d或γ与γ_m的对比。下面以未饱和空气的大气稳定度为例进行分析。

如图3-10所示,设有甲、乙、丙3个气块,均位于1 200 m的高度上,这3个气块在作升降运动时,其温度按干绝热直减率变化,γ_d取1 ℃/100 m,而周围空气的温度垂直递减率γ是不相同的,分别为0.8 ℃/100 m、1 ℃/100 m和1.2 ℃/100 m,从图中可见以下3种不同的稳定度。

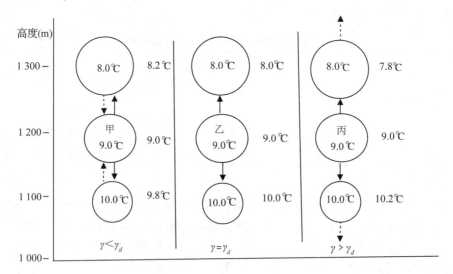

图3-10 某空气未饱和时大气的稳定度

甲气块受到外力作用后,如果上升到1 300 m高度(如图3-10上实线所示),则其本身的温度(8 ℃)低于周围空气的温度(8.2 ℃),因此,它向上的速度就要减小,并有返回原来高度的趋势(如图上虚线所示);如果它下降到1 100 m高度,其本身温度(10 ℃)高于周围空气的温度(9.8 ℃),因此它向下的速度就要减小,也有返回原来高度的趋势。由此可见,当$\gamma<\gamma_d$,大气处于稳定状态。

乙气块受到外力作用后，不管上升或下降，其本身温度均与周围空气温度相等，因此，它的加速度等于零。由此可见，当 $\gamma=\gamma_d$，大气处于中性状态。

丙气块受到外力作用后，如果上升到 1 300 m 高度，其本身温度（8 ℃）高于周围空气的温度（7.8 ℃），故要加速上升；如果下降到 1 100 m 高度，其本身温度（10 ℃）低于周围空气的温度（10.2 ℃），故要加速下降。由此可见，当 $\gamma>\gamma_d$，大气处于不稳定状态。

同理，饱和空气作垂直运动时，若 $\gamma<\gamma_m$，大气处于稳定状态；若 $\gamma=\gamma_m$，大气处于中性平衡状态；若 $\gamma>\gamma_m$，大气处于不稳定状态。

综合所述，可得出以下几点结论：

①γ 越大，大气越不稳定；γ 越小，大气越稳定。如果 γ 很小，甚至等于或小于零（逆温），它将阻碍对流的发展，所以习惯上常将逆温及 γ 很小的气层称为阻挡层。

②当 $\gamma<\gamma_m$ 时，不论空气是否达到饱和，大气总是处于稳定状态，因而称为绝对稳定状态；当 $\gamma>\gamma_d$ 时，大气总是处于不稳定状态，称为绝对不稳定状态。

③当 $\gamma_m<\gamma<\gamma_d$ 时，对于做垂直运动的饱和空气来说，大气处于不稳定状态；对于未饱和空气来说，则大气处于稳定状态。这种情况称为条件性不稳定，实际大气中，这是最常见的。

大气稳定度和天气变化关系密切。例如，有雾、露、霜等水汽凝结（华）物的天气，多是 $\gamma<\gamma_m$，有时甚至是逆温，这时，大气是绝对稳定的；夏季午后，γ 值很大，$\gamma>\gamma_d$，常出现阵性降水或冰雹等强对流天气，大气对空气团来说是绝对不稳定的；而较大范围的暖湿空气北上受到地形抬升，或冷暖气团相遇，暖气团爬升，由于大气常处于条件性不稳定状态，起初气团未饱和时大气是稳定的，饱和后大气是不稳定的，这种情况常会带来阵性降水或较大范围的连续性降水。

3.6　温度与农林业生产

3.6.1　植物生长发育的几个温度指标

3.6.1.1　三基点温度

生物的生命活动都需要在一定温度范围内才能进行，生物的每个生命活动过程都有其最高温度、最低温度和最适温度，将这 3 个温度称为三基点温度（three cardinal temperatures），其中生长发育的最低温度又称生物学零度。

植物、变温动物和微生物都是在某种适温下生命活动最为活跃，在最低、最高温度以外生物停止生长发育，但仍能维持生命。如果温度继续升高或降低，就会发生不同程度的危害直至死亡。所以在三基点温度之外，还存在最低与最高致死温度，合称五基点温度。另外，恒温动物调节自身温度的能力强，但在过高或过低的环境温度下都不能维持其正常体温，实际上也存在一定的适温范围。

不同生物的三基点温度不同。几种主要作物的三基点温度列于表 3-7。

表 3-7　几种主要作物的三基点温度　　　　　　　　　　　　　　　℃

作物	最低温度	最适温度	最高温度
小麦	3~4.5	20~22	30~32
玉米	8~10	30~32	40~44
水稻	10~12	30~32	36~38
棉花	13~15	28	35
烟草	13~14	28	35
油菜	4~5	20~25	30~32
牧草	3~4	26	30

注：引自包云轩等，2007。

研究表明，鸡在20 ℃舍温下产蛋率最高，低于7 ℃或高于25 ℃产蛋率都会下降，这3个温度可以看作母鸡产蛋的三基点温度。大多数鱼类在20~30 ℃水温下生长良好，低于15 ℃或高于30 ℃都不爱吃食，生长速率下降。

同一生物的不同品种，其三基点温度也有差异。茶树生长的最低温度大多数品种在10 ℃左右，有的品种在10 ℃以上，有的则低于10 ℃；最适温度变化在19~30 ℃；最高温度为30 ℃左右。

同一种生物在不同发育期及不同生命过程中的三基点温度也是不同的。如水稻秧苗生长要求至少13 ℃的水温，但到了灌浆期则要求水温达到20 ℃以上。

作物生长发育时期的不同生理过程，三基点温度不同。以光合作用和呼吸作用的三基点温度比较，光合作用的最低温度为0~5 ℃，最适温度为20~25 ℃，最高温度为40~50 ℃；而呼吸作用分别为-10 ℃、36~40 ℃和50 ℃。可见，呼吸作用的下限温度要低于光合作用，而其最高温度又高于光合作用。温度过高光合作用制造的有机物质减少，而呼吸消耗大于光合制造，这对作物很不利。

植物生长的三基点温度与光合作用的三基点温度并不吻合，有时在一定的低温条件下已不能进行光合作用了，但仍有微弱生长。光合作用的最适温度是随温度等条件而变化的，在冬季或海拔高的地方生育的植物，比夏季或海拔低的地方生长的植物的光合作用最适温度小得多。

虽然生物的三基点温度受其种类、生育时期、生理状况等因素的影响，但仍有一些共同特征：①三基点温度都不是一个具体的温度数值，而是有一定的变化范围。②不同生物的最低温度差异很大，最低温度距最适温度的离差范围较大。③各种生物最高温度指标彼此差异小。④最高温度在作物实际生育期中并不常见，在作物生育期中最低温度远比最高温度容易出现，所以对于最低温度的研究来说较为重要。

3.6.1.2　农业界限温度

温度与农业生产有着密切的关系，在分析气候对农业生产的影响时，除使用日平均气温和三基点温度外，还经常使用农业界限温度(agro-meteorological limited temperature)。农业界限温度是指具有普遍意义的，标志着某些物候现象或农事活动的开始、转折或终止的日平均温度。农业气候上常用的界限温度及农业意义如下。

0 ℃：初冬土壤冻结，越冬作物停止生长。早春土壤开始解冻，越冬作物开始萌动，早春作物开始播种。从早春日平均气温通过 0 ℃ 到初冬通过 0 ℃ 期间为"农耕期"，低于 0 ℃ 的时期为"农闲期"。

5 ℃：我国的南北跨度比较长，对于华北地区来讲，当日平均气温高于 5 ℃ 时，华北地区的冻土才基本化冻，喜凉作物开始活跃生长，多数树木开始生长。深秋季节，当日平均气温稳定通过 5 ℃ 时，越冬作物开始进行抗寒锻炼，土壤开始日消夜冻，多数树木落叶。

10 ℃：春季喜温作物开始播种，喜凉作物开始迅速生长。秋季喜温谷物基本停止灌浆，其他喜温作物也停止生长。大于 10 ℃ 期间为喜温作物生长期，与无霜期大体吻合。

15 ℃：春季日平均气温稳定通过 15 ℃ 的日期为水稻适宜移栽期和棉花开始生长期。秋季通过 15 ℃ 为冬小麦适宜播种期的下限。大于 15 ℃ 期间为喜温作物的活跃生长期。

20 ℃：春季通过 20 ℃ 初日为热带作物开始生长的时期，此时水稻分蘖迅速增长。秋季低于 20 ℃ 对水稻抽穗开花不利，易形成冷害导致空壳。大于 20 ℃ 的初终日之间为热带作物的生长期。

农业界限温度在农业气候分析中具有重要意义，它决定着农事活动的开始与结束，指导着农业生产活动的进行。

3.6.2 积温及其应用

温度对植物和变温动物生长发育的影响，包括温度强度和持续时间两个方面，积温就是衡量这两方面综合效应的一种农业气象指标。还有些人把积温看作一种热量指标，英国的 J. L. Monteith 认为积温在本质上应是经过温度订正的一种时间过程度量。积温学说可归纳为以下 3 个基本论点：①在其他条件得到满足的前提下，温度因子对生物的发育起着主要作用。②生物开始发育要求一定的下限温度。近年来的研究指出，对于某些时段的发育，还存在着上限问题。实际上，从生物体生长发育的三基点温度出发，也应当有上限问题。③完成某一阶段的发育需要一定的积温。

一个地区积温的多少可以决定植物的适生种类、影响植物的生长发育阶段的完成，同时它还直接影响作物的产量和品质。

3.6.2.1 积温的种类与求算方法

由于研究的目的不同，积温有不同的表达形式，其中应用最为广泛的是活动积温和有效积温。

（1）活动积温

高于生物学下限温度(B)的日平均温度称为活动温度。生物某一生育期或全生育期中活动温度的总和，称为活动积温(active accumulated temperature，Y)，即：

$$Y = \sum_{i=1}^{n} \overline{t_i} \quad (\overline{t_i} > B, \text{当} \overline{t_i} \leq B \text{时以 0 计}) \tag{3-11}$$

（2）有效积温

活动温度与生物学下限温度(B)的差值称为有效温度。生物某一生育期或全生育期中有效温度的总和，称为有效积温（effective accumulated temperature，A），即：

$$A = \sum_{i=1}^{n} \overline{t_i} - B \quad [\overline{t_i} > B，当\overline{t_i} \leq B 时，(\overline{t_i} - B)以0计] \qquad (3\text{-}12)$$

式中，n 为该时段日数；$\overline{t_i}$ 为第 i 日的平均温度；B 为该发育阶段的生物学零度（生物学下限温度）。

(3) 负积温

负积温（negative accumulated temperature）指冬半年的一段时间内低于 0 ℃ 的日平均气温之和，计算公式为：

$$A_r = \sum_{i=1}^{n} t_i \quad (t_i < 0\ ℃) \qquad (3\text{-}13)$$

式中，A_r 为负积温；n 为日平均气温低于 0 ℃ 的日数；t_i 为某日低于 0 ℃ 的日平均气温。

(4) 地积温

地积温（accumulated soil temperature）一段时间内某一深度土壤日平均温度之和，如求算 10 cm 深处土层的地积温可写成：

$$A_{10} = \sum_{i=1}^{n} t_{10i} \quad (t_{10i} > B) \qquad (3\text{-}14)$$

式中，A_{10} 为 10 cm 深处土层的地积温；n 为某段时间的日数；t_{10i} 为 10 cm 深处土层某日日平均地温；B 为生物学下限温度。

积温的单位决定于计算的方法。如果是温度相加，单位为℃，如果是一段时间内的平均温度乘以这段时间的天数，则单位为℃·d。

在专题研究中，人们还把积温的概念进一步扩展。如研究一日内生物发育进程时采用日积温概念，单位为℃·h 或℃·min。研究土温对种子出苗速率的影响时采用"地积温"概念。研究越冬作物冻害问题时用"负积温"概念来表示一地冬季或越冬某时段的严寒程度。河北省气象研究所于玲定义冻害临界温度以下的地温累积值为"有害负地积温"，并发现小麦越冬死苗率与之有近于抛物线的关系。程德瑜在研究高温（或低温）对作物的危害时，提出了"危害积温"的概念，即逐日（或逐时）高于（或低于）临界温度的那一部分温度的累积值。

3.6.2.2 积温在农林业生产中的应用

积温作为一个重要的温度指标，在农林业生产中已被广泛应用，主要有以下几个方面。

(1) 农业气候热量资源的分析

通过分析某地的积温大小、季节分配及保证率，可以判定该地区热量资源状况，作为规划种植制度、发展优质、高产、高效作物的重要依据。

(2) 作物引种的科学依据

积温是作物品种特性的重要指标之一，依据作物品种所需的积温，对照当地可提供的热量条件，进行引种或推广，可避免盲目性。

（3）农业气象预报服务

作为物候期、收获期、病虫害发生时期预报等的重要依据，也可根据杂交育种、制种工作中父母本花期相遇的要求，或农产品上市、交货期的要求，利用积温来推算适宜播种期。

对于感光性弱而感温性强的作物或品种，在水分供应基本满足，温度环境适宜的情况下，作物完成某一发育阶段所需要的热量(有效积温)为一定值，即：

$$n = \frac{A}{T-B} \tag{3-15}$$

式中，n 为该发育阶段所经历的天数；A 为完成该发育阶段历程所需要的热量(有效积温)；B 为该发育阶段的生物学下限温度；T 为该发育阶段的日平均温度。据此，利用下式即可预报发育期出现的日期，即：

$$D = D_0 + \frac{A}{T-B} \tag{3-16}$$

式中，D 为预报的发育期出现日期；D_0 为前一发育期的出现日期；A 为由前一发育时期到预报发育期之间的有效积温；T 为两发育期间的平均气温；B 为生物学下限温度。

3.6.2.3 光温综合作用对作物引种的影响

温度虽是对生物发育起主导的因素，但其他因子也能在一定程度上影响生物的发育进程，尤其是光照对发育的影响很大。在作物引种的时候，要充分考虑光温的综合作用。

一般温度越高，作物生长发育速率越快，但光照时间的长短对作物的影响取决于作物本身的感光性，不同纬度和不同感光性的作物在引种时要考虑其综合作用。这里就中高纬度夏作物进行说明。

短日性作物(如大豆)在高低纬度之间引种时，常因光温叠加作用而产生发育延迟或提前而不能正常成熟；而长日性作物在引种时常因光温效应相互抵偿，延迟或促进作用都较小，所以长日性植物引种易成功，也就是原产于高纬度地区的作物在引种时遇到的麻烦要小些，但还是会出现产量和质量普遍下降的情况。在海拔高差大的地区之间引种也要注意同样的问题。植物的遗传特性虽然具有保守性，但可以通过在一定的驯化而适应一种新的环境，也可以通过基因工程技术培育出适应新环境的优良品种。

思考题

1. 地气系统热量交换的方式有哪些？土壤、空气和水的热量交换方式有何异同？
2. 土壤温度的日变化和年变化有何规律？土壤表面最高温度出现的时间为什么落后于太阳辐射最大值出现的时间？土壤温度铅直分布有哪几种类型？
3. 土壤温度、水温和气温的时空变化特征有何异同？为什么？
4. 试述对流层气温的铅直分布特征，并解释具有此特征的原因。
5. 说明干绝热过程和湿绝热过程的概念和物理意义，什么是绝热升温，什么是绝热冷却？
6. 大气逆温有哪几种？分别是如何形成的？它们对农林生产有何实际意义？
7. 什么是大气静力稳定度？请说明大气静力稳定度的判据。
8. 何谓生物学温度？它对植物的生命活动起何作用？
9. 什么是积温？积温在农林生产中有何应用？

参考文献

包云轩，2007. 气象学(南方本)[M]. 北京：中国农业出版社.
包云轩，2007. 气象学[M]. 2版. 北京：中国农业出版社.
卜永芳，1987. 气象学与气候学基础[M]. 北京：高等教育出版社.
葛朝霞，曹丽青，2009. 气象学与气候学教程[M]. 北京：中国水利水电出版社.
胡继超，申双和，孙卫国，等，2014. 微气象学基础[M]. 北京：气象出版社.
穆彪，张邦琨，1997. 农业气象学[M]. 贵阳：贵州科技出版社.
农业气象卷编辑委员会，1986. 中国农业百科全书(农业气象卷)[M]. 北京：中国农业出版社.
肖金香，2014. 气象学[M]. 北京：中国林业出版社.
肖金香，穆彪，胡飞，2009. 农业气象学[M]. 北京：高等教育出版社.
杨栋，姚日升，金志凤，等，2017. 不同类型海水养殖水体温度日变化谐波分析[J]. 中国农业气象，38(9)：558-566.
杨洋，2015. 热带东印度洋海表温度日变化的季节内和季节调整过程研究[D]. 青岛：中国海洋大学.
张嵩午，刘淑明，2007. 农林气象学[M]. 杨凌：西北农林科技大学出版社.
郑国光，2019. 中国气候[M]. 北京：气象出版社.
中国农业科学院，2013. 中国农业气象学[M]. 北京：中国农业出版社.
周淑贞，1997. 气象学与气候学[M]. 3版. 北京：高等教育出版社.
WALLACE J M，HOBBS P V，2008. 大气科学[M]. 2版. 何金海，王振会，银燕，等译. 北京：科学出版社.

第4章 大气中的水分

水是大气的重要组成成分之一,也是最富于变化的成分。随着环境温度的改变,水分进行着固、液、气三种相态的变化,且在相变过程中吸收或释放潜热。大气中的水分源于地球表面的水体、潮湿的土壤和物体表面的水分蒸发(evaporation)及植物蒸腾,借助空气的垂直运动向上输送,发生凝结(condensation)或凝华(desublimation)后,以雨、雪等形式降落回地表。水的相变和水分循环(hydrological cycle)对大气运动的能量转换有重要影响,与人类生存及洪涝、干旱等自然灾害有密切关系。

4.1 空气湿度

空气湿度(atmospheric moisture)是表示大气中水汽含量或干湿程度的物理量。大气湿度是决定云、雾、降水等天气现象的重要因素,近地层的大气湿度也对植物的生长发育有重要影响。在一定温度下一定体积的大气中含有的水汽越少,则空气越干燥;水汽越多,则空气越潮湿。常用水汽压、绝对湿度、相对湿度、饱和差、露点、比湿等物理量来表示大气湿度。

4.1.1 空气湿度的表示方法

4.1.1.1 水汽压

水汽压(water vapor pressure)是指空气中的水汽产生的分压强,是大气压的一部分。它的单位与气压相同,以百帕(hPa)或毫米汞柱(mmHg)表示。气体状态方程同样适用于水汽,即:

$$e = \rho_w R_w T \tag{4-1}$$

式中,e 为水汽压;ρ_w 为水汽密度;T 为以绝对温度表示的气温;R_w 为水汽的比气体常数,即 0.46 J/(g·K)。当温度一定时,空气中水汽含量越多,水汽压越大;反之,水汽压越小。因此,水汽压可以表示空气的湿度。

4.1.1.2 饱和水汽压

在一定温度下,一定体积的空气中所能容纳的水汽含量有一个最大限度,如果超过这个限度,多余的水汽就会发生凝结或凝华。当水汽含量达到最大限度,空气湿度呈饱和状态,此时大气中的水汽压称为饱和水汽压(saturation water vapor pressure,E),也称最大水汽压。饱和水汽压是计算空气湿度的关键参数。

不同温度条件下的饱和水汽压值也不同,会随温度的升高而迅速增大(图4-1)。饱和

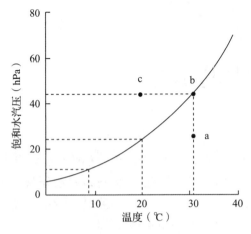

图 4-1 饱和水汽压与温度的关系

水汽压与温度的关系可用马格努斯(Magnus)半经验公式表示：

$$E = 10^{\frac{at}{b+t}} E_0 \quad (4-2)$$

式中，E_0 为 0 ℃时纯水平面(液面或冰面)上的饱和水汽压(表 4-1)，即 6.11 hPa；t 为纯水平面上的温度(℃)；a，b 为经验系数，对于纯水面，$a = 7.63$，$b = 241.9$；对于纯冰面，$a = 9.5$，$b = 265.5$。表 4-1 为按式(4-2)计算的不同温度下的饱和水汽压值。

1996 年，世界气象组织(WMO)在《气象仪器和观测方法指南》(第六版)公布的饱和水汽压计算公式为：

$$e_w(t) = 6.112 \exp \frac{17.62\, t}{243.12 + t} \quad (4-3)$$

式中，e_w 为在干球温度为 t 时纯水面的饱和水汽压(hPa)；t 为温度(℃)。公式适用的温度范围为 $-45 \sim 60$ ℃。

$$e_i(t) = 6.112 \exp \frac{22.46\, t}{272.62 + t} \quad (4-4)$$

式中，e_i 为在干球温度为 t 时纯冰面的饱和水汽压(hPa)；t 为温度(℃)。公式适用的温度范围为 $-65 \sim 0$ ℃。

饱和水汽压除受主要因素——温度影响，还受蒸发面的状态、形状及溶液浓度等因素的影响。在同温度下，冰面的饱和水汽压小于水面的(表 4-1)；凹面的饱和水汽压小于平面的，平面的小于凸面的；溶液表面的饱和水汽压小于纯水面的。

表 4-1　不同蒸发面温度下的饱和水汽压　　　　　　　　　　　　　　　hPa

蒸发面	t(℃)	0	1	2	3	4	5	6	7	8	9
水面	30	42.43	44.93	47.55	50.31	53.20	56.24	59.42	62.76	66.26	69.93
	20	23.37	24.86	26.43	28.09	29.83	31.67	33.61	35.65	37.80	40.06
	10	12.27	13.12	14.02	14.97	15.98	17.04	18.17	19.37	20.63	21.96
	0	6.11	6.57	7.05	7.58	8.13	8.72	9.35	10.01	10.72	11.47
	-0	6.11	5.68	5.28	4.90	4.55	4.21	3.91	3.62	3.35	3.10
	-10	2.86	2.64	2.44	2.25	2.08	1.91	1.76	1.62	1.49	1.37
	-20	1.25	1.15	1.05	0.96	0.88	0.81	0.74	0.67	0.61	0.56
冰面	-0	6.11	5.62	5.17	4.76	4.37	4.02	3.69	3.38	3.10	2.84
	-10	2.60	2.38	2.17	1.98	1.81	1.66	1.51	1.37	1.25	1.14
	-20	1.03	0.94	0.85	0.77	0.70	0.63	0.57	0.52	0.47	0.42
	-30	0.38	0.34	0.31	0.28	0.25	0.22	0.22	0.18	0.16	0.14

注：引自严菊芳等，2018。

4.1.1.3 绝对湿度

绝对湿度(water vapor density),也称水汽密度,是指单位体积空气所含水汽的质量,单位为 g/m³,它表示空气中水汽的绝对含量。在一定温度条件下,单位体积空气中所容纳的最大水汽量,称为饱和水汽密度。空气中的水汽含量易发生变化,难以直接测得。绝对湿度与水汽压成正比,可通过测定水汽压和气温,由理论公式计算得到。从式(4-1)可得出绝对湿度(a)与水汽压(e)、气温(T)之间的关系式:

$$a=\frac{e}{R_W T} \tag{4-5}$$

式中,a 为绝对湿度(g/m³);e 为水汽压(mmHg);T 为空气的热力学温度(K);R_W 为水汽比气体常数,即 $0.465/(g \cdot K)$。

如果绝对湿度单位取 g/m³,水汽压单位为 hPa,$T=273(1+\alpha t)$,则:

$$a=0.8\frac{e}{1+\alpha t} \tag{4-6}$$

若水汽压以 mmHg 表示,由于 1mmHg $=\frac{4}{3}$hPa,则有:

$$a=1.06\frac{e}{1+\alpha t} \tag{4-7}$$

式中,t 为空气温度(℃);α 为气体膨胀系数,取值 1/273。仅从数值上看,以 g/m³ 表示的绝对湿度与以 mmHg 表示的水汽压差别很小。当 $t=16.4$ ℃时,$a=e$。一般情况下,近地层气温的数值与 16.4 ℃相差不大,所以在实际工作中,常用水汽压代替绝对湿度。

4.1.1.4 相对湿度

空气的实际水汽压(e)与同温度下的饱和水汽压(E)的百分比称为相对湿度(relative humidity,r)。单位为%,即:

$$r=\frac{e}{E}\times 100 \tag{4-8}$$

相对湿度与人们对空气干湿状况的感知密切相关。它的大小直接反映了空气距离饱和状态的远近程度。由于空气饱和水汽压的大小由水汽压和温度决定,当空气中水汽含量不变(e 不变)时,随气温升高,饱和水汽压增大,则相对湿度减小;气温降低,则相对湿度增大;当气温不变,饱和水汽压也保持不变,空气中水汽含量越多,则实际水汽压越大,相对湿度越接近 100%,空气越接近饱和;当空气中水汽含量超过饱和时,即 $e>E$ 时,若无凝结现象发生,则空气呈过饱和状态。过饱和空气中多余的水汽通常会发生凝结(或凝华)。

4.1.1.5 饱和差

在一定温度下的饱和水汽压(E)与实际水汽压(e)的差值为饱和差(saturation deficit,d)。单位以 hPa 表示,即:

$$d=E-e \tag{4-9}$$

饱和差表示空气距离饱和的程度及空气达到饱和时所需的水汽量。在温度不变时,空气中水汽含量越多,空气越接近饱和,d 值越小,空气越潮湿。反之,空气越干燥。当空气中的水汽含量增多到实际水汽压与饱和水汽压相等时($d=0$),空气达到饱和。若实际水汽压不变,气温越高,饱和水汽压越大,饱和差也越大;气温越低,饱和差越小。对于过饱和空气,饱和差还可表示空气中凝结出水分的多少。

尽管相对湿度、饱和差都能表示空气湿度,但两者仍有差异。当空气相对湿度相同而温度不同时,其饱和差也不同(表4-2),对蒸发、蒸腾的影响也不同。研究蒸发时,常用饱和差来反映大气的蒸发能力。

表 4-2　相对湿度相同($r=80\%$)温度不同时的饱和差

水汽压	温度 t(℃)			
	5	10	15	20
饱和水汽压 E(hPa)	8.72	12.27	17.04	23.37
饱和差 d(hPa)	1.74	2.45	3.41	4.67

4.1.1.6　露点温度

露点温度(dew point temperature,t_d)是指大气压强与水汽含量保持不变时,通过冷却降温使未饱和空气达到饱和时的温度,简称露点。其单位与气温相同,为摄氏度(℃)。由于气压不变,露点温度的高低只与空气的水汽含量有关,即水汽含量越多,露点越高;反之,露点越低。因此,露点也是反映空气中水汽含量的物理量,可以表示空气湿度的大小。当气温高于露点($t>t_d$)时,空气处于未饱和状态,且两者差异越大,表示空气越干燥;当气温低于露点($t<t_d$)时,表示空气处于过饱和状态,将有多余的水汽凝结(或凝华);当气温等于露点($t=t_d$)时,空气达饱和状态。

由于露点是在空气中水汽含量不变的前提下,降温而使空气达到饱和的。因此,降温前空气的实际水汽压等于露点温度时的饱和水汽压。通常空气处于未饱和状态,露点温度也低于气温。当空气达到饱和时,露点温度就是当时的气温。因此,气温与露点之差($t-t_d$)的大小可以表示空气湿度距离饱和的程度。根据气温与露点的差值可知,气温降低多少度会发生凝结现象。因此,在天气分析预报中常用露点差表示空气湿度。

4.1.1.7　比湿

单位质量空气中所含的水汽质量称为比湿(specific humidity)。单位为 g/g 或 g/kg,其表达式为:

$$q=\frac{m_w}{m_d+m_w} \tag{4-10}$$

式中,q 为比湿;m_w 为湿空气团中的水汽质量;m_d 为湿空气团中的干空气质量。根据此公式和气体状态方程可得出如下关系:

$$q=0.622\frac{e}{p} \tag{4-11}$$

式中,q 为比湿(g/g);e 为水汽压;p 为气压。e 和 p 须用相同的压强单位,即 hPa 或 mmHg。

比湿常用每千克质量湿空气中含有的水汽质量克数来表示，大气的比湿一般都小于 40 g/kg。大气中的水汽主要集中在对流层的中下层，比湿随高度升高而迅速下降。温度、海陆差异和大气环流是影响比湿分布的主要因子。对于某一气块而言，若所含水汽质量和干空气质量保持不变（气块内不发生凝结或蒸发），不论气块膨胀或压缩，体积如何变化，其比湿都保持不变。因此研究空气的垂直运动时，通常用比湿来表示大气湿度。讨论水汽输送时，比湿梯度是重要的物理量。

在上述表示空气湿度的物理量中，水汽压、比湿、露点温度表示空气中水汽含量的多寡。而相对湿度、饱和差、露点差则表示空气距离饱和的程度。

4.1.2 空气湿度的变化

空气湿度的变化是引起天气现象形成与消散的重要原因。在近地气层中，空气湿度对植物生长和农业生产有较大影响。空气湿度低时，地表蒸发和植物蒸腾加剧；若空气湿度高，植物病虫害也会增多。由于受到辐射、气温、气压、蒸发和乱流交换等诸多因子周期性变化的影响，空气湿度呈现明显的周期性日变化与年变化。掌握近地层大气中空气湿度的变化规律，可以更好地服务于农林业生产。

4.1.2.1 空气湿度随时间的变化

（1）水汽压的日年变化

水汽压是大气中水汽绝对含量的表示方法之一。由于影响蒸发的很多因子均随时间而变化，近地层大气的水汽压也呈现出明显的日变化和年变化规律。

水汽压的日变化一般有两种类型。

① 单峰形 一天只有一个最高值和最低值，分别出现在气温最高、蒸发最强的午后 14:00~15:00 和气温最低、蒸发最弱的清晨（图 4-2），与气温的日变化相似。这种类型多见于沿海、海洋和湍流交换不强的秋冬季大陆及暖季的潮湿地区，也称海洋型。在这些地区和季节内，水分供应充足，对流相对较弱，有充分的蒸发和蒸腾，且水汽主要积聚在近地层。因此，一天中随温度的升高，蒸发蒸腾加强，近地层空气中水汽含量增多，水汽压变大；反之，水汽压变小。

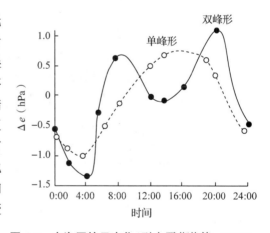

图 4-2　水汽压的日变化（引自严菊芳等，2018）

② 双峰形 一天中有两个高值和两个低值。其中一个高值出现在日出后地面增温，气温不断升高，蒸发加强，但对流尚未充分发展的 8:00~9:00 时，另一个出现在夜晚温度不断降低，对流、乱流已减弱，地表蒸发的水汽聚集在低层大气，水汽压开始加大的 20:00~21:00；两个低值则分别出现在日出前和午后对流最强时。早晨日出前的气温最低，蒸发也最弱，空气中水汽含量少，水汽压最小。日出后，地表温度逐渐升至最高，空气对流的强度和高度也逐渐增加，15:00~16:00 对流最强，大量水汽被输送到高层大气，使近地层空气的水汽含量急剧减小，水汽压降到低

点，而出现第二个低值(图 4-2)。这种双峰形多在对流较强的暖季大陆或沙漠地区出现，也称陆地型。

水汽压年变化一般与气温的年变化相似，有一个最高值和一个最低值。在陆地上最大值出现在蒸发最旺盛的 7 月，最小值出现在蒸发最弱的 1 月；海洋上最大值在 8 月出现，最小值在 2 月出现。水汽压的年变化还与降水的季节分布有关。

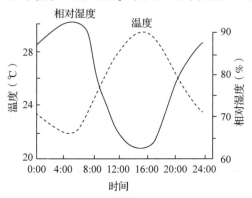

图 4-3 相对湿度的日变化
(引自张嵩午等，2007)

(2) 相对湿度的日年变化

相对湿度的日变化取决于温度和水汽压两个因素。在内陆地区温度是主要的影响因素。白天温度升高，地表的蒸发加强，使空气中的实际水汽压增大。由于饱和水汽压是温度的函数，随温度增加而增大得更显著，相对湿度减小。夜间温度降低时，饱和水汽压的降低幅度大，而使相对湿度增大，所以相对湿度的日变化与气温的日变化相反。相对湿度最大值一般出现在日出前气温最低时，最小值出现在午后气温最高的 14:00~15:00(图 4-3)。

在近海或湖畔地带，由于主要受海陆风(或湖陆风)的影响，白天吹海风，将大量水汽带到陆地，水汽压增加幅度大于饱和水汽压，使相对湿度增大，夜间则相反，所以该地的相对湿度日变化与气温日变化一致。但在阴雨或多云天气时，相对湿度的日变化规律常被打破。

相对湿度的年变化主要决定于气温的年变化和降水的季节特征。一般来说，相对湿度年变化与气温年变化相反，即夏季相对湿度小，冬季相对湿度大。但由于局地气候的影响，这种变化规律常受到破坏，如季风气候区域，夏季为主要降水季节，盛行来自海洋的暖湿气流；冬季降水稀少，盛行来自内陆的干冷空气，致使相对湿度年变化与气温年变化相一致，最大值出现在夏季，最小值出现在冬季。

4.1.2.2 空气湿度的垂直变化

大气中的水汽主要来自下垫面的蒸发或蒸腾。水汽进入大气后，主要集中在对流层的下层，并随空气的垂直运动向上输送，高度越高，水汽越少。因此，水汽压随高度增加而迅速变小。从地面上升到 1.5~2.0 km 高度时，水汽含量减少到地面的 1/2 左右；升高到 5 km 时，水汽含量约为近地面的 1/10。在对流层中水汽压随高度升高而减小的关系可用下式表示：

$$e_{az} = 10^{-Z/\beta} e_{a0} \tag{4-12}$$

式中，e_{az}，e_{a0} 分别为任意 Z 高度和地表面的实际水汽压，Z 的单位为 m；β 为经验常数，在低层大气一般取 5 000 m。

相对湿度随高度的变化比较复杂，难以用简单规律表述。因为水汽压会随高度的增加而减小，气温也随高度的增加而降低，使饱和水汽压也随高度而减小。但饱和水汽压与水汽压的减小幅度不同，所以两者的比值随高度的增加，可能递增也可能递减。

4.2 蒸发与蒸腾

地气系统中的水分经常在固态、液态、气态3种形态间相互转化。蒸发是指当温度低于沸点时,水分子从液态转化为气态的过程或现象。蒸腾则特指植物体内的水分,以气态水的形式通过气孔向外界输送的过程。水分蒸发与植物蒸腾总称为蒸散(evapotranspiration,ET)。蒸散是能量平衡及水分循环的重要组成部分。它不仅影响植物的生长发育与生物量,也影响区域气候的变化。

4.2.1 蒸 发

蒸发是海洋和陆地水分进入大气的唯一途径,是地球水分循环的重要环节。在气象观测中,以一段时间内(日、月、年)自然水面因蒸发而消耗的水层厚度来表示蒸发量,单位为毫米(mm)。单位时间内单位面积上蒸发的水分质量称为蒸发速率(evaporation rate,E),单位为 $g/(cm^2 \cdot s)$。自然界的蒸发现象非常复杂,受气象条件和地理环境等多个因素影响。蒸发包括水面蒸发和土壤蒸发两种。

4.2.1.1 水面蒸发

水面蒸发是指水分从液态变成气态逸出水面的过程,包括水分汽化和水汽扩散两个过程。水面是水分供应不受限制的蒸发面,所以水面蒸发属于最简单的蒸发形式。由于自然条件下的水面蒸发是发生在湍流大气中,蒸发速率受气象条件及蒸发面性质的影响,并以气象条件的影响最为重要,主要的影响因子如下:

(1)温度

蒸发的速率在很大程度上取决于热量的供给。气温越高,空气所能容纳水汽越多。水温越高,水面的蒸发也越多。当水温升高,水分子的动能大于水分子之间的内聚能,具有较大动能的水分子数目多,增大了由水面逸出的水分子通量,即增大了蒸发速率。

(2)饱和差

蒸发速率与饱和差成正比。水面温度下的饱和水汽压与水面上方的实际水汽压之差越大,即饱和差 d 越大,空气湿度距离饱和状态越远,蒸发速率越大;反之,则蒸发速率越小。

(3)风速与湍流扩散

蒸发速率随风速与湍流的增加而增大。大气中水汽垂直输送和水平扩散能加快蒸发的速度。无风时,水面上的水汽仅靠分子扩散,水汽压减小的慢,饱和差小,因而蒸发缓慢。有风时,湍流加强,水面上的水汽随风和湍流迅速扩散,使蒸发面上方的水汽压变小,饱和差变大,蒸发加快。

(4)气压

蒸发速率与气压成反比,即水面上的气压越高,水汽化时所做的功越多,蒸发速率越小。在静止大气中,蒸发速度仅依赖分子扩散的速度,因此水分蒸发速率可用道尔顿(Dalton)定律表示为:

$$W = k \frac{E-e}{p} \tag{4-13}$$

式中，E 为蒸发面温度下的饱和水汽压；e 为蒸发面上方的实际水汽压；p 为气压；k 为与风速有关的比例系数，对于实验室条件下的静稳空气，可用空气中水汽扩散系数表示，当温度为 0 ℃ 时，k 取 0.22 cm²/s。式(4-13)表明，在实验室的静稳空气条件下，水面的蒸发速率与水面上的饱和差成正比，与水面上的风速成正比，而与水面上的气压成反比。

但在自然条件下，某一地区的气压变化并不大，对蒸发的影响不明显。蒸发主要发生在湍流大气中，影响蒸发速率的主要因素仍是湍流交换，而非分子扩散。水面蒸发的影响因素除气象因子，还须考虑蒸发面的形状和性质的影响。

4.2.1.2 土壤蒸发

土壤蒸发是指土壤中的水分汽化并向大气扩散的过程。土壤蒸发是土壤水分损失的重要途径。土面蒸发的形成及蒸发强度的大小主要取决于两个方面：一是受辐射、气温、湿度和风速等气象因素的影响。显然，这是蒸发的外界条件，它既决定水分蒸发过程中能量的供给，又影响蒸发表面水汽向大气的扩散过程，综合起来称为大气蒸发能力；二是受土壤含水量的大小和土壤孔隙度的影响。这是土壤水分向上输送的条件，也即土壤的供水能力。当土壤供水充分时，由大气蒸发能力决定的最大可能蒸发强度称为潜在蒸发强度。

根据大气蒸发能力和土壤供水能力所起的作用、土壤蒸发所呈现的特点及规律，土壤蒸发过程可分为 3 个阶段，如图 4-4 所示。

第一阶段，大气蒸发力控制阶段（蒸发率不变阶段）。当灌水或降雨停止后，土壤中一定深度的水分基本达到饱和状态，尽管含水率有所变化，但地表处的水汽压仍维持或接近于饱和水汽压。这样，在外界气象条件维持不变时，水汽压梯度基本上无变化。结果，

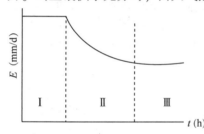

图 4-4 土壤蒸发的 3 个阶段示意

含水率的降低并不影响水汽的扩散通量。另外，表土含水率的减小将使地表土壤导水率降低，但这正好为土壤中向上的吸力梯度增加所补偿，故土壤仍能向地表充分供水，足以补偿土面蒸发散失的水量，所以蒸发率（mm/h 或 mm/d）不变，与自由水面的蒸发相似，称为稳定蒸发阶段。稳定蒸发阶段的蒸发强度大小主要由大气蒸发能力决定。此阶段含水率的下限，即临界含水率的大小与土壤性质及大气蒸发功能有关，一般认为该值相当于田间持水量的 50%~70%。此阶段维持时间不长，一般可持续几天，但丢失的水量较大。所以雨后或潮水后及时中耕或地面覆盖，是减少此阶段土壤水损失的重要措施。

第二阶段，土壤导水率控制阶段（蒸发率降低阶段），亦称土壤供水能力控制阶段。经过第一阶段的蒸发，土壤水分逐渐减少，土壤中基质吸力不断增大，导水率随土壤含水率的降低或土壤水吸力的增高而不断减小，并导致土壤水分向上运移的吸力梯度和前一阶段不同，呈现不断减少的趋势。土壤导水率已不能满足大气蒸发力的强度，大气蒸发力只能蒸发传导至地表的少量水分，所以此时蒸发的强度主要取决于土壤的导水性质，即土壤不饱和导水率的大小。这个阶段维持的时间较长，当土面的水汽压与大气的水汽压达到平衡，土面成

为风干状态的干土层为止。此阶段除地面覆盖外,中耕结合镇压也具有良好的保墒效果。

第三阶段,扩散控制阶段。当表土含水率很低,如低于萎蔫系数时,土壤输水能力极弱,不能补充表土蒸发损失的水分,土壤表面形成干土层。此时,土壤水向干土层的导水率降至近于零,液态水已不能运行至地表,下层稍湿润土层的水分汽化,只能以水汽分子的形态通过干土层孔隙扩散到大气中,此时水汽蒸发已降至最小。一般情况只要土表有1~2mm干土层,就能显著地降低蒸发率。在这一阶段,压实表层,减少大孔隙是防止水汽向大气中扩散的有力措施。由上所述,保墒重点应放在第一阶段末和第二阶段初。

4.2.2 表征蒸腾作用的物理量

陆生植物吸收的水分,只有极少数(1%~2%)用于体内代谢,绝大部分都通过地上部分散失到体外。水分从植物体内散失到大气中有两种方式,除少量的水分以液态通过"吐水"方式排出体外,大部分水分通过蒸腾作用散失。蒸腾作用是植物失水的主要方式。

4.2.2.1 蒸腾作用的概念及意义

植物体内的水分通过体表(主要是叶子)逸出到大气中的过程称为蒸腾作用(transpiration)。蒸腾作用既是一种物理过程,也是植物生命活动的重要生理过程,在植物生命活动中具有重要的意义。蒸腾作用是植物水分吸收和运输的主要动力,蒸腾作用失水所造成的水势梯度产生的蒸腾拉力是植物被动吸收和运输水分的主要驱动力。特别是高大的植物,如果没有蒸腾作用,植物较高的部分将难以得到水分;植物体依靠蒸腾作用维持恒定的体温。蒸腾作用借助水的高汽化热,能够降低植物体和叶片的温度。叶片在吸收光辐射进行光合作用的同时,也不可避免地吸收了大量热量,通过蒸腾作用散热,可防止叶温过高,避免熟害;蒸腾作用促进植物体对矿质元素的吸收和运输;蒸腾作用有利于气体交换,当蒸腾作用正常进行时,气孔是开放的,有利于二氧化碳的吸收和同化。

然而,关于蒸腾作用的生理意义仍有较大的争议。有研究者认为,植物蒸腾作用可能在水分或矿物质的吸收运输中起着重要作用,但是蒸腾作用似乎并非这些过程所必需的。某些生长在热带雨林中的植物,由于处在较高湿度的条件下,几乎没有蒸腾作用的发生,但是生长仍然生长茂盛。生长在极端潮湿环境中的植物,并没有因为蒸腾作用极低、蒸腾流不强而造成缺素症。但大多数情况下,蒸腾作用是导致植物发生水分亏缺,甚至脱水的主要原因。由此看来,蒸腾作用对植物的作用可能存在着有利和不利两方面的影响。因此,蒸腾作用也许是陆生植物为解决光合作用吸收二氧化碳的需要而不得不付出的水分散失的代价。在不影响光合作用的前提下,减少蒸腾作用对水分的消耗,在生产实践上具有重要的意义。

4.2.2.2 表征蒸腾作用的物理量

(1)蒸腾速率

植物在一定时间内,单位叶面积通过蒸腾作用所散失的水量称为蒸腾速率(transpiration rate),又称蒸腾强度,常用 $H_2O\ g/(m^2 \cdot h)$ 表示。大多数植物白天的蒸腾速率为 15~250$g/(m^2 \cdot h)$,夜间为 1~20$g/(m^2 \cdot h)$。

(2)蒸腾系数

植物每合成 1g 干物质所蒸腾的水分克数,称为蒸腾系数(transpiration coefficient)。蒸腾系数的大小，既反映了植物对水分的需求程度，也体现了植物对水分利用效率的高低。蒸腾系数大，表明植物需水量大，但水分利用效率低；反之，蒸腾系数小，表明植物需水量小，但水分利用效率高。不同植物的蒸腾系数差异较大（表4-3）。

表4-3 几种植物的蒸腾系数

植物	蒸腾系数	植物	蒸腾系数
冬小麦	310~650	大豆	307~368
春小麦	433~774	甜菜	300~420
玉米	250~350	油菜	337~912
水稻	223~800	向日葵	290~705
棉花	300~600	糜子	151~251
大麦	217~755	谷子	142~271
马铃薯	300~400	锐齿栎	211~249
甘薯	248~264	油松	155~325
甘蔗	125~135	华山松	178~328
高粱	204~298	落叶松	131~307

注：引自毛自朝，2017；张书余等，2008；张嵩午等，2007；陈国林等，1997。

4.2.3 蒸散量

植物蒸腾耗水量和土壤蒸发耗水量的总和称为蒸散量，亦称腾发量。凡是影响土壤蒸发和植物蒸腾的一切因子均会影响到蒸散。蒸散量的大小取决于以下三个方面：

①大气干燥度、辐射强度、温度和风等大气蒸发能力；
②土壤含水量、土壤孔隙度、土壤结构等土壤供水能力；
③植被覆盖率、植物叶面气孔数量和开度等植被状况。

桑斯韦特（Thornthwaite）和彭曼（Penman）于1948年提出了可能蒸散量（也称潜在蒸散或蒸散势）的概念，并用 ET_p（potential evapotranspiration）表示。研究可能蒸散量对生态需水量、农田灌溉量、地气水分循环、干湿季划分和气候分析均有重要意义。

从水分能量概念来说，可能蒸散量就是由大气状况决定的控制蒸散过程的能力或提供蒸散消耗的潜在能量。这种能量用单位时间内（天）所蒸发和蒸腾的总耗水量表示。可能蒸散量表示一种最大蒸散能力，它不受土壤水分、植被状况的制约，只受可利用能量的限制。

为使计算公式统一化、标准化，1992年联合国粮食及农业组织（FAO）给参考作物蒸散量（ET_0）重新进行定义：参考作物腾发量为一种假想参照作物冠层的蒸发蒸腾量，该假想作物的高度为0.12 m、固定的叶面阻抗为70 s/m、反射率为0.23，非常类似于表面开阔、高度一致、生长旺盛、完全遮盖地面而不缺水的绿色草地蒸发蒸腾量。

4.2.3.1 彭曼公式

英国气象学家彭曼（Penman）于1948年综合考虑了净辐射、气温、水汽压和风速等气象要素，提出计算自由水面蒸发量的彭曼公式(气象学法)：

$$E_0 = \frac{SR_n + \gamma E_a}{S + \gamma} \tag{4-14}$$

式中，E_0 为自由水面的蒸发量(mm/d)；S 为温度-饱和水汽压曲线的斜率(hPa/℃)；R_n 为自由水面上的净辐射量，计算时换算为蒸发量(mm/d)；γ 为干湿表常数(hPa/℃)；E_a 为干燥力(mm/d)。

$$E_a = f(u)(e_s - e_a) \tag{4-15}$$
$$f(u) = 0.37(1 + u/160) \tag{4-16}$$

式中，E_a 为干燥力(mm/d)；e_s、e_a 分别为自由水面上饱和水汽压和实际水汽压(hPa)；$f(u)$ 为与风速有关的系数；u 为 2 m 高处的风速(m/s)。

彭曼公式之所以被广泛应用，是因为公式中气象要素的值只需要在蒸发面上方一个高度进行测量，比空气动力学法或能量平衡法的测量容易。计算公式中所需的参数值可从气象台获取，R_n 和 S 的值一般也不需要测量，R_n 可用 Penman(1948)或 Linacre(1968)的计算公式直接计算获得，S 可用湿球温度直接求算，有时 S 也被忽略掉。

FAO 于 1979 年将彭曼公式修正后，推荐用于估算参考蒸散量(ET_0)，即自由水面的蒸发量(E_0)乘以经验系数(f)。修正后的彭曼公式为：

$$ET_0 = fE_0 \tag{4-17}$$

式中，f 是一个经验系数，一般取值夏季为 0.8，冬季为 0.6，f 无论在何种气候条件下其误差都在±15%以内。在没有本地实验 f 值数据的情况下，参考联合国粮食及农业组织的技术报告，我国东部季风气候区和青藏高原气候区 f 取 0.8，西北干旱气候区 f 取 0.85。

4.2.3.2 桑斯韦特公式

美国土壤学家桑斯维特(Thornthwaite)于 1948 年根据月蒸散量与月平均温度的相关性并考虑昼长的影响，而建立了计算土壤潜在蒸散量的桑斯韦特公式(气候学法)，其表达为：

$$ET_0 = 1.6 \frac{LN}{1230} \left(\frac{10 t_m}{I}\right)^a \tag{4-18}$$

式中，ET_0 为某地区的月蒸散量(mm)；N 为该月的天数(d)；L 为该月的平均昼长(h)；t_m 为该月平均气温(℃)；I 为年热量指数；a 为年热量指数的函数，是因地区不同而变化的常数。

年热量指数(I)是各月热量指数(i)之和，即 $I = \sum_{i=1}^{12} i_i$。

月热量指数(i)是月平均气温 t_m 的函数；$i = (t_m/5)^{1.514}$。

a 与年热量指数的关系为：

$$a = 6.75 \times 10^{-7} I^3 - 7.71 \times 10^{-5} I^2 + 1.79 \times 10^{-2} I + 0.49 \tag{4-19}$$

桑斯韦特是根据美国中西部地区多年田间试验的数据而建立的经验公式，那里气温与辐射高度相关，而在气温与辐射并非高度相关的季风区往往效果不好，且该式不适用于月平均气温低于 0 ℃ 的地区。优点是资料易得，计算简单。与彭曼公式比较，其物理基础和理论依据不够充分，因为决定蒸散的不仅仅是气温和昼长，而是多种因子的综合影响。

4.2.3.3 波文比法

波文(Bowen)于 1926 年提出了感热通量密度(H)与潜热通量密度(LE)之比值(β)的概

念,并将此比值(β)称为波文比(Bowen ratio)。该方法是以能量平衡方程为基础,因此也被称为波文比-能量平衡法(Bowen Ratio-Energy Balance,BREB)。

$$\beta = \frac{H}{LE} = \frac{\rho_a C_p K_h \Delta t}{\rho_a L K_w \Delta e} \tag{4-20}$$

式中,H 为感热通量密度;LE 为潜热通量密度;K_h 和 K_w 分别为热量和水汽的湍流交换系数;ρ_a 为空气密度(kg/m^3);C_p 为空气定压热容量[$J/(kg \cdot ℃)$];L 为汽化潜热(J/kg),它是温度的函数,$L = (2\,500-2.360\,t_s) \times 10^3\,J/kg$,$t_s$ 为水面温度(℃);Δt 和 Δe 分别为两个观测高度间的位温差与水汽压差,可用实测温度差 Δt 代替位温差。

根据莫宁-奥布霍夫(Monin-Obukhov)相似理论,波文比的估算是基于热量和水汽的湍流交换系数相等的假设,即 $K_h = K_w$,可得到:

$$\beta = \frac{H}{LE} = \gamma \frac{\Delta t}{\Delta e} \tag{4-21}$$

式中,Δt 和 Δe 分别为两个观测高度间的温度差与水汽压差;$\gamma = C_p/L$ 为干湿表常数。

将式(4-20)代入能量平衡方程 $R_n = LE + H + G$,得 $R_n = LE + \beta LE + G$,从而根据实测的温度差和水汽压差计算得到水热的通量密度,推导出的表达式为:

$$LE = \frac{R_n - G}{1 + \beta} = \frac{R_n - G}{1 + \gamma(\Delta t/\Delta e)} \tag{4-22}$$

式中,R_n 为净辐射;G 为地表土壤热通量密度;β 为波文比;γ 为干湿表常数,$\gamma = 6.53 \times 10^{-4}$(20 ℃、1 000 hPa、50%时);$\Delta t$、$\Delta e$ 分别为两个观测高度间的温度差与水汽压差。

4.3 水汽凝结

4.3.1 水汽凝结的条件

水汽由气态变为液态的过程称为凝结。水汽由气态直接转变为固态的过程称为凝华。大气中的水汽凝结或凝华的一般条件:一是大气中水汽达过饱和状态,二是大气中有足够的凝结核或凝华核。

4.3.1.1 大气中水汽达到过饱和状态

只有在大气中的水汽达到过饱和状态时,水分才可能由气态转变为液态或固态,即所谓的凝结或凝华。大气中的水汽达到过饱和状态有两种途径:一是增加大气中的水汽含量,使水汽压(e)超过当时温度下的饱和水汽压(E);二是降低大气温度,使饱和水汽压减少到小于当时的实际水汽压。

要想通过增加空气中水汽含量达到过饱和,首先必须保证有水分充足的下垫面,且下垫面温度应高于气温。例如,当雨后转晴地面迅速增温或冷空气移至暖的水面,此时下垫面迅速蒸发可能使其上空较冷空气达到过饱和状态并产生凝结。秋、冬季清晨,水面上腾起的雾就是这样形成的。但这种情况在自然条件下为数不多。在自然界中,大部分凝结现象是通过降低空气温度实现的。大气的冷却方式主要有以下几种:

(1) 绝热冷却

空气在上升过程中，因发生绝热膨胀而冷却，上升到一定高度后就会达到饱和，再上升就会达到过饱和产生凝结现象。这种凝结方式是自然界水汽凝结最重要的过程，对云和降水的形成具有重要作用。

(2) 辐射冷却

晴朗微风的夜晚，地面有效辐射强，降温幅度大，当近地层空气温度降到露点或露点温度以下时，就会发生凝结现象。

(3) 接触冷却

当暖空气移动到较冷的下垫面上时，将热量传递给下垫面而降温，当温度降到露点以下时，便有凝结现象发生。

(4) 混合冷却

温差大、接近饱和的两团空气相遇混合后，会使混合后空气的平均水汽压大于混合后气团的饱和水汽压，多余的水汽就会凝结成水滴。但在实际大气中，这种情况并不多见。

4.3.1.2 大气中有凝结核或凝华核

在大气中，当相对湿度达到100%时，水汽就会发生凝结。但在实验室里却发现，在完全纯净的空气中，即使水汽达到过饱和，相对湿度高达300%~400%时，也很难发生凝结。如果此时加入吸湿性微盐粒，就会立刻发生凝结。这一事实表明，水汽凝结除满足水汽达到过饱和外，还必须有凝结核。气象上把那些能以它为核心凝结成水滴的微粒称为凝结核。其半径一般为 0.1~1 μm，而且半径越大、吸湿性越好的核周围越易产生凝结。若水汽在核上直接凝华成冰晶，这种核叫凝华核。

大气中的凝结核种类很多，按其性质可分为两类：一类吸湿性很强且易溶于水，称为可溶性核，如随海水溅沫进入空气中的盐粒，工厂排放出的二氧化硫、一氧化氮及烟粒等。它们一经吸收水分，便形成浓度很大的胚胎，然后以这些胚胎为中心凝。另一类不易（或不能）溶于水但能吸湿水分，称为非可溶性核，如悬浮于空气中的尘埃、岩石微粒、花粉、细菌等，它们能将水汽吸附在其表面而形成小水滴，但其效能较差。

2013年成为我国年度关键词的"雾霾"，是雾和霾的统称。雾霾是对大气中各种悬浮颗粒物含量超标的笼统表述，尤其是 $PM_{2.5}$（空气动力学当量直径小于或等于 2.5 μm 的颗粒物）被认为是造成雾霾天气的"元凶"。因此，在凝结核数量较多的城市和工业区上空雾霾出现的概率较高。

4.3.2 水汽凝结物

按照水汽凝结物形成的地点和凝结高度，可分为地面上的凝结（凝华）物、近地气层中的凝结（凝华）物——雾和高空大气中的凝结（凝华）物——云。

4.3.2.1 地面上的凝结物

(1) 露和霜

夜晚和清晨，由于地面和地物表面的辐射冷却，使贴近地面的气层温度降到露点以下时，水汽就会在地面或地物表面上发生凝结现象。如果此时露点温度高于0℃，水汽就会凝结成露（dew）；如果露点温度低于0℃，则凝华为霜（frost），水汽在地面或地物上形成露或霜。

露和霜形成的有利天气条件是晴朗、微风的夜晚，天气晴朗有利于地面和地物表面的辐射冷却，微风有利于上下层空气交换，使新鲜潮湿的空气不断补充到凝结凝华面上，以致形成较强的露、霜。阴天或大风的夜间则不利于露、霜的形成，原因是阴天不利于地面或地物表面的辐射冷却，大风又加强了上下层冷暖空气的混合，使贴近地面或地物的空气不易降至露点以下。

一般来说，热导率小的疏松土壤表面，辐射能力强的黑色物体表面及辐射面积大的粗糙地面，夜间冷却皆较强烈，易形成露和霜。在植物枝叶上，夜间温度较低而且湿度大，露或霜较重；在洼地与山谷，容易积蓄冷空气，产生霜的频率最大；在水域岸边平地和森林地带，产生霜的频率较小。

从广义上讲，露和霜也属地面降水的一部分，虽数量很少，全年只有几十毫米，对于多雨地区其作用是微不足道的，但对于严重干旱或降水稀少的沙漠地区，露对农业具有一定的实际意义。

(2) 雾凇和雨凇

雾凇(rime)是水汽在风的作用下，附着于树枝、电线等地物迎风面上，形成的一种白色松脆的微小冰晶或冰粒。在我国东北和华北地区称为"树挂"。由于粒状雾凇的结构较紧密，常使电线、树枝折断，对交通、通信、输电线路等造成影响，雾凇是一种气象灾害。

雾凇根据形成条件和结构，可分为晶状雾凇和粒状雾凇两种。当气温在-7 ~ -2 ℃有雾并且风较大的天气条件下，风将过冷却水滴吹到冷的地物表面冻结形成粒状雾凇；气温约为-15 ℃且有雾、微风的天气条件下，空气中的过饱和水汽直接在物体表面凝华成晶状雾凇。

雾凇和霜在形态上很相似，易混淆。它们的区别就在于霜在夜间形成，而雾凇在昼夜间任何时候均可发生；霜大多形成在地面上，雾凇多形成在物体的迎风面上；霜多在晴天下发生，雾凇多形成于有雾阴沉的天气。

雨凇(glaze)是过冷却液态降水(雨或毛毛雨)碰到地物表面后直接冻结形成外表光滑透明、坚硬的冰层，也称冻雨，多聚集在物体的迎风面。由于密度较雾凇大得多，雨凇更具危害性，是一种气象灾害。常出现在无雾，且风速较大的严寒天气中。严重时可压断电线，损坏树木，中断通信，阻断交通等，给工农业生产带来危害。

4.3.2.2 近地气层中的凝结物——雾

当近地气层的温度降到露点以下时，空气中的水汽凝结成小水滴或凝华为小冰晶，悬浮在空气中，呈乳白色幕状，使水平能见度小于1 km，这种大气现象称为雾(fog)，如果水平能见度在1~10 km，则称轻雾。

雾的形成须具备三个基本条件：一是近地层中水汽充沛，二是有使水汽发生凝结(凝华)的冷却过程，三是有较多的凝结核或凝华核。根据雾形成的天气条件和空气冷却降温的方式，可将雾分为辐射雾(radiation fog)、平流雾(advection fog)、平流辐射雾(advection radiation fog)。最常见的是辐射雾和平流雾。

(1) 辐射雾

由于地面和近地层空气辐射冷却，使空气达到过饱和，多余的水汽凝结(或凝华)成小水滴(或小冰晶)飘浮于空气中而成雾，称为辐射雾。这种雾多发生于晴朗、微风、潮湿的夜间，以早晨温度最低时最浓，也称晨雾。日出后，它逐渐消散。所谓"雾兆晴天"，是指辐射雾。春、秋两季，潮湿低洼的地区(河谷、川地、盆地等)经常有辐射雾发生。我国四川盆地是辐射雾频繁发生的地区，其中重庆市在冬季晴朗天气条件下几乎每天早晨都有发生，故有"雾重庆"之称。

(2) 平流雾

暖湿空气流经冷的下垫面上方时，受下垫面冷却作用的影响，下部逐渐冷却降温。在空气乱流混合作用下，冷却向上扩散，当近地层暖湿空气的温度降到露点以下时，水汽凝结成雾，称为平流雾。例如，在寒冷的季节里，洋面上的暖湿空气流入大陆时，可生成平流雾。暖季，大陆上的暖空气流向较冷的洋面时，也可形成平流雾。一日内不论何时，只要有暖湿空气流来，且与下垫面温差较大，平流雾即可发生。这种雾的范围广而深厚，浓度较大，常常持久不消散。在沿海地区，厚度可达几百米，甚至超过1 000 m。所谓的"大雾不过三，过三阴雨天"指的就是这种雾。

(3) 平流辐射雾

平流辐射雾是夜间平流雾因辐射作用而加强后形成的，是平流、辐射因素叠加作用而形成的雾，也称混合雾。平流辐射雾的范围更广、浓度更大。此外，还有蒸发雾、地形雾、锋面雾等。

雾对农作物有一定的影响。它白天削弱太阳辐射、减少日照时数，夜晚削弱地面有效辐射；增大空气湿度，减少农田蒸散，不利于病害防治。但有些植物，如茶叶、麻等，由于雾削弱了太阳辐射的紫外线，有利于它们的生长发育和产品质量的提高。"高山云雾出名茶"即说明雾对茶的生长发育及品质有有利的一面。

4.3.2.3 高空大气中的凝结物——云

云(cloud)是高空大气中的水汽凝结(凝华)形成的水滴、过冷却水滴、冰晶或混合组成的悬浮体，而飘浮于大气中的大气现象。它在一定程度上反映着大气运动的现状，又预示着天气演变的趋势。云和雾没有本质的区别，只不过飘浮高度不同而已，即云在高空，雾在近地层，且下部与地面接触。但云的外形演变、延伸范围及高度、生消条件等要比雾复杂得多。

高空大气中水汽的凝结(凝华)必须具备两个条件，即水汽过饱和及有凝结核或凝华核存在。云的存在和发展还必须靠上升气流来不断向云中补充水汽，并在上升中使空气发生绝热冷却，因此，空气的上升运动是云形成和发展的主要原因。造成空气的上升运动即云形成的主要原因有以下几种情况。

(1) 地形抬升

暖湿气流在移动过程中遇到大的凸出地形或山脉，就会被迫产生上升运动，发生绝热冷却，形成云或降水，这也被称为地形云或地形雨。因此，一般在山的迎风坡上云雨较多，而在山的背风坡，气流是下沉增温，空气变得高温干燥。

(2) 热力对流

大气层结不稳定的气层受到扰动或地面的不均匀加热而产生上升运动，若上升空气湿度较大，就会形成对流云或对流雨，因常伴有雷电和强阵性降水，也称热雷雨。

(3) 气旋辐合

气旋又称低压，中心因有辐合上升气流，空气绝热冷却而形成云雨，又称气旋雨。气旋尺度较大，形成的云雨范围广，时间也较长。

（4）锋面抬升

冷暖气团相遇后形成锋面，暖空气较冷空气轻，会沿锋面上升而发生绝热冷却形成锋面云系，能产生大范围的连续性降水。

云的外形千差万别，且变化无穷。1802年英国博物学家卢克·霍华德（Luke Howard）首次将云分成3类：积云、层云和卷云。目前，国际上将云分为低云、中云、高云和直展云，4族10属。我国以这一分类体系为基础，在《地面气象观测规范》中按云的外形特征、结构特点和云底高度将云分为3族、10属、29种。具体的族、属分类和特征见表4-4。

表4-4 云的分类及形态特征

云族	云属		形状特征
	学名	简写	
低云族	积云	Cu	垂直向上发展的、顶部呈圆弧形或圆拱形重叠凸起而底部几乎是水平的云块。云体边界分明
	积雨云	Cb	云体浓厚庞大，垂直发展极盛，远看很像耸立的高山。云顶由冰晶组成，有白色毛丝般光泽的丝缕结构，常呈铁砧状或马鬃状。云底阴暗混乱，起伏明显，有时呈悬球状结构
	层积云	Sc	团块、薄片或条形云组成的云群或云层，常成行、成群或波状排列。云块个体都相当大，云层有时满布全天，有时分布稀疏，常呈灰色、灰白色，常有若干部分比较阴暗
	层云	St	低而均匀的云层，像雾，但不接地，呈灰色或灰白色。层云除直接生成外，也可由雾层缓慢抬升或由层积云演变而来。可降毛毛雨或米雪
	雨层云	Ns	厚而均匀的降水云层，完全遮蔽日月，呈暗灰色，布满全天，常有连续性降水。如因降水不及地在云底形成雨(雪)幡时，云底显得混乱，没有明确的界限
中云族	高层云	As	带有条纹或纤缕结构的云幕，有时较均匀，颜色呈灰白或灰色，有时微带蓝色。云层较薄部分，可以看到昏暗不清的日月轮廓，看上去好像隔了一层毛玻璃。厚的云，则底部比较阴暗，看不到日月。由于云层厚度不一，各部分明暗程度也就不同，但是云底没有显著的起伏
	高积云	Ac	云块较小，轮廓分明，常呈扁圆形、瓦片状、鱼鳞片，或是水波状的密集云条。成群、成行、成波状排列。薄的云块呈白色，厚的云块呈暗灰色。在薄的高积云上，常有环绕日月的虹彩，或颜色为外红内蓝的华环
高云族	卷云	Ci	具有丝缕状结构，柔丝般光泽、分离散乱的云。云体通常白色无暗影，呈丝条状、羽毛状、马尾状、钩状、团簇状、片状、砧状等。日、月轮廓分明，常有晕环
	卷层云	Cs	白色透明的云幕。日月透过云幕时轮廓分明，地物有影，常有晕环。有时云薄得几乎看不出来，只使天空呈乳白色；有时丝缕结构隐约可辨，好像乱丝
	卷积云	Cc	似鳞片或球状细小云块组成的云片或云层，常排列成行、成群，很像轻风吹过水面所引起的小波纹。白色无暗影，有柔丝般光泽

低云多由水滴组成，厚而垂直发展旺盛的低云则由水滴和冰晶混合组成。云底高度一般在2 500 m以下，但随季节、天气条件及地理纬度的不同而有所变化。大部分低云可产生降水。中云多由水滴、过冷却水滴与冰晶混合组成。云底高度通常在2 500～5 000 m。

浓厚的中云可产生降水，但薄云无降水产生。高云全部由冰晶组成，其云底高度常在5 000 m以上。高云一般不产生降水，但冬季北方卷层云偶有降雪。

在气象观测中，不仅要观测云状，还要观测云量。云量是指云遮蔽天空视野的成数。云量的观测包括总云量和低云量。观测总云量时，全天无云时总云量为0；全天布满云时总云量为10；云遮蔽全天的1/10时，记为1；云遮蔽全天的2/10时，记为2；以此类推。低云量的观测方法与总云量相同。气象观测规定，总云量50%以下为晴到少云，60%~80%为多云，80%以上为阴天。

4.4 降　水

从云中降落到地面的液态或固态的水汽凝结物称为大气降水，简称降水(rainfall)。降水的形成过程是云中的小水滴增大成为雨滴(raindrop)、雪花及其他降水物的过程。

4.4.1 降水的形成

降水主要来自云中，但有云不一定有降水。这是因为云滴的体积很小，不能克服空气阻力和上升气流的顶托。只有当云滴增长到能克服空气阻力和上升气流的顶托，并且在降落至地面的过程中不致被蒸发掉时，才能形成降水。降水是在一定的宏观条件和微观物理过程共同作用下形成的，二者缺一不可。

4.4.1.1 降水形成的宏观条件

充沛的水汽和空气的上升运动是形成降水的必要的宏观条件。其中充沛的水汽是形成降水的物质基础，而一定的上升气流，一方面，可导致空气的绝热冷却，使其达到饱和或过饱和；另一方面，可输送地面或近地气层的水汽及凝结核。

4.4.1.2 降水形成的微观物理过程

通常把半径$r<100\ \mu m$的水滴称为云滴(cloud droplet)，$r>100\ \mu m$的水滴称为雨滴。而标准云滴的半径为$10\ \mu m$，标准雨滴的半径为$1\ 000\ \mu m$。从体积来说，要有一百万个云滴才能合并成一个雨滴。降水的形成就是云滴增大为雨滴、雪花或其他降水物，并降至地面的过程。

(1)暖云降水形成的微观物理过程

暖云(warm cloud)是指整体温度都在0 ℃以上的云，它是由水滴组成的，我国南方夏季的浓积云、层积云多属于暖云。使暖云云滴增大的微观物理过程主要有两个：云滴凝结增长过程和云滴碰并增长过程。这两种过程彼此独立，但又同时起作用。

①云滴凝结增长过程　云滴凝结增长过程是指云滴依靠水汽分子在其表面上凝聚而增长的过程。在云的形成和发展阶段，在热力或动力抬升作用下，低层空气携带水汽和气溶胶粒子上升，绝热冷却达到饱和状态，水汽凝结成云滴。云体再上升时，就会发生过饱和。因上升空气绝热冷却所提供的多余水分比在凝结核及云滴上凝结的水分多，从而引起过饱和度增大。当空气绝热冷却所提供的多余水等于凝结在凝结核和云滴上的水分时，过饱和度达到最大值。再向上，增长中的云滴所消耗的水分就比气块绝热冷却所提供的多余

水分多，空气湿度减小，过饱和度开始减小。由于云滴凝结增长速率与其半径成反比，较小的云滴比较大的云滴增长得快。最后，云中水滴尺度就越来越趋于均匀化。计算表明，单靠水汽凝结作用，云滴只能长到大约 10 μm，这表明在暖云中仅靠水汽凝结，云滴要增大到半径大于 1 000 μm 的雨滴是十分缓慢的。但实际上暖云在较短时间内就能产生降冰，如热带的暖性积云。这是之后云滴的碰并增长的缘故。

②云滴碰并增长过程　两个或两个以上的云滴相互碰撞合并在一起成为较大的云滴称为碰并增长过程。如图 4-5 所示，云内的云滴大小不一，运动速度各不相同。大云滴下降速度比小云滴快。大云滴在下降过程中很快追上小云滴，大小云滴相互碰并为更大的云滴。在有上升气流时，当大小云滴被上升气流向上带时，小云滴也会追上大云滴并与之合并，成为更大的云滴。云滴增大以后，它的横截面积变大，在下降过程中又可合并更多的云滴。这种在重力场中由于大小云滴速度不同而产生的碰并现象，称为重力碰并。在碰并过程中，以重力碰并最为重要，其他还有布朗运动、流体引力、湍流混合、云滴所带的正负电荷等所引起的云滴合并增大。同时，不断增长的大水滴在下降过程中，受上升气流和重力作用，使其变形，底部向内凹陷，并破碎成许多大小不同的水滴，再重新被上升气流携带上升，作为新一代的胚胎而增长。增长—下降—破碎—上升—再增长—下降—再破碎—上升，循环往复，这种循环往复的过程称为连锁反应。连锁反应不会无限地进行下去，因为强烈的上升气流不会持久。当上升气流支撑不住大量雨滴的降落时，便形成降水。

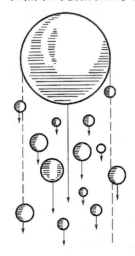

图 4-5　云滴的碰并增长

实际上，这两种过程是同时起作用的，一般来说，在云滴增长初期凝结过程是主要的，云滴增长到一定程度后则以碰并增长为主。

(2) 冷云降水形成的微观物理过程

冷云(cold cloud)是指云体上部的温度低于 0°C 的云(或云体上部伸展到 0 °C 等温面以上的云)。单纯由冰晶组成的冷云称为冰云(ice clouds)。有过冷却水滴和冰晶共存的云称为混合云。例如，深厚的雨层云(图 4-6)顶部由冰晶，中部由过冷却水滴和冰晶共同组成，

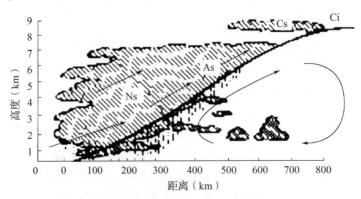

图 4-6　系统性层状云的形成(引自姜世中，2020)

底部由水滴组成。在我国单纯由冰晶组成的层状云,因距地面较高、含水量稀少,很难形成降水。而纬度较高的地区冬季低而厚的一些冰成云有时可降雪。混合云特别有利于降水。云中冰晶增长的微观物理过程主要有两个:①凝华增长过程;②结凇、碰连、碰并增长过程。

①凝华增长过程 混合云中,水滴和冰晶共存,当云中实际水汽压处于水面上的饱和水汽压与冰面上的饱和水汽压之间($E_水>e>E_冰$)时,就会产生冰晶效应(ice-crystal effect),水滴会因蒸发而减小甚至消亡,而冰晶则可凝华增大,冰晶的这种增长过程称为凝华增长过程,又称贝吉龙(Bergeron)过程。这种增长作用在温度为-12 ℃时最为显著。凝华增长过程要比凝结增长过程迅速得多(10~20倍于水滴的凝结增长),常常只需要几分钟就可以使云滴增长到半径50~60 μm的尺度。所以它是中纬度地区混合云降水的重要过程。但要使云滴继续增长,还要靠其他过程。

②结凇、碰连、碰并增长过程 在混合云中,冰晶与过冷水滴相碰撞,使水滴在冰晶上面冻结,从而使冰晶增大,形成各种结构的凇结体,这个过程称为结凇增长。冰晶之间或冰晶、雪晶之间互相碰撞,黏连成雪花而使其增大的过程,称为碰连增长。通过结凇、碰连,冰晶继续增大后下降到0 ℃等温线以下的低层,开始融化成大水滴,再通过重力碰并、连锁反应继续增大为雨滴,最后雨滴离开云底降落到地面形成降水。

4.4.2 降水的种类

4.4.2.1 根据降水的形态分类

(1) 雨

雨(rain)是从云中降落到地面的液态水滴。

(2) 雪

雪(snow)是从云中降落到地面的各种类型冰晶的集合物。当云的温度很低时,云中有时冰晶和过冷却水同时存在,由于冰面饱和水汽压小于水面饱和水汽压,水汽就会从水滴表面转移并凝华到冰晶表面,使冰晶不断增大,形成各种类型的六角形白色固体降水物(雪花)。如果云下气温低于0 ℃时,雪花离开云体后可一直降落到地面;如果云下的气温高于0 ℃,则可能出现雨夹雪或湿雪。

(3) 霰

白色不透明而松脆的冰球,其直径为1~5 mm,称为霰(graupel)。它形成在冰晶、雪、过冷却水滴并存的云中,是由下降的雪花与云中冰晶、过冷却水滴碰撞迅速冻结而形成的。由于雪花夹着的空气来不及排出,霰看起来呈乳白色,不透明而疏松。

(4) 冰雹

冰雹(hail)是从积雨云中降落的冰球或冰块,直径5~50 mm,个别情况下可以更大。它是由很厚的积雨云产生的。积雨云顶部温度达-40 ℃以下,中部为-40~-0 ℃,底部为0 ℃以上。因此云体顶部为冰晶和雪花,中部为过冷却水滴和冰晶,底部为水滴。积雨云中上升气流时强时弱,当云顶的霰降落至中部和底部时,过冷却水滴和水滴与之碰并包裹在霰的外围,形成一层透明的冰层。当再度上升至云体顶部时,云里的冰晶、雪花与之碰并又冻结上一层不透明的冰层。如此反复上下之后,这种透明与不透明的同心层次可达十几层甚至几十层之多,直至云中上升气流再也托不住时,降至地面即冰雹。降雹持续时间短,范围小(一般为 10~20 km),且常伴有狂风大雨,破坏力极强,通常会给农业生产造成重大损失。

4.4.2.2 根据降水的性质分类

(1)连续性降水

连续性降水(successive precipitation)的降水时间长,强度变化小,降水范围广,通常降自雨层云和高层云中。

(2)阵性降水

阵性降水(showery precipitation)的降水时间短,强度变化大,降水范围小,或时降时止,分布不均匀,常降自积雨云和层积云中。

(3)毛毛状降水

毛毛状降水(precipitation as hairs)是极小的液滴状降水,降水强度很小,落在水面上不起波纹,落在干土上没有湿斑,常降自层状云中。

4.4.2.3 根据降水的成因分类

(1)地形雨

暖湿气流在移动过程中,遇到地形的阻挡,在迎风坡被迫抬升,发生绝热冷却而形成的降水,称为地形雨(orographic rain)。山的迎风坡常成为多雨中心,背风坡则因水汽在迎风坡凝结降落而大为减少,加上空气下沉增温,变得十分干燥。例如,位于喜马拉雅山脉南坡(迎风坡)的印度乞拉朋齐是世界上年平均降水量最多的地区,被称为"世界雨极"。而在北坡(背风坡)我国青藏高原地区的年降水量只有 200~300 mm。我国的长白山、泰山、秦岭、峨眉山和江南丘陵地带的迎风坡也常多地形雨。

(2)对流雨

夏季地面剧烈增温,引起暖湿气流的剧烈上升,形成积雨云而产生的降水,称为对流雨(convectional rain)。因常伴有雷电现象,对流雨又称热雷雨,常在夏季午后出现。其特点是雨势急、时间短、雨区小,是一种阵性降水。

(3)气旋雨

随着气旋或低压过境,低压中心空气上升,发生绝热冷却而形成的降雨,称为气旋雨。台风为气旋,所以台风雨也称气旋雨(cyclonic rain)。降雨多是暴雨、大暴雨和特大暴雨,并伴有狂风,极易造成巨大的灾害。气旋规模大,形成的降水范围广,降水时间也较长。气旋雨是我国最主要的一种降水,在各地降水量中所占的比例较大。

(4)锋面雨

当冷暖气团相遇时,暖气团受冷气团的抬升而上行,发生绝热冷却而在锋面附近形成的降水,称为锋面雨(frontal rain)。这种降雨在北半球中纬度大陆东西两侧最为明显,我国的降雨大多是这种形式。

4.4.3 降水的表示方法

4.4.3.1 降水量

从云中降落到地面的液态或固态水,未经蒸发、渗透和流失,在水平面上所积聚的水层深度称为降水量(precipitation),以 mm 为单位,取一位小数。雪、霰、雹等固体降水量为其融化后的水层厚度。

4.4.3.2 降水强度

单位时间内的降水量称为降水强度(precipitation intensity,单位为 mm/d 或 mm/h)。按降水强度的大小,可将雨分为微量降雨、小雨、中雨、大雨、暴雨、大暴雨和特大暴雨。降雪也分为小雪、中雪和大雪等类型。其划分标准见表 4-5。

表 4-5 降水强度等级划分标准(mm)

名称	12 h 降水量	24 h 降水量	名称	12 h 降水量	24 h 降水量
微量降雨	<0.1	<0.1	微量降雪	<0.1	<0.1
小雨	0.1~4.9	0.1~9.9	小雪	0.1~0.9	0.1~2.4
中雨	5.0~14.9	10.0~24.9	中雪	1.0~2.9	2.5~4.9
大雨	15.0~29.9	25.0~49.9	大雪	3.0~5.9	5.0~9.9
暴雨	30.0~69.9	50.0~99.9	暴雪	6.0~9.9	10.0~19.9
大暴雨	70.0~139.9	100.0~249.9	大暴雪	10.0~19.9	20.0~29.9
特大暴雨	>140.0	>250.0	特大暴雪	>15.0	>30.0

注:引自国家气象中心,2012。

4.4.3.3 降水变率

降水变率(precipitation variability)是表示降水量年际间变化程度的统计量,包括绝对变率和相对变率。

(1)绝对变率

绝对变率(absolute variability,d)又称降水距平或离差,是指某地某时期的降水量(R)与同期多年平均降水量($\bar{R}$)之差,即:

$$d = R - \bar{R} \tag{4-23}$$

平均绝对变率(mean absolute variability,$\bar{d}$)又称平均距平,反映了多年来某地某时期降水量的年际变化的平均情况,用各年距平绝对值的平均值表示,即:

$$\bar{d} = \frac{1}{n}\sum_{i=1}^{n}|d_i| = \frac{1}{n}\sum_{i=1}^{n}|R_i - \bar{R}| \tag{4-24}$$

(2)相对变率

相对变率(relative variability,D)是绝对变率(d)与该时期多年平均降水量($\bar{R}$)的百分比值,即:

$$D = \frac{d}{\bar{R}} \times 100\% \tag{4-25}$$

平均相对变率(mean relative variability,$\bar{D}$)是平均绝对变率($\bar{d}$)与该时期多年平均降水量($\bar{R}$)的百分比值,即:

$$\bar{D} = \frac{\bar{d}}{\bar{R}} \times 100\% \tag{4-26}$$

不论是绝对变率(d)还是相对变率(D),其值为正时表示当年降水比常年同期降水多,为负时表示比常年同期降水少。

在分析降水量的历年变化情况时,常采用平均相对变率。某地降水的平均相对变率大,说明该地降水量年际间变异大,易于造成旱涝,对农林业生产不利;平均相对变率小表示该地降水量比较稳定,对农林业生产有利。

4.4.3.4 降水保证率

某界限降水量在一定时期内出现的次数与该时期降水总次数的百分比称为降水频率(precipitation frequency)。高于(或低于)某界限降水量的频率总和称为降水保证率(guaranteed rate of precipitation),它表示某一界限降水量出现的可靠程度的大小。在气候统计中计算降水保证率时,至少要有 25 a 以上的降水资料。

4.4.4 人工影响云雨

人工影响云雨(artificial influence cloud and rain)是根据自然降水形成的原理,人为地补充降水的微观物理过程中所缺少的关键因素,促使云滴迅速凝结或碰并增大,从而形成降水。人工影响云雨的方法主要有两种:人工影响冷云降水和人工影响暖云降水。

(1)人工影响冷云降水

冷云由于层结稳定,云滴难以增长为雨滴的主要原因是云中缺乏冰晶。要促使冷云降水就是在云体中制造适量的冰晶,从而产生冰晶效应,使水滴蒸发减小、冰晶凝华增大和碰并增长而形成降水。所以也称"人造冰晶"降水法。

主要做法:一是用飞机、火箭、炮弹把人造冰核(碘化银、碘化铅、硫化铜等)撒播到云中充当凝结核,促使水汽在其上面凝结或凝华,形成大量的雨滴降落。二是向冷云中拨撒制冷剂(干冰等),干冰撒入云中后升华,从周围吸取大量的热量,使云内温度急剧下降并形成高度过饱和状态,进而产生大量冰晶、雨滴而形成降水。

(2)人工影响暖云降水

暖云不易产生降水,其原因是云滴小而均匀,不易产生碰并增长,难以形成大的雨滴并产生降水。要促使暖云降水,就要改变大小均匀云滴的滴谱,加速其碰并增长的过程。

主要做法:用飞机等把吸湿性物质(食盐、氯化钙、尿素等)撒播于云中,改变凝结核的大小及其密度,使云滴能在低饱和度下凝结增长,可在短时间内形成数十微米以上的大云滴;也可直接向云中引入大水滴来改变云滴的滴谱,加速碰并增长而形成降水。

目前,我国大部分地区开展了人工增雨作业,这对缓解旱情、增加降水量产生了显著效果。据统计,2012—2018 年我国实施累计增加降水量约 $2\,860\times10^8$ m³,累计减少冰雹等灾害折合经济效益约 700 亿元。

4.4.5 降水的地理分布

降水的地理分布特征,可以用降水等值线图来表示。图 4-7 是全球年平均降水量分布示意。降水沿纬度带状分布特点明显,全球可分为 4 个降水带。

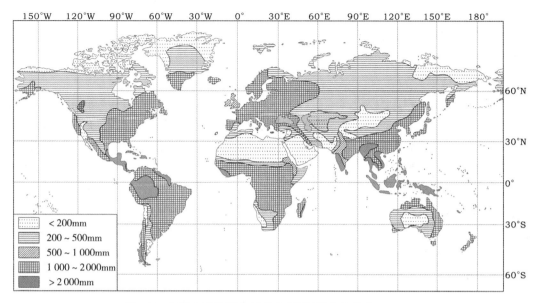

图 4-7　全球年平均降水量分布示意(引自姜世中，2020)

(1) 赤道多雨带

赤道及其两侧是全球降水量最多的地带，由于地处赤道低压带中，这里大量湿热空气辐合上升产生大量对流雨。年降水量一般为 1 000~2 000 mm，个别地区(如太平洋岛屿与大陆的高耸海岸)年降水量可超过 3 000 mm。

(2) 南北纬 20°~30° 少雨带

南北纬 20°~30°处于副热带高压的控制下，以下沉气流为主，是全球降水量很少的地带，尤其是在大西洋西岸及大陆内部降水更少，年降水量一般不超过 500 mm。撒哈拉沙漠某些地方的年降水量仅 5mm。但在此少雨带中，受地理位置、季风环流、地形等因素影响，某些地区降水很丰富。全球年降水量最高纪录即出现在本带。如喜马拉雅山南坡的乞拉朋齐(25°N)年均降水量高达 12 665 mm，绝对最高年降水量竟达 26 461 mm；太平洋夏威夷考爱岛上的怀厄莱阿莱年降水量高达 12 244 mm。我国华南和长江中下游地区也位于这一纬度带，因受季风的影响，东南沿海一带的年降水量在 1 500 mm 左右。

(3) 中纬度多雨带

中纬度全年受西风带控制，冷暖空气交汇频繁，多锋面、气旋活动，因此降水量较多。温带的年降水量比副热带多，一般在 500~1 000 mm。大陆东岸还受到季风影响，夏季风来自海洋，带来较多降水。本带也有局部地区降水特别丰富，如智利西海岸(42°~54°S)降水量为 3 000~4 000 mm。

(4) 高纬度少雨带

高纬度地区，全年气温低，蒸发微弱，气层较稳定，故降水量稀少。全年降水量一般不超过 300 mm。

4.5 水分循环和水分平衡

4.5.1 水分循环

全球的水分总体积大约为 1.4×10^{10} km³，以气态、液态和固态 3 种状态共存，大约有 97%集中在海洋里，余下的约 3%为淡水，其中大约 75%以固态形式保存在两极冰盖和冰川中，只有余下的不足 1%的水存在于江河、湖泊及土壤等陆地表面里，供人类使用。而随着环境污染的加剧和全球气候变暖的影响，能够为人类利用的淡水资源越来越少，这应该引起人类的足够重视。

在地气系统中，水分蒸发、凝结及降水等过程紧密地联系在一起。在太阳辐射的作用下，水分从地球表面蒸发变成水汽，进入大气后遇冷凝结成云，然后增大为雨滴，最后以降水的形式落回地表。这种不断往复的水运动过程称为水分循环(hydrological cycle)，分为外循环和内循环(图 4-8)。

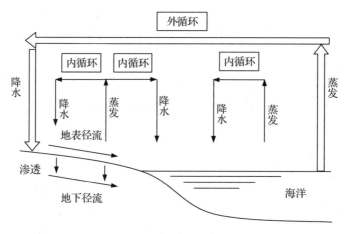

图 4-8　水循环示意

(1) 水分外循环

从海洋表面蒸发到大气中的水汽通过上升运动被带至高空，一部分随大气环流输送到大陆上空；另一部分以降水形式回落海洋，输送到大陆上空的水汽以降水形式降落地面，这些降水一部分蒸发回到大气中，一部分下渗入土壤后成为地下水，另一部分形成地表径流流入河川注入海洋，使海洋失去的水分得到补偿。同时，陆地上空的水汽也有一部分随大气环流输入海洋。这种海陆之间的水分输送称为大循环或外循环(external water circulation)。

(2) 水分内循环

由海洋蒸发的水汽，上升到高空，凝结致雨，又降落到海洋上，或陆地蒸发的水汽，上升到高空，凝结致雨，又降落到陆地上，这种局部的水分循环称为小循环，又称内循环(internal moisture circulation)。

人类可以改变水分循环中的某一环节，如大面积植树造林和广泛地修建塘坝、水库等，可减少地面径流量，增加土壤蓄水量和蒸散量，使大气中的水汽含量增加，有利于增加大陆上的降水量。这对改善干旱地区的气候具有很大作用。

4.5.2 水分平衡

4.5.2.1 海陆水分平衡

根据长期观测及物质不灭定律，地球上的总水量是不变的，因而地球上的水分总收入与总支出是平衡的，但在短时期内，局部地区水分总收入与总支出不一定相等，其收支差造成了该地区该时段内蓄水量的变化，这时水分收入应等于水分支出与蓄水量变化之和，这就是水分平衡（water balance）。它是水分循环的结果，由此得出下列水分平衡方程。

海洋上的水分平衡方程为：

$$E_{海} = P_{海} + R \pm \Delta S_{海} \tag{4-27}$$

陆地上的水分平衡方程为：

$$E_{陆} = P_{陆} - R \pm \Delta S_{陆} \tag{4-28}$$

式中，$E_{海}$，$E_{陆}$分别为海洋和大陆的蒸发量（evaporation capacity）；$P_{海}$，$P_{陆}$分别为海洋和大陆的降水量；R为径流量（runoff）；$\Delta S_{海}$，$\Delta S_{陆}$分别为海洋和大陆水分收入与支出之差。

对于某一地区的某一时段，可以发现有时水分的收入大于支出，ΔS为正值，即水分有盈余；有时水分收入小于支出，ΔS为负值，即水分有亏损。但对于大范围的地区，如整个大陆或海洋，从多年平均情况看，水分的盈余与亏损基本上是相互抵消的。因此，ΔS项可忽略不计，即

海洋上多年平均的水分平衡方程为：

$$\bar{E}_{海} = \bar{P}_{海} + \bar{R} \tag{4-29}$$

大陆上多年平均的水分平衡方程为：

$$\bar{E}_{陆} = \bar{P}_{陆} - \bar{R} \tag{4-30}$$

式中，$\bar{E}_{海}$，$\bar{E}_{陆}$分别为海洋和陆地的多年平均蒸发量；$\bar{P}_{海}$，$\bar{P}_{陆}$分别为海洋和陆地的多年平均降水量；$\bar{R}$为多年平均径流量。

将式（4-29）和式（4-30）相加，就得到全球的多年平均水分平衡方程，即：

$$\bar{E}_{海} + \bar{E}_{陆} = \bar{P}_{海} + \bar{P}_{陆} \tag{4-31}$$

由式（4-31）可以看出，就多年平均而言，地球上的总蒸发量与总降水量相等，地球上的水分总量是衡等的。表4-6中，北半球不同纬度带水分平衡各分量的平均值，北纬0°～10°的降水量超过蒸发量，水分过剩；北纬10°～40°的蒸发量大于降水量，水分不足；北纬40°～90°的降水量又大于蒸发量，又出现了水分过剩；北极地区降水量与蒸发量均少，接近平衡。

水分平衡方程中的各分量的大小可以通过改变下垫面的性质、结构和特征来实现。如大面积修建水库、拦蓄洪水，使水面面积增大，地下水位提高，径流量减少，陆面蒸发就会随之增大。大面积植树造林可减少地表径流，使蒸发量和土壤蓄水量相应增大，从而起到涵养水源和保持水土的作用。

表 4-6 北半球不同纬度带的水分收支

纬度	海洋占有面积(%)	气温(℃)	水分收支(mm/a)		
			降水量	蒸发量	径流量
80°~90°	93.4	-23.4	120	42	78
70°~80°	71.3	-15.7	185	145	40
60°~70°	29.4	-7.0	415	333	82
50°~60°	42.8	0.7	789	469	320
40°~50°	47.5	7.7	907	641	266
30°~40°	57.2	14.2	872	1 002	-130
20°~30°	62.4	20.0	790	1 246	-456
10°~20°	73.6	25.3	1 151	1 389	-238
0°~10°	77.2	25.7	1 934	1 235	699
0°~90°	60.6	13.0	1 009	944	65
全球	70.8	12.5	1 004	1 004	0

注：引自张嵩午，2007。

4.5.2.2 农田和林地水分平衡

农田和林地水分平衡是指农田或林地土壤在某一时期一定深度的土壤层得到的水量与散失水量的差额，其水分平衡方程可表示为：

$$\Delta W = R + I + N - E - T - Y - f - D \tag{4-32}$$

式中，ΔW 为某一时段开始与终止时的土层含水量之差，即 $\Delta W = W_2 - W_1$；R 为同时段内的降水量；I 为同时段内的灌水量；N 为毛管水上升到该层的水量；E 为土壤水分蒸发量；T 为同时段植物的蒸腾量；Y 为同时段植物截留量；f 为同时段内地面径流量；D 为同时段内土壤水分渗漏到地下的量。各项单位均为 mm。

当地下水位较深（壤土>5 m，沙土>3 m）时，毛管水量（N）可以忽略，则式(4-32)可简化为：

$$\Delta W = R + I - E - T - Y - f - D \tag{4-33}$$

式中，渗漏量（D）和地面径流量（f）可分别用下式计算，即：

$$D = b\Delta R \tag{4-34}$$

$$f = V\Delta R \tag{4-35}$$

式中，b 和 V 分别为渗漏系数（leakage coefficient）和地面径流系数（runoff coefficient），可直接测定或利用当地水文观测资料确定。关于式(4-33)中土壤水分蒸发量（E）的值，也可通过观测或计算求得。植物冠层截留量（Y）的大小，取决于植物种类及其密度、降水强度和持续时间。统计表明，在相似茂密的森林覆盖度下，林冠截留率的一般规律是针叶林>阔叶林，落叶林>常绿林，复层异龄林>单层林。总的来说，截留总量较小，在降水开始时占的比例较大，之后变化很小。一般情况下，农田的截留量（interception）约占5%；森林、果园为20%~30%；降水量小于5 mm时，几乎全部被截留。

对于地下水较深，且较平整的农田，$f=0$，其方程简化为：
$$\Delta W = R + I - E - T - Y - D \tag{4-36}$$
在实际农田水分平衡计算中，式(4-36)常常被简化为：
$$\Delta W = R + I - (E + T) \tag{4-37}$$

对于裸地或有作物的农田，式(4-37)中的降水量(R)和灌溉量(irrigation volume, I)容易测定，裸地土壤水分蒸发量(E)或农田蒸散量($E+T$)可通过热量平衡法或修正的彭曼公式等进行估算。现就热量平衡法的计算方法介绍如下。

热量平衡法是根据地面热量平衡方程计算出蒸发潜热，然后求出 E，关系式为：
$$E = \left[\frac{(B-M)\Delta e}{\Delta e + 0.64 \Delta t \frac{P}{P_0}} \right] \frac{1}{L} \tag{4-38}$$

式中，B 为地面辐射平衡；M 为土壤热通量；$\Delta e = e_1 - e_2$，e_1 和 e_2 分别为 0.5 m 和 2.0 m 高处的水汽压(hPa)；$\Delta t = t_1 - t_2$，t_1，t_2 分别为 0.5 m 和 2.0 m 高处的气温；P_0，P 分别为海平面气压和观测点的气压；L 是潜热系数，当温度为 0 ℃ 时，$L = 2.50 \times 10^3$ J/g，当温度为 10 ℃ 时，$L = 2.47 \times 10^3$ J/g。

从农田水分平衡方程可以看出，水分的主要收入项是降水，其次是灌溉量；主要支出项是蒸散。计算农田水分平衡主要用于估算土壤水分储存量、灌溉量和作物的产量预报。

4.6 水分与农林业生产

4.6.1 水分与植物的关系

水是植物体的重要成分，植物鲜重的 70%~90% 是水。生理活性强的器官如嫩叶、嫩果等的含水量高；而生理活性弱的器官如种子、孢子等则含水较少。细胞中的水分为许多生化反应提供了良好的介质。它的物理性质如高的汽化热、比热，对调节植物体温有重要作用。水也是调节原生质胶体的凝胶与溶胶态逆变的决定性因素。水还可维持细胞处于紧张状态，使植株挺立、叶片开展，有利于承受阳光进行光合作用。许多大分子物质的合成也都离不开水。

植物可通过自身器官的作用来调节其水分收支。根是吸水的主要器官，旱地作物根系较水稻的根发达，就是为了能从较深土层内吸取足够的水分以满足地上枝叶的蒸腾。植物还可通过气孔的开张度来减少蒸腾失水。许多旱生植物体上有比较厚的表皮层、角质层和茸毛，能起到反射阳光、减少蒸腾的作用。

在植物的生长发育过程中，水分是不可缺少的环境因子。但是过多的水分，对植物不利。土壤水分过多时，土壤中空气较少，植物根系可能处于缺氧状况，时间一长，植株将因窒息而死亡。多数植物所要求的适宜土壤湿度一般为田间持水量的 60%~80%。空气湿度过高，可使植物茎秆嫩弱，容易倒伏，也影响开花授粉，延迟成熟和收获，降低产品质量。

4.6.2 土壤水分对植物的影响

土壤水分是植物生理需水和生态需水的主要来源。土壤水分含量的变化，直接影响着植物的生长发育和产量的形成。植物根系对土壤中水分的吸收力有一定的限度，只有当土壤吸持水分的能力小于根系吸收土壤水分的能力时，根系才能从土壤中吸收水分以维持自身的生长发育。

对不同种类的林木来讲，由于其根系对水分的吸力不同，即渗透压不同，适应土壤水分变化的能力就不同。耐旱树种的渗透压一般高达40~60个大气压，如白梭梭的根系吸水力在51.5个大气压，能从较低湿度的土壤中吸取有限水分而生存；湿生树种要求土壤含水量很高，如赤杨、枫杨、水松、柳等渗透压很低，仅有8~12个大气压，叶片很容易因失水而凋萎。中生树种介于上述两者之间，渗透压为11~25个大气压，不能忍受过干或过湿的水分条件。对于农作物来说，其根系对水分的吸力通常为15~16个大气压。因此，土壤中水分形态和持水量的不同，对植物的有效性及影响是不同的。

土壤中的水分只有一部分对植物有效，即从凋萎系数到田间持水量之间的水分。凋萎系数是植物可利用的土壤含水量的下限。当土壤含水量降到凋萎系数以下时，植物将出现永久性的萎蔫现象，即使浇再多的水也不能恢复正常的生理机能。当土壤含水量降到田间持水量的65%~70%时，植物的生长就会受影响，这时的含水量被称为生长阻止含水量，应在该时期到来之前进行灌溉，以满足植物对水分的要求。

一般把田间持水量视为土壤有效水的上限，田间持水量与萎蔫系数之差称为土壤有效水最大含量。一般情况下，土壤含水量往往低于田间持水量，所以有效水含量就不是最大值，而是土壤含水量与该土壤萎蔫系数之差。土壤中有效水的最大含量受土壤性质、结构、有机质含量等因素的影响。随着土壤质地由砂变黏，田间持水量和萎蔫系数也随之增高，但增高的比例不大（表4-7）。黏土的田间持水量虽高，但其萎蔫系数也大，所以其有效水最大含量并不一定比壤土高。因而在相同条件下，壤土的抗旱能力反比黏土更强。

表4-7　土壤质地与土壤有效水最大含量的关系

土壤有效水	土壤质地					
	砂土	砂壤土	轻壤土	中壤土	重壤土	黏土
田间持水量(%)	12	18	22	24	26	30
萎蔫系数(%)	3	5	6	9	11	15
有效最大含水量(%)	9	13	16	15	15	15

注：引自黄昌勇，2000。

一般来说，当土壤含水量为田间持水量的70%~80%时，最适宜植物生长；而90%以上时，则水分过多（水稻例外）。但不同植物，不同生育期，不同土壤，其萎蔫系数、生长阻止含水量和田间持水量是不同的，要根据具体情况进行分析（表4-8）。

表4-8　几种作物适宜土壤湿度下限及其适用时期

作物	适宜湿度下限(土壤相对含水量)(%)	土壤质地	适用的时期
棉花	70~75	黏壤土	整个生育期
春小麦	70~78	黏壤土	分蘖至乳熟
冬小麦	60~70	壤土	整个生育期
马铃薯	50	砂壤土	出苗至落叶开始衰亡
大豆	60	黏壤土	苗期、结荚鼓粒期

注：引自张嵩午等，2007。

4.6.3 空气湿度对植物的影响

空气湿度是影响植物蒸腾、土壤蒸发和植物细胞中水分平衡的重要因子之一。相对湿度直接影响农作物的蒸腾速率和吸水率。在土壤水分充足和植物具有一定保水能力的情况下，相对湿度与蒸腾速率呈负相关。空气相对湿度小，叶片蒸腾速率较高；反之，空气相对湿度大，叶片蒸腾速率较小(图 4-9)。叶片蒸腾速率较高时，根系吸收水分和养分就会增多，可加速生长，因此干旱地区或干旱年份在有充足灌溉的情况下容易出现高产纪录。但是空气相对湿度太低，可能引起大气干旱现象，会破坏农作物体内的水分平衡，阻碍农作物的正常生长，造成减产。而在空气相对湿度过大时，植物生长也会因蒸腾减弱而减慢，特别是灌浆期间还会延迟成熟、降低产量和品质。

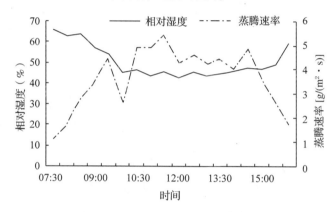

图 4-9 晴天时黄瓜蒸腾速率与相对湿度的变化关系(引自马万征等，2012)

有些植物的开花授粉与空气相对湿度关系密切，相对湿度过高或太低均对开花不利。相对湿度过高，花开放很慢而凋谢却很快；反之，相对湿度太低，未成熟的花粉因花药变干而提前散落，导致结实率下降。只有在一定的相对湿度范围，才有利于花芽的萌发及开花。如相对湿度在 60%~75.5% 时，荔枝开花最多。

空气湿度对病虫害影响也很大。多数真菌类病害在相对湿度较高时侵染发病快，而病毒类病害在相对湿度较低时易侵染发病。一些虫害在湿度较低时容易发生，如蝗虫、蚜虫、蓟马等。

4.6.4 降水对植物的影响

(1) 降水与植被的分布

植物依赖水分而生存和生长。在一个大的地理范围内，在温度适宜的条件下，植被的分布同降水的关系非常密切。关于降水与植被分布的关系，我国许多学者已做了大量的研究工作，得到了不同植被类型与年降水量的关系指标。

通常年降水量在 400 mm 以上的地区才有森林分布，年降水量小于 400 mm 的地区，只有年平均温度偏低或水源丰富的地区尚有森林。我国新疆地区，气候干旱，降水很少，有的地方仅几十毫米，海拔较低的地方没有天然森林，只有土壤水分能够得到保证的河流区域（如南疆的塔里木河流域、叶尔羌河和喀什河下游），可以见到较大面积的胡杨林。但是，随着海拔升高，降水量及空气湿度增大，蒸发降低，到一定高度才有森林出现。例如，阿尔泰山、天山北麓，海拔 1 000 m 以下，多为草原或荒漠，1 500~3 000 m 才有落叶松、云杉、山杨、桦木等树种组成的森林。热带多雨地区可以形成热带雨林或季雨林，雨量少的地方则为热带稀树草原或热带沙漠。在干旱的草原地带，自然降水不能满足林木群体生长的需要，只能生长一些旱生木本植物，在有灌溉条件的地方，才可能人工造林和从事农业生产。

(2) 降水对植物生长发育、产量及品质的影响

降水不仅是土壤水分的主要来源，而且降水量、降水强度、性质和季节分配等，都直接或间接地影响着植物的生长发育及产量和品质。对于作物来讲，降水的影响是多方面的。由于降水的季节分配不均匀，降水量过多或过少，使农业遭受水灾或旱灾，这是歉收的主要原因。尤其北方地区春季播种时期，降水少或无降水，将会造成种子不能按期播种、春播推迟或出苗不全，影响产量。

降水对生长期中的树木作用最大。研究表明，生长期内的降水量与树木的直径生长呈正相关，与高生长的关系则比较复杂。树木当年的高生长不仅受生长期内降水的影响，而且同前一年的降水情况，如降水量、季节分配等也有密切的关系。不同树种因其生长特点而对降水的反应不同。例如，油松、栎等树种的年高生长停止较早，故春季降水对其高生长的作用较大，而落叶松、水杉、杨树等，整个生长期内几乎生长不停。因此，夏、秋降水的多少，也影响其高生长。落叶松对干旱很敏感，夏季缺水会引起苗木顶芽提早形成，高生长遂受到很大影响。

就降水强度而言，暴雨往往给农业带来很大损失。它使播种后的种子或生长着的农作物根部外露，使开花期的作物不能受精，使成熟期的作物籽粒脱落、植株倒伏等。特别是当暴雨引起山洪暴发时，则冲毁农田，淹没庄稼，形成涝灾。同样，在同等降水量的情况下，降水强度较小，时间相对较长，林木的生长效果较好。暴雨易造成山洪、水土流失、林木受损。

从降水性质来说，对农业造成最大威胁的是冰雹。冰雹常使作物、各种树木、果树、蔬菜遭到毁灭性的打击。直径 15 mm 以上的雹块，对任何作物，在任何发育期，都可以造成不同程度的灾害。

热雷雨、夜雨常在傍晚或夜间降落，这样既保证了作物的水分供应，又使作物有充足的光合作用时间，从而有利于有机物质的合成和积累。此外，热雷雨还伴有闪电现象，它能分解大气中的氮气，补充作物需要的氮肥。

粮食作物产量与水分的关系，在干旱半干旱地区大多呈正相关，降水量多，产量则高。根据我国 100 个以上旱作县的资料对粮食作物产量与降水景的关系分析，得出不同降水量与粮食产量的关系（表4-9）。

表 4-9　粮食作物产量与年降水量的关系

水分产量类型	年降水量(mm)	粮食产量(kg/hm^2)
湿润高而不稳	>650	750~4 500
湿润高产	550~650	1 500~4 500
中等湿润高产	450~550	1 500~3 075
干燥较高产	350~450	1 500~2 250
干燥低产	250~35	375~1 500
干燥极低产	150~250	<750
干燥无收	<150	

注：引自崔读昌，1986。

降水量不仅与作物产量有关，而且还影响果实的品质。果树在水分不足的条件下，果实小，果胶质少，木质素和半纤维素增加；淀粉含量减少，糖的含量略有增加。油料作物的含油率则与其地区的降水量呈正相关。麦类植物的淀粉含量也随着降水量和空气湿度的增大而增加；而蛋白质的含量与此相反，降水少的地区，麦类作物的蛋白质含量较高，品质较好。

4.6.5　植物对水分的需求

4.6.5.1　水分临界期和关键期

农作物在不同的发育时期，对水分的要求和敏感程度是不一样的。作物对水分缺乏和过多反应最敏感，并对产量影响最大的时期称为作物的水分临界期(critical period of water requirement)。水分临界期仅仅是一个相对的概念，不能因这个时期的水分供应重要而忽视其他时期的水分供应。

作物水分临界期多在花器形成与开花灌浆这一阶段，但不同作物、品种，其水分临界期的长短不一致（表4-10）。一般情况下，临界期较短的作物和品种适应不良水分供应条件的能力较强，而水分临界期较长，易遇上其他不利气象条件的影响。对于大多数作物来讲，水分临界期也往往是作物需水量最大的时期，因而这一时期的降水多少对产量影响很大。其他生育期，如播种期、苗期、成熟期则对水分不太敏感，需水量相对较少。总的来说，植物在外界条件适宜、栽培措施合理时，蒸腾系数就小；反之则大。

表 4-10　主要粮食作物的水分临界期

作物	临界期	作物	临界期
冬小麦	孕穗到抽穗	玉米	"大喇叭口"期到乳熟
春小麦	孕穗到抽穗	高粱	孕穗到灌浆
水稻	孕穗到开花(花粉母细胞形成)	谷子	孕穗到灌浆

注：引自王世华，2020。

对于一个地区来讲，可能在作物水分临界期的降水适宜，作物生长发育良好，所以这个时期并不是影响作物产量的关键时期。而在另一个时期，恰逢当地降水经常出现不适宜情况（过多或过少），对该地作物产量形成影响很大，因此，该时期称为当地的农业气候关键期（critical period for agricultural climate），简称关键期。

可以看出，作物的水分临界期和关键期不是同一个概念，它们可能出现在同一时期，也可能不在同一个时期。为获得高产，应根据当地的具体情况，采取相应的措施以保证作物水分临界期和关键期必要的水分供应。

4.6.5.2 作物需水量与耗水量

作物需水量（water requirement）是指生长在大面积农田上的无病虫害作物群体，当土壤水分和肥力适宜时在给定环境中正常生长发育，并能在达到高产潜力值的条件下，植物蒸腾、株间土壤蒸发、植株含水量和消耗于光合作用等生理过程所需的水分之和。由于后两项相对很小，可忽略不计。通常以某段时间内或全生育期内消耗的水层厚度（mm）或单位土地面积需水量（m^3/hm^2）为单位。作物需水量受气象因素、土壤因素和植物自身因素等多方面影响。农业气象学上通常采用作物系数法，先计算参考作物的可能蒸散量，再乘以作物系数后得出具体农作物的需水量（表4-11）。

表4-11 几种作物在主产区的需水量

作物	产区	需水量（mm）	作物	产区	需水量（mm）
冬小麦	黄淮海	400~525	春小麦	东北	400~550
	江淮陕西	325~400		内蒙古	450~600
	新疆北部	350~650		甘肃	450~600
	新疆南部	500~1 000		青海	450~650
玉米	黄淮海	350~400	棉花	新疆南部	500~1 000
	东北	400~550		黄淮海	500~600
	内蒙古	400~650			
	甘肃	400~700			

注：引自王世华，2020。

作物需水量包括叶面蒸腾耗水量、土壤蒸发量和土壤渗透量。前者是经过根系吸收、体内运转、叶面蒸腾的水分数量，称为生理需水，后两者实际并未参与作物的水分代谢过程，称为生态需水。在田间条件下，当作物根分布层的土壤水分能充分满足作物群体需要时，作物生理需水和生态需水消耗量的总和称为田间作物需水量。作物整个生育期的生理需水和生态需水的总消耗量称为作物总需水量。

以华北地区冬小麦各个生育期的耗水量（water consumption）为例（表4-12），可以看出，苗期耗水量最少，生长旺盛时期尤其是抽穗开花期耗水最多，到收获期又略有下降。越冬期间，蒸发、蒸腾均小，耗水较少。

表 4-12　华北冬小麦各生育期耗水情况

生育期	占全生育耗水量的百分比(%)	平均日耗水量(m^3/hm^2)	日数(d)
播种至出苗	2.0	14.85	7
出苗至分蘖	4.5	19.35	12
分蘖至越冬始期	9.4	7.95	61
越冬期	5.4	3.30	87
返青至拔节	12.1	18.45	34
拔节至抽穗	30.3	56.10	28
抽穗至开花	3.8	66.30	3
开花至收获	32.6	52.63	32
全生育期	100.0	5 190.00	264

注：引自张嵩午等，2007。

4.6.6　水分利用效率及其提高途径

植物对水分的利用程度通常用水分利用效率(water use efficency)表示，也称蒸腾效率。即植物蒸腾消耗单位质量的水分所制造的干物质质量，它是蒸腾系数的倒数。其表达式为：

$$WUE = \frac{Y_d}{E_s} \tag{4-39}$$

式中，WUE 为水分利用效率；E_s 为单位面积上的植物蒸腾耗水量(kg/m^2)；Y_d 为单位面积上收获的干物质量(kg/m^2)。

在雨养农业区，尤其是在干旱、半干旱地区，降水量与作物产量的关系密切。因此，也经常用降水利用系数来表示作物的水分利用情况，即作物消耗1mm降水量所获得的产量(kg)。显然，降水利用系数越大，表明消耗等量的水分所获得的干物质越多，用水就越经济；反之，则表明作物用水不经济。

不同作物的降水利用系数不同(表4-13)。玉米、高粱的降水利用系数最大，几乎是小麦、大豆和向日葵的2倍，是油菜的3倍和胡麻、棉花的5倍。这也说明 C_4 植物的水分利用率较高。

表 4-13　旱地主要作物的降水利用系数　　　　　　　　　　　　　　%

玉米	高粱	春小麦	冬小麦	油菜	胡麻	大豆	薯类	向日葵	棉花
0.34	0.28	0.15	0.14	0.09	0.06	0.14	0.22	0.14	0.05

注：引自崔读昌，1986。

我国是一个水资源相对贫乏的国家，干旱、半干旱、季节性干旱出现的范围较广。因此，在农林业生产中，如何有效地提高水分利用率具有重要的意义。提高水分利用效率的农业措施主要有灌溉、采用合理的种植方式、风障、覆盖、作物品种的合理配置和化学调控技术等。

(1)适宜的灌溉时期与灌溉方式

水分临界期是作物最需要水和最敏感的时期，此期灌溉比其他时期收效高。灌溉方式是当今农业高效用水的关键,应针对农作物的生理特点,通过灌溉和农艺措施,调节土壤水分,对农作物的生长发育实施促、控结合,以获得最佳经济产量。如微灌,以少量的水湿润作物根区附近的部分土壤,不易产生地表径流和深层渗漏,变灌土地为灌作物,属局部灌溉。

(2) 合理施肥,改良土壤结构

土壤是作物生长的介质,因此土壤条件如土壤类型、质地、有机质、土壤水分和矿质营养等都对作物水分利用率有一定的影响。不同质地的土壤其持水能力不同,持水能力强的土壤有助于作物对水分的利用;土壤有机质具有改善土壤的物理性质,增加土壤水库的作用;研究表明,施肥能提高植物渗透调节能力,尤其是增施氮肥可显著抑制蒸腾失水。因此,合理施肥,改良土壤结构,有助于作物对水分的利用。

(3) 调整种植方式,合理轮作

在水分充足时,适当密植与缩小行距对水分利用有利;而土壤缺水时,窄行距利用水分比较经济,宽行距可能因为农田中粗糙度大,有较大的湍流,使宽行用水多于窄行。干旱情况下,密植农田总蒸发量大,不利于水分利用。

行向对水分利用也有影响。据研究,相同种植密度下,东西行向玉米的水分消耗明显比南北行向多,水分利用率低,但东西行向与南北行向总产量无明显差别。东西行向收入较多的净辐射,导致丧失更多的水分。

另外,实行合理轮作,可恢复地力,改良土壤,也是提高水分利用效率的有效途径。

(4) 建设风障和防护林带

植树造林,营造防护林带,可减少地表径流,增加渗入土壤的雨量,降低风速,增加相对湿度。在大风情况下,风障和防风林带可明显降低风速和乱流交换,减少水分消耗,从而提高水分利用效率。

(5) 覆盖

目前,比较成熟的覆盖技术是地膜覆盖和秸秆覆盖。实践表明,地膜覆盖不仅具有增温保湿、保墒提墒、改善土壤理化性质的作用,而且可以促进种子萌发,促进植物早出苗、出壮苗且早熟高产。地膜覆盖的作物同不覆盖相比,一般增产20%~50%,而且产品的品质也有一定的提高。秸秆覆盖是一种资源丰富、发展前景广阔、效益明显的节水技术,它具有改土培肥、保持水土和增产效果明显的特点。据试验,冬闲期秸秆覆盖能有效减少土壤蒸发,冬小麦夏闲期秸秆覆盖使作物的产量和水分利用效率显著提高。

(6) 选育高效节水品种

玉米等C_4植物比小麦等C_3植物水分利用效率高。可见,针对不同的气候特点选用适宜的作物品种可明显提高水分利用效率。

(7) 化学调控技术

选用减少作物蒸腾、吸水保水、抑制蒸发的化学制剂,是改善和调控环境水分条件,提高水分利用效率的有效途径。目前应用较多的化学制剂主要包括保水剂、蒸腾抑制剂和土壤结构改良剂,多属有机高分子物质。

此外,搞好农田水利基本建设、合理施肥等均可一定程度地提高作物的水分利用效率。

思考题

1. 常用的大气湿度的表示方法有哪些？
2. 为什么露点温度能用来表示空气湿度？
3. 空气湿度的日、年变化有何规律？
4. 简述土壤水分的蒸发过程，并举例说明农业生产中常采取什么措施抑制土壤蒸发。
5. 大气中水分发生凝结的条件？
6. 什么叫降水保证率？
7. 简述云与雾的区别及其各自的形成原因。
8. 简述作物需水量和耗水量的区别，计算作物需水量的意义。
9. 水分利用效率与蒸腾系数是什么关系？如何提高植物的水分利用效率？

参考文献

陈国林，王兆骞，1997. 水稻湿润灌溉的节水效应研究[J]. 浙江农业大学学报，23(2)：123-127.
国家气象中心，2012. 中华人民共和国国家标准降水量等级[M]. 北京：中国标准出版社.
中国气象局，2007. 地面气象观测规范[M]. 北京：气象出版社.
刘毅，2018. 耕云播雨、趋利避害[N]. 人民日报，2018-09-29(9).
武荣盛，吴瑞芬，孙小龙，等，2015. 内蒙古东北部大豆灌溉动态预报模型[J]. 干旱地区农业研究，33(3)：35-39.
黄昌勇，2000. 土壤学[M]. 北京：中国农业出版社.
马万征，邢素芝，马万敏，等，2012. 不同环境因子对温室黄瓜叶片蒸腾速率影响[J]. 赤峰学院学报（自然科学版），28(10)：20-22.
成龙，王健，2012. 妃子笑开花与气象因子的关系[J]. 热带林业，40(1)：26-28.
蒋定生，等，1997. 黄土高原水土流失与治理模式[M]. 北京：中国水利水电出版社.
李文华，李飞，1996. 中国森林资源研究[M]. 北京：中国林业出版社.
王义凤，等，1991. 黄土高原地区植被资源及其合理利用[M]. 北京：科学出版社.
柴宗新，范建容，2001. 金沙江干热河谷植被恢复的思考[J]. 山地学报，19(4)：381-384.
贺庆棠，2001. 中国森林气象学[M]. 北京：中国林业出版社.
余卫东，闵庆文，李湘阁，等，2002. 黄土高原地区降水资源特征及其对植被分布的可能影响[J]. 资源科学，24(6)：55-60.
王世华，崔日鲜，张艳慧，2020. 农业气象学[M]. 北京：化学工业出版社.
张书余，等，2008. 干旱气象学[M]. 北京：气象出版社.
崔读昌，1986. 我国北方旱地作物降水量利用系数及其提高途径[J]. 农业气象(5)：27-30.
林大义，2002. 土壤学[M]. 北京：中国林业出版社.
毛自朝，2017. 植物生理学[M]. 武汉：华中科技大学出版社.
余新晓，2016. 水文与水资源学[M]. 3版. 北京：中国林业出版社.
甄文超，王秀英，2006. 气象学与农业气象学基础[M]. 北京：气象出版社.
申双和，景元书，2017. 农业气象学原理[M]. 北京：气象出版社.
肖金香，2014. 气象学[M]. 北京：中国林业出版社.

第5章 大气的运动

地球大气在时刻不停地运动着,既有规则有序的水平运动、垂直运动,也有杂乱无章的湍流运动;既有大规模的全球性、区域性运动,又有小尺度的局地运动。气压的空间分布和变化决定了大气的运动状况。大气的运动使不同高度、不同纬度间的热量和水分得以传输和交换,直接影响着天气和气候的形成和演变。

5.1 气压及其空间分布

5.1.1 气压及其变化

5.1.1.1 气压的概念

气压是指单位面积上所承受的大气压力,即单位地球表面所承受的大气柱的重量,称为大气压强,简称气压(atmospheric pressure)。因此,气压的单位为帕(Pa)或百帕(hPa),1 hPa=100 Pa。若以 P 代表气压,F 代表面积 S 上所承受的力,则:

$$P = \frac{F}{S} \tag{5-1}$$

在地球重力场中,g 为重力加速度,则任意面积 S 上的大气柱重量为:

$$F = Mg = \rho V g = \rho H S g \tag{5-2}$$

式中,ρ 为大气密度;H 为大气柱厚度;V 为大气体积;M 为大气质量。在静止大气中,面积 S 上的大气柱的重量就是该面上所承受的重力,将式(5-2)代入式(5-1),得

$$P = \frac{\rho H S g}{S} = \rho H g \tag{5-3}$$

国际上规定:当温度为 0 ℃ 时,纬度为 45°N/S 的海平面上,测得的气压为 1 013.25 hPa,称为 1 个标准大气压(standard sea level pressure)。一个地方气压的高低决定于大气柱的高度和大气柱中空气的密度。大气质量在铅直方向上的分布是极不均匀的,大气质量的一半集中在 5.5 km 以下的气层中,3/4 集中在 10 km 以下的气层中,99% 集中在 30 km 以下的气层中,显然,海拔越高,大气柱越短,空气密度越小,气压越低。

一般情况下,在实验室里气压值是用水银气压表测量的。设水银柱的高度为 h,水银的密度为 ρ_{Hg},水银柱底面积为 S,根据受力平衡条件,水银柱底面的压强与水银柱底面处外界大气压强一致,从而测得大气压强为:

$$P = \frac{G_{Hg}}{S} = \rho_{Hg} g h \cdot \frac{S}{S} = \rho_{Hg} g h \tag{5-4}$$

因此,气压单位也可用水银柱的高度(mmHg)来表示。1 个标准大气压相当于

760 mmHg。

5.1.1.2 气压变化的原因

气压是经常变化的，各地的气压随时间和空间而变化。某地气压变化的根本原因是其上空单位截面积大气柱中空气质量的变化。大气柱中质量增多了，气压就升高；质量减少了，气压就下降。

(1) 水平气流的辐合与辐散

一个区域内空气质点堆聚起来的现象称为辐合，水平气流的辐合会导致局地空气柱质量增大，气压升高。相反，一个区域内空气质点向周围流散的现象称为辐散，水平气流的辐散会使局地空气柱质量减小，气压降低。在实际大气中，空气质点水平辐合、辐散的分布比较复杂，有时下层辐合、上层辐散；有时下层辐散、上层辐合。因此，某地气压的变化要根据整个气柱中是辐合占优势还是辐散占优势而定。

(2) 空气的垂直运动

空气的垂直运动会引起气压的变化。空气作上升运动时，比如，白天下垫面受太阳辐射加热，近地层空气受热上升，会在一定高度上产生空气辐散而使当地失去一部分空气，使该地面垂直空气柱质量减少，地面气压降低，因此地面低压常对应着空气上升。反之，空气做下沉运动时，会使近地层有空气堆积（如焚风），空气柱质量增加，地面气压升高，因此地面高压通常对应空气下沉。

(3) 不同密度气团的移动

在大范围的空气水平运动中，如果移到局地的气团比原来气团的密度大，则该地上空空气柱质量会增大，气压随之升高。反之，该地气压就要降低。一般情况下，冷空气的密度大，暖空气的密度小，当冷空气来时，气压升高；暖空气来时，气压降低。例如，冬季大范围强冷空气南下，流经之地空气密度相继增加，地面气压随之上升。

实际大气中的气压变化，并非由某一单独因子所致，而是各种因子综合作用的结果，并且它们之间会相互联系和相互制约。

5.1.1.3 气压的时间变化

气压随时间的变化分为周期性变化和非周期性变化。

(1) 气压的周期性变化

气压的周期性变化是指气压随时间变化的曲线呈现出有规律的周期性波动，明显地表现为以日和年为周期的波动。

气压的日变化有单峰、双峰和三峰等多种形式，其中以双峰型最为普遍，即地面气压在一天中出现一个最高值和一个最低值，以及一个次高值和一个次低值，通常最高值出现在 9:00~10:00，最低值出现在 15:00~16:00，次高值出现在 21:00~22:00，次低值出现在次日 3:00~4:00，如图 5-1 所示。气

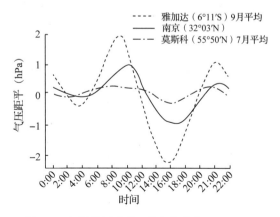

图 5-1 气压的日变化（引自姜世中，2020）

压日变化的原因比较复杂，一般认为气压的日变化同气温日变化和大气潮汐（日、月引力及太阳辐射的日变化所导致的空气周期性振荡）密切相关。此外，气压的日较差因纬度、海陆、季节和地形而异，一般随纬度的增高而逐渐减小，陆地大于海洋，夏季大于冬季，山谷大于平原。低纬度地区的气压日较差为 3~5 hPa，到纬度 50°附近减小到 1 hPa 左右。

气压的年变化受气温的年变化影响很大，与纬度、海陆、地形等因素有关。常见的气压年变化型为大陆型、海洋型和高山型。大陆型冬季气压高，夏季气压低；海洋型夏季气压高，冬季气压低（图 5-2）；高山型夏季气压高、冬季气压低，夏季大气受热，整个大陆上的气柱膨胀，使高山地区地面气柱质量增加，气压较高，冬季因大气冷却下沉，高山地区气柱质量减小，气压较低。此外，气压的年较差因纬度、海陆和地形而异，一般高纬度地区大于低纬度地区，陆地大于海洋，地势低的地方大于地势高的地方。

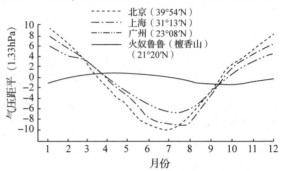

图 5-2 气压的年变化（引自姜世中，2020）

（2）气压的非周期性变化

气压的非周期性变化是指气压变化没有固定的周期波动。大气中经常发生大规模空气的水平运动，在不同温度、密度空气的交换过程中会引起气压的非周期性变化。通常在中、高纬度地区气压系统活动频繁，空气属性差异较大，气压的非周期性变化很显著，其气压的非周期性变化在 24 h 内可达 10 hPa。低纬度地区气压的非周期性不明显，其非周期性变化在 24 h 内一般不超过 1 hPa。

实际气压的变化是周期性变化和非周期性变化的综合表现。通常，中、高纬度地区气压变化多带有非周期性特征，而低纬度地区气压变化的周期性比较显著。

5.1.1.4 气压的垂直变化

由于大气层的厚度和空气密度都随高度的增加而减小，气压随高度的增高而迅速降低。近地层大气中，高度每升高 100m，气压平均降低 12.7 hPa，在高层则小于此数值。确定空气密度大小与气压随高度变化的定量关系，一般应用静力学方程（或称静力平衡方程）和压高公式。

（1）大气静力学方程

虽然气压总是随高度递减，但递减的快慢不一样。大气中任一微小气块都要受到重力和外界大气压力的作用，为了讨论方便，假定体积元为 $dxdydz$ 的微气块相对于地面呈静止状态（图 5-3），达到力的平衡，这种状态称为静力平衡状态。该微气块垂直方向上受到的重力为 $\rho g dxdydz$，其顶面和底面还分别受到大气压力的作用，由于其顶面压力小于底

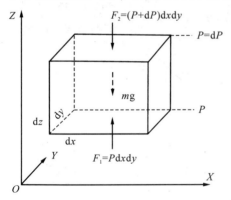

图 5-3 微气块在垂直方向的受力状况

面压力,则顶面和底面的大气压力差为$-\mathrm{d}P\mathrm{d}x\mathrm{d}y$。当该微空气块处于静力平衡时,其垂直方向的气压变化由大气静力学方程(atmospheric static equation)表示为:

$$\mathrm{d}P = -\rho g \mathrm{d}z \tag{5-5}$$

式中,$\mathrm{d}P$ 为垂直方向的气压变量;ρ 为空气密度;g 为重力加速度;$\mathrm{d}z$ 为高度变量,负号表示气压随高度的增加而降低。

大气静力学方程表明气压随高度的变化取决于高度、空气密度和重力加速度。当 $\mathrm{d}z>0$ 时,$\mathrm{d}P<0$,即气压随高度的增加而减小;由于重力加速度在对流层乃至平流层中随高度变化一般很小,因而气压随高度的变化主要取决于空气密度,空气密度大的气层,气压随高度增加迅速减小,空气密度小的气层,气压则随高度增加降低较慢(表5-1)。

表 5-1 气压随高度的分布(气柱平均温度为 0 ℃)

项目	海拔(km)								
	0.0	1.5	3.0	5.5	9.0	12.0	16.0	20.0	23.5	31.0
气压(hPa)	1 000	850	700	500	300	200	100	50	30	10

注:引自张嵩午等,2007。

大气静力学方程是在空气处于静力平衡条件下得出的,除了在强烈对流的地区,实际大气的铅直运动一般都很小,水平气压差一般也很小,可以近似看作静力平衡状态,因此,大气静力平衡方程在实际大气中得到了广泛的应用。

(2)拉普拉斯压高公式

如果将大气状态方程 $\rho = \dfrac{P}{R_d T}$ 代入大气静力学方程式(5-5)中,并从气层下界积分至气层上界,则可得到拉普拉斯(Laplace)压高公式(barometric height formula):

$$\Delta Z = Z_2 - Z_1 = 18\,400(1+\alpha \bar{t}) \lg \dfrac{P_1}{P_2} \tag{5-6}$$

式中,ΔZ 为上界高度 Z_2 和下界高度 Z_1 的差值;α 取值 1/273;$\bar{t}$ 为气层的平均温度,可取气层上界温度和下界温度的平均值近似代替;P_1,P_2 分别为 Z_1,Z_2 高度的气压。

拉普拉斯压高公式较为精确地反映了海拔与气压变化之间的关系。在气层不太厚,上下层温度和密度变化不太大的情况下,可由式(5-6)对海拔和气压之间的关系进行测算,即若已知相近两地的高度,测出两地的气温和其中一地的气压,就可以计算出另一地的气压;若已知相邻两地其中一地的高度,测出两地的气温和气压,便可计算出另一地的高度。

5.1.1.5 气压的水平变化

因各地温度不同,空气密度分布就有差异,气压的水平分布不均匀。在同一海拔上,由于太阳辐射分布的纬向地带性,如果地表性质均匀,气压的水平分布就会呈现规则的纬向气压带。实际上地表性质很不均匀,海洋和陆地交错分布,海陆间的热力差异使纬向气压带发生断裂,同一纬度带里形成独立的高、低压中心。这些高低压中心伴随的气流辐合或者辐散,会造成空气质量增多或减少,从而引起气压的变化。地形、地貌和洋流等都对低空气压的分布有不同程度的影响,因此地面的气压分布变得非常复杂。

5.1.2 气压场

5.1.2.1 气压场的表示方法

气压的空间分布称为气压场(pressure field)。气压的水平分布用水平气压场来表示,可分为两种,即等压线图(isobaric line map)和等高线图(contour maps)。

(1)等压线图

海拔处处相等的面称为等高面(isohypsic surface),等高面上各点的高度相等但气压并不相等,有的地方气压高一些,有的地方气压低一些。将等高面上气压相等的各点进行连线,这种线就称为等压线,同一条等压线上各点的气压相等。不同数值的一系列等压线就构成了等高面上的等压线图,图中等压线的数值、形状和疏密程度可以反映出气压的水平分布形势。

气象部门日常所绘制的海平面气压场,就是海拔为 0 的等高面上的等压线图。等压线的间隔一般取 2.5 hPa,等压线的数值取 1 000.0、1 002.5、1 005.0 hPa 等,以 2.5 hPa 为间隔递增或递减。

(2)等高线图

海平面气压场(地面天气形势图)采用等高面上的等压线图,而高空气压场则通常采用等压面上的等高线图。

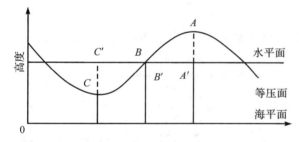

图 5-4 气压的水平分布与等压面上高度分布的关系

空间气压相等的各点组成的面称为等压面(barometric surface),等压面上各点的气压相等但高度并不相等。由于同一高度上各地的气压是不相等的,等压面不是等高面,而是类似地形一样起伏不平的空间三维曲面。由于气压总是随着高度的升高而降低的,等压面的高低起伏是与其附近等高面上的气压分布相对应的,等高面上气压比四周高的地方等压面向上凸起,高得越多凸起的幅度越大;等高面上气压比四周低的地方等压面向下凹陷,低得越多凹陷的幅度越大。如图 5-4 所示,在等压面上取 A、B、C 3 点,这 3 点气压相等但高度不同,A 点的高度最高,B 点次之,C 点最低;与等压面上的 A、B、C 3 点相对应,在等高面上取的 A'、B'、C' 3 点,这 3 点高度相同但气压不相等,A' 的气压最高,B' 次之,C' 最低。可以看出,等压面上的高度分布与等高面上的气压分布存在着一一对应的关系,等压面上高度高的地方正是等高面上气压高的地方,等压面上高度低的地方正是等高面上气压低的地方。因此,采用类似绘制地形等高线的方法绘出等压面上的等高线图,就可以直接以等压面上的高度分布来反映出气压的水平分布状况,而无须进一步转换为等高面上的等压线图。

由等压面上等高线的分布情况,就可以看出气压的水平分布状况。如图 5-5 所示,P 为等压面,H_1,H_2,H_3,…为一系列高度间隔相等的等高面,各等高面分别与等压面相截,所有的截线都在等压面 P 上,截线上各点的气压均等于 P,将这些截线投影到水平面上,就得到了等压面 P 上的等高线 H_1,H_2,H_3,…的分布图。可以看出,与等压面凸起部位相对应的是一组闭合等高线构成的高值区域,高度值由中心向外递减,为高气压区;与等压面下凹部位相对应的是一组闭合等高线构成的低值区域,高度值由中心向外递增,为低气压区。因此,等压面上的等高线图,在表示出等压面的高度分布的同时,也反映出了水平面上的气压分布。

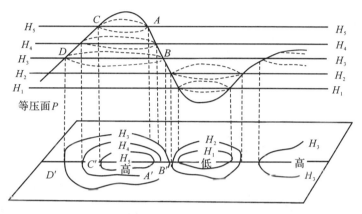

图 5-5　等压面与等高面的关系

气象部门日常所绘制的高空气压场(高空天气形势图)就是等压面上的等高线图,主要有 850 hPa、700 hPa、500 hPa、300 hPa、200 hPa 和 100 hPa 等压面,分别代表 1 500 m、3 000 m、5 500 m、9 000 m、12 000 m、16 000 m 高度附近的水平气压场。

在气象学中,等压面上的高度采用的是具有能量意义的位势高度。位势高度是指单位质量的物体从海平面(位势高度为零)抬升到 Z 高度时,克服重力所做的功,又称重力位势,单位为位势米。位势高度与几何高度的换算关系为:

$$H = \frac{g_\varphi Z}{9.8} \tag{5-7}$$

式中,H 为位势高度;Z 为几何高度;g_φ 为纬度 φ 处的重力加速度。当 g_φ 取 9.8m/s² 时,位势高度 H 和几何高度在数值上相同。

5.1.2.2　气压场的基本形式

海平面气压场和高空气压场中气压的分布会出现各种各样的形式,这些形式统称为气压系统,主要有以下 5 种类型。

(1)低气压

低气压(low-pressure)简称低压,是由一组闭合等压线或等高线构成的,中心气压比四周低的区域。等值线的数值由中心向外递增,其空间等压面向下凹陷,形如盆地[图 5-6(a)]。

(2)低压槽

低压槽(pressure trough)简称槽,是由低压向外伸出的一组未闭合狭长等压线区域。槽内各等高线曲率最大处的连线称为槽线,槽中间的气压比两侧低,其空间等压面形似山谷

[图5-6(a)]。北半球低压槽一般从北向南伸展,称为竖槽;而从南向北伸展的槽,称为倒槽;从东向西或从西向东伸展的槽,则称为横槽。

(3)高气压

高气压(high-pressure)简称高压,是由一组闭合等压线或等高线构成的,中心气压比四周高的区域。等值线的数值由中心向外递减,其空间等压面向上凸起,形如山丘[图5-6(b)]。

(4)高压脊

高压脊(pressure ridge)简称脊,是由高压向外伸出的一组未闭合狭长等压线区域。脊内各等高线曲率最大处的连线称为脊线,脊中间的气压比两侧高,其空间等压面形似山脊[图5-6(b)]。

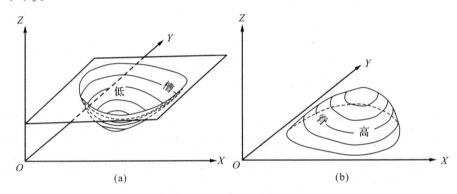

图5-6 气压系统的空间等压面
(a)低压和低压槽 (b)高压和高压脊

(5)鞍形气压场

鞍形气压场(col pressure field)简称鞍形场,是由两个高气压和两个低气压交错分布的中间区域,鞍形气压场的空间等压面形如马鞍(图5-7)。

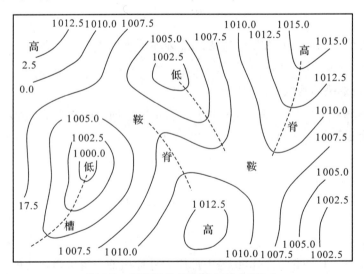

图5-7 气压场的几种基本形式(hPa)

5.2 空气的水平运动和垂直运动

地球大气时刻处于运动状态,其运动形式多种多样,既有水平运动,又有垂直运动;既有规则的平均运动,又有不规则的乱流运动。大气的运动,使地球上不同地区、不同高度的热量和水分得以传输和交换,直接影响着天气和气候的形成与变化。

5.2.1 空气的水平运动——风

空气的水平运动通常被称为风(wind)。风是具有方向和速度的矢量,风向(wind direction)是指运动空气的来向,通常用 16 个方位来表示。风速是指在单位时间内空气水平移动的距离,单位为 m/s。实际生活中,也常用风力等级来描述风速的大小,风力等级是根据风对地面物体或海平面的影响程度而确定的,风力等级与风速的大小有着对应的关系。

5.2.2 作用于空气的力

空气运动状态是由所受的力决定的。作用于空气的力有:由于气压的不均匀分布而产生的气压梯度力,由于地球自转而产生的地转偏向力,由于空气做曲线运动而产生的惯性离心力,由于大气层之间及其与地面之间存在相对运动而产生的摩擦力,以及因地球重力场作用而产生的重力等。空气在水平方向上所受的力包括水平气压梯度力,水平地转偏向力,惯性离心力和摩擦力。

(1) 水平气压梯度力

气压梯度力是由于气压空间分布不均匀而作用于单位质量空气块上的力,其在水平方向上的分量称为水平气压梯度力(horizontal pressure gradient force, G)。

如图 5-8 所示,任取一微空气块沿 X, Y 和 Z 方向的距离改变量为 dx, dy 和 dz,其体积元 $dV = dxdydz$。假定其水平方向的气压是不均匀的。沿 X 方向,气块左侧作用在 $dydz$ 面上的总压力为 $Pdydz$;而在气块的右侧,在改变距离 dx 后,气压变为 $P+dP$,所以气块右侧作用在 $dydz$ 面上的总压力为 $(P+dP)dydz$;故气块在 X 方向上所受的合力为:

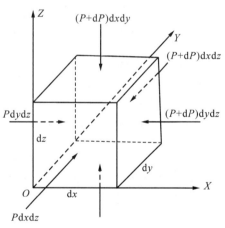

图 5-8 单位体积空气块在水平方向的受力状况

$$G_X = Pdydz - (P+dP)dydz = -dPdydz = -\left(\frac{dP}{dx}\right)dxdydz = -\left(\frac{dP}{dx}\right)dV \tag{5-8}$$

式中,$-\dfrac{dP}{dX}$ 为 X 方向上的气压梯度,即水平距离内的气压差。若考虑单位质量空气 ($dm = \rho dV = 1$),ρ 为空气密度,则式(5-8)可改写为:

$$G_X = -\frac{1}{\rho}\frac{dP}{dx} \tag{5-9}$$

式中，G_X 为 X 水平方向上的气压梯度力。同理可以导出 Y 方向的气压梯度力为：

$$G_Y = -\frac{1}{\rho}\frac{dP}{dy} \tag{5-10}$$

若用 n 来代表任意水平方向，则水平气压梯度力为：

$$G = -\frac{1}{\rho}\frac{dP}{dn} \tag{5-11}$$

水平气压梯度力的方向由高压指向低压，大小与气压梯度 $-\frac{dP}{dx}$ 成正比，与空气密度成反比。若气压水平分布不均匀，存在气压差，就有水平气压梯度力。空气在水平气压梯度力的作用下，就会由高压区流向低压区，因此，水平方向上气压分布不均匀是空气产生运动的直接原因，也就是说水平气压梯度力是产生风的原始动力。

（2）水平地转偏向力

在转动的地球上运动的空气，依其惯性沿着水平气压梯度力方向运动时，在地面上的观察者看来，空气的运动方向都偏离水平气压梯度力的方向。假设是受力的作用，这种因地球自转而产生的非惯性力称为地转偏向力，在水平方向上的分量称为水平地转偏向力（horizontal deflection force）。

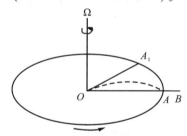

图 5-9 转动圆盘上运动物体所受偏向力示意

如图 5-9 所示，有一个圆盘绕着通过中心点 O 的垂直轴作逆时针方向旋转，A 点在圆盘上，B 点在圆盘外。在 O、A、B 3 点呈一直线时，有一个物体开始自 O 点沿直线向 B 点方向运动。如果把圆盘外作为静止不动的参照系，圆盘上 A 点的逆时针转动并不会对物体的运动造成影响，物体自 O 点沿直线运动到达 B 点。但是，如果把圆盘作为静止不动的参照系，那么圆盘外的 B 点则呈现为做顺时针方向旋转，物体的运动表现为自 O 点出发后不断地向右偏转。

假设小球运动速度是 v，从 O 点出发经过时间 t 到达 A 点，它的位移为 $OA = vt$。与此同时，圆盘逆时针转动了角 $\angle AOA'$，圆盘转动的角速度为 Ω，在 t 秒内转过的角度 $\angle AOA' = \Omega t$。当 $\angle AOA'$ 很小时，小球偏离的距离 S 可近似看成 $\widehat{AA'}$，则有：

$$S = \widehat{AA'} = OA \cdot \angle AOA' = vt \cdot \Omega t = v\Omega t^2$$

根据加速度公式 $S = \frac{1}{2}at^2$，则 $a = 2v\Omega$，根据牛顿定律，对单位质量物体，地转偏向力为：

$$A = ma = 2v\Omega \tag{5-12}$$

地球自转与圆盘的转动相似，所不同的是一个是旋转的平面，而地球是一个自西向东旋转的球体，任何纬度上的地球自转角速度可分解为垂直分量 $\Omega\sin\varphi$ 和水平分量 $\Omega\cos\varphi$。在分析某纬度地平面上空气运动时，起作用的是地球自转角速度的垂直分量。因此，在任何纬度上作用于单位质量空气的水平地转偏向力为：

$$A = ma = 2v\Omega\sin\varphi \tag{5-13}$$

式中，$\Omega=7.292\times10^{-5}/s$，水平地转偏向力的方向与空气运动方向相垂直，在北半球偏向空气运动的右方，在南半球则偏向其左方。

水平地转偏向力只在空气相对于地面有运动时产生。水平地转偏向力的大小与风速成正比，当风速为零时，即当空气相对于地球静止时，空气不受地转偏向力的影响；水平地转偏向力的大小还与纬度有关，与纬度的正弦成正比，风速一定时，水平地转偏向力随着纬度的增高而增大，极地最大，赤道最小。

(3) 惯性离心力

惯性离心力(centrifugal inertial force)是物体在做曲线运动时所产生的，由运动轨迹的曲率中心沿曲率半径向外作用在物体上的力。这个力是物体为保持沿惯性方向运动而产生的，因而称惯性离心力(C)。

空气做曲线运动时，作用于单位质量空气块上的惯性离心力为：

$$C = \omega^2 r = \frac{v^2}{r} \tag{5-14}$$

式中，ω 为空气转动的角速度；v 为空气运动的速度；r 为空气运动轨迹的曲率半径。

惯性离心力的方向与空气运动的方向垂直，由空气运动轨迹的曲率中心指向外缘。惯性离心力的大小与风速的平方成正比，与空气运动轨迹的曲率半径成反比，当空气相对于地球静止时，空气不受惯性离心力的影响，当空气做直线运动时，空气运动轨迹的曲率半径趋于无穷大，空气所受的惯性离心力趋于零。

在实际大气中，由于空气运动轨迹的曲率半径一般都很大，从几十千米到上千米，因而惯性离心力通常小于水平地转偏向力。

(4) 摩擦力

摩擦力(friction force)是两个相互接触的物体做相对运动时，接触面之间出现的一种阻碍物体相对运动的力。大气运动中所受到的摩擦力可分为内摩擦力和外摩擦力。内摩擦力又称黏滞力，是在速度或方向不同的两个互相接触的空气层之间出现的一种相互牵制力，它主要通过湍流交换作用使气流速度发生改变。

外摩擦力是空气贴近下垫面运动时，下垫面对空气运动的阻力。它的方向与空气运动方向相反，大小与空气运动的速度和下垫面粗糙程度有关，其表达式为：

$$F = -kv \tag{5-15}$$

式中，k 为摩擦系数，其大小与地表性质有关，地面越粗糙，k 值越大；v 为空气运动速度。外摩擦力随高度的增高而减小，以近地面至 $30\sim50$ m 最为显著，高度越高，作用越弱，到 $1\sim2$ km 以上，外摩擦力可忽略不计。

5.2.3 自由大气中风的形成

在距地面 1.5 km 以上的自由大气层中，摩擦力对空气运动的影响可以忽略不计。当自由大气中的空气做直线运动时，只需要考虑水平气压梯度力和水平地转偏向力的作用。当空气作曲线运动时，则需考虑水平气压梯度力、水平地转偏向力和惯性力心力的作用。

(1) 地转风

在自由大气中，平直等压线或等高线的气压场中，当水平气压梯度力和水平地转偏向力相平衡时，空气沿等压线方向的匀速直线运动，称为地转风(geostrophic wind)。

在北半球的自由大气中，由平直等压线组成的气压场内，原处于静止状态的空气，在水平气压梯度力的作用下，开始由高压向低压运动，空气一开始运动，就同时产生了水平地转偏向力，并使空气的运动方向向右偏转，在水平气压梯度力的作用下，空气运动速度不断增大，水平地转偏向力也随之增大，运动方向不断右偏，直到水平地转偏向力增大到与水平气压梯度力大小相等，方向相反，即 $G+A=0$，两力平衡时，空气就沿着等压线做等速直线运动，形成一种相对稳定的状态，此时水平气压梯度力与水平地转偏向力的平衡称地转平衡，形成的风即地转风(图 5-10)。

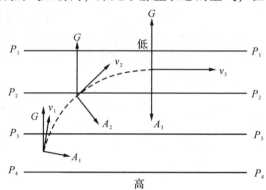

图 5-10　地转风形成示意(北半球)

从地转风的形成机制中，地转风的风场与气压场之间存在一定的配置关系，风向与高、低压间的匹配由白贝罗风压定律(Buys Ballot's Law)来进行描述：在北半球，背风而立，低压在左，高压在右，南半球相反。

在实际的大气中，严格理论意义上的地转风是很少存在的。中、高纬度地区自由大气层中的实际风与地转风非常相近，但在低纬度地区由于水平地转偏向力很小，地转风的概念已不适用，而在赤道附近，水平地转偏向力为 0，不存在地转风。

(2) 梯度风

在自由大气层弯曲等压线或等高线的气压场中，水平气压梯度力、水平地转偏向力和惯性离心力三个力相平衡时形成的风，称为梯度风(gradient wind)。

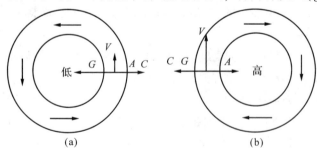

图 5-11　梯度风形成示意(北半球)
(a)低压　(b)高压

梯度风的形成机制与地转风类似，但在弯曲等压线的气压场，空气所做的是沿着等压线的曲线运动，此时须考虑惯性离心力参与其中。在低压[低压槽，图 5-11(a)]中，水平气压梯度力指向中心，水平地转偏向力和惯性离心力指向外缘，构成了 $G=A+C$ 的平衡，空气沿等压线做逆时针方向的曲线运动，故北半球低压区的梯度风表现为逆时针方向旋转，南半球相反。在高压区[高压脊，图 5-11(b)]中，水平气压梯度力和惯性离心力指向外缘，水平地转偏向力指向中心，构成 $A=G+C$ 的平衡，空气沿等压线做顺时针方向的曲线运动，故北半球高压区中的梯度风表现为顺时针方向旋转，南半球则相反。

梯度风的风场与气压场之间的配置关系与地转风类似,风向与高、低压间的配置同样遵循白贝罗风压定律:在北半球,背风而立,低压在左,高压在右;南半球相反。

5.2.4 摩擦层中风的形成

5.2.4.1 摩擦风

近地层空气运动由于受到摩擦力的影响,且摩擦力的方向与空气的运动方向相反,在摩擦力的参与下风速有所减弱,风向也会发生偏转。空气运动方向不再是沿着等压线,而是与等压线成一定交角,斜穿等压线向低压偏转。这种状况是由于摩擦力的参与而造成的,通常被称为摩擦风(gradient wind)。

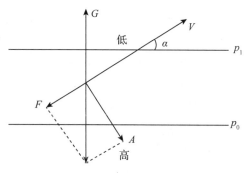

图 5-12 平直等压线下的摩擦风(北半球)

在摩擦层平直等压线的气压场中,空气所做的是直线运动,水平方向上作用于空气的力有水平气压梯度力、水平地转偏向力和摩擦力。当三个力达到平衡时,便出现了稳定的地面平衡风(图 5-12)。由于摩擦力对风的阻滞作用,减弱的风速又使地转偏向力和惯性离心力随之减小,原先的平衡状态被破坏。在摩擦力的参与下,摩擦风斜穿等压线向低压偏转,并且风速较地转风要小一些。

在摩擦层弯曲等压线的气压场中,空气所做的是曲线运动,水平方向上作用于空气的力有水平气压梯度力、水平地转偏向力、惯性离心力和摩擦力构成的平衡。由于摩擦风斜穿等压线向低压偏转(图 5-13),北半球低压中的气流在逆时针旋转的同时又向中心辐合,在低压区内形成上升运动,多阴雨天气;高压中气流在顺时针旋转的同时向四周辐散,在高压区内形成下沉运动,多晴好天气。

在摩擦层中,由于摩擦力的参与,摩擦风的风场与气压场之间的配置关系与地转风和梯度风有所不同,这时的风压定律变为在北半球,背风而立,低压在左前方,高压在右后方;南半球相反。

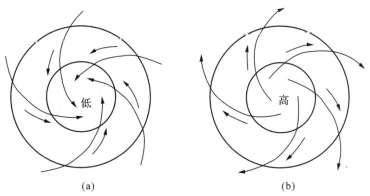

图 5-13 低压(a)和高压(b)系统中的摩擦风(北半球)

5.2.4.2 摩擦层中风的变化

(1) 风的日变化和年变化

摩擦层中风的日变化通常表现为在摩擦层的下层，白天风速较大，夜间风速较小，午后最大，清晨最小；而在摩擦层的上层，白天风速较小，夜间风速较大。风的这种日变化与湍流强度的日变化密切相关。白天地面受热，温度升高，湍流加强，湍流造成的上、下层空气之间的动量交换加强，大量的动量由上层传递到下层，使下层风速增大，上层风速减小。夜间温度降低，湍流减弱，湍流造成上、下层空气之间的动量交换减弱，由上层传递给下层的动量减少，相对于白天，下层风速减小，上层风速增大。湍流强度夏季强于冬季，晴天强于阴天，陆地强于海洋，因此，风的日变化夏季比冬季大，晴天比阴天大，陆地比海洋大。

风的年变化与气候状况和地理环境有关，在北半球中纬度地区，风速一般表现为冬季最大，夏季最小。我国多数地区的冬季风速大于夏季风速，春季由于冷空气活动频繁，往往是风速最大的季节，但在东南沿海地区由于热带气旋的活动，通常在夏秋季节出现风速的年最大值。在我国广大的东部季风气候区，盛行风向的季节变化十分明显，夏季多偏南风，冬季多偏北风。

(2) 风的垂直变化

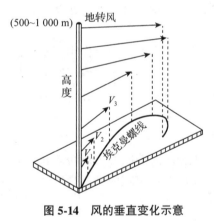

图 5-14 风的垂直变化示意
(引自周淑贞，1997)

摩擦层中，摩擦风速减弱和风向偏转的程度，取决于摩擦力的大小，随下垫面粗糙程度增大而增大，随着高度的增加而逐渐减小，中纬度地区陆地上地面风 (10～12 m 高度上的风) 的实际风速为地转风的 35%～45%，海洋上为 60%～70%，陆地上地面风的实际风向与等压线的交角为 25°～35°，海洋上为 10°～20°。随着高度的增加，摩擦力逐渐减小，其所造成的风速减弱和风向偏转的程度越来越小，当高度到达自由大气层，摩擦力接近于零，其影响可以忽略不计，即地转风或梯度风。如果以箭头矢量来表示风，并将地面至摩擦层顶各高度风的箭头矢量投影到同一水平面上，再用一条平滑的曲线把箭头的前端连接进来，这条平滑的曲线被称为埃克曼螺线 (图 5-14)。

(3) 风的阵性

风的阵性是指风的不稳定性，即风向摆动不定，风速时大时小的现象。风的阵性是由大气湍流运动造成的，在摩擦层尤其是近地层中，由于湍流运动形成了无数大小不同、方向各异、不断变化的空气涡旋，这些涡旋叠加在宏观气流中，使风出现了阵性。风的阵性在近地层中表现得最为显著，随着高度的增加，湍流减弱，风的阵性逐渐减弱，通常到距地面 2～3 km 就不明显了。一天之中，午后湍流最强，风的阵性最为明显。一年之中，夏季湍流最强，风的阵性最为明显。

5.2.5 空气的垂直运动

大气运动可以分为水平运动和垂直运动。大尺度大气运动主要是准水平的,其垂直运动速度很小(10^{-2} m/s),一般仅为水平风速的百分之一,甚至千分之一或更小。中小尺度系统中的垂直速度却很大,而且垂直运动与云雨的形成及天气的发生发展关系密切。按垂直运动的尺度和成因,通常分为系统性垂直运动和对流运动。

(1) 系统性垂直运动

系统性垂直运动通常指由于水平气流的辐合、辐散,锋面和地形的强迫抬升作用引起的大范围的上升和下沉运动。它的特点是垂直速度小、持续时间长,能造成大面积的层云和连续性降水,对天气的形成和演变有重要作用。

(2) 对流运动

对流运动简称对流,通常是指由热力作用引起的垂直运动。当气团的温度高于四周空气温度时,气团获得向上的浮力而产生的上升运动,上升气流到高层向外辐散,低层空气随之辐合以补充上升气流,形成了空气对流运动。在中低纬度地区和夏季经常出现。它的特点是范围小,发生和发展时间短,垂直速度较大,常能引起阵性降水、雷暴、冰雹和龙卷等强对流性天气。

5.3 大气环流

形成大气环流的因素主要有3个方面:太阳辐射随纬度的不均匀分布对大气形成的不均匀加热,地球自转产生的地转偏向力使气流方向发生偏转,地球表面的不均匀性(海陆分布、大地形等)对大气的热力作用和动力作用。在这三个方面因素的综合作用下,形成了基本的大气环流模式、大气活动中心和季风等。

5.3.1 三圈环流

5.3.1.1 单圈环流

太阳辐射是地球的主要能源,也是大气运动的基本动力,低纬度地区接受的太阳辐射能量多,地面热量丰富。高纬度地区太阳辐射能量少,地面寒冷,因而造成南北气温差异。

1735年,英国的哈得来(Hadley)提出了单圈环流模式的设想,认为由于太阳辐射随纬度的不均匀分布对大气形成的不均匀加热,在赤道与极地间形成了一个沿经圈方向(经向)的热力环流圈,这种环流圈在南、北半球分别有一个,故称为单圈环流(lap circulation,图5-15)。

大气环流形成和维持的基本能源来自太阳辐射能

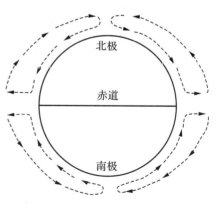

图 5-15 单圈环流示意

量的转化。就地表辐射能收支而言，40°S~40°N 是辐射能的净收入区，40°S 到南极和 40°N 到北极则是辐射能的净支出区。因此，低纬度赤道地区的空气因不断加热而产生上升运动，在高空向高纬度地区流动，高纬度极地地区的空气因不断冷却而出现下沉运动，在低层向低纬度地区流动，从而在南、北半球分别形成了一个巨大的经向热力环流圈。

经向热力环流使低纬度暖空气和高纬度冷空气得以交换，热量由低纬度向高纬度输送，维持了地球上各纬度大气的热量平衡。因此，太阳辐射随纬度的不均匀分布对大气形成的不均匀加热是大气产生大规模运动的根本原因，也是维持大气环流的原始动力。

由于单圈环流模式仅仅考虑了太阳辐射随纬度的不均匀分布对大气形成的不均匀加热，而没有考虑地球自转和地球表面不均匀性对大气环流所产生的影响，因此，与实际的大气环流差异很大。

5.3.1.2 三圈环流

事实上由于地球自转，只要空气运动，地转偏向力随即发生。在北半球，它使气流向右偏转；在南半球，它使气流向左偏转。在地转偏向力的作用下，大气运动状况复杂得多。1941 年，美国气象学家罗斯贝(Rossby)考虑太阳辐射和地球自转对大气运动的影响，提出了三圈环流模式(three-cell meridional circulation)(图 5-16)。

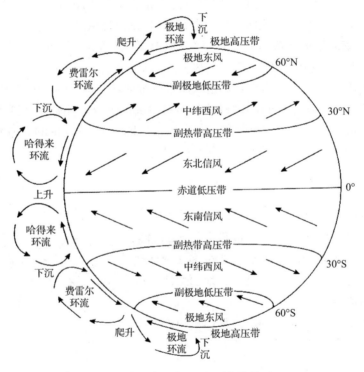

图 5-16 三圈环流示意(引自严菊芳等, 2018)

当赤道附近受热上升的空气，自高空流向极地时，起初受地球自转偏向力的作用很小，空气运动方向基本上与气压梯度力的方向相同。随着纬度的增加，地转偏向力逐渐增大，到纬度 30°附近，地转偏向力增大到与气压梯度力相等，此时，空气运动方向偏转接近和纬圈平行。当空气在纬度 30°附近上空转成纬向流动后，源源不断地从赤道上空流到这里来的空气在此受阻堆积下沉，使近地面气压升高而形成一个高压带，这个高压带称为副热带高压带。赤道则因空气上升形成赤道低压带。空气从副热带高压带下沉并分别流向赤道和高纬度地区。其中流向赤道的气流受地转偏向力的作用，在北半球向右偏转，形成东北信风，在南半球向左偏转，形成东南信风。这两支信风在赤道附近辐合，此辐合带称为赤道辐合带或热带辐合带(intertropical convergence zone, ITCZ)。因此，南北纬 30°附近与赤道之间的上下层气流就形成第一个环流圈，称信风环流圈，也称为哈得来(Hadley)环流。

极地寒冷，空气密度大，地面形成极地高压带。空气从极地高压带流向低纬度地区，在地转偏向力作用下，形成偏东风；与此同时，副热带高压带流向极地的暖空气，在地转偏向力的作用下，形成中纬度偏西风。这两支冷暖气流在纬度 60°附近相遇，形成一个锋面(称为极锋)，暖空气被冷空气抬升，分别从高空流向极地和副热带。因此，在纬度 60°附近，由于暖空气被抬升，地面形成低压带，称为副极地低压带。在极锋上空流向极地的空气，补偿了极地地面流失的空气，这样极地的上下层气流也构成了一个环流圈，称为极地环流(polar circulation)。

在极锋上空流向低纬度的气流在副热带高压带上空与 Hadley 环流上空向北的气流相遇而辐合下沉，形成一个逆环流圈，称为费雷尔(Ferrel)环流圈。

上述可知，南北半球下垫面各出现了"三风四带"，即 3 个风带：信风带(trade-wind zone，北半球东北信风和南半球的东南信风)、中纬度盛行西风带(westerly belt)和极地东风带(polar easterlies)，4 个气压带：赤道低压带(equatorial low pressure belt)、副热带高压带(subtropical high pressure belt)、副极地低压带(subpolar low pressure belt)和极地高压带(polar high pressure zone)。这些风带称为行星风带(planetary wind belt)。垂直方向上形成 3 个经向环流圈：Hadley 环流圈、Ferrel 环流圈和极地环流圈(polar cell)。该模式能很好地解释地球上主要的降雨带和干旱带，譬如赤道两侧是地球上雨云最多的地带，而南北纬 30°附近是地球上少雨干旱地带。三圈环流模式是一种理想大气环流模式，太阳直射纬度的季节性变化、海陆分布、地形等均会对大气环流产生重要影响。

5.3.2 大气活动中心

实际上，除了太阳辐射的差异和地球自转对大气运动造成的影响，地球表面的不均匀性也对大气运动具有重要作用。由于海陆热力差异和地形原因使纬向气压带内形成范围巨大的闭合高、低压系统，称为大气活动中心(atmospheric center of action)。例如，位于纬度 30°~50°的副热带高压带内，夏季大陆区由于强烈增温变成低压区，海洋区则相对为高压区，北半球的低压区分别出现在印度和北美大陆，高压中心分别在太平洋的夏威夷群岛附近和大西洋的亚速尔群岛附近；冬季大陆区为强大的冷高压，海洋相对为低压区，北半球的高压中心在西伯利亚、蒙古和加拿大，低压中心分别在冰岛附近和阿留申群岛附近。大气活动中心使有规律分布的气压带和风带被割裂或变形，对大气运动、水热交换，以及天气和气候变化有重大影响。

表 5-2 中列出了全球范围的大气活动中心。其中长年存在，只是强度和范围有变化的，

表 5-2 气压带和大气活动中心

范围	气压带	半永久活动中心	季节活动中心	
			7月	1月
北半球	副极地低压带	冰岛低压	—	北美高压带
		阿留申低压	—	蒙古高压
	副热带高压带	夏威夷高压	印度低压	—
		亚速尔高压	北美低压	—
赤道	赤道低压带		平均位置 12°~15° N	平均位置 5°S
南半球	副热带高压带	南太平洋高压	澳洲高压	澳洲低压
		南印度洋高压	南非高压	南美低压
		南大西洋高压		南非低压

注：引自肖金香，2014。

称为半永久性活动中心；只在一定季节才出现的，称为季节性活动中心。

5.3.3 季风环流

季风是一个古老的概念，早期人们用季风来表示印度洋特别是阿拉伯海沿海地区地面风向的季节性反转，即在一年中，半年吹东北风，另半年吹西南风。随着人们对季风认识的不断深入，原有的季风概念得到了很大程度的扩展。通常把大范围地区盛行风向随季节而明显变化的现象称为季风(monsoon)。具体来讲，季风具有 3 个特点：①盛行风向随着季节变化有很大差异，甚至接近相反，如冬季盛行东北气流，而夏季盛行西南气流；②冬、夏季风各有不同的源地，其属性有明显的差异，如冬季寒冷干燥，夏季炎热湿润；③天气、气候现象呈现明显的季节性差异，如雨季和旱季、冬季和夏季对比明显。

5.3.3.1 季风的地理分布

地球上的季风主要分布在东亚、东南亚、南亚和赤道非洲 4 个区域，此外，在大洋洲和美洲也有分布。按属性可以将季风分为赤道季风、热带季风、副热带季风和温带季风。

赤道季风主要分布在赤道非洲、印度南部、斯里兰卡、印度尼西亚、马来西亚一带。在赤道季风区，没有明显的温度变化，全年高温炎热。赤道季风的交替变化，主要带来雨量的变化，形成明显的雨季和旱季之分。

热带季风主要分布在除上述地区外的南亚和东南亚地区。在热带季风区，冬季和夏季有较为明显的温度差异，但气温的年较差并不大。热带季风的交替，所带来的最主要的变化是雨季和旱季的差别。

副热带季风主要分布在亚洲东部的副热带地区。在副热带季风区，冬季和夏季温差显著，气温年较差通常在 20~28 ℃，最冷月平均气温多在 2~10 ℃，年降水总量多大于 800 mm，雨季主要出现在初夏和秋季，即冬、夏季风在其进退过程中在本地区发生冲突的时期。

温带季风主要分布在亚洲东部的温带地区。在温带季风区，气温年较差更大，温度更低，年降水总量小于 800 mm，雨季出现在盛夏期间，即夏季风的鼎盛时期。

我国的季风属于亚洲季风，亚洲季风可分为东亚季风和南亚季风两大系统。东亚季风主要包括我国东部、朝鲜半岛和日本等地区的季风，以我国东部最为典型。南亚季风主要是指印度半岛、中南半岛及我国西南地区等地的季风，以印度半岛最为典型，有时也称印度季风。在我国四川及云南东部有一个季风不明显的地区，把东、西两个季风区明显的分隔开来，以东是东亚季风，以西是南亚季风，如图 5-17 所示。

图 5-17　我国季风分区（引自严菊芳等，2018）

我国在东亚季风和南亚季风的影响下，10 月中旬后，欧亚大陆上为强大的蒙古高压控制，海洋为低压区，因此盛行干燥寒冷的西北风、北风和东北风，即冬季风。天气主要以寒冷晴朗干燥为主；一般 5 月中旬后，我国盛行温暖潮湿的西南风、南风、东南风，即夏季风。天气以高温阴雨湿润为主；春、秋季是冬、夏季风转换时期，天气表现为风向和风速多变，冷暖多变。

5.3.3.2　季风的形成原因

季风的形成与多种因素有关，其中海陆间热力性质差异及这种差异的季节变化是主要原因。行星风系的季节性移动，广阔高原的热力和动力作用，以及南北半球气流等也与季风的形成有关，它们彼此关联、相辅相成。

（1）海陆性质不同形成的热力差异

夏季大陆上气温比同纬度的海洋高，气压比海洋低，气压梯度力由海洋指向陆地，风由海洋吹向大陆，形成夏季风；冬季则相反，风从大陆吹向海洋，形成冬季风。这种由海陆热力差异形成的季风大多发生在海陆相接的区域，如东亚地区的季风。

（2）行星风带及赤道辐合带的南北移动

亚洲南部的季风主要是由行星风带的季节性移动引起的，但也有海陆热力差异的影响。以南亚季风为例，冬季行星风带南移，赤道低压带移到南半球，亚洲大陆冷高压强大，高压南部的东北风就称为南亚冬季风。夏季随着行星风带北移，赤道低压带中心移到北半球，与此同时，由于大陆热力因子的作用，印度半岛为低压，澳大利亚为高压，两大陆间的气压梯度力使空气由南向北加强了行星风带的东南信风，当东南信风越过赤道，受北半球地转偏向力的作用向东偏转，形成西南风，影响到南亚地区，这就是南亚夏季风。

(3) 大地形的热力和动力作用

大尺度地形特别是高原地形对季风环流有着很大的影响，与海陆的热力差异类似，高原地形与其周围同高度大气间存在着季节性的热力差异，最典型的就是青藏高原对亚洲季风的影响。青藏高原面积广阔，平均海拔 4 km，相对于周围同高度的自由大气，冬季是一个冷源，高原低层形成冷高压，盛行反气旋式辐散气流；夏季则是一个热源，高原低层形成热低压，盛行气旋式辐合气流。夏季，青藏高原的热力作用使东亚夏季风和南亚夏季风都增强，冬季主要使东亚冬季风增强。青藏高原的屏障作用则在冬季时使南亚冬季风减弱。

5.3.4 地方性风

受地形或地表性质等因素的影响而形成的局部地区的风称为地方性风(local wind)。地方性风通常是由于地表的热力作用或地形的动力作用而引起的，带有明显的地方特征。

5.3.4.1 海陆风

海陆风(sea-land breeze)是一种出现在沿海地区的昼夜风向发生转变的现象。在近地层，白天风由海洋吹向陆地，称为海风；夜间则由陆地吹向海洋，称为陆风。海陆风是小范围的以日为周期的风向转换(图 5-18)。

海陆风是由于海陆昼夜热力差异而形成的。陆地的热容比海洋小，白天陆地较海洋增温快，温度高，出现了由海洋指向陆地的水平气压梯度力，在近地面形成了由海洋吹向陆地的海风；夜间陆地降温快温度低，出现由陆地指向海洋的水平气压梯度力，在近地面形成了由陆地吹向海洋的陆风，海陆风环流如图 5-18 所示。在晴朗稳定的天气条件下，海陆风最为显著，而在阴天或有较强气压系统移来时，海陆风则不明显甚至被大气环流场所淹没。

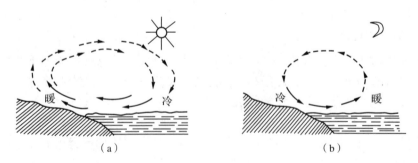

图 5-18 海陆风形成示意
(a)海风 (b)陆风

由于海陆温差白天较大，夜间较小，海风通常较陆风强。海风的最大风速可达 5~6 m/s，能够深入陆地 20~50 km，而陆风一般只有 1~2 m/s，伸向海洋不足 10 km。海陆风的转换时间因天气条件而异，一般海风在 9:00~10:00 开始出现，13:00~15:00 达到最强,之后逐渐减弱,在 21:00~22:00 转换为陆风,陆风在 2:00~3:00 达到最强,之后逐渐减弱。在海、陆风转换时,有短时的静风现象。

在内陆的大型水域附近也会出现类似的水陆风,如湖泊、水库、江河等,有时被称为湖陆风。

5.3.4.2 山谷风

山谷风(mountain-valley breeze)是一种出现在山区的昼夜风向发生转变的现象,在近地层,白天风由山谷吹向山坡,称为谷风或上坡风,夜间则由山坡吹向山谷,称为山风或下坡风。

山谷风是由于山地昼夜热力差异而形成的。白天,坡地受热显著增暖,与谷地上空同一水平高度的空气相比,坡地上空气的温度明显要高,空气受热膨胀,沿山坡上升,形成谷风;夜间,坡地辐射冷却显著,与谷地上空空气相比,坡地上空气温明显要低,空气密度大,沿着山坡下滑流向谷地,形成山风,山谷风环流如图 5-19 所示。

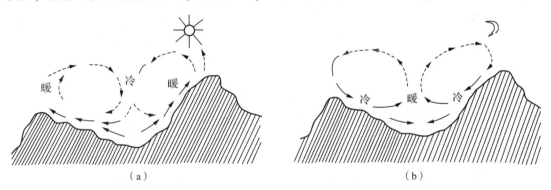

图 5-19 山谷风形成示意
(a)谷风 (b)山风

在晴朗稳定的天气条件下,山谷风最为显著,阴雨天气时,山谷风则不明显。一般山谷风夏季比冬季显著,通常谷风比山风强。在日出后 2~3 h 开始出现谷风,随着地面增温,风速逐渐加大,在午后达到最大,之后随着地面温度的下降而逐渐减弱,在日落前 1~2 h 谷风平息,山风取而代之,日出前山风最强。在山、谷风转换时,有短时的静风现象。

5.3.4.3 焚 风

焚风(foehn,源自德文)是气流翻越高大山脉,在山脉背风坡一侧出现的一种高温并且干燥的风。

当水平气流遇到高大地形时,在迎风坡向上爬升,开始时空气处于未饱和状态,按干绝热过程降温。到达凝结高度后,空气达到饱和状态,在继续上升的过程中按湿绝热过程降温,并有水汽凝结,甚至出现降水。气流越过山顶后,在背风坡下沉,按干绝热过程增温。由于气流在背风坡的增温幅度大于迎风坡的降温幅度,并且有大量的水汽于迎风坡凝结,空气相对湿度明显减小,在山脉背风坡出现高温并且干燥的焚风。

如图 5-20 所示,假设山高 3 000 m,迎风坡山脚处空气处于未饱和状态,温度为 20 ℃,水汽压为 17.1 hPa,此时饱和水汽压为 23.4 hPa,相对湿度为 73%,露点温度为

15 ℃。按干绝热过程（$\gamma_d = 1$ ℃/100 m）上升 500 m 到达凝结高度，温度降至 15 ℃，相对湿度为 100%，达到饱和状态。再按湿绝热过程（$\gamma_m = 0.5$ ℃/100 m）继续上升 2 500 m，并伴有水汽凝结成云致雨，到达山顶时，气温降至 2.5 ℃，水汽压降为 7.3 hPa，相对湿度仍为 100%。越过山脉后，空气按干绝热过程下沉 3 000 m，到达背风坡山脚时，温度增至 32.5 ℃，水汽压仍为 7.3 hPa，此时饱和水气压为 49.0 hPa，相对湿度降至 15%。相对于气流越山前，气流越山后空气温度升高了 12.5 ℃，水汽压降低了 9.8 hPa，相对湿度降低了 58%。

我国境内高山较多，有很多地区都能出现焚风现象，如在太行山东麓、河西走廊、秦岭山脉和云南西部的横断山脉等地。焚风有利有弊，初春的焚风可使山地积雪融化有利于灌溉，秋季的焚风可催粮果早熟，但焚风所形成的大气干旱也会使植物蒸腾加快，脱水枯萎甚至死亡，引发森林火灾等。

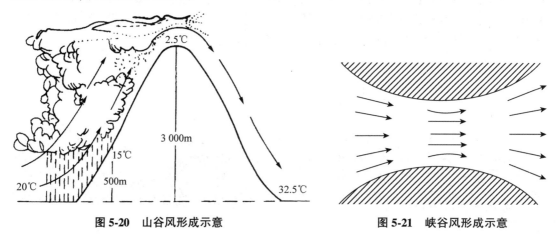

图 5-20　山谷风形成示意　　　　　图 5-21　峡谷风形成示意

5.3.4.4　峡谷风

峡谷风（gorge wind）是指水平气流由开阔地带穿越狭窄的谷口地形时，出现的风速显著加大的现象，有时也称穿堂风。当空气由开阔地带进入两山之间的峡谷或河谷等喇叭口地形时，气流的横截面积减小，由于流体的连续性，只能加速通过，从而形成了峡谷风（图 5-21）。

我国地形复杂，境内有不少高山峡谷，峡谷风现象很常见，在台湾海峡、松辽平原等地，两侧有山岭，常出现峡谷风。

5.4　湍　流

5.4.1　湍流的概念

空气运动类似于流体运动，流体运动形态有两种，一种是层流或片流，即流体有规则的运动，层流运动特征是所有流体质点运动的轨迹都是平滑的曲线，各层之间层次清晰，没有混合现象；另一种是湍流或乱流，指空气质点在时间和空间上呈现随机或无规则的运动状态，这种运动服从某种统计规律。湍流作为流体运动的一种现象，在日常生活中随处可见，如高大烟囱排放烟云、植物花粉和种子在大气中的传播、空气中尘埃粒子的飞扬等。

湍流(turbulence)是一种非常复杂的运动,其形成的物理机制,至今还没有得到完全令人满意的结论,但从本质上讲,可以把由层流转变为湍流看成层流稳定性被破坏的结果。1883年雷诺(Reynold)实验表明同一形态的两股流体,当它们速度相同时,流体为层流运动,当这两股流体的速度不同时,即在其交界处存在剪切速度梯度($du/dz \neq 0$),就产生了湍流。

流体力学中常用雷诺数(R_e)的大小来判断剪切流是层流还是湍流:

$$R_e = \frac{UL}{v} \tag{5-16}$$

式中,U为流体的平均运动速度;L为流体运动的特征长度;v为运动学黏滞系数。雷诺数是一个无量纲量,其物理意义是作用于一个小流体上的特征惯性力与特征黏滞力之比。

雷诺根据实验得出:当$R_e > R_e^c$,流体从层流转变为湍流,$R_e^c = 2\,300$为临界雷诺数;席勒(Ludwig Schiller)得到的临界雷诺数为6 000,这比较接近实际大气的动力湍流(风洞试验,动力湍流雷诺数为6 000~13 000)。

大气运动的一般平均速度量级为1 m/s,温度为20℃时v约等于0.15 cm²/s,大气运动的特征长度(一般取距地面高度)约为10 m,因此,大气运动的雷诺数很大,大气中极易产生湍流运动。

根据大气湍流的形成和发展,湍流通常可以分为动力湍流和热力湍流两类。动力湍流是机械的或动力的因素形成的湍流。如空气与静止地面相对运动,近地面的风切变产生的湍流;又如空气流经地面障碍物山丘、树木、建筑物等,引起风速和风向的突然改变而产生的湍流。热力湍流主要由于地表面受热不均受,或由于大气层结不稳定等产生的湍流。在实际大气中,大多为混合湍流,也就是既有动力作用又有热力作用而产生的湍流。

5.4.2 湍流扩散的基本理论

大气湍流使空气发生强烈的垂直和水平扩散,其强度和尺度远大于分子扩散,是大气中特别是近地层内各种物理量传输的主要过程。它对陆面和洋面的蒸发、气温的日变化、气团变形等都有重要的影响。

大气湍流扩散(turbulent diffusion)基本理论主要有梯度输送理论、统计理论和相似理论等。湍流扩散有两种基本方法,即欧拉方法和拉格朗日方法,欧拉方法是相对于固定坐标系描述湍流扩散过程,拉格朗日方法是跟随流体质点的移行来描述湍流扩散过程。

5.4.2.1 湍流扩散的梯度输送理论

湍流扩散的梯度输送理论是按照欧拉方法处理湍流扩散问题。

如果用一架感应极为灵敏的风速仪记录风速的连续变化,常可得出如图5-22所示的曲线。雷诺提出把湍流看成两种运动的组合,即在平均运动上叠加脉动运动,则自然状态的大气运动分量,可分别表示为:

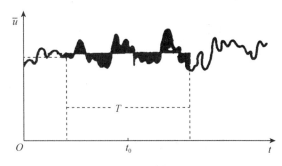

图5-22 湍流运动与平均风速
(引自李宗恺等,1985)

$$\begin{cases} u = \bar{u} + u' \\ v = \bar{v} + v' \\ w = \bar{w} + w' \end{cases} \quad (5\text{-}17)$$

式中，u，v，w 分别为固定坐标系 (x、y、z) 下 3 个方向大气运动的风速分量；$\bar{u}$，$\bar{v}$，$\bar{w}$ 分别为 3 个方向平均风速；u'，v'，w' 分别为 3 个方向脉动风速。

把式 (5-17) 代入不可压缩流体力学方程中研究流体的扩散问题时，获得雷诺方程。雷诺方程中出现了脉动速度的二阶矩，如 $\overline{u'u'}$，$\overline{u'v'}$，$\overline{u'w'}$ 等，导致方程不闭合。这些脉动速度的二阶矩形式项称为雷诺应力项，反映了流场的非线性相互作用，表示单位时间通过单位面积的动量，也就是湍流所引起的摩擦力，又称湍流黏性应力。

施密特 (Schimidt) 等发展了梯度输送理论，即寻找脉动速度的二阶矩与平均场之间的关系，使雷诺方程闭合，这类理论属于湍流半经验理论。例如，对铅直方向的通量，即单位时间通过单位面积沿铅直方向的输送量，假设湍流引起的动量通量与局地的平均风速梯度成正比，则可得：

$$\tau_x = p\overline{u'w'} = -pk\frac{\partial \bar{u}}{\partial z} \quad (5\text{-}18)$$

式中，负号表示湍流输送方向与平均风速梯度方向相反；k 为湍流交换系数；$\frac{\partial \bar{u}}{\partial z}$ 为平均风速梯度，这就是梯度输送理论的基本关系式，也是建立湍流扩散方程的基础。它表示湍流扩散引起的物质输送速率取决于该物质分布的不均匀程度 (梯度的大小) 及流场本身所具有的扩散能力 (k 值的大小)。

大气湍流扩散的梯度输送理论的根本的缺陷来自湍流半经验理论，即梯度与通量之间线性关系是一种假定。实际上，湍流交换系数是流体的运动属性，随流场的运动性质改变，也随平均时间和空间尺度而改变。当研究尺度较大时，扩散项重要性相对减小，其应用中的理论缺陷就不那么突出了。

5.4.2.2 湍流扩散的统计理论

湍流扩散的统计理论是按照拉格朗日方法处理湍流扩散问题，从研究湍流脉动场的统计性质出发，描述在湍流场中扩散物质的散布规律。

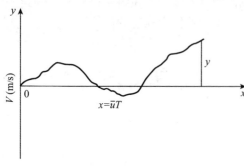

图 5-23 粒子的随机运动示意
(引自蒋维楣等，1993)

考察从原点出发的一个标记粒子的运动，取 x 轴与平均风向一致，经过 T 时间以后，粒子在 x 方向移动了距离 $x = \bar{u}T$。由于湍流脉动速度 v' 的作用，粒子在 y 方向位移了 $y(t)$，而粒子的湍流运动是一个随机过程，不能确定 $y(t)$ 的数值，但许多粒子位移的集合趋向于一个稳定的统计分布 (图 5-23)。

在平稳和均匀湍流的假定下，可以证明粒子分布符合正态分布规律，在实际大气中，扩散实验的结果也表明，浓度分布接近正态分布。1921年，泰勒(Taylor)首先把浓度分布的标准差与湍流脉动统计特征量联系起来，用下式表示，称为泰勒公式：

$$\sigma_y^2 = y^2(T) = 2v^2 \int_0^T \int_0^t R_L(\tau) \mathrm{d}\tau \mathrm{d}t \tag{5-19}$$

式中，σ_y^2 为浓度分布的标准差；y^2 为从原点出发的许多粒子经过 T 时段在 y 方向位移的方差；$R_L(\tau)$ 为标记粒子运动的拉格朗日相关系数。粒子湍流扩散范围取决于湍流脉动速度方差和拉格朗日相关系数，湍流强度越大，脉动速度的拉氏相关系数越高，则粒子散布的范围越大。

泰勒公式是用脉动速度的统计特征量即拉格朗日相关系数 $R_L(\tau)$ 来描述扩散参数 σ。湍流统计理论处理扩散问题的主要困难在于实际湍流是非定常和非均匀的，泰勒公式是在平稳的均匀湍流假定下导出的，实际只有在下垫面平坦开阔，气流稳定的小尺度扩散处理中，才近似满足这些条件。

5.4.2.3 湍流扩散的相似理论

湍流相似理论是在量纲分析的基础上发展起来的。1954年莫宁(Monin)和奥布霍夫(Obukhov)首先根据近地层气象要素场的统计均匀特征和相似原理，提出湍流扩散的相似性理论，用普适函数表示近地层湍流交换和气象要素廓线分布，引进了影响湍流的外因参数和特征尺度。

如在近地层中性大气中，设空气粒子从原点出发，垂直向位移的平均值为 $\bar{z}$，相应的水平位移为 $\bar{x}$。用量纲分析方法，可以得到位移的增长率有以下形式：

$$\frac{\mathrm{d}\bar{z}}{\mathrm{d}t} = b u_x \varphi\left(\frac{z}{L}\right) \tag{5-20}$$

式中，b，φ 为待定的普适常数和普适函数；u_x 为摩擦速度；L 为莫宁-奥布霍夫长度。相应的平均水平位移的增长率等于由 $\bar{z}$ 决定的某高度上的平均风速，则：

$$\frac{\mathrm{d}\bar{x}}{\mathrm{d}t} = \bar{u}(cz) \tag{5-21}$$

式中，c 为待定常数。式(5-19)和式(5-20)给出了粒子的平均速率，是决定粒子平均扩散状态的方程。给定了风速廓线和函数的具体形式后即可求解。

由相似理论导出的扩散问题的解限制在近地层内，即湍流黏滞力等于常数的薄层内，其厚度仅几十米。湍流相似性理论开启了现代微气象学的发展，是研究近地层大气湍流的一种有效的理论方法。

5.5 风与农林业生产

风虽然不是植物生长发育必不可少的基本因子，但却是一个极为重要的生态环境因子。风直接或间接地影响着植物的生长发育和农林业生产，风对农林业生产的影响，既有有利的一面，又有不利的一面。

5.5.1 风可以调节农田小气候

风能影响农田乱流交换强度，增强地面和空气的热量交换，增加土壤蒸发和植物蒸腾，也增加空气中二氧化碳等成分的乱流交换，使作物群体内部的空气不断更新，对植株周围的温度、湿度、二氧化碳等的调节有重要作用，从而影响植物的蒸腾作用和光合作用等生理过程。

黄秉维综合国内外田间及风洞试验数据后指出，在稠密的作物群体中，风力在2级以下时，会导致二氧化碳浓度减少而不利于作物的光合作用。也有试验得出，在太阳辐射与气温基本相同的前后两天，玉米干物质的增长量，有风的一天比无风的一天多40%。

在强光高温下，微风能带走叶面周围湿度大、二氧化碳含量少的空气，带来较为干燥的和二氧化碳含量较多的空气，可以起到加速蒸腾，降低叶面温度，防止强光照下叶面温度过高的灼伤作用。并且由于加速蒸腾，促进了根系吸收，使根系不断地从土壤中摄取养分，使同化作用始终保持在较高的水平上。因此，作物群体结构必须合理，保持一定的通风性，才能获得高产。

5.5.2 风能传播花粉、种子

有些异花授粉的植物，以风来传播花粉的媒介，称为风媒。玉米属于异花授粉的作物。微风能提高受粉、受精率，有利作物高产。很多乔木如银杏、松树、落叶松、云杉、杨树、柳树等都是靠风力来传播花粉和种子的。风传播种子的能力，随种子的大小和重量不同而不同。

5.5.3 风　害

风害(damage caused by a windstorm)是指由风引起的对农作物或树木直接与间接的危害。强风对农作物的直接危害是使作物倒伏、折断、遭受机械损伤，造成落花、落果、落铃和落荚。大风可吹走表土，使植株根系暴露。

小麦在灌浆期遇大风，可造成倒伏而减产；水稻抽穗后遭受强风袭击，可导致穗颈折断而成为死穗或白穗。水稻出穗后，风力达到6级，就有倒伏的危害，当风速达到7级，持续2 h，总茎秆的80%被折倒；棉花在开花期如遇6级大风，蕾铃就会大量脱落；10级以上的大风，可使橡胶树普遍发生折枝，断干或倒伏；当风速为13~16 m/s时，能使森林树冠表面受到15~20 kg/m^{2}的压力，浅根树种能连根拔起。不太强的风，虽不直接损伤作物器官，但经长时间的久吹不息，植株摇摆不定，也会引起生理损伤，降低光合量，致使产品品质低劣。

强风还间接影响植物病虫的侵害。农作物的枝叶因风力过强，摩擦损伤，致使病菌易于从伤口入侵，水稻的白叶枯病，就是最常见的一种。风与害虫的迁飞关系密切，害虫经常借助气流进行短距离的飞翔，有些害虫则依靠气流进行远距离的迁飞。风直接影响着害虫的地理分布。风也能传播病原体，造成作物病害的蔓延。如小麦锈病孢子，春季借助风力自南往北传播到高寒地区越夏，秋季再随偏北气流回到南方各麦区造成危害。防御风害的办法很多，如营造农田防风林、设置风障、选育优良的抗风品种，运用科学的栽培管理技术等。

思考题

1. 气压的水平分布如何表示？
2. 水平方向作用于空气的力有哪些？其大小和方向如何？
3. 地转风、梯度风、摩擦风的受力情况如何？风场和气压场之间有怎样的配置关系？
4. 三圈环流模式中北半球产生了哪些气压带和风带？
5. 北半球的大气活动中心主要有哪些？
6. 东亚季风形成的原因主要有哪些？我国季风有何特点？
7. 简述焚风的形成过程。
8. 风对农林业生产有哪些有利和不利影响？

参考文献

严菊芳，刘淑明，2018. 农林气象学[M]. 北京：气象出版社.

贺庆棠，陆佩玲，2010. 气象学[M]. 3版. 北京：中国林业出版社.

肖金香，2014. 气象学[M]. 北京：中国林业出版社.

姜会飞，2013. 农业气象学[M]. 2版. 北京：科学出版社.

周淑贞，张如一，张超，1997. 气象学与气候学[M]. 3版. 北京：高等教育出版社.

伍荣生，2015. 现代天气学原理[M]. 北京：高等教育出版社.

胡继超，申双和，孙卫国，等，2014. 微气象学基础[M]. 北京：气象出版社.

黄美元，徐华英，王庚庆，2006. 大气环境学[M]. 北京：气象出版社.

李宗恺，潘云仙，孙润桥，1985. 空气污染气象学原理及应用[M]. 北京：气象出版社.

蒋维楣，曹文俊，蒋瑞宾，1993. 空气污染气象学教程[M]. 北京：气象出版社.

包云轩，等，2007. 气象学[M]. 北京：中国农业出版社.

黄荣辉，等，2005. 大气科学概论[M]. 北京：气象出版社.

李爱贞，刘厚凤，等，2004. 气象学与气候学基础[M]. 北京：气象出版社.

第6章 天气与气象灾害

天气(weather)形成和演变是各种天气系统(synoptic system)综合影响的结果,天气系统包括气团、锋、气旋、反气旋、切变线等。研究天气系统的发生、发展规律及相互配合和分布状况是做好天气预测、预报的基础。

植物的生长发育过程直接受天气条件的影响。若天气条件适宜,农林业生产就可能获得高产、稳产和高效;若天气条件不利,如出现低温、寡照、干旱、暴雨等灾害性天气,植物就会受害。因此,研究天气与农林业生产的关系,利用气象预报和情报趋利避害是实现增产增收的重要条件之一。

6.1 天气与天气系统

6.1.1 天气与天气系统的概念

天气是以气象要素和天气现象表示的瞬时或一段时间内的大气综合状况,天气的变化由天气系统决定,天气系统是指主要气象要素在空间上的分布具有一定的结构和特征,从而能产生某种天气的大气运动系统。

天气系统随时间和空间的演变过程,称为天气过程。在天气过程的不同阶段,能形成不同的天气特征。各种天气系统都具有一定的空间尺度和时间尺度,而且各种尺度系统间相互交织、相互作用,也可以相互转化。许多天气系统的组合,构成了大范围的天气形势(synoptic situation),构成了半球甚至全球的大气环流。天气系统总是处在不断新生、发展和消亡过程中,在不同发展阶段有着其相对应的天气特征。通过对不同天气系统的特征及其相互关系的分析,认识天气现象演变的规律,据以制作天气预报。

按照水平范围的大小和生存时间的长短,可将天气系统分为不同的尺度,但尺度划分的标准无统一规定。一般水平范围 10 km 左右的天气系统叫小尺度天气系统(龙卷、对流单体等),生存时间为几分钟到几小时。几十千米到 500 km 的叫中尺度天气系统(强雷暴、飑线、海陆风等),生存时间为几小时到十几小时。500~3 000 km 的叫天气尺度天气系统(锋、气旋、反气旋、台风等),生存时间为一天到几天。3 000~10 000 km 的叫长波天气系统(long wave weather system,如阻塞高压、副热带高压等),生存时间为几天到十几天。10 000 km 以上的叫超长波天气系统,生存时间为 10 d 以上。有时把等于及大于天气尺度的天气系统统称为大尺度天气系统(large-scale weather system)。

在高空天气图(synoptic chart)上,也有按整个纬圈的波数来划分天气系统的,通常把波数为 1~3 的波动称为超长波(superlong wave),波数为 4~8 的波动称为长波(long wave),

它们都属于行星尺度天气系统，波数大于 8 的波动称为短波，相当于天气尺度天气系统或更小尺度的天气系统，下面介绍几种常见的天气系统。

6.1.2 气　团

天气现象（weather phenomena）的空间分布与天气过程的时间变化很复杂，天气工作者在长期实践中，总结归纳出了一套天气现象与天气过程的典型特征，并用这些特征对天气现象与天气过程作了系统的概括。1920 年前后挪威学派以温度场为主要特征提出了气团与锋的概念，并运用这些概念从千变万化的天气现象与天气过程中总结出了许多关于天气分析和预报的规则。

6.1.2.1　气团的概念

气团（air mass）是指气象要素（温度、湿度、稳定度等）水平分布比较均匀的大范围空气团。在同一气团中，各地气象要素的水平分布基本一致，天气现象也大致相同。气团的水平范围可达几百千米甚至到几千千米，垂直范围可由几千米到十几千米，甚至伸展到对流层顶。

6.1.2.2　气团的形成和变性

大气的物理属性是大气在运动过程中通过与下垫面热量和水汽的交换及大气本身对热量和水汽的调节而形成的，因此，气团形成必须具备两个条件：一是范围大且性质比较均匀的下垫面，二是有利于空气在该地域停滞或缓行的环流条件。

在对流层中，大气的热量、水汽主要来自下垫面，故气团的属性主要由下垫面的性质所决定。辽阔的海洋、无垠的沙漠、寒冷干燥的中高纬度大陆和极地等都可成为气团形成的源地。

在合适的大气环流条件下，大范围空气较长时间停留或缓行在同一性质的下垫面上，通过辐射、乱流和对流、蒸发和凝结等物理过程，逐渐获得与下垫面基本一致的物理属性。这种流场通常出现在高压控制的范围内，如冬季西伯利亚和蒙古地区常有一个不大移动的高压所盘踞，高压中的下沉辐散气流缓慢地向四周流散，使空气性质趋于一致，形成干冷气团。

当气团离开源地到达一个新的地区时，随着下垫面性质的改变，其物理属性会随时间推移不断发生变化，这个过程称为气团的变性，该气团称为变性气团。气团变性的快慢主要与气团的性质及与下垫面性质差异的大小有关，也与离开源地的时间和路程的远近有关。一般来说，冷气团移到暖的地区，空气变暖较快，这是因为冷气团中下层空气增暖使层结变得不稳定，乱流和对流能很快把下垫面的热量上传，使上层空气很快变暖。相反，暖气团移到冷的下垫面则变冷较慢，因为暖气团中低层空气变冷使层结趋于稳定，乱流和对流不易发展，气团变冷主要通过缓慢的辐射作用进行。同样，从大陆移入海洋的气团因容易取得海面蒸发的水汽而变得湿润；从海洋移入大陆的气团因需要通过凝结作用变干就慢得多了。

6.1.2.3　气团的种类和天气

气团有不同的分类方法，常用的有热力分类和地理分类两种。

热力分类是根据气团的温度与其所经过的下垫面温度做对比，把气团分为暖气团（warm air mass）和冷气团（cold air mass）。

暖气团是向比它冷的地表移动的气团，它使所经之地变暖而本身逐渐冷却，故气团内层结趋于稳定，有时会形成逆温或等温层。因此，暖气团通常具有稳定性天气的特点，若暖气团中水汽较多，常形成很低的层云，并有毛毛雨、小雨(雪)，有时低层空气冷却迅速，还会形成平流雾。

冷气团是向比它暖的地表移动的气团，它使所经之地变冷而本身逐渐变暖。由于底层先增温，层结趋于不稳定，对流易发展，冷气团具有不稳定天气的特点。夏季，若冷气团来自海洋，带有大量水汽，往往会形成浓积云和积雨云，甚至出现雷暴等阵性降水天气。冬季，来自大陆的干燥冷气团，常常碧空无云。冷气团天气一般都有明显的日变化：中午和午后地面增温明显，对流发展旺盛，风速增大，夏季常出现不稳定降水；夜间地面降温迅速，气层趋于稳定，风速减小。冬季清晨，由于低层辐射冷却，还可能形成辐射雾。

气团的地理分类是以气团形成的源地为依据把气团划分为冰洋气团(北极气团，arctic air mass)、极地气团(polar air mass)、热带气团(tropical air mass)和赤道气团(equatorial air mass)。其中，前三类按下垫面性质又可分为大陆性气团(continental air mass)和海洋性气团(maritime air)。以北半球为例，北极地区全年都是冰雪覆盖的北冰洋，下垫面性质均匀，盛行反气旋环流，形成北极气团；靠近极圈的高纬度地区，冬季受反气旋控制，形成极地气团；在副热带高压及以南地区形成热带气团；赤道地区形成的气团称为赤道气团。

6.1.2.4 我国境内气团活动及其天气

我国境内出现的气团多为变性气团。冬季主要受变性极地大陆气团的影响，它的源地在西伯利亚和蒙古，该气团地面为很强的冷性高压，低空有下沉逆温，在它的控制下，天气晴朗，寒冷干燥。影响我国华东、华南和西南地区的气团大多是来自副热带太平洋上或南海的变性热带海洋气团，在它的影响下，气温显著上升，形成冬季的热潮，当它与极地大陆气团相遇时，其交界处常常形成阴雨天气。

春季，变性极地大陆气团和变性热带海洋气团势力相当，互有进退，其交绥区是锋及气旋活动最频繁的地区，常造成多变天气。秋季，变性极地大陆气团较快加强南伸，变性热带海洋气团势力减弱并逐步退居东南海上，冷暖气团交界地带常产生秋雨，雨后地面为冷高压控制，天气凉爽。

夏季，影响我国的气团较多，除热带海洋气团和极地大陆气团外，来自撒哈拉沙漠的热带大陆气团及来自印度洋的赤道气团也经常影响我国。夏半年，变性极地大陆气团常在我国长城以北和西北地区活动，它与南方热带海洋气团交绥，是我国盛夏南北方区域性降水的主要原因。热带大陆气团常影响我国西部地区，被它持久控制会出现严重干旱和酷暑。赤道气团常给长江流域以南地区带来大量降水。

秋季，变性极地大陆气团较快加强南伸，变性热带海洋气团势力减弱并逐步退居东南海上，冷暖气团交界地带常产生秋雨，雨后地面为冷高压控制，天气凉爽。

6.1.3 锋

6.1.3.1 锋的概念

锋(front)是指冷暖气团之间形成的狭窄而又倾斜的过渡带。在这个过渡带内,气象要素与天气变化极为剧烈。与大范围的气团相比,其水平尺度可以看成一个面,故常称其为锋面(frontal surface),锋面与地面的交线称为锋线(frontline),锋是锋面和锋线的通称(图 6-1)。

锋的宽度在近地面层为 10~20 km,在高空可达 200~400 km,甚至更宽些。锋的长度可延伸数百千米至数千千米,锋的垂直伸展高度与气团相当。由于暖气团温度高、空气密度小,冷气团温度低、空气密度大,冷空气楔入暖空气的下面,形成锋面自地面到高空向冷空气一方的倾斜,锋面与水平面的倾斜角称为锋面坡度(frontal slope)。

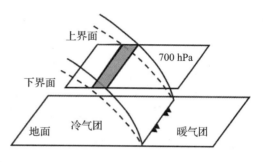

图 6-1 锋的空间结构

在大气低层,锋位于低压槽中,故锋两侧风的水平分布具有气旋式切变。由于锋面以下为冷气团,其上为暖气团,自下而上通过锋面时会出现气温随高度递增的现象,这就是锋面逆温(frontal inversion)。

6.1.3.2 锋的分类及天气

根据锋面两侧气团运动的方向,把锋分为暖锋(warm front)、冷锋(cold front)、准静止锋(quasi-stationary front)和锢囚锋(occluded front)。

(1)暖锋

当锋面位置移动使较暖的空气侵入原来较冷空气所占据的区域时,这种锋称为暖锋。在天气图上,暖锋用红色实线表示。暖锋过境后,暖气团占据了原来冷气团的位置。

图 6-2 是暖锋天气的模式。暖锋的特点:①坡度很小,约为 1/150;②移动速度较慢;③相比冷锋,暖锋造成的天气现象比较缓和,一般为小到中雨,暖锋常出现在高空槽前暖平流区域。

(2)冷锋

当冷气团起主导作用时,它推动着锋面向暖气团一侧移动,这种锋称为冷锋。在天气图上,冷锋用蓝色实线表示。冷锋过境后,冷气团占据了原来暖气团的位置。冷锋是我国最常见的一种锋面,全国各地一年四季都有它的活动踪迹。根据冷锋和空中槽的配置、移动速度及锋上垂直

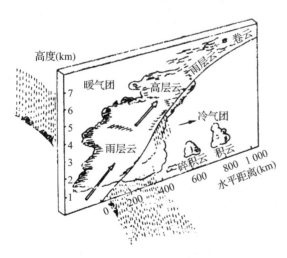

图 6-2 暖锋天气(引自严菊芳等,2018)

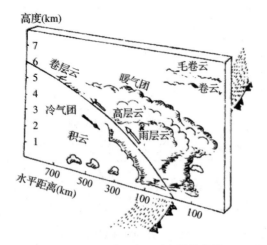

图 6-3 第一型冷锋天气（引自严菊芳等，2018）

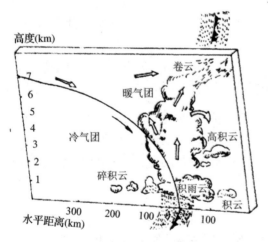

图 6-4 第二型冷锋天气（引自严菊芳等，2018）

运动等特点，又可将其分为第一型冷锋（缓行冷锋）和第二型冷锋（急行冷锋），这两种冷锋的天气特征有明显差异。

第一型冷锋：移动速度缓慢，锋面坡度约为 1/100。暖空气不断后退且沿着冷锋面有规律地上升，云系和降水分布与暖锋大体相似，只是云雨区出现在地面锋线之后，且云系排列次序也与暖锋相反。因冷锋坡度通常比暖锋大，所以云雨区范围要比暖锋窄一些，降水区宽度平均为 150~200 km（图 6-3）。

当暖气团处于对流性不稳定状态时，在锋线附近可发展起浓积云和积雨云，出现雷阵雨天气，这种情况在我国夏季较多见。

第二型冷锋：移动速度较快，锋面坡度约为 1/70。下段锋面特别陡峭。甚至有一个向前突出的冷空气"鼻子"，冲击着前方的暖空气，迫使下段锋面上的暖空气做剧烈的上升运动；而上段锋面坡度较小。这类冷锋云系和降水区分布在地面锋线附近，云、雨区较狭窄，一般只有 15 km 左右（图 6-4）。

第二型冷锋天气与暖气团的性质有关。当暖气团比较潮湿和不稳定时，在锋面下段形成强烈的积雨云，出现雷暴和阵性降水天气；而冷锋上段，暖空气沿锋面下滑，通常无云，故这类冷锋的云雨区很窄，加上冷锋移动速度快，降水时间短暂，常常在地面锋线过境时狂风骤起，乌云满天，雷电交加，暴雨倾盆，但锋线过后不久，天空就迅速晴朗。

当暖气团比较稳定时，第二型冷锋也可以出现层状云系、连续性降水的天气。这种冷锋天气主要出现在锋线之前，云系分布与暖锋相似，不过，降水区仍很窄，强度也较大，当地面锋线一过，雨止云消，风速迅速增大，常常出现大风。

(3) 准静止锋

有时来自锋面两侧的气流既不向冷气团方向也不向暖气团方向运动，而是几乎平行于锋线运动，其结果就是锋面的位置不移动或移动缓慢，这种情况称为准静止锋。在天气图上，准静止锋用"上蓝下红"双色实线表示。

(4) 锢囚锋

当冷锋移速快于暖锋，最后追上暖锋与合并的锋称为锢囚锋。此时，冷锋和暖锋之间的暖空气被迫自地面抬高并囚闭在空中。由于锢囚锋系两条锋面相遇而成，其云系和降水除受原来两条锋面影响外,还由于暖空气的不断抬升而使云增厚,降水增强,降水区扩大。

6.1.3.3 锋面附近气象要素的特征

(1) 温度场

锋面两侧温度的分布状况称为锋面温度场(temperature field)。由于锋面是两个不同气团的过渡带,锋面两侧温度的水平和垂直分布有明显的不同。同一气团中温度的水平梯度一般为 1~2 ℃/100 km,而锋区内可达 5~10 ℃/100 km,所以高空图上锋面两侧的等温线特别密集,温度水平梯度大,梯度越大,锋面越强。由于锋面在空间上向冷空气一侧倾斜,在高空图上锋区位置偏在地面锋线的冷空气一侧,等压面高度越高,向冷空气一侧偏移越多。

根据高空冷暖平流性质可以确定锋的类型。在高空图上,风从高温区流向低温区称为暖平流,从低温区流向高温区称为冷平流。一般来讲,若在高空图上,锋区内有冷平流,则地面所对应的是冷锋;若有暖平流,则地面为暖锋;如果无平流或冷暖平流较弱,而且地面锋线在 24 h 内移动很少,则可定为准静止锋。

(2) 露点

通常冷气团内水汽较少,暖气团内水汽较多,所以锋两侧有明显的露点差。露点(dew point)由于不像温度那样容易变化,是很好的分析锋面的依据。例如,在我国南方,冷气团南下增温,锋线两侧的温差往往不明显,但露点差比较清楚。

(3) 风场

风场(wind site)是指风向、风速的分布状况。地面锋线两侧的风场呈气旋性切变,即风向呈逆时针旋转,包括风向切变和风速切变。位于气旋内部的锋,两侧的风向切变比较明显,锋两侧风速差异不大;而位于高压前的锋,锋两侧的风速差异比较明显,风向差异不大。一般来说,我国的冷锋后多吹偏北风,冷锋前多吹偏南风;暖锋前多吹东南风,暖锋后多吹西南风。应当指出,在风速较大时,风的代表性较好,可以作为分析锋面的依据,风速较小时,风往往受地方性环流影响,代表性差,不宜作为分析锋面的依据。

(4) 变压场

某地点气压随时间变化的量称为气压变量,简称变压。气压值升高,则有正变压,反之则有负变压。变压场(allobaric field)是各点变压的分布情况,一般分析 3 h 变压和 24 h 变压,其中 3 h 变压更常用。当冷锋移动在某地时,在该地上空,冷锋后密度较大的冷空气使该地气压上升,出现明显的 3 h 正变压,冷锋前处在暖气团中,空气密度变化不大,变压也不明显;暖锋前,暖空气移动到较冷的地面上,空气密度降低,气压值降低,出现明显的 3 h 负变压,暖锋后变压很小。

6.1.4 气旋和反气旋

6.1.4.1 气旋和反气旋的概念

就大气流场而言,气旋(cyclone)是指中心气压比四周低的水平空气涡旋;就气压场而言,气旋即低压。在北半球,气旋内空气按逆时针方向旋转,南半球则相反。反气旋(anticyclone)是指中心气压比四周高的水平空气涡旋,为气压场中的高压。在北半球,反气旋内空气做顺时针旋转,南半球则相反。

气旋的直径一般为1 000 km左右，大的可达2 000~3 000 km，小的只有300 km或更小。反气旋的范围比气旋大得多，直径通常超过2 000 km，大的反气旋可以和最大的陆地及海洋相比拟，如冬季亚洲大陆上的反气旋往往占据整个亚洲大陆面积的3/4。

气旋和反气旋的大小可用海面等压线图上低压或高压外围最外圈闭合等压线的直径长度表示，其强度可用其中心附近的最大风速来度量，最大风速越大，表示其天气系统越强。此外，还可用系统中心气压值来表示其强度，因为系统中心气压值的高低和气压梯度有关，根据梯度风原理，气压梯度大时风速大，梯度小时风速小。

6.1.4.2 高空气流与气旋的形成

图6-5是理想化的维持地面气旋、反气旋环流发展的高空辐散与辐合示意图。研究发现，当高空气流呈现出沿纬向平直分布时，地面就很少有气旋产生；当高空气流出现大范围的从北向南弯曲时就形成了高振幅的槽脊波动，地面气旋型活动加强，其中心几乎都位于急流轴之下的高空槽下游。急流是指风速超过30m/s的狭窄强风带，急流轴是急流中心的长轴，是急流区中各经向垂直剖面上最大风速点的连线，多数轴线呈东西走向。

如果地面有一个低压，围绕低压的气流向内逆时针旋转，使质量辐合（集中到一起），空气逐渐积累并伴随着地面气压的升高，地面低压会被迅速填满而消失。然而，气旋往往可以存在一周或更长的时间，这表明地面的辐合必须由高空的流出气流（辐散）来减弱，一旦高空的辐散等于或大于地面的辐合，地面的低压就能维持。地面的气旋和反气旋彼此相临，因为地面空气流入气旋通常也造成地面反气旋的空气流出。像气旋一样，反气旋也依赖高空气流来维持，在反气旋中，地面的辐散往往需要高空的辐合和下沉气流来维持。

概括而言，高空气流对地面气旋和反气旋的形成都有贡献。高空风向和风速的变化都能使空气辐合或辐散。脊的下游（东面）有利于高层辐合，地面出现反气旋（高压）；而槽的下游有利于高层辐散，地面出现气旋（低压）。

6.1.4.3 气旋的分类和天气特征

根据气旋的结构可将其分为锋面气旋（frontal cyclone）和无锋面气旋（no frontal cyclone）；根据气旋形成的地理位置可分为温带气旋（extratropical cyclone）和热带气旋（tropi-

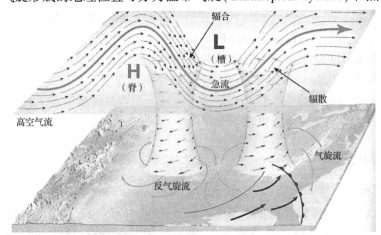

图6-5 理想化的维持地面气旋、反气旋环流发展的高空辐散与辐合示意
（引自 Frederick K. Lutgens et al., 2016）

cal cyclone)。

温带气旋主要活动在中高纬度地区，如蒙古气旋(Mongolian cyclone)、江淮气旋(Jiang-huai cyclone)、东北气旋(northeast cyclone)等，且大多数为锋面气旋。锋面气旋形成的方式多种多样，但大多数情况是高空有移动和加深的低压槽，槽前(后)有较强的暖(冷)平流。当高空槽前的暖平流区叠加在移动缓慢的冷锋或准静止锋上时，引起地面减压和气流辐合。随着高空槽继续向前移动，锋顶附近气压不断降低，辐合气流进一步加强并出现了逆时针方向旋转的气流，这样前部(东侧)锋段变成了暖锋，后部(西侧)锋段变成了冷锋。当地面天气图上能分析出一根闭合等压线时，锋面气旋便形成了。

从结构上讲，温带气旋的中心气压低于四周；从尺度上讲，温带气旋的尺度一般较热带气旋大，直径从几百千米到3 000 km不等，平均直径为1 000 km。

热带气旋是指形成在热带海洋上、具有暖中心结构的气旋性涡旋，台风就是典型的热带气旋。

6.1.4.4 反气旋的分类和天气特征

根据反气旋形成和活动的区域，可将其分为副热带反气旋(subtropical anticyclone)、温带反气旋(extratropical anticyclone)和极地反气旋(polar anticyclone)等；根据其热力结构，可将其分为冷性反气旋和暖性反气旋。习惯上，反气旋经常称为高压。

在南北半球的副热带地区，存在着副热带高压带，由于海陆的影响，常断裂成若干个高压单体，这些单体统称为副热带高压。在北半球，它主要出现在太平洋、印度洋、大西洋和北非大陆上，出现在西北太平洋上的副热带高压常简称为"副高"(subtropical high)。副高是制约大气环流变化的重要成员之一，是控制热带、副热带地区持久天气的大型天气系统之一，直接控制和影响台风活动，对我国天气有极其重要的影响。

副高是一个常年存在、稳定而少动的暖性深厚系统。夏季强度大，位置偏北；冬季弱，位置偏南，常呈东西向扁长形状(图6-6)。

副高脊线的位置不是渐变的，而是表现为阶段性跳跃式变化。其多年的平均位置是5月及以前脊线在15°N以南；6月初移到15°~20°N，华南沿海出现雨带，为华南前期雨

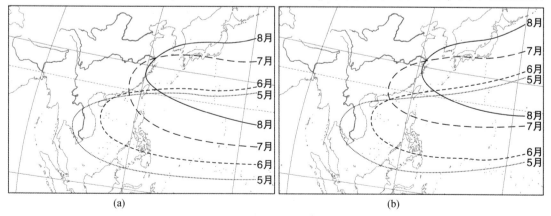

图6-6 西太平洋副热带高压外围5~8月和8~10月500 hPa平均位置(引自张嵩午等，2007)

季；6月中下旬，脊线在很短时间内就北移到20°N以北，稳定在20°~25°N，天气学中称为副高脊线第一次北跳，此时雨带北移到江淮流域，梅雨开始，华南前期雨季结束；7月上中旬副高脊线出现第二次北跳，跳过25°N，徘徊在25°~30°N，雨带从长江流域北移到黄淮流域，长江梅雨结束，黄淮流域汛期开始；7月下旬到8月初，副高脊线第三次北跳，越过30°N，华北雨季开始，雨带出现在华北北部和东北南部地区，江淮流域进入伏旱期，而华南处于副高南侧的东风气流控制下，常受台风、东风波等热带气旋影响，为我国主要台风季节，华南第二阶段雨季开始；8月上旬后，副高位置更偏北，脊线稳定在30°~35°N，主要雨带移至40°N以北，我国东北大部地区进入雨季；从8月下旬起，随着冷空气势力逐渐加强，副高脊线开始向南撤退，9月上旬副高第一次南退，脊线迅速退回到25°N，这时雨区又回到淮河流域，而长江流域及江南地区出现秋高气爽天气，如果副高西伸明显，其西部边缘常在关中、陇东一带形成大到暴雨，即华西秋雨；10月上旬副高第二次南退，脊线退到20°N以南，秋雨和秋高气爽天气结束，台风季节也基本过去；10月中旬以后，脊线又稳定在15°N以南地区，冬季形势开始形成。

6.2 天气预报

6.2.1 天气预报的概念

天气预报(weather forecast)是指依据天气学、动力气象学和统计学等方面的原理和方法，通过对过去和现在天气特征的分析而对未来天气做出定性或定量的预测。随着科学技术的发展，天气预报业务也有了很大的发展。现代天气预报通常以数值预报产品为基础，以人机交互业务系统为工作平台，综合应用多种天气分析方法和技术开展预报工作。天气预报涉及的领域很多，主要有天气学、大气动力学、大气热力学、气象统计学、卫星气象学、雷达气象学等。

天气预报包括两部分内容：一是天气形势预报，二是气象要素预报。天气形势是对天气系统的发生、发展、移动和演变等做出预报，而气象要素预报则是对具体的气象要素(如气温、风、降水、能见度等)以及各种天气现象做出预报。

按照预报时效，可分为临近预报(0~2 h)、短时天气预报(超短期天气预报，2~12 h)、短期天气预报(1~3 d)、中期天气预报(4~10 d)、延伸期天气预报(11~30 d)和长期天气预报(30 d以上)，其中延伸期天气预报尚未真正形成业务。

按照天气业务发展的阶段划分，可分为传统天气预报和现代天气预报两个阶段，数值天气预报系统的使用是进入现代天气预报阶段的标志。

6.2.2 天气预报的流程

(1)资料收集

气象台站、卫星、雷达、船舶等组成立体观测网，其观测到的数据是天气预报的基础，数据越详细，预报越准确。这个观测网每天在规定的时间同时开展观测，从地面高空，从陆地到海洋，全方位、多层次观测大气变化，并将观测数据迅速汇集到各国国家气象中心，然后转发至世界各地。气象台的计算机将收集到的数据进行处理和运算，得到天气图、数值预报产品等,为预报员提供预报依据。

(2)气象资料分析与预报

气象资料分析处理常用的方法有两种:一种是传统的填绘天气图,将同一时刻同一层次的气象数据填绘在一张特制的图上,称为天气图。经过对天气图上的各种气象要素进行分析,预报员可以了解当前天气系统(锋面、台风等)的分布和结构,按照天气学原理和天气预报的经验判断天气系统及未来的演变情况,从而做出各地的天气预报。另一种是为数值预报模式的初始场和物理量场提供科学可靠的大气资料数据,模式运行后的产品即特定区域和时段的天气形势预报和气象要素预报。

6.2.3 天气预报的方法

常用的预报方法有天气图预报(synoptic forecast)方法、数值天气预报(numerical weather prediction, NWP)方法、集合预报(ensemble forecast)方法等,目前以数值天气预报为主。

(1)天气图预报方法

天气图分为地面和高空两类。天气图预报首先要分析天气形势,即勾画出地面和高空天气图上已有的天气系统,如高压、低压、冷锋、暖锋、台风、地面雨雪的落区、大风区等,并结合前几个时次每个系统的位置来确定系统的移动速度;然后利用天气学、动力学等原理,并结合本地的地形、区域天气特点来确定已有天气系统强度及速度的变化。比如,冬季强大的冷高压遇到山脉则会减速,越过山脉则会加速;暖湿空气在秦岭南坡易抬升,形成降水,越过秦岭后水汽减少,不易成云等。最后根据天气形势的强度和速度做出本地区的天气要素预报,如阴天还是晴天,雨雪的强度和落区,温度的变化范围等具体预报。

天气图方法的预报结果比较粗略,时效比较短,通常只有1~3 d,而且对气象要素的预报准确率不高。

(2)数值天气预报方法

大气的运动受物理规律的支配,可以用数学上的微分方程组来描述。从一定的初始状态出发,在一定的环境条件下求出方程组的解,就可以对未来一段时间内的天气或气候做出预测,这就是数值天气预报。由于大气运动的复杂性,方程组也极为复杂和庞大,一般称之为数值模式,而且模式的求解必须借助高性能计算机才能进行。

根据预报的时间尺度,可以将数值预报分为短期或中期预报、气候预测等;根据空间尺度可以分为全球数值预报、区域数值预报、中尺度数值预报等。不同的数值预报使用的技术方案及预报产品都有很大区别,如数值天气模式关注并预报具体的天气过程的演变,而短期气候模式则只关注月与季度尺度的冷暖、旱涝趋势等,并不关注具体的天气过程。

(3)集合预报方法

集合预报的提出源于解决大气的浑沌性。地球大气是一个复杂的非线性系统,对各种误差极其敏感,往往会因为初始场微小的误差出现"失之毫厘,谬以千里"的戏剧性预报误差。为解决单一数值模式的预报结果与真实大气运动状态之间存在的不确定性偏差,气象学家提出了"集合预报"的概念,并发展了具体技术方法,成果显著。

由于观测的不准确(包括仪器误差,观测点在时间、空间上的不够密集引起的插值误差)和数据处理导入的误差,人们得到的数值模式初始场总是含有不确定性的。早期的集合预报，首先要估算出初值中的误差分布范围，根据这一范围，给出一个初值的集合，在此集合中的每个初始场都有同样的可能性代表实际大气的真实状态，从这一初值的集合出发，就能得到一个预报值的集合，这个方法就是所谓的"集合预报"。同传统的"单一"的决定论的数值预报不同，集合预报是从"一群"相差不多的初值出发得到"一群"预报值的方法，近年来，集合预报系统不仅考虑初值的不确定性，还把数值模式中物理过程的不确定性也同时考虑进去，预报方法更趋于完善。

6.2.4 现代气象监测技术

随着科学技术的迅速发展，气象雷达、气象卫星、气象火箭、气象飞机、地面遥测自动气象站等一些高科技的技术相继应用到气象观测中，为气象预报提供了可靠的依据。

6.2.4.1 气象雷达

探测一定范围内大气中风暴、云、雨、风和晴空湍流等气象要素的雷达称为气象雷达（meteorological radar）。雷达探测时，首先从雷达天线定向发射出脉冲无线电波，碰到目标物体后有一部分电波返回，回波被雷达接收后，目标物便在屏幕上显示出来，根据发射波束的指向可以确定目标物的方向，根据接收到回波的时间可以确定目标物的距离。

气象雷达的种类很多，如测雨雷达、测风雷达、多普勒雷达。雷达可以在几百千米范围内迅速发现雷雨、龙卷风、台风等强风暴系统，还可以确定降水强度、空中激烈颠簸区等。20世纪70年代出现的多普勒雷达，由于改进了脉冲无线电波的发射机和接收机，除了能收到回波强度，还有回波的位相差异，这样不仅能了解云雨区的位置和强度，而且可以得到云雨区的风场情况。因此，天气多普勒雷达现已成为警戒强风暴强对流天气的有力工具，大大增强了防灾的能力。

6.2.4.2 气象卫星

随着空间技术的迅速发展，20世纪50年代后期出现了人造地球卫星。这一先进的空间技术很快就被引入气象科学领域，使气象观测和预报进入一个新的时代。自1960年4月美国发射第一颗气象卫星以来，世界各国相继发射了150多颗气象卫星，卫星探测技术有了惊人的发展。它们运转于宇宙太空，从地球大气外层的不同高度俯瞰大地，监视着台风、暴雨、强风暴等灾害性天气的变化，定量地观测大气温度、水汽、云层、降水和海洋温度等气象要素，为大气探测开辟了一个新的途径，成为研究大气的重要工具。它能够获取地球上大范围的云系照片，对常规观测做必要的补充，卫星云图已成为天气分析和预报不可缺少的工具。

按照卫星运行的轨道，气象卫星可分为两类。

(1) 极地太阳同步轨道卫星

极地太阳同步轨道卫星（polar-oribiting meteorological satellite）也称低轨卫星（或极轨卫星），其轨道平面与太阳始终保持相对固定的取向，几乎以同一地方时经过世界各地。高度1 000 km左右，绕地球一周约100 min。两颗轨道平面互相垂直的低轨气象卫星每6 h可以将整个地球巡视一遍。其主要特点是可以实现全球观测，尤其是中高纬度和大尺度系统，对低纬度及中小尺度系统则较差。由于低轨卫星观测的高度低，水平分辨率较高。

1988年9月7日和1990年9月3日，我国用长征四号火箭在太原卫星发射中心分别发射了风云一号的两颗气象卫星（FY-1A和FY-1B），这是我国第一代准极地太阳同步轨道气象卫星。卫星轨道高900 km，扫描宽度可达3 000 km，周期103 min，每天绕地球14圈。卫星携带多光谱可见光红外扫描辐射仪，用于获取可见光云图、红外云图，以及冰雪覆盖、植被、海洋水色、海面温度等资料。由于姿态失控，两颗卫星分别工作了39 d和165 d。

2008年11月18日，风云三号A星及地面应用系统投入业务试运行。星载遥感仪器数量从风云一号的2个增加到风云三号A星的11个，其中9个为首次装载升空，整星探测通道多达99个，光谱波段覆盖紫外到微波。风云三号A星投入业务试运行，标志着我国成功实现了极轨气象卫星的升级换代。

（2）地球同步气象卫星

地球同步气象卫星（geostationary meteorological satellite）又称地球静止气象卫星，它相对于地球某一区域是不动的，因此，地球静止气象卫星可连续监视某一固定区域的天气变化。该卫星位于赤道上空35 800 km处，绕地球一周的时间恰为24 h，故在地球上看是静止不动的。它适合观测低纬度区域，高纬度由于斜视的影响发生变形。另外，适合对中小尺度系统的观测，追踪云系的发展。地球同步气象卫星上的感应器每半小时可以对地球表面四分之一的地区观测一遍，由于观测范围大，水平分辨率没有低轨卫星好。

1997年6月10日和2000年6月25日，在西昌发射中心先后发射了风云二号气象卫星（FY-2A和FY-2B星），为我国第一代静止气象卫星。风云二号的主要用途是利用多通道扫描辐射仪获取可见光云图、红外云图和水汽图，经处理得到洋面温度、云分析图、云参数和风矢量等；收集气象、海洋、水文等部门所需要的数据；监测卫星和空间环境参数。地球同步气象卫星是对地球大气进行遥感观测的重要工具，特别是在对台风、暴雨、洪水等重大自然灾害的监测中发挥了重要作用。

2016年12月11日，风云四号气象卫星成功发射。作为新一代静止轨道定量遥感气象卫星，FY-4卫星的功能和性能实现了跨越式发展。卫星的辐射成像通道由FY-2G星的5个增加为14个，覆盖了可见光、短波红外、中波红外和长波红外等波段，接近欧美第三代静止轨道气象卫星的16个通道。星上辐射定标精度0.5 K、灵敏度0.2 K、可见光空间分辨率0.5 km，与欧美第三代静止轨道气象卫星水平相当。同时，FY-4卫星还配置有912个光谱探测通道的干涉式大气垂直探测仪，光谱分辨率0.8~1 cm，可在垂直方向上对大气结构实现高精度定量探测，这是欧美第三代静止轨道单颗气象卫星不具备的。2017年9月25日，风云四号正式交付用户投入使用，标志着我国静止轨道气象卫星观测系统实现了更新换代。

6.2.4.3 气象火箭

气象火箭（meteorological rocket）主要用于探测30~200 km高空大气温度、压力、密度、风速、风向等气象要素及大气成分、太阳紫外线辐射等气象参数。由于火箭飞行高度可达100 km以上，延伸了无线电探空仪和平流层平移气球的观测高度。由于高层大气的密度很低，火箭飞行速度极快，在火箭探测上使用不同于地面气象观测和无线电探空仪观测的感应元件和技术。风的测量采用追踪从火箭施放出来的金属降落伞、气球、轻质金属丝的方法；气压的测量则采用测量真空度的仪器；测量温度时其测温元件必须有效地降低火箭飞行的动力加热和太阳辐射增温,因而安装在特殊设计的屏蔽网罩中。当火箭达到顶端时,抛射出探空仪,利用丝绸或尼龙制成的降落伞使仪器阻尼下落,可探测 20~70 km 高度的气象要素;如果火箭上升到顶端,放出充气气球或其他轻质材料并用精密雷达跟踪,可探测 30~100 km 上空的温度和风,进而再推算出气压等气象要素。此外,还可用取样火箭测定大气成分和臭氧含量等。

6.2.4.4 气象飞机

气象飞机(meteorological aircraft)是利用飞机携载气象仪器进行专门探测的装置。飞机的种类根据观测任务的性质来选择,有时需添加特殊装备。如远程大中型飞机适用于探测台风、强风暴等天气;进入雷暴区要用装甲机;小型飞机和直升飞机适用于中小尺度系统和云雾物理探测;民航机可兼作航线气象观测。探测飞机高度以下的大气状况时需携带下投探空仪,探测云、雨、风、湍流时需装设机载雷达,了解云中雷电现象、含水量、云谱、升降气流时均需分别配备相应的仪器。

6.2.4.5 自动气象站

自动气象站(automatic meteorological station)能自动观测、自动发报、自动整理和远距离控制的地面气象综合观测装置称为自动气象站或无人气象站。自动气象站一般适合建立在高原、沙漠、海岛等地方,是为了弥补不便建立有人气象站的地方气象资料的欠缺。

自动气象站观测项目通常为气压、气温、相对湿度、风向、风速、雨量等基本气象要素,经扩充后还可测量辐射等其他要素。

6.3 气象灾害

气象灾害(meteorological disaster)是指各种天气气候变化引起的对人类生命财产和国民经济建设及生态环境造成的直接或间接的损害,包括天气灾害和气候灾害,天气灾害是指一次天气过程而造成的灾害,如某一次台风、暴雨、龙卷风、寒潮等造成的灾害;气候灾害是指气候异常而造成的灾害,如雨季时节却久旱无雨、旱季时却阴雨连绵等异常现象。我国主要气象灾害有台风、雨涝、干旱、寒潮、大风、沙尘暴、冰雹、霜冻等。在各种自然灾害的直接经济损失中,气象灾害最为严重,占 70% 以上。

6.3.1 干 旱

干旱(drought)是一种发生频率最高、影响范围最大、危害最严重的气象灾害。目前,比较公认的干旱定义是指因水分的收支不平衡而形成的持续的水分短缺现象。干旱灾害是指某一具体的年、季、月的降水量比常年平均降水量显著偏少,导致经济活动和人类生活受到较大危害的现象。自 20 世纪 70 年代以来,我国旱灾面积占全部受灾面积的 80%,年平均达到 $2\,960\times10^4$ hm^2。

6.3.1.1 干旱的分类

(1)按照干旱的成因划分

分为土壤干旱(soil drought)、大气干旱(atmospheric drought)和生理干旱(physiological drought)。

土壤干旱是由于降水量少，导致土壤含水量低，土壤颗粒吸水力增大，植物根系很难吸收到足够水分以补偿蒸腾消耗，使植物体内水分收支失去平衡，从而影响正常的生理活动，植物生长受到抑制甚至枯死，大多数干旱属于这种干旱类型；大气干旱是空气干燥，大气的蒸发力很强，植物蒸腾耗水的速率远远大于根系吸水的速率，致使植物体内水分收支失调而受害，通常所说的干热风即属于这种干旱类型；生理干旱是受土壤环境条件的影响，使植物根系生理活动遇到障碍，导致植物体内水分失去平衡而发生的危害。如作物被淹时，根系缺氧，不能正常吸收水分而发生萎蔫；早春温度回升快，植物蒸腾加剧，根系不能及时从未化冻的土壤中吸收水分而受害；土壤溶液浓度过高（如盐碱地）等所造成的危害。

土壤干旱以土壤缺水为特点，大气干旱则以空气干燥、相对湿度低、高温为特征。通常土壤干旱和大气干旱是相伴而生的，长时间的大气干旱会导致土壤干旱，土壤干旱也会加剧近地气层的大气干旱。生理干旱的危害程度也与大气干旱和土壤干旱有关。

（2）按照干旱发生的季节划分

分为春旱、夏（伏）旱、秋旱、冬旱、季节连旱等。

春旱发生在3~5月，主要影响春播和越冬作物的返青生长；夏旱发生在6~8月，不仅影响小麦后期灌浆成熟及夏播作物的播种，还影响玉米、棉花、高粱、水稻等农作物的生长发育；秋旱发生在9~11月，主要影响秋收作物的产量及越冬作物的播种和出苗；冬旱出现在12月至翌年2月，使土壤底墒不足而加剧来年的春旱。有时干旱维持的时间较长，造成两季或三季以上的旱象，称为季节连旱，如北方常出现春夏连旱，对农作物造成的危害更大。

6.3.1.2 干旱的时空分布

我国地域广阔，不同地区的降水量及时间分布很不均匀，同时各种农作物对水分的需求有较大差异，从而影响干旱的时空分布。从我国农田水分盈亏的状况看，基本以秦岭淮河为界，北方是亏水区，尤其是新疆、甘肃、宁夏和内蒙古西部等地区，农田的水分亏缺严重；南方降水充足，是水分盈余区。因此，我国的旱灾主要发生在北方地区，南方由于降水与农作物的需水期不完全吻合，加上有些地区植被和水土环境的破坏及一些地方喀斯特地貌特征（地上水贵如油，地下水滚滚流）的影响，导致土壤储水力下降，旱灾也不少见。

春旱在3~5月发生，主要在秦岭—淮河一线以北的华北、西北和东北地区出现。该地区冬、春雨（雪）少且不可靠，如华北的大部分地区、陕西的关中地区等冬、春两季降水量不足全年降水总量的15%~20%，且相对变率达60%以上。春季温度虽不高，但气温回升快，相对湿度迅速下降，同时春季风多且风速较大，农田蒸散量往往远大于降水量，土壤失墒快，故春旱常见，有"十年九旱"之说。春旱主要影响春播作物的适时播种，由于土壤水分不足，时常出现缺苗、断垄的现象。冬小麦遇到春旱，影响正常拔节、抽穗、灌浆和成熟而减产。春旱使果树花芽分化受到抑制，花期延长，导致落花、落果等。此外，华南南部和西南地区也易发生春旱，影响早稻和旱地作物的播种。

夏旱包括初夏旱和伏旱。甘肃、陕西等省在初夏期间（5月末至6月下旬）常常少雨干旱，影响春玉米抽穗和夏种作物的出苗及生长。同时，四川盆地中、西部在5月中旬至6月中旬也易出现干旱。伏旱发生于7~8月，主要在长江流域出现，西北地区东南部和华北地区南部也易发生。其特点是日晒强烈、高温少雨、农田蒸散量大。南方伏旱影响晚稻的移栽和生长，以及旱地作物的开花结实。北方于7~8月正值棉花、玉米、高粱等作物的需水关键时期，伏旱常使谷类作物遭受"卡脖旱"而影响花粉粒的形成，并使棉花蕾铃脱落。我国夏旱的出现频率虽不如春旱高，但此时春、夏播作物多处于旺盛生长期，需水量很大，故夏旱对作物的危害一般较春旱重。同时，夏旱也是造成果树产量下降、果实品质变差的重要原因。

秋旱发生在9~11月，尤其是8月下旬至9月下旬更为常见，华北、华南和华中等广大地区均能出现。主要影响夏播作物和部分晚熟春播作物的灌浆成熟，使越冬作物不能正常播种和出苗。由于降水过少，土壤贮水不足，加剧了翌年的春旱。

此外，西北地区东北部(陕北、宁夏和甘肃的中部地区)、内蒙古的中南部、华北北部和东北的西部等地区，由于处于夏季风影响范围的西部和北部边缘，多年平均降水量仅为250~500 mm，且降水集中于7月下旬至8月上旬短暂而不可靠的雨季内，这些地区以春旱发生频率最高，往往春、夏连旱，甚至春、夏、秋连旱，是我国的半干旱地区，农业产量低而不稳。

干旱是对我国农业危害最大的自然灾害。由于我国幅员辽阔，地貌复杂，气候差异明显，因此，各地旱灾分布存在很大的差异。山西、内蒙、陕西、河北、甘肃、吉林、辽宁、山东、青海9省(自治区)的干旱受灾率都在20%以上，山西受灾率达到31.9%，是全国受灾率最高的省份(表6-1和图6-7)。

表6-1 1951—2006年全国各省份累加旱灾受灾、成灾面积(按成灾面积排名)

排名	省份	旱灾 (受灾)	旱灾 (成灾)	排名	省份	旱灾 (受灾)	旱灾 (成灾)
1	山东	11 763.6	4 966.6	16	江苏	3 884.0	1 234.4
2	河北	10 178.4	4 649.9	17	江西	2 227.0	984.4
3	河南	11 163.7	4 588.9	18	云南	2 351.5	974.4
4	内蒙古	6 973.5	4 043.9	19	贵州	2 057.5	920.0
5	山西	7 064.5	3 561.1	20	广东	2 284.2	686.1
6	四川及重庆	7 496.5	3 561.1	21	新疆	1 115.0	479.9
7	黑龙江	7 240.4	3 040.5	22	宁夏	820.8	456.3
8	陕西	5 628.5	2 773.5	23	浙江	1 106.3	348.1
9	湖北	5 542.8	2 434.1	24	福建	989.1	313.1
10	安徽	6 250.1	2 303.5	25	青海	552.8	237.7
11	湖南	5 038.1	2 259.5	26	天津	413.6	182.0
12	吉林	4 795.1	2 239.7	27	北京	389.5	131.7
13	辽宁	4 325.9	2 176.1	28	海南	202.4	81.0
14	甘肃	3 877.9	2 087.5	29	西藏	116.9	30.5
15	广西	3 165.8	1 371.8	30	上海	19.5	1.3

注：引自张强等, 2009。

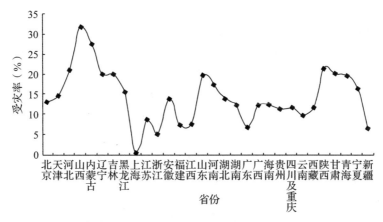

图 6-7　1951—2006 年全国各省份旱灾受灾率

（引自张强等，2009）

6.3.1.3　干旱的危害

干旱的危害是多方面的，不仅影响着人类的生产生活，还对水生态环境、湿地生态系统及生物多样性有一定的影响。

（1）干旱对水生态环境的危害

干旱影响地表水的水量和水质，造成河流径流量减少，地下水位下降。研究表明，黄河流域自 20 世纪 90 年代以来由于温度持续升高、降水量显著减少，造成黄河流量减少；同时，地表径流量的减少使河流、湖泊自净能力下降，水质恶化。外流河径流量的减少，在入海口可能引起海水倒灌，使河水咸化，破坏原有的生态平衡。2004 年 9 月至 2005 年 4 月，广东省发生严重干旱，使珠江口沿海地区发生了近 20 年最严重的咸潮。

（2）干旱对湿地及生物多样性的危害

湿地生态系统的形成一般需要两个条件：地势低洼和水源补给。干旱发生时水源难以补给导致湿地面积缩小、生态功能退化，表现为河流断流，湖泊萎缩，湿地面积减小，湿地水质咸化，旱化的湿地向沙漠化发展。生物多样性依赖多样性生存环境的维持。干旱发生时蒸发量加大，土壤含水量下降，森林、草原面积大幅度减小，湿地生态系统遭到破坏，许多动物失去了赖以生存的栖息地，所以干旱加剧了物种的灭绝。

6.3.1.4　干旱的形成机理

（1）地理位置、地形的影响

我国新疆、甘肃河西地区、青海柴达木盆地、内蒙古和宁夏两区中西部地区惯称为西北干旱区，华北地区属于暖温带半干旱半湿润季风气候，也是干旱频繁发生的地区。

西北地区干旱及半干旱区的面积占全部干旱面积的 87%。西北地区深居内陆，距海洋远，海洋的水汽不易到达。青藏高原隆起是西北干旱气候形成的另一个重要原因。青藏高原作为强大的热源，其上有着有组织的下沉气流，这是西北干旱气候形成的大尺度环流背景；高原阻挡了南侧孟加拉湾暖湿季风的北进，切断了主要的水汽来源；西风气流在高原北侧绕流时形成的高压脊和反气旋辐散气流，加强了西北地区的下沉气流，使大气中本来就稀少的水汽易辐散掉，难以形成降水。

华北平原受越过太行山气流下沉增温的影响，湿度小，温度高，加强了干旱的强度，表现在蒸发力增加。华北春夏季气温高蒸发旺盛，全年蒸发量可达 800 mm，相当于华南的蒸发量，大大超过了当地的降水量，该地区水分入不敷出，亏损 200~400 mm，加剧了该地区水资源短缺的严重程度。就较大范围的干旱来说，高压长期控制及大气环流异常是其形成的天气学原因。

(2) 大气环流的影响

地形是造成干旱的背景，而不利的大气环流形态则是形成干旱的直接原因。西北地区一年四季均可能发生干旱，以冬春旱和夏旱最多。冬春旱发生在 10 月至翌年 5 月，此时高空受西北气流控制，地面常被从西伯利亚南下的冷高压控制，天气晴朗寒冷，干旱少雨。夏季，控制长江中下游地区的副高发展旺盛时，其向西延伸到西北地区东部，导致西北地区干旱少雨；副高较弱时，青藏高原阻挡了西南暖湿气流的进入，导致干旱少雨。

6.3.2 雨 涝

雨涝(rain-waterlogging)是指长时间降水过多或区域性的暴雨引起江河洪水泛滥，淹没农田和城乡，或产生积水、径流淹没低洼地区，造成农业或其他财产损失和人员伤亡的一种气象灾害。雨涝灾害包括洪水灾害和涝渍灾害。在实际生活中，洪灾、涝灾、渍害不能截然分开，故常统称为洪涝灾害，亦泛指水灾。我国是世界上雨涝灾害频繁发生的国家之一，洪涝灾害的面积仅次于干旱，1951—2015 年中国平均每年农作物因雨涝受灾面积为 $1\,207\times10^4\ hm^2$，严重雨涝年农作物受灾面积可达 $1\,500\times10^4\ hm^2$ 以上。世界上大多数国家的水灾以夏半年最多，多发生在大河两岸及沿海地区。水灾的发生不只是自然的原因，也有社会经济方面的原因。

6.3.2.1 雨涝的分类

(1) 按照降水的强度及对农业的影响分类

分为洪灾(flood)、涝灾(damage or crop failure caused by waterlogging)和湿害(water logging)。洪灾包括江河洪水和山洪，可冲垮大坝或堤岸，造成河水泛滥和农田被冲，主要由暴雨引起，西部也可能由大量融雪引起，沿海可能由风暴潮或海啸引起；涝灾是因长时间降雨后未能及时排水，使农田积水、作物受害、房屋被淹；湿害是指土壤长期处于水分饱和状态，使植物根系缺氧受害，又称渍害，可导致多种病害。

(2) 按照发生的时间分类

分为春涝、夏涝和秋涝。春涝：以湿害为主，涝灾次之，局部地区会出现洪灾。主要发生在华南和长江中、下游一带，多由连阴雨造成，可引发小麦赤霉病、锈病、白粉病和油菜霜霉病、菌核病的流行和发展。东北三江平原初春大量融雪和出现凌汛时也可发生春涝。

夏涝：以洪灾为主，涝灾次之，局部地区有湿害。我国受季风气候的影响，雨季主要集中在夏半年，因此夏涝发生最多，除西部外的区域都可能发生，多由暴雨和连日大雨造成。

秋涝：发生的概率小，多出现在西南地区和西北地区东南部的陕南、关中地区，其次是华南、华东的沿海地区。入秋后，冷空气活动频繁，降水量迅速减少，涝害比较少，局部地区的大雨、暴雨可能引起小范围的积水而发生涝灾。遇秋季连阴雨，则可能发生大面积湿害。

6.3.2.2 雨涝的成因

雨涝是我国主要的气象灾害之一，主要取决于降水量(降水量过大、过于集中)，通常是在低气压、静止锋、锋面气旋、台风等天气系统控制下形成的，与大气环流异常密切相关。由于低压、台风等系统的范围比高压小，受灾区域常呈带状，即所谓的"涝一线"。

雨涝灾害给工农业生产及人类活动带来严重破坏，如危害人们生命健康、破坏交通设施、破坏国土资源和生态环境，严重影响人类社会的可持续发展。然而，社会经济的发展水平在很大程度上决定了洪涝灾害破坏的程度。一方面，随着社会的发展，科技水平的提高，防洪抗灾能力增强，在一定程度上抑制或削弱了洪涝灾害；另一方面，在社会发展过程中，因国土资源的过度开发和环境、水利工程的破坏等，又导致洪涝灾害的加剧。

6.3.2.3 雨涝的时空分布

我国幅员辽阔，雨涝灾害分布广泛，在我国几千年的发展历史中，从公元前206年到公元1911年的2 117年中，发生水灾1 011次，平均约2年发生一次。近百年来，水灾依然频繁发生，并且随着人口的增加和社会的发展，水灾损失不断增长。

我国的水灾主要发生在东部地区，尤其以七大江河中、下游及四川盆地最为严重。其中长江(特别是中、下游)是频率高、成灾范围大、洪水峰高量大、历时长、常伴随地质灾害发生的最严重的水系；淮河处于我国南北气候的过渡带，由于该流域降水的年际变化大，淮河下游行洪能力差，导致洪涝常有发生；黄河水灾的主要原因是下游的溃堤泛滥，由于上游水土流失和下游河道淤积严重，使该地区成为我国洪灾最严重的区域之一；海河的水灾主要源于太行山和燕山的暴雨，洪水流量大、来势猛、年际变化大、水土流失严重，行洪和蓄洪能力差；珠江是洪水特别频繁的水系，受台风、风暴潮的影响，频率高、洪峰高、流量大、时间长、年际变化小，是洪水多发水系；松花江3~4 a出现一次大的洪水，历时较长，流量较大，年际变化大于长江、珠江，小于黄河、海河、淮河等，是我国北方洪灾多发水系；辽河洪水年际变化大，河道淤积严重。

受气候的影响，各地发生雨涝的时间不一致，多发生在4~9月，南方发生早且时间长，北方晚而且汛期短。华南和东南沿海多台风，主要发生在5~9月，江南为5~7月，江淮为6~8月，北方一般发生在7~9月。

总的来看，我国水灾的地区分布特点是东部多、西部少，沿海多、内陆少，平原多、高原少。

6.3.2.4 旱涝指标

(1)降水距平百分率

降水距平百分率(percentage of precipitation departure)又称降水相对变率，是目前划分干旱的常用指标之一，可通过下式计算：

$$D = \frac{R_i - R}{R} \times 100 \tag{6-1}$$

式中，D 为降水距平百分率(%)；R_i 为某时段的降水量(mm)；R 为同期多年平均降水量(mm)。$D>0$ 表示降水偏多，$D<0$ 表示降水偏少。干旱指标见表6-2。

表 6-2　干旱指标

旱期	一般干旱(%)	大旱(重旱)(%)
连续 3 个月以上	−50~−25	−80~−50
连续 2 个月	−80~−50	<−80
1 个月	<−80	

注：引自张嵩午等，2007。

按照降水量偏少的程度，干旱可分为 5 个等级。①无旱：降水正常或较常年偏多，地表湿润，无旱象；②轻旱：降水偏少，空气干燥，土壤水分轻度不足；③中旱：降水持续偏少，土壤表面干燥，植物叶片白天出现萎蔫；④重旱：植物萎蔫、叶片干枯，果实脱落，工业生产和人畜饮水有一定影响；⑤特旱：地表植物干枯死亡，对生态环境、人畜饮水有较大影响。

(2) 旱涝指数

旱涝指数(index of drought and flood)是目前划分旱涝的常用指标之一。可用下式计算：

$$I = \frac{R_i - \bar{R}}{\sigma} \tag{6-2}$$

$$\sigma = \sqrt{\frac{\sum_{i=1}^{n}(R_i - \bar{R})^2}{n-1}} \tag{6-3}$$

式中，I 为旱涝指数；R_i 为某年降水量；$\bar{R}$ 为多年平均降水量；σ 为降水量标准差。其中，$I>2$ 为大涝年，$1<I\leq 2$ 为涝年，$-1<I\leq 1$ 为正常年，$-2\leq I<-1$ 为旱年，$I\leq -2$ 为大旱年。

(3) 降水量和标准差

1 级	涝	$R_i > (R+1.17\sigma)$
2 级	偏涝	$(R+0.33\sigma) < R_i \leq (R+1.17\sigma)$
3 级	正常	$(R-0.33\sigma) < R_i \leq (R-0.33\sigma)$
4 级	偏旱	$(R-1.17\sigma) < R_i \leq (R-0.33\sigma)$
5 级	旱	$R_i \leq (R-1.17\sigma)$

其中，R_i 为 5~9 月的降水量；R 为同期多年降水量的平均值；σ 为标准差。

6.3.2.5　干旱与洪涝的防御措施

干旱与洪涝是世界上发生面积大、危害严重的气象灾害。避免和减轻旱涝灾害的主要防御措施主要有以下几个方面。

(1) 提高监测预报水平

加强气象监测，提高预测的准确率；加强抗旱防汛抗洪信息的综合能力；加强抗旱防汛机构体制的建设，建立雨涝干旱监测预警系统。

(2) 搞好水利建设，应用节水灌溉技术，提高水分利用率

我国有大量的水文气象资料，只有准确分析各地的降水量和水资源的分布状况，才能合理利用水资源，做好抗旱防涝工作。兴修水利、搞好农田基本建设、修筑堤防、整治河道、山区小流域综合治理、健全排水系统、调整防洪规划是防御干旱、雨涝的根本措施。修建水窖、塘坝、集雨窖等截蓄雨水；因地制宜地改变灌溉方式，进行节水灌溉，如低压

管灌、喷灌、滴灌等可提高水分利用率。

(3) 加强植被建设，改善生态环境

因地制宜地开展退耕还林，退牧还草，扩大绿地面积；营造农田防护林，治理水土流失；恢复湿地的生态环境，提供湿地的调蓄能力。

(4) 优化农业生产结构，发展旱地农业

通过农业生产结构的调整，建设稳定高产农田，发展特色农业和特色作物；积极推广各种抗旱、耐旱、耐瘠薄的品种；利用不同耕作方式的相互配合，充分利用降水，控制蒸发，增加土壤蓄水保墒的能力。

(5) 人工影响云雨

开发大气中的水资源是抗旱减灾的有效措施之一。

6.3.3 干热风

干热风(dry hot wind)是高温、低湿并伴有一定风力的农业灾害性天气。又称"旱风""火风"，是影响我国北方麦区的灾害性天气之一。危害地区主要在黄、淮、海流域和新疆，其中，危害最严重的地区首先是西北靠近沙漠而海拔又不高的垦区，如甘肃河西走廊西部、南疆东部、北疆准噶尔盆地南缘等；其次是黄淮平原，特别是太行山东侧，南方很少发生，高海拔地区小麦灌浆期进入雨季，也较少发生。

干热风发生在春末夏初，控制我国的极地大陆气团势力减弱，加强的热带海洋气团又影响不到北方，此时北方地区受变性极地大陆气团的控制，日照充足，空气干燥，回温很快，5月的最高气温普遍达到30℃以上，有一定风力的伴随，很容易出现干热风。

6.3.3.1 干热风的危害机理

干热风发生在小麦扬花灌浆期，影响灌浆成熟，粒重明显下降，导致严重减产。危害轻的年份，减产10%以下，危害重的年份减产10%~20%或以上。其危害原因主要是高温引起的热害，低湿和风引起的旱害。小麦株体在高温低湿持续胁迫一定时间后，细胞代谢紊乱，生理变化失调。主要表现在以下几个方面。

(1) 蒸腾失水加剧

在干热风胁迫下，由于温度猛升，湿度骤降，加上风力的扰动，大气蒸发力加强，小麦植株叶片内外的水势差增加，从而使蒸腾强度急剧增强。研究表明，干热风天气条件下的小麦植株蒸腾强度一般比正常天气条件下高30%~50%，最高可以达到66.7%。

(2) 根系活力减弱

主要表现为小麦根系吸收水分和矿物质元素的功能下降。

(3) 叶绿素含量降低

一方面使叶绿素迅速解体破坏；另一方面使叶绿素的合成受阻，从而使小麦叶片中叶绿素含量明显降低，叶片颜色变淡，严重时呈灰白色。根据北方小麦干热风科研协作组1980年在郑州测定，干热风出现后3 d，叶绿素降低了57%以上，平均每天降低19.11%，而在1982年无干热风条件下测定，叶绿素含量平均每天仅降低6.64%。

(4) 光合速率下降

小麦植株大量失水，叶片含水量迅速下降，绿色面积减少，破坏了植株光合作用的正常进行，光合速率明显下降。温度越高，叶绿素的破坏越快，光合速率降低越多。

(5)灌浆速率减慢，灌浆期缩短

干热风胁迫对小麦产生的伤害，最终影响到光合产物的制造、输送、转移与贮藏，综合表现为灌浆速度下降、灌浆期缩短，最终导致千粒重下降。

干热风对小麦的危害程度主要受干热风的强度、持续时间的影响，也与前期天气、地形、土壤状况有关。

6.3.3.2 干热风的类型及指标

根据温度、湿度、风3个气象要素的综合影响和危害差异，干热风分为3种类型。

(1)高温低湿型

高温低湿型是北方麦区干热风的主要类型。在小麦扬花灌浆过程中都有可能发生，一般发生在小麦开花后20 d左右至蜡熟期。温度猛升，湿度剧降，最高气温可低至32 ℃以上，甚至37~38 ℃，相对湿度可达35%，风力3 m/s以上。小麦干尖炸芒，呈灰白色或青灰色，发生区域很广，产量明显下降，其等级及指标见表6-3。

表6-3 我国北方麦区不同区域高温低湿型干热风日等级指标

麦类	区域	指标					
		轻			重		
		日最高气温(℃)	14:00 相对湿度(%)	14:00 风速(m/s)	日最高气温(℃)	14:00 相对湿度(%)	14:00 风速(m/s)
冬麦	华北平原及汾、渭谷地	≥32	≤30	≥2	≥35	≤25	≥3
	黄土高原旱塬区	≥30	≤30	≥3	≥33	≤25	≥4
春麦	内蒙古河套、宁夏平原	≥32	≤30	≥2	≥34	≤25	≥3
	甘肃河西走廊	≥32	≤30	不定	≥35	≤25	不定
冬春麦	新疆重区	≥34	≤30	≥2	≥36	≤25	≥3
	新疆次重区	≥32	≤30	≥3	≥35	≤30	≥4

注：引自张嵩午等，2007。

(2)雨后热枯型

雨后热枯型又称雨后青枯型或雨后枯熟型，一般发生在乳熟后期，即成熟前10 d左右。其特点是雨后猛晴，温度骤升，湿度剧降。雨后气温回升越快，温度越高，青枯发生越早，危害越重。雨后青枯型干热风发生区域虽然不及高温低湿型广泛，但所造成的危害却更为严重，一般可使千粒重下降4 g以上，减产10%以上。

该类型的指标为在小麦成熟前10 d内，在持续高温天气里有1次小到中雨或以上降水过程，雨后猛晴，温度骤升，3 d内有1 d以上的最高气温≥30 ℃，14时风速≥3 m/s。

(3)旱风型

旱风型又称热风型，一般发生在小麦扬花灌浆期间。其主要特点是风速大、湿度低，气温不一定超过 30 ℃。麦叶卷缩成绳状，叶片撕裂破碎。

指标为日最高气温在 25 ℃以上，相对湿度≤30%，风速>14 m/s。该指标适用于新疆地区。

这类干热风主要发生在新疆和西北黄土高原的多风地区，在干旱年份出现较多。

6.3.3.3 干热风的防御

①浇麦黄水 可改善农田小气候，加快灌浆速度，延长灌浆时间，能减轻或消除干热风危害。

②营造防护林带 可减弱风速，增加湿度，降低温度，能减轻干热风危害。

③选用和培育抗干热风的优良品种 在北方麦区早熟或中早熟品种一般都能避开干热风危害。

④运用综合农技措施 搞好农田基本建设，合理施肥，调整播种期和播种方式，改革种植制度等。

⑤喷洒化学药剂 石油助长剂、草木灰、氯化钙、磷酸二氢钾等都有防御干热风作用。

6.3.4 寒 潮

寒潮(cold wave)是指冬半年大规模冷空气向南暴发的过程，同时伴有剧烈降温、大风、雨雪等天气。2017 年中央气象台规定，24 h 内气温下降 8 ℃以上，最低气温降至 4 ℃以下，陆地上伴有 5~7 级大风，海洋上伴有 6~8 级大风称为寒潮，并以此作为发布寒潮警报的标准。由于我国南北气候差异很大，各地气象台根据当地实际情况和服务对象对寒潮标准做了各种补充规定。一般而言，北方采用的寒潮标准是 24 h 降温 10 ℃以上，或 48 h 降温 12 ℃以上，同时最低气温低于 4 ℃；南方寒潮的标准是 24 h 降温 8 ℃以上，或 48 h 降温 10 ℃以上，同时最低气温低于 5 ℃。根据寒潮的强度和影响范围，把寒潮分为全国性寒潮、区域性寒潮、强冷空气活动和一般冷空气活动四类过程。

6.3.4.1 寒潮源地及路径

由于寒潮天气产生的原因在于极地和热带地区在吸收太阳辐射上的明显差异，因此寒潮活动总是自北向南。我国寒潮天气的地理分布特征与影响我国的冷空气源地、路径等因素密不可分。寒潮源地是指冷空气发生的地点，影响我国的寒潮源地主要有 3 个，一是新地岛以西的北方寒冷洋面，寒冷的冰洋气团经巴伦支海、白海进入西西伯利亚。来自这个源地的冷空气次数大约占 50%，达到寒潮标准的次数也最多；二是新地岛以东的北方寒冷洋面，大多经喀拉海、太梅尔半岛进入中西伯利亚高原。来自这个源地的冷空气次数大约占 20%，温度低，多数可达到寒潮的强度；三是冰岛以南洋面，移动到欧洲大陆南部或地中海地区，开始常常表现为一个小冷楔，移到黑海、里海地区逐渐发展。来自这个源地的冷空气次数大约占 30%，由于温度偏高，一般达不到寒潮的强度，但在东移过程中与其他源地的冷空气汇合后，仍然可达到寒潮强度。

上述 3 个源地的冷空气一般都要经过西伯利亚中部和西部地区积聚加强，然后进入我国，这个地区人们通常称为寒潮关键区(43°~65°N，70°~90°E)。从天气预报业务经验

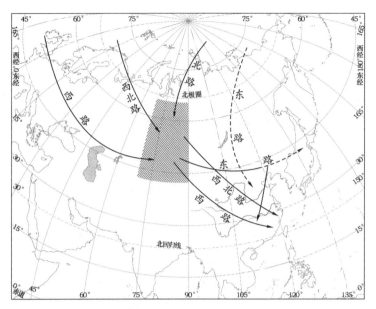

图 6-8　影响我国的冷空气源地和路径示意(引自张嵩午等，2007)

讲，关注该地区的冷空气变化对于做好寒潮预报十分重要。经过关键区移出的冷空气影响我国大致有以下 4 条路径(图 6-8)。

第一条路径比较常见，而且冷空气比较强。冷空气主力经蒙古国中部到我国河套一带南下，直达长江中下游和华南地区，冷高压的路径大致是自西北向东南，一般称为西北路或中路冷空气。这条路径的寒潮可以影响我国大部分地区。

第二条路径的冷空气主力经蒙古国东部移到我国华北、东北地区，冷高压自北而南，然后从黄河下游扩散南下，一般称为东路冷空气。这条路径的寒潮一般仅影响长江以北地区。

第三条路径是冷高压在北纬 50°以南，基本上沿自西向东的方向，冷空气主力经我国新疆，然后沿河西走廊、西藏高原东侧南下，一般称为西路冷空气。这条路径的寒潮对西北、西南、江南和华南地区影响较大。

第四条路径是东路加西路。东路冷空气从黄河下游南下，西路冷空气从青海东部南下，两股冷空气在黄河以南到长江一带汇合，然后向南暴发影响江南、华南地区。这类冷空气首先造成我国大范围雨雪天气，随着两股冷空气的合并南下，往往造成大风降温天气。

6.3.4.2　寒潮活动的概况

影响我国的全国性寒潮每年平均有 3~4 次，还有约 2 次只影响长江以北的北方寒潮或只影响长江以南的南方寒潮。各年之间差异很大，有时全国性寒潮可多达 5 次，有时一次未见。但一般强度的冷空气活动十分频繁，冬半年平均每 3~4 d 就有一次。

每年 3~4 月是寒潮活动的高峰期，11 月次之。这是因为春、秋季是过渡季节，西风带环流处于转换期，调整和变动都很剧烈，特别是春季，低层比高层增暖大得多，有助于地面低压强烈发展，从而促使寒潮的南下。冬季虽然冷空气活动频繁，但是天气形势变化小，造成南下的冷空气往往达不到寒潮标准。

寒潮一般在9月下旬开始出现，到翌年5月结束。寒潮从关键区影响我国西北需1~2 d，入侵华北、东北地区需3~4 d，侵入长江以南则需5~6 d。

6.3.4.3 寒潮天气及危害

寒潮出现时，地面天气系统有强冷高压和强冷锋，高空有高空大槽，是典型的冷锋活动过程。寒潮暴发时，往往有霜冻、大风、雪暴、风沙等灾害性天气出现。在不同的季节、不同地区寒潮的天气不尽相同，其突出特点是大风和降温。大风出现在冷锋后，风速可达5~7级，海上可达6~8级（阵性短时有12级大风），维持时间多在1~2 d。冷锋过境后，气温剧烈下降，降温可持续1 d到几天，西北、华北地区降温较大，中部、南部降温小。

寒潮天气对农业的影响最大。寒潮冷空气带来的降温可达10℃以上，通常超过了农作物的耐寒能力，造成农作物发生霜冻或冻害，对大多数农作物来讲，当温度降到0℃左右时就会明显受害。2008年1月南方强寒潮低温雨雪冰冻灾害，农作物受灾面积1 400×10^4 hm^2，其中成灾740×10^4 hm^2，绝收190×10^4 hm^2，损失巨大。

寒潮伴随的大风、雨雪和降温天气会造成大风、低能见度、地表结冰和道路积雪等现象，对公路、铁路交通和海上作业安全带来较大威胁，严重影响人们的生产生活。如2003年12月7日，受强冷空气影响，北京下了一场小雪，造成道路结冰，当晚北京城区交通瘫痪，机动车拥堵在道路上，寸步难行。

寒潮对民航最直接的影响表现在大风上。寒潮大风平均风速一般在15 m/s以上，阵风可达15 m/s以上，并且维持时间较长。大风使飞机在起飞和降落时易发生轮胎破裂和起落架折断等事故。另外，寒潮往往造成较强的阵性降水或降雪天气，容易形成云底高在200~600 m的低空碎云，严重影响低空能见度，而且跑道湿滑，这些都增加了起飞和降落的难度。

6.3.5 霜 冻

霜冻（frost）是一种农业气象灾害，是指由于寒潮等冷空气活动产生的降温天气过程造成土壤表面、植株体温或叶温下降到0℃或0℃以下，导致植物体遭受冻伤或死亡的一种短时间低温灾害现象。在作物遭受到霜冻危害时，如果空气湿度大，冷空气入侵后，空气中水汽达到过饱和，则水汽直接凝华成冰晶，凝聚在植物表面形成霜，称为白霜；若空气中水汽含量过少，降温后则没有霜出现，但因温度降至0℃以下，植物体内结冰，使茎叶呈水浸状，进而枯萎死亡，变成褐色，这种不出现霜的低温灾害，称为黑霜。白霜形成时，由于水汽凝结放热，黑霜的危害通常比白霜重。

不同的植物对低温的抗御能力不同，如针叶树的抗寒能力极强，在-60~-50℃的条件下也可生存；棉花幼苗在0℃以下则会冻死；甘薯很不抗寒，叶温降到0℃便受害。同一种植物不同发育期的抗寒能力也不同。如果树在花芽期忍受的低温是-4℃左右，开花期的温度则不能低于-2℃。农作物幼苗期抗寒能力差，易受冻害。一般植物的营养器官抗寒能力较强，繁殖器官的抗寒能力较差。我国植物霜冻灾害主要发生在春、秋两季，春霜冻主要发生在喜温作物的苗期和果树的开花期，秋霜冻主要发生在秋收作物灌浆成熟期间。

6.3.5.1 霜冻的类型

根据霜冻发生的成因及天气条件，霜冻可分为平流霜冻(advection frost)、辐射霜冻(radiation frost)和混合霜冻(advection radiation frost)。

(1) 平流霜冻

平流霜冻是指由于北方冷空气或寒潮的入侵引起剧烈降温而发生的霜冻。因霜冻发生时通常伴有大风出现，又称"风霜"。其影响范围大、持续时间长、危害重。因为风的强烈扰动，不同区域霜冻的严重程度差异不明显。常出现在早春或晚秋。

(2) 辐射霜冻

在晴朗无风或微风的夜间，由于地面和植物表面强烈辐射冷却而形成的霜冻，又称"静霜"或"晴霜"。由于辐射散热的条件不同和冷空气向低处汇集，使不同地块，甚至同一植株的不同部位霜冻强度往往有明显差异。在我国，这种霜冻一般发生在日平均气温已经相当低的时期，发生时持续时间较短，对作物的危害不像平流型霜冻那么严重。夜间辐射强的地段和谷地出现机会较多。

(3) 混合霜冻

混合霜冻是指由强冷空气入侵和辐射冷却共同作用下发生的霜冻。通常是先有冷空气的入侵，再出现夜间的辐射降温，因此这种霜冻出现次数最多，影响范围大，多发生在日平均气温较高晴好天气之后。在中、高纬度地区，晚春和早秋出现的霜冻多属于这种类型，对农业生产的危害比较严重。

根据霜冻发生的季节，霜冻可分为秋霜冻和春霜冻。

(1) 秋霜冻

秋霜冻(autumn frost)是指由温暖季节向寒冷季节过渡时期发生的霜冻，它使植物生长停止，产量下降，又称早霜冻，发生在秋季。其中秋季第一次霜冻称为初霜冻。我国出现初霜冻的日期由南到北提前，东北和西北大部分在9月中、下旬，华北和西北东南部在10月中、下旬至11月初，长江流域在11月下旬或12月中旬。初霜冻出现越早，对农作物的危害越大。

(2) 春霜冻

春霜冻(spring frosts)是指由寒冷季节向温暖季节过渡期发生的霜冻，又称晚霜冻，发生在春季。其中春季的最后一次霜冻称为终霜冻。出现春霜冻的日期由南向北推迟，长江流域在2月下旬到3月下旬，华北和西北东南部在4月上、中旬，东北和西北大部分地区在5月上、中旬。终霜冻出现时间越晚，危害越大。

终霜冻至初霜冻之间的持续期称为无霜期(frost-free period)。我国由南到北无霜期逐渐变短。无霜期是描述一个地区热量资源丰歉的一个指标。我国长城以北无霜期不到180 d，黄淮流域无霜期180~250 d，长江流域无霜期250~300 d，华南无明显霜期。

6.3.5.2 影响霜冻形成的因素

霜冻的发生、持续时间、强度及危害与天气条件和自然环境密切相关。

(1) 天气条件

晴朗无风或微风、低湿的夜间，有利于地面和植物表面降温，是辐射霜冻形成的有利条件。由于平流霜冻是在冷空气或寒潮来临时发生的，通常有大风相伴，因此迎风面的霜冻更为严重。

(2) 地形和地势

盆地、洼地、坡地下部及山谷等地，冷空气容易堆积，降温快，霜冻较严重，有"霜打洼地"之说。山坡的不同位置霜冻强度也不同，一般是山腰处霜冻最轻，山顶次之，山麓处最重。不同坡向霜冻的强度也不同，北坡比南坡重，东坡和东南坡比西坡和西南坡重。

(3) 下垫面的性质

江河湖泊及水库、池塘附近因为水汽含量大，温度降低时水汽释放潜热，降温减缓，不易形成霜冻；干燥疏松的土壤表面降温剧烈，易发生霜冻，潮湿紧密的土壤表面则相反。

6.3.5.3 霜冻的防御

霜冻的防御方法通常有两个方面，一是农业技术措施，二是人工防霜措施。

1) 农业技术措施

不同地区根据霜冻发生的规律及特征选择和培育耐寒品种，因地制宜，合理布局；选择适宜播栽期，如"霜前播种、霜后出苗"，使作物的敏感期避开霜冻；加强田间管理，合理施肥，增强抗寒性；营造防护林、设风障可减轻冷空气的危害，对防御霜冻具有长久效应。

2) 人工防霜措施

在霜冻来临前，通过改变局地的小气候状况，使降温幅度减小，保护植物。主要的措施如下。

(1) 灌水法

在霜冻发生前 1~2 d 进行灌溉，可以提高土壤热容量和导热率，增加土壤和近地层空气湿度，使土壤温度变化缓和；大气逆辐射增加，地面有效辐射减小；降温时水汽凝结放出潜热，可补偿部分热量的损失；微喷雾化灌溉技术还可以使农田获得水凝结时释放的热量。灌水在霜冻前实施，若有大风出现，则在大风后灌水。据测定，灌水后可提高温度 2~3℃，热效应可维持 2~3 d。目前，喷灌是一种既节水又有效的防霜方法。

(2) 熏烟法

在霜冻发生的夜间，在农田的上风方利用燃烧杂草、秸秆或释放化学烟雾剂的方法，减小地面及近地层空气的降温幅度。燃料燃烧时产生大量的烟幕，阻挡地面辐射，减小温度的下降；大量烟粒的形成可促进水汽凝结，释放潜热；燃烧时可直接释放热量，提高温度。烟雾一般维持到日出后 2 h 左右。烟雾法可使近地层温度提高 1~3℃。目前，我国利用沥青、硝铵、煤末、锯末等制成防霜弹，施放烟幕剂。此方法简单，效果较好，但不适宜地形复杂的区域。

(3) 覆盖法

在农田作物上覆盖一层物体，阻止地面辐射降温，从而防止霜冻，该方法在我国应用比较普遍。在我国西部一些地区，利用秸秆、树叶和薄膜等简易覆盖方法，预防经济作物苗期霜冻；利用沙土培埋幼苗，向地面撒草木灰等方法也具有一定的防霜效果。在我国发展迅速的地膜覆盖技术，是一项主动的、战略性的霜冻防御技术。各类温室、塑料大棚是一种更有效的增温防霜措施，但造价较高。

(4) 化学调控技术

农业化学调控技术和植物生长调节剂的开发使用，是防霜技术发展的新趋势。主要有两个方面：一是利用植物生长调节剂，调节植物体的生长发育状况，提高其抗逆能力；二是利用化学药剂，清除植物体上的冰核菌，降低作物的冰点。例如，小麦拔节期易遭受霜冻灾害，使用生长调节剂可以延迟小麦拔节期，减少遭受霜冻的概率。

此外，还有直接加热法和空气混和法（鼓风法）等方法可防御霜冻。

6.3.6 冷害

冷害（chilling injury）是指在作物生长发育期间，遭遇0 ℃以上低温危害的现象。冷害使作物生理活动受到抑制，严重时某些组织遭到破坏。冷害发生时，气温在0 ℃以上，有时甚至是在接近20 ℃时发生。这种情况之所以发生，是因为不同作物在其发育的不同阶段，生理上要求的适宜温度与其能忍受的临界低温大不相同。作物受害时，外观无明显变化，故有"哑巴灾"之称。

冷害对作物的危害一般有3种情况：一是低温延缓发育速度，导致作物在秋霜来临时尚不能完全成熟；二是低温引起作物的生长量（株高、叶面积、分蘖数等）降低，降低群体生产力；三是低温使作物的生殖器官直接受害，影响正常结实造成不孕，空秕粒增多。此外，低温还减弱作物的光合作用强度，引起作物内部生理活动失调等。

6.3.6.1 冷害的类型

根据低温对作物在不同时期的影响及作物的受害症状，冷害可分为障碍型冷害（sterile-type chilling injury）、延迟型冷害（delayed-type chilling injury）、混合型冷害（mixed chilling injury）、稻瘟病型冷害（rice blast type cold damage）。

障碍型冷害是指作物生殖器官在发育期间遭受低温，使作物生理活动受到影响，造成不育或部分不育而减产的现象；延迟型冷害主要是低温出现在作物营养器官的生长发育期，使作物发育期延迟，在秋霜来临前不能完全成熟而减产或品质明显下降的现象；混合型冷害是上述两种冷害同时发生的低温现象，比单一型冷害的危害更大。稻瘟病型冷害是指在水稻生长期内，因低温阴雨寡照而发生稻瘟病，造成减产。

根据低温冷害出现时的天气特征，又可分为干冷型、湿冷型（低温、寡照、多雨）、持续低温天气型（常发生在东北地区的夏季）等。

6.3.6.2 冷害的分布

冷害的发生不仅受冷空气南下的路径、强度、持续时间的影响，而且与农作物的品种、地理位置、作物布局、作物的配置密切相关，因此冷害具有明显的地域性和时间性。我国冷害主要发生在东北地区和南方的双季稻种植区。

春季的冷害出现在长江流域早稻育秧期间，长时间的低温阴雨天气导致烂秧死苗；北方棉花、花生等春播作物因长时间低温发生种子受冻而失去生命力。长时间的低温造成各地蔬菜生长缓慢而产量下降。

夏季以延迟型冷害为主，但高海拔、高纬度地区水稻也可发生障碍型冷害。主要发生在东北地区，称为东北的低温冷害或夏季冷害。1951—1990 年，东北发生严重的夏季冷害 5 次，平均减产 3 成以上。

秋季，长江流域及其华南双季晚稻在抽穗扬花期遭受低温冷害，造成空秕粒增加，导致晚稻减产，当地称为"寒露风"。冷雪的实际发生由高纬度向低纬度、高海拔向低海拔、内陆向沿海推迟。小麦冬前由于积温偏少而分蘖减少，也可看作冷害。

冬季，华南许多热带作物遇到 10 ℃以下、0 ℃以上低温天气可造成植株枯萎、腐烂、感病，直至死亡，这种现象，在云南和海南岛的橡胶园经常发生。热带作物一般含有较多饱和脂肪酸，在 0 ℃以上的低温条件下可以凝固，发生水分溢泌，导致细胞失水，植株枯萎，症状与冻害相似。

6.3.6.3 冷害的防御措施

防御低温冷害的主要技术措施有：充分认识气候规律，合理利用气候资源，依照当地的气候、土壤状况，搞好作物布局，合理安排适宜的作物品种，同时采取措施提高作物抵抗低温能力，减轻灾害损失。

作物低温冷害防御技术可分为两大类：一是主动防御技术，主要包括农作物结构优化配置技术、作物品种的合理搭配技术、选择适宜播种期等；二是应急防御技术，主要包括施用各种促进作物生长发育的化学药剂，以及在低温来临前采取相关的物理方法和栽培措施，以减轻低温对作物的危害。

6.3.7 台 风

发生在热带海洋上的一种具有暖中心结构的强烈气旋性涡旋，总是伴有狂风暴雨，常给受影响地区造成严重的灾害。我国和东亚地区将这种强热带气旋称为台风（typhoon），大西洋地区称为飓风，印度洋地区称为热带风暴。全球每年平均可能发生 80 个台风，北半球占 73%，南半球占 27%。台风主要发生在 8 个海区，北半球有北太平洋西部和东部、北大西洋西部、孟加拉湾和阿拉伯海 5 个海域，南半球有南太平洋西部、南印度洋西部和东部 3 个海区。大洋西部发生的台风比大洋东部发生的多得多。其中以西北太平洋海区最多（占 36% 以上），而南大西洋和东南太平洋至今尚未发现过有台风生成。北半球台风集中在 7~10 月，尤以 8、9 月为最多，南半球则主要发生在 1~3 月，其他季节明显减少。但这是多年的平均情况，事实上，不同的年份可以相差很多。据统计，在我国登陆的台风集中在 7~9 月，约占各月登陆台风总次数的 80%。

6.3.7.1 台风的等级标准及命名

世界各国一般都按照热带气旋中心附近的最大风速对热带气旋进行了分类。根据中国气象局关于实施《热带气旋等级》（GB/T 19201—2006）的通告，热带气旋按中心附近地面最大风速划分为 6 个等级（表 6-4）。

表 6-4　热带气旋的等级标准

名称	底层中心附近的最大平均风速(m/s)	风力等级
超强台风(Super TY)	≥51.0	16级或以上
强台风(STY)	41.5~50.9	14~15级
台风(TY)	32.7~41.4	12~13级
强热带风暴(STS)	24.3~32.6	10~11级
热带风暴(TS)	17.2~24.2	8~9级
热带低压(TD)	10.8~17.1	6~7级

注：引自陈联寿等，2012。

世界气象组织(WMO)对发生在不同海域的热带气旋均进行了编号。我国气象部门规定，对发生在150°E以西、赤道以北的西北太平洋和南海海面上，中心附近风力达到8级或8级以上的热带气旋，按照每年发生时间的先后次序进行编号，近海区域出现的热带气旋，中心附近风力达7级时应及时编号。编号用四位数码，如0312号表示2003年第十二号台风。自2000年1月1日开始，西北太平洋地区在对台风编号的同时，还采用了新的命名(由WMO所属亚太地区的14个国家和地区提供)，命名时大多使用花草植物及动物等名字(美国采用人的名字)，每个国家提供10个共140个名字，如2003年的第十五号台风(0315)命名为彩云(香港提供)，2006年的第八号台风(0608)命名为桑美(越南提供)。当一个热带气旋造成某个或多个成员国家承受巨大损失时，这个热带气旋的名称将会永久除名或停止使用。

6.3.7.2　台风的结构和天气

(1) 台风的结构

台风是一种强大深厚的暖性气旋性涡旋，近似圆柱状，各种气象要素如气压、温度、风等大致呈对称分布。台风的水平范围一般为600~1 000 km，最大可达2 000 km，最小的只有100 km左右。台风的垂直范围有15~20 km，发展旺盛的台风可扩展到平流层的下部。垂直与水平范围之比约1∶50。台风的时间尺度即生命史约1周，短的只有2~3 d，最长的可达1个月左右。

台风的强度是以台风中心附近的最大风级和台风中心的海平面最低气压为依据。中心气压越低，中心附近的风速越大，则台风越强，大多数台风的风速为32~50 m/s，大的可达110 m/s，甚至更大。台风中心的气压一般为970~870 hPa。

一个发展成熟的台风，其低空风场的水平结构可以分为3个部分：台风眼区、涡旋风雨区和外围大风区(图6-9)。

①台风眼(内圈)　为台风的中心部分，多呈圆形，半径为10~20 km，大的可达30~40 km，风速很小，气流下沉天气晴朗。它是台风中最为奇特的结构，台风加强时眼区缩小，减弱时眼区扩大。

②涡旋风雨区(中圈)　从台风眼壁到最大风区外缘，是台风中对流和风雨最强烈、最具破坏力的强风区，其半径约100 km，降水强度可达500 mm/d以上。该区的风速分布不

图 6-9 台风结构和天气示意(引自张嵩午等,2007)

对称,台风右前方向风速更大。

③外围大风区(外圈) 自最大风速区外缘到台风边缘的区域,半径 200~300 km,风速向中心急增,风力在 8 级以下。

台风在垂直方向上,根据实际探测分析,可大致分为 3 层:一是低层流入区,从地面到 3 km 左右气流强烈地向中心辐合,最强的流入层在 1 km 以下;二是上升气流层,厚度 3~10 km,气流主要沿切线方向环绕台风眼壁上升;三是高空流出层,大约从 10 km 到对流层顶,气流在上升过程中释放大量潜热,致使台风中部气温高于周围,其水平气压梯度力随高度的增加而减小,在 10~12 km 处,当水平气压梯度力小于惯性离心力和水平地转偏向力的合力时,则出现向四周辐散的气流。空气的流入和流出相当,否则台风会减弱或加强。

(2) 台风天气

台风带来的主要是暴雨、大风、风暴潮及系统中出现的各种强对流天气,都具有极强的破坏力。一次台风过境,常常可造成几百毫米至上千毫米的降水量。如我国台湾新寮 1967 年 10 月 17 日受当年 18 号台风的影响,日降水量达 1 672 mm,3 d 的总量达 2 749 mm。1975 年 8 月 5 日受当年第三号台风的影响,河南省出现特大暴雨,日降水量超过 1 600 mm。

台风中心气压低,气压梯度大,因此低层风速很大。在台风眼区风速极小,甚至静风。台风中心附近的风速一般可达 25 m/s 以上,海上高达 100~120 m/s。台风中风速基本呈圆形对称分布,但随着向高纬度及近海地区的移动,逐渐不再对称,靠近副热带高压或大陆高压的一侧,风速偏强。由于台风在北半球是按逆时针方向旋转的,它的右半边风向与移动方向一致,左半边风向与移动方向相反,因此右半边风速得到加强,是危险半圆,左半边则减小,为安全半圆。

台风风暴潮是台风引起的一个重要天气现象,造成海面水位异常涌升,严重时可冲垮海堤,常酿成重大灾害。在台风发展过程中,常会出现强对流的中小尺度天气系统如强雷暴、龙卷、飑线等。强雷暴通常在台风发展期或减弱期出现增多,台风成熟时减少;龙卷也常常伴随着台风出现,根据对在美国登陆的飓风资料的统计,约 25% 的台风中出现龙卷,其中每个台风平均出现 10 个,而在 1967 年的一个飓风中出现了 141 个龙卷。

6.3.7.3 台风移动的路径

台风在形成和发展过程中,受到外界条件及台风本身内力的影响而发生移动。台风移动的路径千变万化,历史上几乎没有两条完全相同的路径。在西太平洋和南海生成的台风影响我国的路径大致有 3 条,即西移路径、西北路径及转向路径等。台风移动的速度平均 20～30 km/h,转向时移速较慢,转向后移速较转向前要快些。

(1) 西移路径

台风在菲律宾以东洋面形成后西行,进入南海,在我国华南沿海、海南岛或越南一带登陆。沿此路径移动的台风,对我国海南、广东、广西沿海地区影响最大,经常在春、秋季节发生。

(2) 西北路径

台风在菲律宾以东洋面形成后向西北偏西方向移动,在我国台湾、福建或穿过台湾海峡在浙江、江苏一带登陆。沿此路径移动的台风对我国台湾、广东东部和福建影响最大,多发生在 7 月下半月到 9 月上半月。

(3) 转向路径

台风在菲律宾以东洋面形成后,先向西北方向移动,进入我国东部海面或在我国沿海地区登陆后转向东北方向,向朝鲜半岛或日本方向移去。这种转向台风又可分为三类:东转向、中转向、西转向。其中西转向,特别是到了近海才西转向的台风,在我国沿海地区登陆后,又转向东北移去,路径呈抛物线状,是最为常见的路径。沿此路径移动的台风对我国东部沿海地区影响最大,多发生于夏、秋季节,只是转向点的纬度因季节而异,盛夏在最北,秋季在最南。

还有的台风在原地打转、蛇行、停滞、倒退等,这些不规则的路径称为特殊路径,在西太平洋出现的频率约占台风总数的 29%。

在我国登陆的台风平均每年约有 8 个,最多有 12 个,最少也有 4 个。其登陆地点以温州和汕头之间最多,其次是汕头以南,温州以北机会最少。

6.3.7.4 台风灾害的防御

(1) 监测

目前,对台风的监测主要包括地面探测、高空探测、雷达观测、其他特种观测和遥感探测等。地面探测主要是对台风影响时近地面层和大气边界层范围内的各种气象要素进行观测;高空探测一般是利用探空气球携带无线电探空仪器升空进行,可测得不同高度的大气温度、湿度、气压,并以无线电信号发送回地面,利用地面的雷达系统跟踪探空仪的位移还可以测得不同高度的风向和风速。多普勒雷达可探测台风的降水强度、回波高度、范围和分布情况。特种观测包括边界层气象梯度探测、陆地移动"追风"探测、飞机气象探测等。

(2) 预报

对台风的预报包括对台风路径、强度、外围风雨、风暴潮等的预报,目前以数值预报方法为主。台风数值预报系统是在数值天气预报模式框架基础上研发的专业应用系统,其初始场中含有三维独特结构的台风系统,在模式中含有反映台风独有的物理过程计算方案和针对台风建立的相应的物理过程。

(3) 警报服务

气象部门发布台风消息、台风警报和台风紧急警报等。

6.3.8 冰 雹

冰雹(hail)也称雹子、冷子，是从发展旺盛的积雨云中降落下来的小冰球或冰块，常常伴有狂风、强降水等，是一种小尺度的对流性灾害天气。一年四季都可能发生，夏季和春末夏初最常见。冰雹是我国最严重的气象灾害之一。

6.3.8.1 冰雹的概述

冰雹形状近似圆形，其中心有一核，称为"雹心"，直径 0.2~0.3 mm，外围是透明与不透明相间的冰层。冰雹直径 5~50 mm，大的有 10 cm 或更大。

冰雹云的云体较厚，云顶高度可达 10 km 以上。云顶的温度很低，一般为 -40~-30 ℃ 或更低。冰雹形成时，一是有强大的上升气流，其速度在 15 m/s 以上；二是有充足的水汽，云中水汽含量达到 10 g/m³ 以上；三是有外界的抬升作用。

冰雹对作物的危害程度取决于雹块的大小、降雹强度、雹块下降的速度及作物种类和所处生育期。例如，直径小于 10 mm、重量不足 1 g 的小雹块，下降速度仅 14 m/s，往往着地即融，一般不易使作物受灾；但直径在 60 mm 以上、重量达 100 g 甚至 1 kg 的大雹块，下降速度达 30~60 m/s，对作物、牲畜甚至人类都有不同程度的杀伤力。地上结实作物如水稻、小麦、棉花比地下结实的花生、甘薯、马铃薯等作物受害重。玉米、向日葵等高秆大叶作物比水稻、小麦等矮小作物受灾重。处于营养生长期的作物，被冰雹砸伤后一般能恢复生长，受害较轻；处在生殖生长期的作物，特别是抽穗、开花至灌浆成熟期的作物，花穗受害无法再生，故受害较重。

在我国，冰雹主要分布在甘肃、山西、陕西、新疆、内蒙古、江苏北部、云贵山区和青藏高原等地区。冰雹分布的特点是山地多于平原，内陆多于沿海，中纬度地区比低纬度地区多，植被少的地区比植被多的地区多，但荒漠地区例外。年均降雹日数在全国范围内以青藏高原最多，可达 10~20 d 或更多。

冰雹一般发生在 4~9 月，并随季节的变化逐渐向此移动。2~3 月以西南、华南和江南为主，4~5 月以江淮流域和四川盆地为主，6~9 月以西北、华北和东北为主。春雹多于秋雹。一天中，降雹时间常出现在 14:00~17:00，维持时间大多在 5~15 min，少数在 30 min 以上或更长。

冰雹影响的区域较窄，一般宽几米到几千米，长 20~30 km 甚至更长，有"雹打一条线"之说。

6.3.8.2 冰雹的防御

(1) 建立快速反应的冰雹预警系统

对冰雹灾害的防御，首先必须加强对冰雹的监测和预报，尽可能提高预报时效，采取紧急措施，最大限度地减轻灾害地损失。雷达是预报冰雹最有力的工具，利用雷达可以定量地观测到云的高度、厚度、云的雷达回波强度等特征量，可以连续监视云的移动及变化。

(2) 建立人工防雹系统

在多雹地带的降雹季节，开展人工防雹，以减轻或消除冰雹的危害。人工防雹包括冰雹的预测和防雹措施。

目前，用天气图和卫星云图仅能预报大范围冰雹天气，对具体降雹地点的预测还缺乏有效的方法，而直接产生冰雹的天气系统尺度小、发展快，从形成积雨云到降雹仅 1~2 h，因此识别雹云是冰雹预测的关键。近年来，运用气象雷达回波判别雹云，其准确率可达 80% 左右。但在远离气象观测站的地区，限于通信设施，预报传递速度慢，大部分防雹点仍以群众经验为主识别雹云。识别雹云的群众经验有以下几方面。

外观：远看云如山峰耸立，云头如开锅水翻滚，或直冲云霄；近看云底扰动剧烈，常呈滚轴状或悬球状，云下伴有黑色碎云乱飞。

颜色：云乌黑，黑中带暗红，上部黄色，呈黑云黄边状。

声音：雷声沉闷，连绵不断，像推磨一样，俗称"拉磨雷"。

此外，早晨天气凉、露水重，往往午后积雨云强烈发展，易下冰雹。

防雹措施有播撒催化剂和爆炸法两类。前者是用火箭、高射炮等把成冰催化剂（碘化银等）播撒到冰雹云中，产生大量的人工冰雹胚胎，使云体中有限的水分形成众多的小冰雹，阻止了大冰雹的形成。后者是用高射炮、火箭或土炮等向冰雹云的中部和下部进行轰击，产生冲击波，破坏云体结构，有较好的防雹效果，被国内外广泛采用。

(3) 积极采取农业技术措施

在多雹地带，大力植树造林，绿化荒山秃岭，改善气候条件。根据当地冰雹出现的天气气候规律和冰雹移动路径，因地制宜地安排作物种类，例如，多种植抗雹能力强的薯类作物；或适当调整播种期，尽量使抽穗开花至成熟期避开当地多雹时段，对已成熟的作物要及时抢收。

雹灾发生后，应及时采取适宜的补救措施。受灾轻的，要扶苗培木，中耕施肥，使作物尽快恢复生长；受灾较重的，不要轻易翻掉，以免导致更大的减产；受害特别严重的，可补种生育期短的绿豆、小豆、荞麦等作物，争取一定的收成。

6.3.9 森林火灾

森林火灾(forest fire)是指失去人为控制，在森林内自由蔓延或扩展，对森林、森林生态系统和人类带来一定危害和损失的森林起火。

在我国，引起森林火灾的火源主要是人为火源，是因人类生产活动过程而引起的森林火灾；其次是自然火源，是因某种自然现象发生而引起的森林火灾，如雷击火、火山爆发等。不论是自然火还是人为火，都具有地域性和季节性。

一般而言，较大的森林火灾一般发生在北回归线以北，直达北极圈附近。森林火灾频繁发生在植物生长季节和非生长季节分明的地带。在针叶林和针阔混交林地区，一年中雨期和干燥期非常明显的温带、暖温带和寒温带气候区，森林火灾均较严重。在北半球，从冰岛开始经过北欧的斯堪的纳维亚半岛、俄罗斯的欧洲部分、西伯利亚、我国的大小兴安岭和长白山、朝鲜、日本北海道、加拿大、美国的落基山脉、加利福尼亚和华盛顿等州形成了北半球的森林火灾带。

人为森林火灾多出现在降水量少、连旱日数比较长的年份。从季节变化来看，我国北方森林火灾多出现在春、秋季，天气晴朗，降水量少，多大风天气。冬季由于气温低，积雪覆盖，不易发生火灾。夏季降水多，植物生长旺盛，含水量大，也不易发生火灾。我国南方森林火灾多发生在冬季和早春，其次是在梅雨后1~2个月的旱期。雷击火集中在7~8月。从日变化看，森林火灾多发生在10:00~16:00，正是一天内气温高、湿度小、风速较大的时段，此时发生火灾，火势发展强，蔓延速度快。

6.3.9.1 影响森林火灾的气象要素

对森林火灾有明显影响的主要气象要素有气温、湿度、降水、连旱日数、风及雷电活动等。根据气象因子可预测火势的强弱，而且火灾发生之后，地面和高空的大气状况对火势发展起着决定性作用。但各气象要素对林火的影响是综合性的，不能用单一的气象要素进行火灾分析，而应分析研究各气象要素的综合作用。

(1) 气温

日最高气温往往是着火与否的主要指标。林火发生最多的时间是气温最高的时段，因为气温升高，加速可燃物自身温度升高，含水量变小，易接近燃点。此外，在火灾发生后，高温对火势具有促进作用。所以高温天气是发生森林火灾的重要因素。此外，气温日较差可以用来探寻火险高低的信息，但对不同地区，高火险地区所对应的气温日较差也不同。例如，对于大兴安岭地区，在气温日较差小于12 ℃，且多阴雨、雾天气条件时，火险较低，而在气温日较差大于20 ℃，天气晴朗、白天增温剧烈，且午后风速也增大时，火灾较易发生。但是对于福建省而言，日较差温度在6~12 ℃时，火灾的发生次数和受灾面积均明显增加。

(2) 相对湿度

空气湿度是火险天气的关键因素，是可燃物能否燃烧与衡量火势蔓延速度的重要参数。空气相对湿度小，饱和差大，可燃物易干燥，燃烧性则增大。通常相对湿度在75%以上不会发生火灾，相对湿度在55%~75%时可能发生林火，当相对湿度小于55%时容易发生林火，而相对湿度在30%以下就可能发生特大火灾。

(3) 降水

在火灾预报中应用较多的是降水量和降水持续时间。降水量大小直接影响林区可燃物的含水量，可燃物含水量越高，着火率越低。据调查，1 mm降水量对地被物的湿度几乎没有影响，2~5 mm的降水量能降低可燃物的燃烧性，而当降水量大于5 mm时，可燃物可吸水达到饱和状态，一般不发生火灾。降水量越大，降水持续时间越长，对防火越有利，而干旱持续日数越长，气温越高，湿度越小，林内地被物越干燥，越易发生火灾。例如，在大兴安岭林区春季防火期间如果连旱日数超过10 d，就容易发生火灾，如果连旱日数超过20 d，则可能发生特大火灾。

(4) 风

风对森林火灾的发生、发展起两个作用，一是加速水分蒸腾，使可燃物含水量减少、易燃；二是火灾一旦发生，风加速空气流通，补充氧气，小火迅速发展为大火，地表火变为林冠火。同时，风能传播火源，造成"飞火"，引起新的火灾；能使火灾扑灭后的隐火复燃,是林火蔓延的主要因子。俗话说"火借风势,风助火威"就是这个道理。所以林区规定,在5级风以上时,禁止一切野外用火。

6.3.9.2 森林火灾的种类及等级

林火种类不同,对森林带来的危害不同,根据林火的性质和燃烧部位可分为地表火、林冠火和地下火三大类。地表火是一种最常见的火,占森林火灾的94%。主要燃烧森林枯枝落叶层、灌丛和幼苗、烧伤大树的根部;林冠火是由地表火遇强风或遇到针叶幼树群、枯立木、低垂树枝等,烧至树冠并沿树冠顺风扩展,占森林火灾5%,易发生在树脂成分较多的针叶林中,林冠火也可由雷击而形成;地下火是因林地腐殖质层或泥炭层燃烧引起的火灾,地面只有烟,没有明火,对树根的危害极大。

我国《森林防火条例》中规定,森林火灾分为4个等级。一级:森林火警,林区过火面积不足1 hm^2;二级:一般森林火灾,森林受害面积在1~100 hm^2;三级:重大森林火灾,受害面积在100~1 000 hm^2;四级:特大森林火灾,是指森林受害面积在1 000 hm^2 以上。

6.3.9.3 森林防火、灭火中采用的新技术

(1)人工降雨

在森林火险季节,用人工降雨的方法进行防火、灭火。

(2)化学灭火

用化学制剂阻滞森林火灾的发生和蔓延。以磷酸氨、尿素、硫酸铵等为主,制成化学灭火剂,通过飞机或背负式灭火器,将化学灭火剂直接喷洒在火头或火线上进行灭火。

(3)利用红外线探火仪和红外摄影探测林火

应用红外线热辐射原理,可以发现初起林火和地下火,可透过烟雾拍摄火线及火区,监视火烧迹地余火和测算火烧迹地面积等。

(4)利用卫星探测林火

通过气象卫星地面接收站,测定森林火灾的位置和火场范围。并通过火灾发生发展情况的彩色照片进行火灾分析,为森林防火指挥部门提供可靠的森林火灾信息和依据。例如,NOAA系列卫星在林草火监测中的应用研究已有30 a 的历史,该星具有扫描角±55.4 ℃的甚高分辨率辐射仪(AVHRR),可识别的火点面积达0.1 hm^2。以及目前广泛应用的EOS星上搭载的中分辨率成像光谱仪(MODIS),在对地观测中,将大气—森林草原火作为一个整体,为综合探讨其发生发展的内在机制提供了新的数据来源。

(5)火险预报

根据气象部门提供的气象资料,进行火险预报并确定适合的防火方案。

根据森林火灾发生规律和扑火特点,扑救森林火灾必须遵循"先控制,后消灭,再巩固"的程序进行。控制火势即初期灭火阶段,也是扑火最紧迫的阶段,主要是封锁火头,控制火势,把火限制在一定的范围内;在封锁火头、控制火势后,采取有效措施防止林火向两侧扩展蔓延,是扑火最关键的阶段;火扑灭后,必须在过火迹地上进行巡视,发现余火要立即熄灭,一般荒山和幼林灭火后,应监守12 h,中龄林、成龄林地灭火后,应监守24 h以上,方可考虑撤离,目的是防止余火复燃。

思考题

1. 名词解释：气团、锋、气旋、反气旋。
2. 天气预报的概念是什么？
3. 常用的天气预报方法有哪些？
4. 影响干旱的因素都有哪些？
5. 什么是霜冻？其类型和防御方法都有哪些？
6. 简述台风天气特征及路径。
7. 影响森林火灾的气象要素都有哪些？
8. 简述活动在我们国境内的主要气团及影响。

参考文献

苗春生，2013. 现代天气预报教程[M]. 北京：气象出版社.

杜钧，2002. 集合预报的现状和前景[J]. 应用气象学报，13(1)：16-28.

马树庆，2009. 寒潮和霜冻[M]. 北京：气象出版社.

张强，潘学标，马柱国，等，2009. 干旱[M]. 北京：气象出版社.

丁一汇，张建云，2009. 暴雨洪涝[M]. 北京：气象出版社.

王邵武，马树庆，陈莉，等，2009. 低温冷害[M]. 北京：气象出版社.

周广胜，卢琦，2009. 气象与森林草原火灾[M]. 北京：气象出版社.

陈联寿，端义宏，宋丽莉，等，2012. 台风预报及其灾害[M]. 北京：气象出版社.

张嵩午，刘淑明，2007. 农林气象学[M]. 杨凌：西北农林科技大学出版社.

第 7 章　气候与中国气候

人类生活在一定的气候背景下，并受气候的影响形成了一些既定的生活习惯和饮食文化。但同时，人类活动也反作用于气候，影响气候的形成。这种影响既有有利的一面，也有不利的一面。当代由人类活动引起的气候变化更是关乎人类生存与发展的重大问题，为了提高人类适应气候变化的能力，努力实现气候向有益于人类发展的方向演变，需要我们不仅能够正确认识气候的成因，深入研究气候的变化规律，更需要我们能够准确把握气候变化的趋势，不断探索有利于对气候资源更好地、可持续地开发利用，以及有利于改善气候条件和克服不利气候影响的新思路和新方法。

7.1　气候概述

气候(climate)一词源于希腊语的"klima"，意思是"倾斜"，指的是各地地平线上太阳光线倾斜的角度。这是因为古希腊人认为，气候的冷暖和太阳的入射倾角有关，赤道地区入射倾角大，则暖；极地地区入射倾角小，则冷。

随着人类对气候及其变化的认识不断深入，"气候"的概念也在不断地深化。狭义上的气候通常指"天气的平均状态"。从现代科学的角度来讲，气候是指某一地区或全球范围内大气的多年统计状态，既包括多年的平均统计状况，也包括少数年份出现的极端天气事件。大气的统计状态可用气象要素的统计量来描述，也称气候要素。例如，各气象要素的平均值、极端值、变率、年较差、日较差等。各气候要素既互相独立又相互影响，且具有明显的时空变化规律。对于一定的地区，一定时段内的气候来说，气候要素是相对稳定的。

一个地区的天气，常常在数小时或数天内发生剧烈变化，而气候的变化则缓慢的多。从时间尺度来讲，短期气候的变化周期在数十年，历史气候的变化周期在数百年至数千年，地质气候的变化周期则在数百万年甚至上亿年。在描述现代气候时，通常以 30 a 作为基本时间尺度。某地的气象记录档案连续积累了 30 a 之后，基本上就可以反映出该地区气候的基本状况和主要特征。因此，世界气象组织(WMO)要求以 1901—1930 年为起始，规定 30 a 作为一个基本时段，每 10 年对历史观测资料进行统计整编作为区域气候标准值。受基本观测数据的限制，我国以 1951—1980 年作为标准气候值的第一时段，以后每 10 年进行一次统编。

20 世纪 70 年代以前的气候学称为传统气候学，主要任务是研究气候形成要素的多年平均状况、时空分布及成因，主要包括辐射、环流、下垫面性质和人类活动。80 年代以来的气候学研究称为当代气候学，主要任务是预测气候变化。与传统气候学相比，许多概念和内容都发生了深刻的变化。20 世纪 70 年代以后，科学家提出了气候系统的概念，明确地指出气候现象不应是单纯的大气现象，而是地球的大气圈、水圈、冰雪圈、岩石圈和生物圈共同作用形成的自然现象。上述的这些圈构成庞大的气候系统，其中各个部分的物理性质有很大的差异，局部地区的或全球的气候是它们共同作用的结果。气候系统的概念改变了人们对气候的传统认识。20 世纪 80 年代以后不少科学家认为气候系统中还应当包括天文圈，这样气候就可以理解为是在"天—地—生"共同作用下，大气在某一较长时间尺度下的统计状态。

7.2 气候形成因素

近些年来人们逐渐发现，气候的形成和变化会受很多因子的影响，并不仅仅与太阳辐射有关，还与大气环流、下垫面因子及人类活动等有关。一般我们将那些能够影响气候而自身不受或基本不受气候影响的因子称为外部因子，如地球轨道参数的变化、太阳活动、大陆板块漂移、火山活动等；其中，控制气候系统的两个最重要的外部因子是太阳辐射和源于地球本身的重力作用，气候系统的热力学和动力学状态均与这两个因子有关。而将气候系统各成员之间的相互作用称为内部因子，它涉及气候系统内部复杂的反馈过程，即气候系统各成员之间的正、负反馈过程，它们是年际及年代际气候变率的主要原因。此外，人类活动还会通过改变下垫面性质和大气成分等对气候变化产生影响。

7.2.1 辐射因素

太阳辐射是影响气候形成和变化的最主要的外部因子，也是大气运动和大气中一切物理过程的基本能源。因此，太阳辐射能量在地球上的时间和空间的分布，对地球气候系统及其变化有着重要的影响。

简单起见，我们假设地表性质均匀且地球上不存在大气圈，在这种情况下，太阳辐射在大气上界的时空分布是由太阳与地球之间的相对位置决定的，称为天文辐射。由天文辐射的时空分布所决定的地球气候称为天文气候，也称太阳气候。它能够在一定程度上反映全球气候的基本轮廓，天文辐射的时空分布主要有以下特点。

(1) 天文辐射年总量的分布与纬度有关

天文辐射随纬度增高而减小，最大值出现在赤道，其值为 13 170 MJ/m^2（表 7-1）。这是由于赤道在一年之内太阳高度角最大，获得的热量最多；最小值出现在极地，其值为 5 476 MJ/m^2。

表 7-1 大气上界天文辐射随纬度分布　　　　　　　　　　　　　　　MJ/m^2

时间	纬度											
	0	10	20	23.5	30	40	50	60	66.5	70	80	90
夏半年	6 585	6 970	7 161	7 182	7 157	6 963	6 601	6 118	5 801	5 704	5 519	5 476
冬半年	6 585	6 019	5 288	4 998	4 418	3 443	2 406	1 376	779	556	120	0
年总量	13 170	12 989	12 449	12 179	11 575	10 406	9 007	7 494	6 580	6 260	5 639	5 476

注：引自周淑贞等，2011。

(2) 夏半年，太阳辐射总量最大值出现在 20°～25°N，由此向北或向南逐渐减少

由于夏半年纬度越高光照时间越长，低纬度与高纬度地区间辐射差异减小，极地的太阳辐射总量可达到赤道太阳辐射总量的 83%。夏半年太阳辐射的这种分布使南北间的温度差异变小。

(3) 冬半年，随着纬度增高，太阳辐射总量迅速减小

冬半年，赤道上的太阳辐射总量最多，随着纬度增高，太阳辐射总量迅速减小，在极地辐射总量为零。这是因为太阳高度角和可照时间都随纬度增高而减小。太阳辐射总量的这种分布造成北半球在冬半年南北间的温度差异增大。

(4) 冬半年与夏半年之间，太阳辐射总量的差异随纬度增高而增大

冬半年与夏半年之间，太阳辐射总量的差异随纬度增高而增大，且纬度越高，差异越显著，因此温度的年较差也随纬度的增高而增大。这一规律的气候表现是：在低纬度地区，由于年平均温度高、温度的年变化较小，故无四季之分，属热带气候；在高纬度地区，由于年平均温度低、温度的年变化大，冬夏季节差异显著，过渡季节不明显，属寒带气候；中纬度地区则四季分明，属温带气候。

(5) 同一纬度上的天文辐射相同

同一纬度上，天文辐射的日总量、季总量、年总量都相同，即天文辐射总量具有与纬圈平行、呈带状分布的特点，这也是全球气候沿纬圈呈带状分布的主要原因。

以上讨论了天文辐射对地球气候的影响与作用，而地球表面实际的气候状况远较天文气候复杂。一方面，天文辐射会因太阳自身的活动而产生一定变化，影响地球气候；另一方面，地表温度不仅受所得太阳辐射能量的制约，在很大程度上还取决于地面净辐射（即辐射差额）。当净辐射为正值时，地表通过辐射热交换获得热量，使温度上升；当净辐射为负值时，地表损失热量，温度下降。

在全球范围内，净辐射等值线一般与纬圈平行，其值随纬度增高而减小（图 7-1）。在中低纬度地区年净辐射值为正，有辐射能的赢余；高纬度地区年净辐射值为负，辐射能有亏损。但是并未因此而出现低纬度地区越来越热、高纬度地区越来越冷的情况，这表明在大气及海洋中存在着由低纬度向高纬度地区大规模进行能量输送的过程。在海上，由于海面对辐射的反射率小于陆地，因此，海上净辐射值比同纬度的陆上净辐射值大，其最大值出现在北部阿拉伯海。另外，由于海面的界面性质比较均匀一致，其年净辐射等值线带状分布的特征较陆地更为明显。在大陆上，由于地表特征和各地湿度、云量的不同，年净辐射值的带状分布会受到破坏。

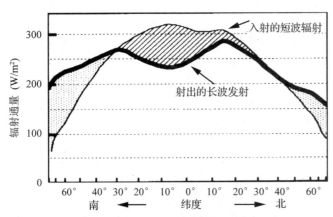

图 7-1 净辐射随纬度的分布（引自肖金香，2014）
（纬度与面积呈比例，点表示亏损，斜线表示盈余）

陆上年净辐射最大值出现在潮湿的热带地区，但比海上净辐射最大值小得多。

净辐射分布的不均匀，将造成热量平衡的差异，从而影响到全球温度的分布。一年中最热的地带不在赤道，而在回归线附近，温度由此向南北两极逐渐降低。海陆间温度有明显的差异，冬季，大陆比同纬度海洋冷；夏季，大陆比同纬度海洋热。

7.2.2 大气环流因素

一般而言，大范围的大气运动被称为大气环流。大气环流（包括平均经圈环流和大尺度涡旋）与洋流对气候系统中热量和水分的重新分配起着非常重要的作用，是气候形成和变化的基本因素。

7.2.2.1 大气环流对热量的输送作用

（1）大气环流驱动不同性质气团移动，是造成气候要素分布的直接原因

大气环流具有双重性质，一方面通过输送热量和水分，调节高、低纬度和海、陆之间温度和降水的分布；另一方面它本身也是一种气候现象。低纬度在哈得来环流控制下，热带地区，尤其是在赤道辐合带中，强烈的空气上升运动形成生命史很短的对流云团（热塔），并且降水强度非常大。当空气上升到12~15 km高度，并且几乎失去所有水汽时，空气就开始水平扩散，向南、北两侧运动，在副热带地区下沉，形成干热气候带，从而形成了副热带沙漠区。在近地面，副热带空气流向赤道辐合带，形成了信风带。在中高纬度地区，锋面气旋活动频繁，使大量空气抬升形成大范围云雨，降水通常比较均匀，降水强度也比热带地区小很多，但局地风暴却可以引起非常强烈的降水。极地高压带内空气盛行下沉运动，形成了南、北两极干冷气团，在南极尤为突出。

（2）大气环流对高低纬度间的热量输送作用

在气候系统中，35°S~35°N的地—气系统有辐射能净输入，而两极则有辐射能净输出，但赤道地区并没持续增温，极地也没有持续降温。这是由于大气环流和洋流的共同作用把赤道盈余热量传输到高纬度地区，调节了赤道与两极间的温度差异，使低纬度（0°~30°）地区温度降低了2~13 ℃，中高纬度（40°~90°）地区温度升高了6~23 ℃（表7-2）。

由图7-2可以看出，地—气系统由低纬度向高纬度总能量输送包括洋流感热输送、大气环流感热输送和大气环流潜热输送3个部分。其中，洋流感热输送占33%，大气环流输

表7-2　各纬度辐射差额温度与实测温度的比较

温度(℃) (平均值)	纬度									
	0°	10°	20°	30°	40°	50°	60°	70°	80°	90°
辐射差额温度 (假定大气不流动)	39	36	32	22	8	−6	−20	−32	−41	−44
实测温度 (流动大气)	26	27	25	20	14	6	−1	−9	−18	−22
温度差值	−13	−9	−7	−2	+6	+12	+19	+23	+23	+22

注：引自严菊芳等，2018。

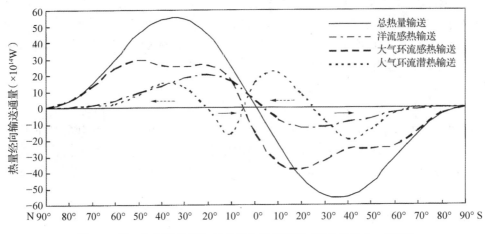

图 7-2　地—气系统热量年平均径向输送通量(引自姜世中，2020)

送占 67%。且经向输送的热量随纬度和季节而变。

①总热量输送　从年平均而言，以 40°N(S) 附近最大，而赤道和极地为低值区。从季节来讲，冬季南北温差大，环流最强，由低纬度向高纬度输送的热量最多；夏季南北温差小，传输的热量较少。

②大气环流感热输送　热赤道约在 5°N，感热输送即从热赤道分别向北、向南输送。感热输送有两个极大值，分别出现在 20°N/S 和南北纬 50°~60°，且主要发生在近地面和对流层上部。

③大气环流潜热输送　潜热输送通量较小，主要发生在近地层附近。潜热约在回归线附近分别向高低纬度输送。向高纬度输送的潜热在纬度 40°左右达最大值，向低纬度输送的潜热在纬度 10°左右达最大值。由南半球回归线向北输送的潜热可跨越赤道直至 5°N 附近。

大气环流将热量从赤道向极地输送是通过不同尺度环流系统来完成的。北半球大气向北的热量总输送是由平均经圈环流输送和涡旋输送组成的。在涡旋输送中包括瞬时涡旋输送和定常涡旋输送，而后者较小。因此在总输送中，最主要的是瞬时涡旋输送，其量值与总输送基本相当。平均径向输送贡献很小，反映了平均径向环流在热量输送中只起调节作用，而各种较小时间尺度的环流变化和天气系统对热量的输送作用更重要。

④洋流感热输送　从图 7-2 可以看出，自 2°N 左右的洋面分别向南向北输送，极大值在 20°附近。大西洋洋流通过大洋输送带把低纬度的热量向高纬度输送，大约在 50°N 附近的大西洋，通过强烈的海气热交换，把大量的热量输送给大气，再由大气环流把能量输送到更高纬度。

此外，南北半球之间也有大量的热量交换。由于热赤道位于地理赤道以北，北半球要通过大气环流和洋流，向南半球输送大量热量。又由于南半球海洋面积比北半球大，南半球年蒸发量大约比年降水量多 120 mm。因此，通过洋流把相应的水量从北半球输送到南半球，而通过大气环流把相应的水分自南半球输送到北半球，同时也把大量潜热由南半球输送到北半球。

(3) 大气环流对海陆间的热量输送作用

大气环流和洋流对海陆间的热量输送是造成同纬度大陆东西岸和大陆内部气温显著差异的重要原因。大气环流使迎风海岸的气温能够受到海洋调节,扩大海洋性气候区域(如西北欧)。而在背风海岸,即使在洋面上,也会因为受到大陆气团影响而出现较大的气温年较差(如鄂霍次克海、渤海等)。

冬季,海洋是热源,大陆是冷源,在中高纬度盛行西风,大陆西岸是迎风海岸,又有暖洋流经过,热量由海洋输送到大陆,使迎风海岸气温比同纬度内陆高。而中高纬度大陆东岸是背风岸,在大陆冷风影响下,近陆海面气温则比同纬度洋面气温低。

夏季,大陆是热源,海洋是冷源。在迎风海岸,受来自海洋气流的影响,气候比较冷(如西北欧的英国、法国)。而在背风海岸,热量由大陆输送到海洋,但输送量要远比冬季海洋输送向大陆的小。

7.2.2.2 大气环流对水分的输送作用

大气环流的另一个重要作用是输送水汽。从水分的全球时空分布情况来看,无论是大气还是陆地和海洋,水分的蒸发量与降水量总处于动态平衡;但就局部地区而言,水分的时空分布很不均匀。在副热带地区,特别是副热带洋面上,有全球最大的蒸发量,且蒸发量大于降水量,大气中水分有盈余;在赤道和中高纬度地区,则降水量大于蒸发量,大气中水汽有亏损。因此,由热力差异引起的大气环流在实现热量交换和平衡的同时,将水汽从盈余地区输送到亏损地区,实现了

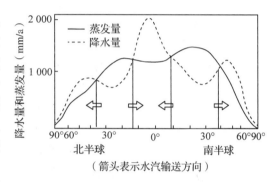

图 7-3 单位面积上平均年蒸发量与年降水量
(引自王世华,2020)

全球水分的循环。如副热带地区附近蒸发的大量水汽主要是通过中纬度西风带及热带盛行的信风,分别向北、向南做径向输送(图 7-3)。

季风环流(monsoon circulation)对于海陆之间的水分和热量交换也起着很大的作用。在亚洲的东部和南部、东非的索马里、西非的几内亚海岸、澳大利亚的北部和东南部沿海都存在季风环流,并在这些地区形成了季风气候。此外,气旋和反气旋作为大气环流当中的大型扰动,可以促使不同性质的气团做大规模移动,造成大量的热量和水分交换,使地球上南北之间及海陆之间的温度和水分差异变得缓和,同时也使各地呈现不同的气候特点:通常在气旋活动频繁的地方,气候湿润、多阴雨;反气旋活动多的地方,气候干燥、降水稀少。

大气环流既有稳定性又有易变性。在稳定的大气环流作用下,气候趋于平均状态,对农业生产较为有利;在大气环流异常的情况下,也会形成气候异常现象(如干旱、洪涝等),并可引起连锁反应,给农林业生产造成诸多方面的不利影响。

7.2.3 下垫面因素

下垫面是对流层大气的主要热源和水源,也是近地面大气运动的下边界,对气候的影

响十分显著。下垫面性质不同，如海洋和陆地、平原和山地、裸地和植被覆盖地、冰雪面和沙漠等，对大气的温度、湿度、风及尘埃的含量等有很大影响。

7.2.3.1 海陆分布对气候的影响

(1) 海陆分布对气候大陆度的影响

海陆性质的不同，致使同纬度、同季节海陆增温和冷却迥然不同，海上和陆上气温、气压、大气运动方向、水分和降水等都有显著差异。海气相互作用、陆气相互作用形成了海洋性气候(ocean climate)与大陆性气候(continental climate)的区别。

在洋面、海岛和常受海洋气流影响的大陆海岸地带具有典型的海洋性气候；内陆和海洋气流难以到达的地区具有典型的大陆性气候。信风带的大陆西岸，风来自大陆又有冷洋流经过，干燥少雨呈大陆性气候。信风带的大陆东岸，风来自海洋，并有暖洋流经过，因而潮湿多雨气候呈海洋性。在温带，盛行西风下，大陆先受暖湿气流的影响，呈典型的海洋气候。在离西海岸很远的大陆内部，受不到海洋影响，终年少雨，气温年较差很大，是典型的大陆性气候，如中亚细亚和我国新疆等地。

(2) 海陆分布对温度和降水的影响

海陆的冷热源作用，反映在海陆表面上方的空气温度时存在明显差异。就全球来讲，北半球多陆地(常称陆半球)，温度变幅很大，具有严寒的冬季和酷热的夏季，平均气温年较差达 14.3 ℃；南半球多海洋(常称水半球)，温度的变幅很小，冬季温和，夏季凉爽，平均气温年较差为 7.4 ℃，是北半球的一半。相应地，北半球的夏季平均气温为 22.4 ℃，高于南半球的 17.1 ℃；北半球的冬季平均气温为 8.1 ℃，低于南半球的 9.7 ℃。

海陆分布对大气的水分状况也会产生重要影响。大气中的水分主要来自江、海、湖、河、湿润的土壤、植被的蒸发和蒸腾，其中海洋蒸发到大气中的水分要远比大陆的多，因此，水分在大气中循环时，海洋的上空成为水汽的"源"，大陆上空成为水汽的"库"。

(3) 海陆分布对周期性风的影响

海陆风和季风的形成、变化都与海陆热力性质差异密切相关。海陆风是由于海陆昼夜热力差异形成的。海陆风对滨海地区的气候有一定的影响，白天海风带来大量水汽，使陆上空气湿度增大，沿岸地区有时还可形成云雾和降水。海风可使沿岸陆地温度降低，使夏季天气并不会十分炎热。

海陆冬夏热力差异是季风形成的主要因子，尤其东亚季风主要是由于海陆热力差异形成的，南亚季风是由行星风带的季节移动和海陆热力差异共同作用所形成的。东亚季风区所处的纬度较高，冬季风盛行时寒冷、干燥、少雨，夏季风盛行时高温、湿润、多雨，但季风降水的持续时间较短。东亚夏季风的进退与我国大部分地区雨季的起讫关系极为密切。南亚季风区所处的纬度较低，气候特征是冬季干燥少雨，夏季风降水的时间比较长，降水特别丰沛，是世界时降水最多的地区之一。

7.2.3.2 海气相互作用和洋流对气候的影响

海洋与大气之间通过一定的物理过程发生相互作用，组成了一个复杂的耦合系统。海洋对大气的主要作用在于供给大气热量和水汽；大气对海洋的作用主要在于通过向下的动量输送，产生风动洋流和海水的上下翻涌运动，两者在环流的形成、分布和变化上共同影响着全球的气候。

(1) 海气相互作用

海气相互作用影响气候年际间的变动，以热带地区海气相互作用的影响最为强烈。这就是平常所说的沃克环流、厄尔尼诺和拉尼娜现象、南方涛动及 ENSO。

① 沃克(Walker)环流　由于赤道太平洋海区东冷西热，因此，在赤道太平洋上空形成了一个纬向热力环流。南美西岸强烈的下沉气流在受冷海水的影响降温后流向低纬度，再从低纬度随偏东信风向西吹去，到达西太平洋后因受热上升转向成为高空西风，以补充东部冷海区的下沉气流，所以，在赤道太平洋的垂直剖面上，就形成了大气低层为偏东风、大气上层为偏西风的东西向闭合环流，称为沃克环流。

② 厄尔尼诺和拉尼娜(El Nino and La Nina)现象　厄尔尼诺指赤道太平洋中部、东部表面海水的异常升温，而拉尼娜是指该海区表面海水温度异常降低的现象。厄尔尼诺通常在圣诞节前后出现高峰，因而得名(西班牙文圣婴的译音)。厄尔尼诺每数年重现一次，通常持续 12 个月左右。拉尼娜是西班牙语小女孩的译音，它出现的频率较厄尔尼诺为疏，但维持时间通常较长。

③ 南方涛动(Southern Oscillation)　南方涛动是指南太平洋副热带高压与印度洋赤道低压这两个大气活动中心之间气压变化的负相关关系。当南太平洋副热带高压比常年增高(降低)时，印度洋赤道低压就比常年降低(增高)。通常用南太平洋的塔希堤岛和澳大利亚的达尔文岛的海平面气压差来表示南方涛动的振动和位相指数(SOI)。

④ ENSO　将厄尔尼诺现象和南方涛动结合在一起研究赤道太平洋海温异常与海气相互作用之间的联系，就是所谓的"ENSO"。而沃克环流强度随太平洋海表温度而变化则导致了南方涛动的形成，从而对气候产生影响。

大量的研究表明，ENSO 是导致全球许多地区破坏性干旱、暴风雨和洪水的原因之一。例如，1997 年至 1998 年的厄尔尼诺导致成千上万人死亡，并造成世界直接经济损失达数十亿美元。我国发生的 1998 年长江洪灾、2008 年南方雪灾等都与其相关。ENSO 现象一般每隔 2~7 a 出现一次，持续几个月至 1 a 不等。但自 20 世纪 90 年代以来，这种现象越来越频繁地出现，且滞留时间延长，这种"加剧现象"被普遍认为很可能与全球气候变暖有关。

(2) 洋流

海水大规模的水平运动称为洋流(ocean current)。在水平方向上，洋流的宽度可达 1 000 km 以上，流速可达 1.0 m/s 以上。洋流有冷洋流和暖洋流之分。从低纬度流向高纬度，洋流温度高于所经过的海域，称为暖洋流；从高纬度流向低纬度，洋流温度低于流经海域，称为冷洋流。洋流的形成受多种因素的共同影响，其中主要是盛行风对海水长期稳定的摩擦与拽曳作用。

世界洋流的分布和流向，与地面的主导风向很相似(图 7-4)。在北半球，低纬度洋流呈反气旋型，流向为顺时针方向，海洋东部为冷洋流，西部为暖洋流，所以低纬度大陆的西岸受寒流影响，东岸受暖流影响；高纬度洋流呈气旋型，流向为逆时针方向，海洋东部为暖洋流，西部为冷洋流，所以高纬度大陆西岸受暖洋流影响，东岸受冷洋流影响。在 40°~50°的中纬度海区，特别是南半球，由于受盛行西风的影响，洋流自西向东流动，形

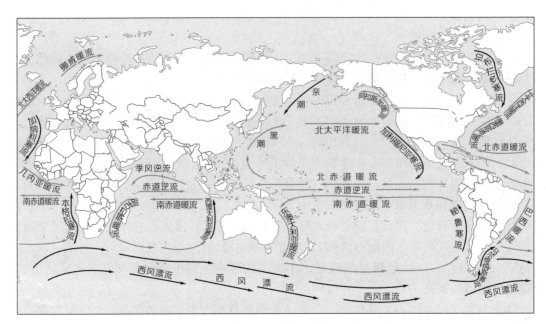

图 7-4 世界洋流分布(引自严菊芳等，2018)

成了著名的西风漂流带。

洋流对气候的影响十分显著。一方面，在高纬度与低纬度间的热量传输上起着重要作用，减少了纬度间的温度差异；在热带和副热带地区，大陆东岸有暖洋流，大陆西岸有冷洋流，故气温一般是大陆东岸高于西岸。但受季风影响很强的地区，冬季的温度有可能相反，如亚洲大陆东岸的上海(31°12′N)与北美大陆西岸的圣迭戈(32°7′N)相比，最热月平均气温上海为 27.0 ℃，圣迭戈为 20.5 ℃，最冷月平均气温上海仅为 2.8 ℃，圣迭戈为 12.2 ℃，主要是上海冬季风较强，受冷空气影响较大所致。在温带和寒带，因为大陆东岸有冷洋流，西岸有暖洋流，所以大陆东岸气温一般低于大陆西岸，如纬度较高的欧洲西北部地区，受北大西洋暖流的影响，冬季仍然相当温和，在北极圈内甚至出现了不冻港和常绿针叶林；而在纬度相当的亚洲东北部沿海地区，在寒冷的冬季风和堪察加冷洋流的共同作用下，冬季极为严寒，最冷月的平均气温比欧洲西北部低 20~30 ℃。

另一方面，洋流对大陆东西两岸的降水也产生了不同影响。暖洋流上方的空气，因有较多热量和水汽的输入，成为暖湿的海洋性气团。这种气团具有不稳定层结，在流经冷的下垫面时容易产生降水，如高纬度大陆西岸的西北欧，受北大西洋暖流与西风环流的作用，终年湿润多雨。而冷洋流上方的空气，因下层温度较低，增加了大气层结的稳定性，空气可冷却到露点温度，但只能凝结成雾而很难致雨，如南美洲的沿海国家智利，受秘鲁寒流的影响，雾日频繁，空气湿润，但降水奇缺。

另外，高纬度大洋东边为暖流，西边为寒流。风动洋流会产生表层海水的辐合辐散，特别是在海岸附近，这种海水的辐合和辐散会引起海水上翻(upwelling)和下翻(drifting)，使海表水温升高或下降，从而影响到大气层的气压变化，产生气流辐合辐散与上升下沉运动，导致纬向和经向的垂直环流。大气环流和洋流使海洋的水分、二氧化碳、盐分等进入大气,大气的二氧化碳、气溶胶等进入海洋,互相调节,达到海气之间的辐射和热量平衡,制约大气环流和洋流,影响大气温度、云和降水,形成各种各样的天气和气候。

我国近海的洋流有"黑潮"(Kuroshio)和"亲潮"(Oyashio)。夏半年受到"黑潮"影响,我国东南沿海气候湿润,降水丰沛。"亲潮"来自高纬度,我国北方沿海在夏季受其影响,夏季十分凉爽。冬季,西北季风使"黑潮"远离我国海岸,导致我国冬季气候较同纬度其他地区偏冷。

7.2.3.3 地形地势对气候的影响

世界陆地面积约占全球面积的29%,根据其海拔和起伏形势可分为山地、高原、平原、盆地、丘陵等。其中,世界最高峰——珠穆朗玛峰的海拔为8 848.86 m,世界最低洼地——死海沿岸的海拔为393 m。不同类型的下垫面以不同规模错综分布在各大洲,各自对气候系统产生影响。

地形地势对气候的影响主要表现在两个方面:①地形本身所形成的独特的气候;②地形对邻近地区气候的影响。地形通过其形态、性质、尺度影响太阳辐射,进而对温度、湿度、降水、风等产生作用,使气候在水平方向和垂直方向上发生变化。

1)高大的纬向山脉具有气候分界线的指示意义

由于山脉的阻挡,使北方高纬度的冷空气不易南下,低纬度的暖湿气流难以北上。位于新疆中部的天山山脉平均海拔3 000 m以上,是南疆暖温带与北疆中温带的分界线;秦岭山脉是暖温带与北亚热带的分界线。它阻挡了北方冷空气的南下,即使冷空气有时能翻越高山,也因下沉而增暖,使秦岭南北两侧的温差显著。在秦岭以南的地区,1月平均气温在0 ℃以上,如汉中为2.0 ℃;秦岭以北地区1月平均气温在0 ℃以下,如西安为-1.3 ℃。同时,秦岭也阻挡了北上的暖湿气流,使南侧的迎风坡形成更多的地形雨,因此,南坡降水量大于北坡,汉中的年降水量为889.7 mm,西安为604.2 mm。

2)高大的山脉在垂直方向上形成不同的气候带

低纬度的一些高大山脉从山麓到山顶依次出现热带、温带和寒带气候及相对应的植被和土壤。被誉为"世界屋脊"和除南北极外世界"第三极"的我国青藏高原,海拔高、面积大,形成了独特的高原气候。

3)高原对气候的影响

(1)高原的热力作用

高原的热力作用表现在冬夏季不同的冷热源作用,造成高原上形成不同的高低压系统,影响气候。如青藏高原地面气温与同高度的自由大气相比,冬季高原偏低,夏季偏高。冬季高原是冷源,形成中层(600 hPa)冷高压,下沉的冷空气加强了东亚的冬季风;夏季是热源,形成地面(850 hPa)热低压,高空形成暖高压,称青藏高压(南亚高压)。当它向西伸展到非洲西北部,又被称为亚非季风高压。高压的辐散气流在赤道附近下沉,然后随西南季风北上返回高原,形成一个经圈环流,方向与哈得莱环流相反,称高原经圈环流(plateau meridional circulation)。它对西南季风有加强作用,并吸引南半球的越赤道气流,促进两个半球的热能、动能和水汽的交换。冬季则相反,会形成与哈得莱环流相似的环流。青藏高原的热状况一方面加强了高原的垂直运动,在夏季形成季风经圈环流,春季可加速南支西风的崩溃，秋季延迟南支西风的建立；另一方面，如果冬季高原气温偏低，地面积雪多，则初夏热低压弱，南支西风撤退迟，副高北跳迟，我国夏季风始现期迟，青藏高压也弱。因此，青藏高原的冷热源作用对东亚大气环流影响显著。

(2) 高原的动力作用

高原的动力作用主要是对下部流场的机械屏障和分支作用十分显著。①屏障作用。如冬季从西伯利亚西部入侵我国的寒潮，一般都是通过准噶尔盆地经河西走廊、黄土高原从东部平原南下，导致我国热带、亚热带地区的冬季气温远比青藏高原西侧的印度半岛北部低。夏季阻挡西南暖湿气流北上，使位于高原以北的我国新疆、青海气候干燥，而喜马拉雅山南坡的印度河流域湿润多雨。如果没有高原的阻挡，来自印度洋上的暖湿空气就会和西伯利亚的干冷空气进行交换，可以使整个东亚冬半年的气候比现在温和得多，我国西北地区就比现在湿润多了。②高原对气流产生分支作用。如冬季，西风气流受到青藏高原阻挡而被迫分支，分别沿高原绕行，在高原西北侧为暖平流，西南侧为冷平流；绕过高原后，高原东北侧为冷平流，东南侧为暖平流，并在高原东侧会合。南支西风槽的强弱和进退变化，取决于高原的热力和动力的综合作用。它对东亚和南亚夏季风的强弱、迟早、进退有直接的影响，从而影响大范围的天气和气候。

(3) 高原对气流的动力抬升作用

高原的存在加强了气流对流的发展、释放凝结潜热，使高原气温比同高度的周围大气更高，更有利于高压的发展。

此外，地形对气候的影响还表现在局地地形影响下形成的地方性风，如山谷风、焚风、峡谷风等。

7.2.3.4 冰雪覆盖对气候的影响

全球陆地约有 10.6% 被冰雪覆盖，并且海冰的面积比陆冰大。卫星观测到的北半球月平均雪盖和海冰面积分布在 12 月范围最大，8 月最小。由于冰和雪的性质和物理特征（对太阳辐射的高反射率，低热传导，大的热惯性，特别是它的变化（淡水注入和热交换）可以驱动深海环流，通过形态改变大气环流），以及冰雪圈与气候系统其他圈层的耦合，使冰雪圈在地区气候中起着非常关键的作用。它们不仅影响其所在地区的气候，还能对另一洲、另一半球的大气环流、气温和降水等产生显著的影响。

(1) 冰雪覆盖的制冷作用

冰冻圈的平均反照率为 0.7~0.9，新雪或紧密而干洁的雪面反照率可达 0.86~0.95，而陆地的平均反照率为 0.3。因此，冰雪表面对太阳辐射的反射率很大，吸收的太阳辐射能少，导致地球上损失大量的太阳辐射能。此外，冰雪表面的长波辐射能力很强，几乎与黑体完全一样，这就使冰雪表面的有效辐射在相同的温度下比其他下垫面大，从而产生较低的地面温度，使地面向大气输送的长波辐射能和感热减少，导致气温降低。因此，冰雪覆盖是大气的冷源，不仅使冰雪覆盖地区的气温降低，而且通过大气环流的调整，能够对更大范围乃至全球气候产生影响。

冰雪面的导热率小，具有很好的绝热性，使冰雪表面与大气间的能量交换能力很弱。当冰雪厚度达 50 cm 时，地表与大气之间的热量交换就基本上被切断了。因此，当存在大范围的冰雪覆盖时，大气得不到地表的热量输送，而且冰雪融化还要消耗大量热量，使气温降低，所以在冰雪表面常出现逆温。气温的降低利于冰雪面积的扩大和维持，而冰雪表面的高反射率又可减少冰雪面对太阳辐射的吸收，使冰雪表面温度下降，进而造成大气进一步降温，所以冰雪面积—气温之间的反馈是一种正反馈过程。

(2) 冰雪覆盖的致干效应

由于冰雪表面对太阳辐射的反射率很大且冰雪表面具有强烈的长波辐射能力，导致冰雪表面和近地面温度很低，饱和水汽压很小，空气中水汽极易达到过饱和，在冰雪表面产生凝华现象，出现雪面逆温。因此，冰雪表面不仅切断了大气的热量和水汽源，空气反而要向冰雪表面输送热量和水分。在这个过程中，水汽凝华在冰面，使空气变干。因此，冰雪覆盖不仅具有制冷作用，还有致干的作用。

(3) 冰雪覆盖对大气环流、降水及气温的影响

由于冰雪覆盖的制冷作用，导致地面低压升高，地面冷高压强大、持续，高空形成冷涡。以南北极冰雪覆盖为例，若南北极的冰雪覆盖增加，将使高低纬度之间的温差和相应的气压梯度明显增大，于是气压场和大气环流随之变化，从而导致气温异常、降水异常。反之亦然。同时，当存在大范围的冰雪覆盖时，大气圈和水圈之间的热交换会显著减少，海洋中的较暖水流不能向更高纬度地区输送更多的热量，这样会使南北极地区更加寒冷。同时，融冰化雪需要吸收大量热量。这些过程都会导致相应的大气环流调整，也必然导致降水、气温发生变化。

7.2.4 人类活动因素

人类生活在一定的气候条件之下，而人类活动(human activities)却又不断地改变乃至破坏人类自身赖以生存的环境，包括气候。尤其是工农业生产、城市的扩展和人口的增长所造成的大气中二氧化碳、甲烷等微量和痕量气体含量的增加，给全球气候造成了严重的影响。因此，人类活动对气候的影响问题已成为当代气候研究的重要课题之一。整体来说，人类活动对气候的影响主要体现在以下几个方面：改变大气成分、改变下垫面性质、人为释放热量。

7.2.4.1 改变大气成分对气候的影响

地球气候主要是地气系统吸收进入其中的太阳辐射能而在辐射平衡条件下形成的，辐射能的吸收和放射都与大气成分有关。因此，大气中的化学成分及其变化必将改变大气的辐射平衡，从而影响气候变化。大气中的一些微量和痕量气体，如二氧化碳、甲烷、二氧化氮、臭氧、CFC-11 及 CFC-12 等，可以通过温室效应使地球大气温度升高，人们就把它们称为温室气体。20 世纪以来，随着工业化进程的快速发展，人类社会正经受着剧烈的气候变化，其中最明显的标志之一就是温室气体浓度的快速升高，这主要由人类大量燃烧化石燃料产生二氧化碳所造成，而其中约有 70% 的化石源二氧化碳排放发生在城市，这些温室气体的浓度增加会给全球气候带来严重的影响。全球变暖是 20 世纪气候变化的显著特征，尤其是自 70 年代后期以来，全球变暖有加速趋势，进入 21 世纪以来，全球平均气温仍在不断升高。在过去 100 年内，我国平均气温共上升了 0.95 ℃，略高于全球或北半球的变暖幅度。

中国气候变化蓝皮书(2020)指出，2018 年，主要温室气体二氧化碳、甲烷和二氧化氮的全球平均浓度均创下新高，其中二氧化碳为 407.8 mg/L±0.1 mg/L、甲烷为 1 869 μg/L ± 2 μg/L、二氧化氮为 331.1 μg/L±0.1 μg/L，分别达到工业化前(1750 年之前)水平的 147%、259%和 123%。1990—2018 年，我国青海瓦里关全球大气本底站二氧化碳浓度逐年稳定上升；2018 年，瓦里关站二氧化碳、甲烷和二氧化氮的年平均浓度分别达到 409.4 mg/L±0.3 mg/L、1 923 μg/L±2 μg/L 和 331.4 μg/L±0.1 μg/L，与北半球中纬度地区平均浓度大体相当，均略高于 2018 年全球平均值。人类活动引起温室气体增加，继而造成温室效应加剧，逐渐被认为是现代气候全球增暖的主要原因，目前的研究工作也表明全球变暖与愈加频发的极端灾害性天气密不可分。

此外，由于人类活动导致大气中的气溶胶含量增大，它不仅通过吸收和散射太阳辐射、红外辐射来直接影响气候，还通过改变云微物理过程和性质而间接的影响气候。

7.2.4.2　改变下垫面性质对气候的影响

人类活动可改变下垫面的热特性、反射率、粗糙度和水热平衡等，从而对气候产生影响。这种影响既有有利的一面，也有许多不利的方面。

灌溉、植树造林、修建水库等能改善气候条件，使气候向着有益于人类发展的方向演变。如植树造林可提高森林覆盖率，增加碳储蓄量，防风固土。我国 1978 年开始实施的三北防护林工程，涵盖了全国 95%以上的风沙危害区和 40%以上的水土流失区。从工程实施至 2017 年，累计完成造林面积 4 610×10^4 hm^2，使该区域的森林覆盖率从 1978 年的 5.05%提升到 2017 年的 13.57%；防护林生物碳储量由 1978 年的 3.46×10^8 t 增加到 2017 年的 16.9×10^8 t，40 年间使三北区域的水土流失面积减少了 2/3。

人类的生产、城市化和交通等也给气候带来了很多负面的影响，如大片砍伐森林、开垦草原、占用农田、填湖造陆、建造大型水库等，都会改变下垫面的性质，对气候产生显著影响。森林面积的减少，使植物光合作用所消耗的二氧化碳减少，从而使大气中的二氧化碳增加。此外，毁林开荒，会使地表反射率增大，破坏原本的辐射收支平衡，使降水量减少，气候变暖变干，气候的大陆度加强，风沙灾害加剧，在干旱、半干旱区会引起沙漠化现象的发生。同时，开垦后的疏松土地没有植被的保护，很容易受到风蚀，使地表肥力下降，地表径流增大，水土流失严重，洪涝灾害加剧。

此外，海洋上的石油污染是人类活动改变下垫面性质的另一个重要方面，据估计每年约有 10×10^8 t 以上的石油通过海上运往消费地，其中每年约有 100×10^4 t 以上的石油流入海洋。另外，还有一些工业过程产生的废油排入海洋中。据估计，每年倾注到海洋的石油量可达 200×10^4～1 000×10^4 t。倾注到海洋上的石油，有一部分会以油膜的形式浮在海面，抑制海水的蒸发，使海面上的空气变干。同时，覆盖在海洋上的油膜会减少海面潜热的转移，导致海水温度的日变化、年变化加大，影响海洋调节气温的能力，产生"海洋沙漠化效应"。在相对闭塞的海面，如地中海、波罗的海等海面的废油膜的影响比在广阔的太平洋上更为显著。

7.2.4.3　人为释放热量对气候的影响

随着工业、交通运输和城市化的发展，世界能量的消耗迅速增长。其中在工业生产、机动车运输中有大量废热排出，居民炉灶和空调及人、畜的新陈代谢等亦会放出一定的热量。虽然这些人为热与地球从太阳获得的净辐射热相比是微不足道的，但是还由于人为热集中在人口稠密、工商业发达的大城市，其局地增暖的效应相当显著。在燃烧大量化石燃料时除有废热排放外，还向空气中释放一定量的人为水汽。虽然人为水汽量要比自然蒸散的水汽量小很多，但它对局地低云量的增加也有一定作用。云对太阳辐射和地气系统的长波辐射都有很大影响，它在气候的形成和变化中起着重要的作用。

7.3 气候带和气候型

7.3.1 概述

受太阳辐射和地球重力作用及各个子系统之间相互作用的影响，地球上的气候有着明显的空间上的区域分布。各地的气候特征既有相似之处，又各具特点，形成了丰富多彩的气候环境。与这些气候环境相适应，就产生了地球上纷纭复杂的地貌、植被、生物种群。很多专家学者提出了气候类型分类的方法，计划将世界各地不同的气候特征划分为不同的类型，其中以柯本分类最为显著。世界各地区的气候错综复杂，各具特点。但是从形成气候的主要因素和气候的基本特点来分析，可以舍其小异，取其大同，把全世界分成若干气候带和气候型。这样就可以使错综复杂的世界气候系统化，便于研究、比较和了解各地气候的主要特点和形成规律，有利于对气候资源的认识、开发和利用。

气候带和气候型的划分有多种方法，概括起来可分实验分类法和成因分类法两大类。实验分类法是根据大量观测记录，以某些气候要素的长期统计平均值及其季节变化，来与自然界的植物分布、土壤水分平衡、水文情况及自然景观等相对照来划分气候带和气候型。柯本(W. P. Köppen)、桑斯维特(C. W. Thornthwaite)、沃耶伊柯夫(А. И. Воейков)和杜库洽夫(В. В. докучасв)等分别为这一大类的代表。成因分类法是根据气候形成的辐射因子、环流因子和下垫面因子来划分气候带和气候型的。一般先从辐射和环流来划分气候带；再根据大陆东西岸位置、海陆影响、地形等因子与环流相结合来确定气候型。这一学派的学者很多，最著名的有阿里索夫(В. ЛАгисов)、弗隆(H. Flohn)、特尔真(W. H. Terjung)和斯查勒(A. N. Strahler)等。

确定气候带与气候型的界限是很不容易的。因为某一气候带或某一种气候型是逐渐转变为另一气候带或气候型的，两者之间的分界是渐变的过渡带，不能截然划清。所以地图上画的气候界限是相对的气候过渡带，而不是绝对的界限，但这个界限还是必要的。

另外，必须指出，一地的气候是不断变化着的。各个气候带和气候型的特征，仅仅是其近代气候的平衡状态。围绕着平衡状态的扰动是客观存在的。必须注意其气候距平和气候异常，特别是大气环流的变化，在地区之间有一定的"遥相关型"，如厄尔尼诺现象即其一例。目前，这方面的研究在气候分类上的应用尚未成熟，但这是一个值得进一步探索的重要课题。

7.3.2 气候带

气候带(climatic belt)是根据气候要素的纬向分布特征而划分的带状气候区域。在同一气候带内,气候的基本特征相似,与土壤风化和形成密切相关。气候带和气候型的划分原则和方法是随着气候学的发展而不断深化的。最早的气候带划分是古希腊学者根据纬度划分的天文气候带,把全球划分为热带、南温带、北温带、南寒带、北寒带。它们的界限是以南、北回归线和南、北极圈划分的。这种划分法,使气候带与纬度平行,并呈十分规律的环绕地球的带状分布区域,这就是"天文气候带"(图 7-5)。

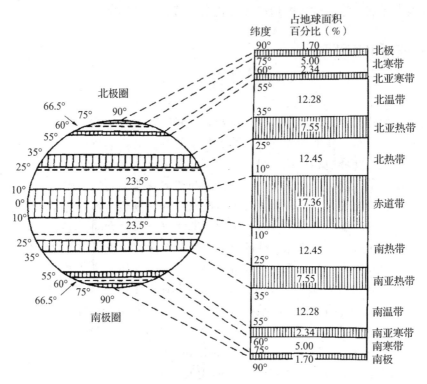

图 7-5 天文气候带(引自姜世中等,2020)

由于天文气候带没有考虑下垫面性质和大气环流对气候形成的影响,与实际气候有较大的出入。现代使用较广泛的气候带划分方法,不仅考虑了太阳辐射的时空分布,而且考虑了下垫面性质、大气环流、植被覆盖等因素,将全球气候划分为赤道气候带、热带气候带、副热带气候带、暖温带气候带、冷温带气候带和极地气候带,各气候带的特点如下所述。

(1) 赤道气候带

赤道气候带(equatorial climatic zone)位于 10°S~10°N 的赤道无风带,包括南美的亚马逊河流域、非洲的刚果河流域和几内亚湾海岸、亚洲的东印度群岛,以及我国位于 10°N 以南的南海诸岛。

该气候带内终年高温多雨,年平均气温 25~30 ℃,最冷月平均气温在 18 ℃ 以上,气温在春、秋分之后各有一高值点,冬、夏至之后各有一低值点。气温年较差很小,一般在 5 ℃ 以下。但晴夜的气温可低至 14 ℃,故夜晚有"赤道之冬"的称谓。

赤道气候带全年皆在赤道气团控制下,风力微弱,气流以辐合上升为主,多雷阵雨,最大降水量多出现在午后到子夜。全年多雨,无明显干季,为全球年降水量最丰富的地带,年降水量一般为 1 000~2 000 mm 或更多,有些地区受地形及盛行风的影响,年降水量可达 10 000 mm 以上。例如,夏威夷群岛中的考爱岛迎风坡,年降水量为 11 980 mm;喜马拉雅山脉的南麓是世界上的多雨地区。赤道气候带内大气潮湿而不稳定,多对流性降水,一天中,降水多发生在午后至子夜。

赤道气候带内植物可以终年繁茂生长,具有多层林相,乔木、灌木、攀缘植物、附生植物、寄生植物都很繁茂。植物的开花、结实、播种、生长与死亡常同时并进,无季节的更替现象,农耕的季节性也不显著。土壤则因温度高、降水量大、分解作用快、淋溶作用强,是典型的红壤土。

(2) 热带气候带

热带气候带(tropical climatic zone)位于纬度 10°到回归线之间,与低纬度的东风带基本一致。在赤道雨林的外围,常常发育形成热带疏林草原,主要分布在中美、南美和非洲大陆。由于海陆分布的影响,降水差异较大,年降水量为 750~1 000 mm,一年有热季、雨季和干季之分。南亚、东南亚和我国华南南部是著名的热带季风气候区。

热带气候带因太阳高度终年较高,所以温度接近赤道气候,但由于行星风带的季节位移,受副热带高压带和信风带的交替控制,气温年、日较差均大于赤道气候带,最热月平均气温可高达 32 ℃ 以上,也超过赤道气候带,最冷月平均气温 20 ℃ 左右,冷季里可见霜。夏季降水充沛而冬季降水较少,愈近赤道雨季愈长,降水量也愈大。由于降水年际变化超过赤道气候带,故易出现旱涝灾害。

本气候带的自然植被为疏林草原,主要由矮生乔木和坚硬高草组成。由于降水具有季节性,植物生长也具有明显的季节规律,如营养生长在雨季,结实收获在干季。干季时土壤中的铁质可以氧化,所以土壤类型多为砖红壤。这里夏季为雨季,因雨热同季,适宜发展农业,盛产稻、棉等喜温作物。

(3) 副热带气候带

副热带气候带(subtropical climatic zone)大致位于回归线到纬度 33°之间,因受副热带高压带和信风带的控制,下沉作用强烈,气层很稳定,所以气候干旱而高温,雨量稀少,地面缺乏植被而多沙漠。世界上的大沙漠都在副热带地区,如北非的撒哈拉、西亚的阿拉伯、澳大利亚、南非的卡拉哈里和南美的阿塔卡马沙漠等。

副热带气候带的气温年、日较差均比赤道气候带和热带气候带大。如纬度 20°的平均年较差仅 6.2 ℃,而副热带气候带的沙漠和草原可达 15 ℃ 以上;日较差则更大,夏季日最高气温常在 48 ℃ 以上,夜间气温则在 20 ℃ 以下。本气候带中,沙漠地区的年降水量大多小于 100 mm,在沙漠边缘可达 250 mm 以上。降水的年际变化大,蒸发量远远大于降水量,所以气候干燥炎热。

由于副热带大陆的东、西两岸盛行风风向不同,东岸多湿润,西岸多干燥。我国秦岭、淮河以南至热带气候带北界的广大地区处于该气候带的大陆东岸湿润区,受副热带季风气候影响,夏季高温多雨,冬季降水较少,年降水量为 750~1 500 mm,降水的年际变化大。在该气候带内,气温年较差和日较差都很大,四季相当分明。

本气候带沙漠和干旱区的植物因受水分条件限制,多有发达的根系,有些植物或具贮水组织,或改变形态以减少蒸腾,或缩短生长期,或耐盐碱等,因此多为旱生和盐生植物。一旦出现降雨，即迅速恢复生机，短期即可结实成熟。副热带季风区的植被以常绿阔叶林为主，因雨热同季，农业生产条件优越。

(4) 暖温带气候带

暖温带气候带(warm temperate climatic zone)一般指纬度33°~45°的地带，但是大陆西岸的纬度范围比东岸的要高一些。由于行星风带的季节性移动和大气活动中心的冬夏转换，夏季，暖温带在副热带高压的控制和影响下，具有副热带气候的特点；冬季，在盛行西风的控制下，气旋过境频繁，具有冷温带的气候特点。这样，暖温带大陆西岸的气候便呈现夏干冬湿的特点，由于以地中海周围地区表现得最为明显和典型，故通称为"地中海型气候"。在暖温带的大陆东岸却具有夏季湿热、冬季干冷的季风性气候特点，这种季风气候以亚欧大陆东岸最为显著，如我国东部、朝鲜半岛、日本南部及澳大利亚东部沿海等地区。

暖温带大陆西岸的最热月平均气温为20~28 ℃，最冷月平均气温为5~10 ℃，冬季相当温和。年降水量为350~900 mm，而且越向东部或低纬度移动，雨量越少，干季越长；大陆东岸最热月平均气温为25~30 ℃，盛夏最高气温可达40 ℃，冬季最冷月平均气温在0 ℃以下，最低气温可达-20~-10 ℃，比同纬度的大陆西岸冷得多。暖温带大陆东岸的降水丰沛，年降水量在600~1 500 mm，以夏雨居多。

在暖温带气候带，由于大陆西岸与东岸的气候特征不同，自然植被和农业生产状况也不一样。大陆西岸夏季高温与干旱结合，冬季降水多而温度不低，不宜于乔木的生长，灌木多常绿，盛产副热带水果如柑橘、柠檬、橄榄、葡萄等，具有灌溉条件的可种植水稻。大陆东岸夏季雨热同期，自然植被多为落叶阔叶树与针叶树的混交林，是落叶果树生长的良好地区，也是水稻、玉米、小麦、棉花等多种作物生长的地区，但冬季易出现低温危害。另外，夏季的高温多雨使土壤化学风化及淋溶作用加快，土质多为红壤和黄壤，比较瘠薄。

(5) 冷温带气候带

冷温带气候带(cold temperate climatic zone)大致位于纬度45°至极圈的西风带内。由于该气候带的大陆西岸盛行来自海洋的向岸风，又有暖洋流的加热作用，形成了典型的海洋性冷温带气候，如西欧、北欧斯堪的纳维亚半岛、加拿大西海岸、智利南部西海岸等，特别是西欧地区，地势低平，盛行西风可深入内陆，海洋性气候表现最为显著，区域也最广。在冷温带气候带内自大陆西岸向东，海洋的影响逐渐减弱，大陆性渐趋增强，在大陆中部形成干燥的大陆性气候，如中亚、我国蒙新地区、北美西部和南美巴达哥尼亚等。大陆东岸冬季严寒，夏季降水较多且气温较高，具有季风性，属于湿润的大陆性冷温带气候，如我国东北地区等。

一般来说，海洋性冷温带气候因云雾多、日照少，农业生产条件不够理想；湿润的大陆性冷温带气候区的南部因夏季雨热同期，有利于农业生产，适宜于玉米和春小麦的种植，北部由于温度低、蒸发量小、土壤冻结时间长，土壤水分能维持森林的生长，部分地区可种春小麦；干燥的大陆性冷温带气候由于降水少，自然景观以草原和沙漠为主，如有灌溉条件，适宜种植玉米、春小麦、燕麦等作物。

(6) 极地气候带

极地气候带(polar climatic zone)在北半球的大陆上处于极圈以北，在洋面上则可偏南10个纬度。在南半球则是在45°~50°以南的地带。该气候带内最热月平均气温低于10 ℃，其中处于 0~10 ℃ 的可生长苔原植物，称为苔原气候，低于 0 ℃ 的为冻原气候。

苔原气候主要分布在欧亚大陆北部和北美大陆北部的海岸地带，在南极大陆的最北端也有苔原带，这里全年仅有 2~4 个月的平均气温在 0 ℃ 以上，年降水量为 200~300 mm，仅能生长苔藓和地衣。冻原气候区是全球温度最低的地方，冰雪不能融化，降水少，空气干燥，缺乏植被。

7.3.3 气候型

气候型（climatological pattern）是根据气候特征所划分的气候类型。气候型是第二级的气候区域单位。在同一气候带里，常由于地理环境的不同，出现不同的气候型；相反，在不同的气候带里，由于地理环境近似，也可以出现相同的气候型。同一气候型中有比较一致的气候要素特征。按照下垫面性质的差异，可将世界气候划分为以下几种类型。

7.3.3.1 海洋性气候和大陆性气候

海洋性气候是指海洋中的岛屿与临近海洋的地区由于受海洋、洋流，以及来自海洋的暖湿气团影响所形成的具有一定特征的气候类型。一般出现在临近海洋的地区，以位于温带气候带大陆西岸的欧洲最为典型，但临近海洋的地区并非都具有海洋气候型特征，如南美大陆西岸的智利北部地区，由于盛行离岸风，几乎不受海洋潮湿气流的影响，成为世界上最干旱的地区之一。

大陆性气候一般分布于远离海洋的内陆地区，这些地区常受大陆气团的控制，很少受海洋气团影响，越向大陆腹地进发，气候的大陆性特征越明显。海洋性气候和大陆性气候的特征见表 7-3。

表 7-3　大陆性气候与海洋性气候特征

气候类型	气温					降水			湿度	日照
	日较差	年较差	最热月	最冷月	春秋温	降水	降水变率	时间		
大陆性	大	大	7	1	春>秋	少	大	集中夏季	小	多
海洋性	小	小	8	2	春<秋	多	小	全年均有，冬季较多	大	少

在海洋气候型地区，植物生育期长，根系不发达，但营养器官茂盛，谷物淀粉含量高，森林分布纬度低。在大陆气候型地区，植物生育期短，根系发达，但植株矮小，谷物含蛋白质和糖分高，森林分布的纬度高。

7.3.3.2 季风气候和地中海气候

季风气候（monsoon climate）是季风盛行地区的气候类型。其主要气候特征是：风向具有明显的季节变化，夏季高温多雨，气候富有海洋性，冬季寒冷干燥，具有大陆性。典型的季风气候区在副热带和暖温带的大陆东岸，尤以亚洲东南部最为显著。

地中海气候（mediterranean climate）的基本特征是：夏季高温干燥，降水只占全年降水的 20%~40%；冬季温暖多雨，年降水量为 350~900 mm。典型的地中海气候区在副热带和暖温带的大陆西岸,以欧亚非三洲之间的地中海周围地区最为鲜明。地中海气候的形成,主要取决于副热带高压和西风带在一年中的交替控制。夏季受副热带高压影响,盛行大陆气团,上层有下沉逆温,阻碍上升气流的发展和云雨的形成,致使夏季干燥炎热;冬季盛行西风,海洋气团活跃,气旋活动频繁,降水充沛,故冬季温和湿润。

季风气候区雨热同季,是林木生长的良好地区,也是稻谷、玉米、棉花、茶、麻、竹、油桐等多种作物的适宜生长区,但冬季温度较低,不利于作物越冬。地中海气候夏季干热,多常绿灌木树丛或针叶树与灌木的混交林;由于冬季暖湿,盛产一些副热带水果,如橄榄、葡萄、柠檬、无花果等。

7.3.3.3 草原气候和沙漠气候

草原气候(prairie climate)和沙漠气候(desert climate)均具有大陆性,草原气候是半干旱的大陆性气候,而沙漠气候则是极端干燥的大陆性气候。两者的共同点是:降水少且集中在夏季;干燥度大,蒸发量远远超过降水量;日照充足,太阳辐射强;温度日、年变化大。

草原气候可分为热带草原和温带草原。前者夏热多雨,冬暖干燥,年降水量为500~750 mm;后者冬寒夏暖,年降水量为200~450 mm,冬季有积雪覆盖层。

沙漠气候的空气极为干燥,蒸发强烈,降水稀少,年降水量≤100 mm;白天太阳总辐射和夜间地面有效辐射都很强,日照充足;气温日较差可达35~45 ℃,年较差18~30 ℃。沙漠气候可分为热带沙漠气候和温带沙漠气候。前者主要分布在南、北纬20°左右的大陆西侧,夏季炎热、冬季不冷,由于长期处于副热带高压的控制下,西侧沿海又常受冷洋流影响,故降水稀少,水分长期入不敷出,形成了干燥的沙漠气候,如非洲撒哈拉沙漠、澳大利亚西部和秘鲁西部等地区。温带沙漠气候主要分布于中纬度大陆的中心腹地,这些地区远离海洋,湿润气流难以到达,形成了极端的大陆性气候,夏季炎热、冬季寒冷,气温日、年较差几乎是全球的极大值;降水极少,甚至终年无雨,如我国塔克拉玛干沙漠、中亚卡拉库姆沙漠都是典型的温带沙漠气候。

沙漠气候自然植被缺乏,多风沙,日照丰富,年日照时数一般在3 000 h以上,在有灌溉条件的沙漠绿洲才可发展农业,但具有利用太阳能的有利条件。

7.3.3.4 山地气候和高原气候

高大的山地和高原的相同之处是海拔高,平均气温都比同纬的平原低。但就气候特点来看,山地气候(mountain climate)具有海洋性,高原气候(plateau climate)则具有大陆性。

山地气候的特征主要表现为以下几个方面。

(1)在温度上的表现

①气温比同纬度平地低,故在热带高山上凉爽,是盛夏避暑的去处。但山地气温高于同纬度的自由大气温度。例如,西藏的班戈县和安徽的芜湖市均在同纬度上,前者海拔为4 700 m,后者为14.7 m,7月多年平均气温分别为8.5 ℃和28.9 ℃,如气温直减率按0.6 ℃/100 m计,芜湖市上空同高度的气温为0.8 ℃。

②气温日较差和年较差均比同纬度平地小,极值出现时间随高度升高而推迟。就纬度而言,热带高山年较差小,温带高山年较差大。

③同一山地还因坡向、坡度及地形起伏、凹凸、显隐等局地条件不同，气候具有差异。例如，冬季山坡上具有逆温存在；向阳坡气温较高。

(2) 在降水上的表现

①在一定高度下，山地云雾和降水多于附近的平地，水汽压随高度上升、气温下降而减少，相对湿度因气温降低而增大，在夏季表现得尤为明显。

②迎风坡因气流被迫抬升，多雨，为湿坡；背风坡因焚风效应，少雨，为干坡。此外，山地常可出现以日为周期的山谷风。

(3) 山地气候垂直气候带特征明显

①山地垂直气候带的分异因所在地的纬度和山地本身的高差而异。在低纬度山地，山麓为赤道或热带气候，随着海拔的增加，地表热量和水分条件逐渐变化，垂直于垂直气候带依次发生。这种变化类似于低海拔地区随纬度增加而发生的变化。如果山地的高差较小，气候垂直带的分异较小。如果山地的纬度较高，气候垂直带的分异则不显著。

②山地垂直气候带具有所在地大气候类型的"烙印"。例如，赤道山地从山麓到山顶都具有全年季节变化不明显的特征。又如珠穆朗玛峰和长白山都具有季风气候特色。

③湿润气候区山地垂直气候的分异主要以热量条件的垂直差异为决定因素；而干旱、半干旱气候区的山地垂直气候的分异与热量和湿润状况都有密切关系。这种地区的干燥度都是山麓区域较大，随着海拔的增高，干燥度逐渐减小。

高原气候是受高原地形影响而形成的气候。高原是大范围的高海拔地区，原面比较平缓，但由于面积巨大，受自由大气的影响较小。高原上气层厚度和空气密度较小，空气较干洁，太阳直接辐射和年辐射总量都很大，所以白天和夏季都增温强烈，往往会成为巨大的热源；夜间和冬季有效辐射增大，降温强烈，形成冷源，因此，温度的日较差和年较差都很大。但是低纬度的高原，其温度的年较差较小，如我国云贵高原上的昆明市，海拔1 893 m，其1月平均气温为9.3 ℃，7月平均气温为20.2 ℃，与同纬度的桂林相比，1月平均气温高0.7 ℃，7月平均气温低8.2 ℃，所以昆明又被誉为"春城"。高原对降水也有明显影响，一般在迎着湿润气流的高原边缘有一个多雨带，而高原内部和背湿润气流的一面水汽难以输入，气候干燥少雨，如"世界屋脊"——青藏高原南麓印度的乞拉朋齐，年平均降水量可达11 429 mm，而高原腹地及其西北部的降水却很少，一般年降水量在100 mm以下。青藏高原除上述气候特征，还具有光照强、风力大、多大风、雷暴和冰雹等气候特点。

高山气候和高原气候的垂直带状分布会对农牧业生产造成重要影响，如海拔4 000 m高度主要进行放牧，间种青稞，1 600~3 000 m种小麦、玉米，1 000 m以下种水稻。在青藏高原上，热量条件好的地方，小麦可种植到海拔3 800 m。随着栽培制度和技术的改进、品种选育工作的成功，作物种植高度将逐渐向海拔更高的地区扩展。

7.4 气候变化

气候变化(climatic change)是指气候平均状态和离差(也叫做距平)两者中的一个或两个一起出现了统计意义上显著的变化。离差值越大，表明气候变化的幅度越大，气候状态的不稳定性增加，气候变化的敏感性也增大。从广义上讲，泛指在各种时间尺度上的气候演变。气候在不同的时间尺度和强度上经历了数十亿年的演变，并以温暖期和寒冷期的交替出现为其基本特征。气候最大的变化就是冰期的发生和消退。当气候的波动长期向一个方向变化，并使自然地理环境的其他因素发生改变时，这种气候变化称为气候变迁。

7.4.1 气候变化的进程

地球气候变迁可分为三个时期：地质时期的气候变迁、历史时期的气候变迁和近代气候的变化。

7.4.1.1 地质时期的气候变迁

地质时期的气候主要根据地质构造、地质沉积物及古地形、古生物学的方法来进行研究，近年还采用了同位素示踪的地质学方法来进行推断。地质时代气候变化的幅度很大，它不但交替出现了各种时间尺度的冰河期和间冰期，同时也相应存在着生态系统、地理环境等自然现象的巨大变迁。所以地质时期的气候不仅是一种单纯的大气现象，更是体现了大气圈、水圈、冰雪圈、岩石圈、生物圈等共同组成的气候系统的总体变化。

自从46亿年前地球形成后，地球气候经历了漫长的剧烈变化，主要表现为多次大冰期的发生。由于40亿年缺少足够的证据，地球的古气候变迁只能追溯到距今6亿年。研究证实，地质时代地球曾经反复经历过几次大冰期气候。目前学术界公认的最近3个大冰期是：距今6亿年的震旦纪大冰期；2亿~3亿年的石炭至二叠纪大冰期；始于200万年前持续至今的第四纪大冰期。两大冰期之间是间冰期。大冰期时气候寒冷，间冰期时气候温暖。图7-6粗略反映了从震旦纪开始，地质时代气候变迁的全过程，从图中可看出，间冰期持续时间比冰期长得多。在大冰期和间冰期内，还可根据地质沉积物等划分若干不同时间尺度的亚冰期和亚间冰期。

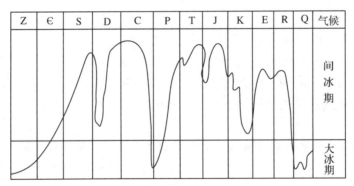

Z. 震旦纪；ϵ. 寒武纪；S. 志留纪；D. 泥盆纪；C. 石炭纪；P. 二叠纪；T. 三叠纪；
J. 侏罗纪；K. 白垩纪；E. 早第三纪；R. 晚第三纪；Q. 第四纪。

图 7-6 地质时代气候变迁示意(引自周淑贞等，1997)

第四纪大冰期是距今最近、影响范围十分广大的一次大冰期，期间冰川有过多次进退，气候具有显著的冷暖变化和干湿交替。当进入亚冰期时，气候比现代显著偏冷，高纬度地区被冰川覆盖，中低纬度地区表现为寒冷气候；当进入亚间冰期时，气候比现代温暖，中高纬度地区冰盖消失，甚至极地的冰盖也整个消失。但古气候学家在第四纪亚冰期的划分上有不同的认识。我国第四纪冰期研究的开创者和奠基人李四光，曾根据我国的冰川遗迹将第四纪划分为四个亚冰期：鄱阳亚冰期、大姑亚冰期、庐山亚冰期和大理亚冰期，每个冰期一般持续 10 万年左右。自大理亚冰期消退后（距今约 1 万年前），北半球的气候带分布基本具有现代气候的特点。

7.4.1.2 历史时期的气候变迁

历史时代的气候通常指大理亚冰期末至今约 1 万年的亚间冰后期气候。这 1 万年中，后 5 000 年的气候有文字记载可考，前 5 000 年的气候仍需通过地质、古生物、孢粉及放射性同位素等方法进行研究。著名气象学家竺可桢曾根据物候观测、考古发现、历史文献等对我国近 5 000 年气候变迁作过研究。他认为，我国曾有过 4 个温暖时期和 4 个寒冷时期，而且气候变迁的特点是温暖时期越来越短，温暖程度越来越低。这一结果与欧洲（挪威）近 1 万年间雪线升降变化趋势相似（图 7-7）。

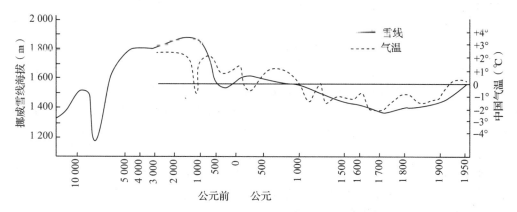

图 7-7 中国近 5 000 年温度变化曲线（虚线）与挪威近 10 000 年间雪线高度变化曲线（实线）
（引自姜世中，2020）

根据对历史文献记载和考古发掘等有关资料的分析，将近 5 000 年来我国的气候划分为 4 次温暖时期与 4 次寒冷时期（表 7-4）。

表 7-4 我国近 5 000 年的寒暖变化

第一次温暖时期 公元前 3000—前 1000 年左右（仰韶文化时代和河南安阳殷墟时代）	大部分时间的年平均气温比现在高 2.0 ℃ 左右，冬季 1 月气温比现在偏高 3.0~5.0 ℃，年降水量比现在高 200 mm，是我国 5 000 年来最温暖的时代。黄河流域有象、水牛和竹等
第一次寒冷时期 公元前 1000 年左右—前 850 年（周代初期）	《竹书纪年》记载了公元前 903 年和公元前 897 年汉水两次结冰，之后紧接着是大旱，气候寒冷干燥
第二次温暖时期 公元前 770（春秋时代）—公元初年（秦汉时代）	气候温暖湿润，《春秋》中提到鲁国（今山东）冬天没有冰，《史记》写到当时竹、梅等亚热带植物分布界限偏北

	(续)
第二次寒冷时期 公元初—600年(东汉、三国到六朝时代)	《三国志·魏书·文帝纪》记载了公元225年淮河结冰,在公元366年前后从昌黎到营口的渤海海面连续三年全部结冰,物候比现在晚15~28年
第三次温暖时期 公元600—1000年(隋唐时代)	公元650年、669年和678年的冬季,当时长安(今西安)无冰雪,梅和柑都能在关中生长
第三次寒冷时期 公元1000—1200年(南宋时代)	公元1111年太湖全部结冰,杭州在南宋时候(12世纪),4月平均气温比现在要低1~2℃
第四次温暖时期 公元1200—1300年(元朝初期)	短期温暖。公元1200年、1213年、1216年杭州无冰雪。元初西安等地又重新设立"竹监司"的衙门管理竹类,表明气候转暖
第四次寒冷时期 公元1400—1800年(明末清初)	公元1329年和1353年,太湖结冰,厚达数尺。公元1650—1700年为最冷,唐朝以来每年向政府进贡的江西省橘园和柑园,在公元1654年和1676年的两次寒潮中彻底毁灭

在每个400~800 a的时间里,可以分出50~100 a为周期的波动,温度变化范围为0.5~1.0 ℃。这种气候的波动是全球性的。虽然最冷年与最暖年不在同一年代,但彼此是前后呼应的。如欧洲在公元前5600—前500年气候暖湿,称为气候最适期,对照我国也正值仰韶文化的温暖期。图7-7是竺可桢把我国近5 000年来的估计温度与挪威雪线高度变化所作的对比,两条曲线变化趋势大体一致。雪线降低表示温度下降,反之表示温度上升(雪线升降除与温度关系密切,还受降水量多少和季节的影响)。

上述分期的特征是:温暖期越来越短,温暖程度越来越低。

历史时期的气候,在干湿上也有变化,但干湿变化的空间尺度和时间尺度都比较小。中国科学院地理所曾根据历史资料,推算出我国东南地区自公元元年至公元1900年的干湿变化,见表7-5。其湿润指数 I 的计算方法为:

$$I = \frac{2F}{F + D} \tag{7-1}$$

式中,F 为历史上有记载的雨涝频数;D 为同期内所记载的干旱频数。

表7-5 我国东南地区旱湿期

公元	年数	湿润指数	旱或湿期	公元	年数	湿润指数	旱或湿期
0—100	100	0.66	旱	1051—1270	220	1.08	旱
101—300	200	1.44	湿	1271—1330	60	1.46	湿
301—350	50	0.94	旱	1331—1370	40	1.00	旱
351—520	170	1.48	湿	1371—1430	60	1.50	湿
521—630	110	0.96	旱	1431—1550	120	1.08	旱
631—670	40	1.60	湿	1551—1580	30	1.48	湿
671—710	40	0.98	旱	1581—1720	140	1.02	旱
711—770	60	1.50	湿	1721—1760	40	1.40	湿
771—810	40	0.88	旱	1761—1820	60	1.02	旱
811—1050	240	1.44	湿	1821—1900	80	1.30	湿

注:引自周淑贞,1997。

I 值变化于 0~2，I = 1 表示干旱与雨涝频数相等，小于 1 表示干旱占优势。对中国东南地区而言，求得全区湿润指数平均为 1.24，将指数大于 1.24 定义为湿期，小于 1.24 定义为旱期，在这段历史时期中共分出 10 个旱期和 10 个湿期。从表 7-5 中可以看出各干湿期的长度不等，最长的湿期出现在唐代中期(811—1050 年)，持续 240 a，接着是最长的旱期，出现在宋代，持续 220 a(1051—1270 年)。

7.4.1.3 近代气候变化

近代气候变化主要指近 100 a 以来的气候变化。近百年来，地球气候正经历一次以全球气候变暖为主要特征的显著变化，这种变暖是由自然的气候波动和人类活动共同引起的。但最近 50 a 的气候变化，很可能主要是人类活动造成的(IPCC，2001)。

(1) 20 世纪以前的气候变化

根据长江流域湖河结冰、低纬度地区降雪、结霜情况，以及有关学者对树木年轮的统计分析，从 1400—1900 年的近 500 a 间（欧洲称为现代小冰期），我国气候经历了 3 个寒冷期和 2 个相对温暖期（图 7-8），其中，第一次寒冷期发生在 1470—1520 年，在这 50 a 里江淮流域湖、河结冰的年份共计有 6 a；第二次冷期发生在

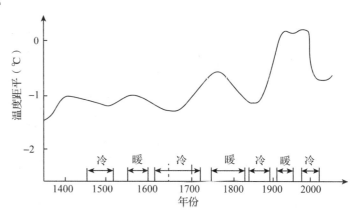

图 7-8　我国近 500 年来温度变化曲线(引自包云轩，2007)

1620—1720 年，特别是 1650—1700 年的 50 a 气候最冷，江淮流域湖、河结冰的年份共计有 10 a 之多，是近 500 a 中最寒冷的时期，也是欧洲现代小冰期的最盛期；第三次冷期发生在 1840—1890 年，这 50 a 中，江淮流域湖、河结冰的年份共计有 9 a。其间，两个相对温暖期分别发生在 1550—1600 年和 1720—1830 年。冷期与冷期（或暖期与暖期）之间平均间隔 100 a 左右。在这 500 a 中，降水也呈波动性变化，干湿交替出现。15 世纪较湿润，16~17 世纪较干燥，18~19 世纪又比较湿润。

(2) 20 世纪以来的气候变化

从 20 世纪初开始，全球气温明显上升，到 40 年代达到顶点。这种全球性增暖使高山冰川退缩，雪线升高，极地地区（特别是北极）冰层变薄，海水温度升高，北半球冻土带北移。1985 年以来山地冰川消融加速；2019 年，全球冰川总体处于物质亏损状态，参照冰川平均物质平衡量达到 −1 131 mm，为 1960 年以来冰川消融最为强烈的年份。1981—2019 年，青藏公路沿线多年冻土区活动层厚度呈显著增加趋势；2004—2019 年，活动层底部温度呈显著上升趋势，多年冻土退化明显；2019 年，青藏公路沿线多年冻土区平均活动层厚度为 2.43 m，为有观测记录以来的第二高值。2002—2019 年，我国主要积雪区积雪覆盖率总体呈弱的下降趋势，年际振荡明显；2019 年，东北及中北部积雪区积雪覆盖率为 2002 年以来的最低值，而青藏高原积雪区积雪覆盖率为 2002 年以来的最高值。

20世纪以来,我国地表年平均气温也呈显著上升趋势,并伴随着明显的年际波动,1901—2019年,我国地表平均气温上升了1.27 ℃(图7-9)。1951—2019年,我国地表年平均气温增温速率为0.24 ℃/10 a。近20年是20世纪初以来的最暖期,2019年全国平均气温较常年偏高0.69 ℃,为1901年以来10个最暖年份之一。在这119 a中,我国年平均降水量无明显趋势性变化,但存在显著的20~30 a尺度的年代际振荡(图7-10)。

结合气温与降水资料,20世纪我国东部在40°N以南地区的气候具有表7-6所列的一些变化特点。

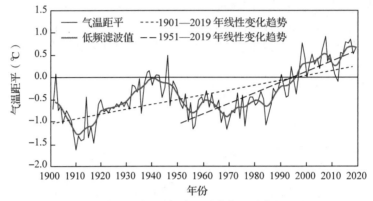

图7-9 1901—2019年我国地表年平均气温距平
(引自中国气象局气候变化中心,2020)

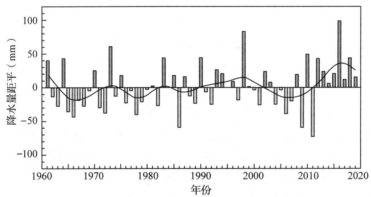

图7-10 1901—2019年我国年平均降水量距平
(引自中国气象局气候变化中心,2020)

表7-6 20世纪我国气候周期性变化特点

气候特征	年份									
	1900—1909	1910—1919	1920—1929	1930—1939	1940—1949	1950—1959	1960—1969	1970—1979	1980—1989	1990—1999
气温	暖	冷	暖	(冷)	暖	冷	(暖)	冷	暖	(暖)
降水	干	湿	干	湿	干	湿	干	干	湿	湿

注:表中带"( )"的冷和暖,分别表示气候变冷和变暖的趋势不显著,或者是我国南方和北方同期的温度变化存在很大差异。引自严菊芳等,2018。

7.4.1.4 IPCC5 对全球气候变化长期趋势的预测

IPCC 综合各种气候情景及气候模式的预测结果，在第五次评估报告中对全球气候的未来趋势进行了预测。

(1) 温度

21 世纪，全球平均气温将继续上升，并且在 21 世纪中叶全球的温暖程度将增强（图 7-11）。21 世纪末，全球陆地温度的变化要强于海洋。温度的纬向分布在整个对流层平均是变暖的，而在平流层是变冷的。

大多数地区随着全球平均温度的上升将变得更加温暖，而极端寒冷的时期将更少。极端高温事件出现的频率、持续时间和量级在增加，但偶然的极端寒冷事件仍将继续出现，到 21 世纪末，极端高温事件将更加频繁地出现，而极端寒冷事件的出现将更加罕见。

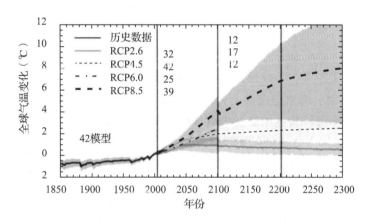

图 7-11 不同温室气体情景下全球温度的长期变化趋势（平均值为 1986—2005 年）
（引自 IPCC 第五次评估报告）

(2) 降水

全球平均来讲，相对湿度基本保持不变。长期来看，随着全球温度的上升，平均降水量将会增加，但空间分布不均匀（IPCC 第五次评估报告）。一些地方的降水在增加，而另一些在减少。高纬度地区受到来自热带地区水汽输送增加的影响，年平均降水量增加；许多中纬度和亚热带的干旱或半干旱地区的降水量将减少；在 21 世纪末，许多潮湿的中纬度地区的降水量将增加。下垫面的蒸发加强。到 21 世纪末，在欧洲南部部分地区、中东和南非的径流量会减少，高纬度地区由于冬季和春季降水量的影响，全球范围的土壤湿度会因此而下降，农业干旱的威胁增加，蒸发下降的突出地区出现在沿地中海的非洲南部和西北部地区。

(3) 冰雪圈

在 21 世纪，随着全球平均气温的不断上升，北极地区的冰雪覆盖在不断缩小和变薄。同时，南极地区海冰的范围和体积也在减少（图 7-12）。在 22 世纪，北半球的积雪将减少，随着全球温度的上升，永冻土变少。预测到 21 世纪末，北半球春季冰雪覆盖的范围将下降 7%~25%，而接近地表的永冻土的面积将下降 37%~81%。

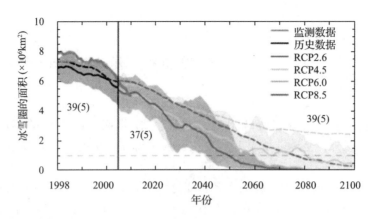

图 7-12 不同温室气体情景下北半球 9 月海冰面积的未来趋势（平均值为 1986—2005 年）
（引自 IPCC 第五次评估报告）

(4) 海洋

所有模式预测结果都表明，在 21 世纪，全球海洋将会升温，升温最强的区域在热带和亚热带地区。21 世纪末，一些地区海表几百米的升温可能超过 0.5~2.5 ℃，在深度下降到大约 1 km 以下时，海水温度的上升幅度在 0.3~0.7 ℃。在 RCP4.5 温室气体情境下，21 世纪末，从海表向海洋传送的能量中有 50% 被海洋上层 700m 高度上的海水吸收了。由于能量在海洋中从上向下传递的时间尺度过大，并在未来温室气体浓度下降或者稳定的情况下，全球海洋的升温还将持续几个世纪，并由此导致海平面的上升。

7.4.1.5 中国气候变化趋势预测

20 世纪 80 年代末，我国数十位长期从事气候预报的科学家用经验与统计学方法，根据对气候产生重要影响的气候变化周期韵律、太阳活动、行星运动、火山活动、人类活动等因素的研究。专家普遍认为，未来 50 年气候总的变化趋势是增暖，但在增暖过程中，仍然会有时间尺度在 20~30 a，变幅在 0.5~1.0 ℃ 的气候波动，最暖时期的增温幅度在 2 ℃ 左右。在这种变暖趋势下，我国可能将再次出现类似 3 000 a 前曾经出现过的气候情景，即在 21 世纪中期，我国亚热带的北界将由现在的秦岭、淮河一带扩展到黄河以北；冬季徐州、郑州一带的温度将和现在的杭州、武汉相似；东北和青藏高原的大部分多年冻土、祁连山和天山的小冰川都将趋于消失；长江流域及其以南地区夏季更加炎热。气温的升高必然导致降水的重新分配。根据我国近 500 a 的旱涝史料分析，在气候温暖时期，我国 110°E 以西、黄河及长江上游地区可能变湿；东部地区，特别是黄淮海平原可能变干，出现干旱的概率将显著增大。

气候的预报预测是一项复杂的综合性问题，目前仍处于实验研究阶段，还不能用物理的方法来预报气候系统的自然变化，而用数理统计学方法做出的预报都是在一定假设条件下建立的，其可靠性会受到一定限制。

7.4.1.6 中国气候风险指数

气候风险指数（climate risk index，CRI）是基于历史气候资料和未来气候预测结果，通过判断极端天气气候事件的致灾阈值、结合社会经济数据及实际灾害损失分析，采用科学的方法对单一或综合气候灾害风险进行的定量化评价。中国气候风险指数总体呈上升趋势（图7-13），且阶段性变化明显。20世纪60年代初期至70年代后期风险指数呈下降趋势，70年代末出现趋势转折，之后波动上升。20世纪90年代初以来中国气候风险指数明显增高，1991—2019年气候风险指数平均值(6.7)较1961—1990年(4.3)增加了56%。

2019年，全国综合气候风险指数为9.6，属强等级，较常年值偏高4.2，也明显高于21世纪以来平均值(6.5)。其中，7~8月高温风险指数异常偏高；台风和干旱风险偏强，8月台风风险指数和5~7月干旱风险指数处于偏强或强等级，雨涝和低温冰冻风险一般。

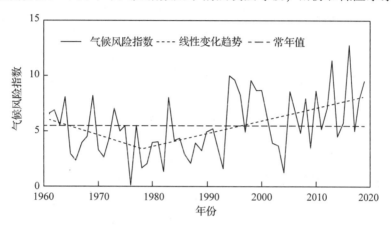

图7-13　1961—2019年中国气候风险指数变化
(引自中国气象局气候变化中心，2020)

7.4.2　气候变化的可能原因

引起气候变化的原因有多种，概括起来可分为两类：自然因素与人为因素。前者包括天文因素与气候系统内部的变化，如太阳黑子的活动、火山爆发等；后者包括人类燃烧矿物燃料、排放温室气体等引起的大气成分的改变、开垦荒地、城市化进程等带来的下垫面性质的改变及人为热的排—放等。

7.4.2.1　自然因素

(1) 天文因素

气候变化的天文因素主要指太阳活动和地球轨道参数的影响。太阳黑子的活动及地球轨道参数的变化导致到达地球表面的太阳辐射发生变化。在太阳黑子异常活动的周期中，年平均辐射总量的变化为11 a太阳活动周期最大值与最小值差的0.08%(1.1 W/m^2)。从1750年以来，太阳辐射变化造成的辐射强迫估计为0.3 W/m^2。据估计，如果太阳辐射变化1%，地面平均温度可变化1℃左右，冬半年高纬度地面温度变化可能为平均值的2~3倍。大气环流模式的模拟结果表明，太阳常数增加2%，气温可能上升3℃；而减少2%，气温可能下降4.3℃。许多科学家认为太阳黑子数多时地球偏暖，少时地球偏冷。如17世纪的70余年中太阳黑子数很少，并且寿命亦较短。当时太阳的辐亮度比目前约小0.4%或太阳辐照度约小1 W/m^2。太阳辐射减少的这一时期对应了小冰期的偏冷时段。据估计自1850年以来太阳辐照度的最大变化幅度不大可能超过0.5 W/m^2。这个数值只是与大气温室气体增加在10年内引起的地球表面能量变化相同。因而太阳辐射的变化不可能是引起现代全球变暖的主要原因。

地球轨道的变化导致地球与太阳的相对位置发生变化,从而引起到达地球表面的太阳辐射发生变化,进而影响气候的变化(Houghton,1997)。地球绕太阳公转的轨道有3种规律性的变化:一是椭圆形地球轨道的偏心率(长轴与短轴之比)以100 000 a年的周期变化;二是地球自转轴相对于地球轨道的倾角在21.6~24.5变化。其周期为41 000 a;三是地球最接近太阳的近日点时间的年变化,即近日点时间在一年的不同月份中转变,其周期约为23 000 a。由于地球的轨道参数变化不断地改变着地球与太阳的相对位置,虽然到达地球的太阳辐射量变化甚小,但地表辐射随纬度与季节的分布变化很大。科学家利用这种关系(又称米兰柯维奇理论)很好地解释了百万年尺度的冰期与间冰期的交替发生现象。在过去的10 000 a年中,由于上述地球轨道的变化,60°N处7月的太阳入射辐射减少了35 W/m^2,这是一个很大的量。但在过去100 a中,这种变化却不到1 W/m^2,它也远远小于二氧化碳增加所引起的变化量,因而地球轨道的变化也不可能是近百年全球变暖的原因。

(2)气候系统的内部变化

除天文因素可造成平均态的气候变化及极端气候事件,气候系统内部各子系统的变化,如海陆漂移、火山活动及地球生物等也可引起气候的变化。气候系统内部的自然变化中,最重要的方面是大气与海洋环流的变化或脉动。这种环流变化是造成区域尺度各种气候因素变化的主要原因。大气与海洋环流的变化有时可伴随着陆地面的变化。

在年际时间尺度上,ENSO和NAO是大气与海洋环流变化的重要例子,它们的变化影响范围很大,甚至能够影响全球尺度的天气和气候变化与异常,是目前气候预测的重要依据。

火山爆发是影响气候变化的另一个可能的自然因素。火山爆发后,向空中喷发大量的硫化物气溶胶和灰尘,可以上升到平流层的高空,显著地反射太阳辐射,从而使下层大气降温。因此,火山爆发后数年内一般会出现全球范围的降温,其范围在0.3~1.0℃。观测表明,近百年来火山活动主要集中在1880—1920年和1960—1991年,由于每次火山活动的影响只延续几年时间,与温室气体增加产生的长期作用相比,是一种短时间的影响。火山爆发不会成为造成近百年全球变暖的因子。

7.4.2.2 人为因素

近几十年来,随着对气候变化研究的深入和对气候实际变化的监测都显示出人类活动对气候变化影响的重要性。人类活动引起的气候变化,主要包括人类燃烧矿物燃料、硫化物气溶胶浓度的变化,地表辐射平衡及陆面覆盖和土地利用的变化(如毁林引起的大气中温室气体浓度的增加)等。

(1)温室气体排放的影响

人类活动排放的温室气体主要有6种,即二氧化碳、甲烷、二氧化氮、氢氟碳化物(HFCs)、全氟化碳(PFCs)和六氟化硫(SF$_6$)(表7-7)。其中对气候变化影响最大的是二氧化碳。它产生的增温效应占所有温室气体总增温效应的63%,且在大气中的存留期很长,最长可达到200年,因而最受关注。氢氟碳化物和全氟化碳是氯氟碳化物(CFCs)的替代物,虽然它对臭氧层损耗不大,但对气候变化的增温效应是明显的。除了上述6种温室气体,

表 7-7 温室气体的种类和特征

种类	增温效应(%)	生命期(a)
二氧化碳	63	50~200
甲烷	15	12~17
二氧化氮	4	120
氢氟碳化物	11	13.3
全氟化碳		50 000
六氟化硫及其他	7	不详

注：引自《气候变化研究进展》，2006。

对流层臭氧也是一种值得注意的温室气体。

IPCC第五次评估报告中指出，由于人类活动的影响，2011年大气中二氧化碳、甲烷和二氧化氮浓度都显著升高，目前其浓度已远远超过根据冰芯记录的800 000 a前的浓度值。二氧化碳是最主要的温室气体，2000—2009年，来自化石燃料和水泥生产排放的二氧化碳量以每年3.2%的比例上升，其排放速度明显高于1999的1.0%的排放速度；2011年来自化石燃料排放的碳量达到9.5 PgC。据我国和美国全球大气本底站监测的数据显示，二氧化碳浓度在最近100多年呈现出明显升高的趋势（图7-14）。

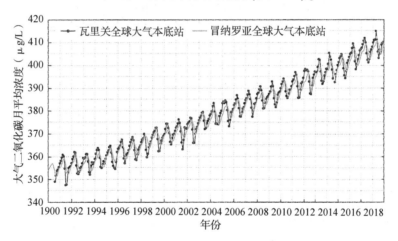

图 7-14 1990—2018年中国瓦里关和美国夏威夷冒纳罗亚全球大气本底站监测的二氧化碳浓度变化（引自中国气象局气候变化中心，2020）

在1750—2011年，因土地利用改变的排放达到180 PgC，在2000—2009年土地利用改变的排放主要是因为热带地区森林砍伐而引起的，其排放量约为1.9 PgC/a。1750—2011年，因化石燃料和土地利用向大气中排放了545 PgC。1750年前大气中二氧化碳浓度为278 μg/L，在2011年达到390.5 μg/L。在21世纪的第一个十年里，二氧化碳浓度以4.0 PgC/a的速度上升，这些排放主要来自北半球工业化国家的人类活动影响。

（2）改变下垫面性质

城市化进程、生产活动等过程中，人类在有意无意中不断地改变着下垫面的性质。如植被覆盖的人为破坏、森林砍伐、造林活动和人为引起的草原退化等。一方面，下垫面性质的改变可直接或间接地改变温室气体的吸收与排放，影响气候；另一方面，下垫面性质的改变会造成地表的反射率、粗糙度、土壤湿度与地气感热通量和潜热通量的变化，从而引起地表温度、降水和蒸发的变化，造成区域性的气候变化。

下垫面性质的变化包括两种情况，一种是由人类活动直接引起的，包括毁林、农业灌溉、城市化及交通等；另一种是间接变化，即气候的变化或二氧化碳浓度的变化可使生物群落的结构和功能发生变化或造成生物群落的迁移。目前，世界各地正利用各种手段连续监测第一种下垫面性质的变化，研究表明，热带雨林一旦退化或被草原替代，将减少蒸发，升高地表温度，大范围的开垦和耕种将引起地区性冷却。城市化也是土地利用变化的一种，它通过影响地面的粗糙度从而影响地方性风场、温度等。

(3) 人为热的释放

人类生活中也在不断地向大气释放各种人为热量，比如呼吸、暖气、空调的使用、工业生产中排放的热量等。根据联合国有关组织的统计，自1970年以来，人类向大气中释放的人工热量平均每年递增5%以上。如果这一增长率保持不变，到2050年人工热总量将达到地球表面净辐射的10%，即使最保守的估计，全球的平均温度也将升高4~5℃，这对全球气候产生的负面影响将难以评估。

在局部地区特别是人口稠密、工业集中的城市和大工业区，人工释放热量对当地气候产生显著的增温作用，形成"城市热岛效应"。城市的平均气温一般比郊外高0.5~1.0℃，冬季温差更大。如上海市1979年12月13日20:00，市区中心的气温为8.5℃，近郊为4.0℃，远郊为3.0℃，由此看出城市的热岛效应十分明显。

7.4.3 气候变化对农林业的影响

近几十年来全球气候发生了重大的变化，温室气体的排放造成了全球温度普遍升高，积温增多，农作物生育期延长，种植界限北移，复种面积扩大；森林的平均高度和年龄都在显著缩短，气候变化特别是降水和温度的变化，对森林植被的生长具有重要的影响，而由气候变化引起的森林分布、林地土壤呼吸和生产力诸方面的变化反过来也可对地球气候产生重大的反馈作用。

7.4.3.1 气候变化对农业的影响

1) 气候变化对农作物种植的影响

气候变化使我国农业生产区的热量资源普遍增加、农业气候带北移，导致熟制边界北移，作物的种植范围扩大。农业生产布局与结构调整的影响最主要表现在种植制度的变化上。归纳起来有四个方面：一是农业熟制变化，多熟制地区向北向高海拔区扩展；二是冬小麦种植区域北移；三是东北玉米带北移东扩；四是晚熟品种种植面积扩大。

(1) 作物种植

东北地区地处中高纬度，是北半球欧亚大陆的第三个高增温区，也是20世纪我国变暖趋势最明显的地区之一。在全球气候变暖的大背景下，东北平原出现了持续而显著的增温现象，自1980年以来，平均气温上升1.0~2.5℃，积温增加，作物有效生育期延长，物候期提前。预计这种大幅度的增温趋势在未来几十年或更长的时间内将继续下去。东北地区满足玉米生长≥10 ℃有效积温2 300~2 400 ℃·d线因气候变暖北移后，相应地玉米种植区也发生了北移，而原来玉米生长的优势地区，由于满足了更加喜温的作物——水稻的种植条件，加上水稻在经济收益上又更有优势，所以被扩充的水稻所取代。

一般认为，年绝对最低气温-24~-22 ℃，最冷月平均最低气温-12 ℃，为冬小麦种植的北界，由此将冬小麦的种植北界定在长城沿线。随着气候变化和生产条件的改变，冬小麦的种植北界实际上是不断变动的。而东北三省和内蒙古及河北北部地区，除南部边缘地区为冬春麦交错地带，其余地区一直被认为是春麦区，冬小麦不能在这些地区种植；20世纪70年代前期，冬小麦种植北界大幅度向北推移，张家口、承德和沈阳等地也已经有冬小麦种植；70年代后期和80年代初，北方连续遭受严重冻害，北界地区死苗相当严重，有的甚至绝收，此后冬小麦北界有所后退。但辽南、辽西、河北张家口和承德仍有部分冬小麦种植。种植北界仍比50年代向北推移了约100 km，黄土高原北部和河西走廊也保留了较大的冬小麦面积。90年代，西北地区冬小麦比60年代冬小麦适宜区向北扩展了50~100 km。

(2) 作物熟制

自1980年以来，我国年平均气温呈上升趋势，春季土壤解冻期提前，秋季冻结期推迟，生长季热量增加，已使一年二熟、一年三熟的种植界限向北、向高海拔推移，复种面积扩大，复种指数提高。多熟制向北推移，作物品种由早熟向中晚熟演变，作物单产增加。

以我国西部的冬小麦为例，由于秋季增温，其播种期自20世纪90年代比80年代推迟了4~8 d，且由于春季温度升高，返青期提前，营养生长期提前4~7 d，生殖生长阶段提早5 d左右，全生育期缩短了6~9 d。另外，≤0 ℃的负积温逐渐减少，冬小麦越冬死亡率大大降低，种植风险减少，因而西部各地扩大了冬性稍弱但丰产性较好的晚熟品种。

2) 气候变化对农业气象灾害的影响

气候变化，尤其是极端气候条件对粮食生产的冲击强度加大。北方干旱受灾面积扩大，南方洪涝加重，局部高温干旱危害加重，秋季霜冻的危害因气候变暖后作物发育期提前、抗寒性减弱而加大，使农业生产的不稳定性增加。我国每年由于农业气象灾害造成的农业直接经济损失占国民生产总值的1%~3%，其中影响最大的是干旱，其次是涝渍和冰雹灾害。

(1) 干旱

据1950—2001年的旱灾资料，我国作物年均受旱面积2 000×10^4 hm^2，全国每年因旱灾损失粮食1 400×10^4 t，占同期全国粮食产量的4.7%。受气候变化的影响，自20世纪80年代以来，我国降水呈现南方偏多，北方偏少的态势。加重了北方干旱缺水、南方洪涝灾害频繁的局面，特别是20世纪90年代后期以来，大致以长江、淮河为界，北方各流域降水量都在减少，尤其在35°N~40°N的长江以北至黄河流域一带是旱灾严重发生的主要地区。其中，黄河流域降水量减少15%以上。黄河从70年代开始频繁断流，最严重的1997年，受大旱影响其下游的利津水文站全年断流时间长达226 d，最长断流河段超过700 km。黄河断流，对该流域的农业生产及生态环境造成了严重影响。

从20世纪50年以来我国北方干旱范围的变化来看，我国北方主要农业区的干旱发展趋势在逐步加重，干旱范围在逐步扩大。华北、华东北部的干旱面积扩大迅速，形势严峻；东北、华中北部干旱面积扩大速度相对较小；西北地区东部的干旱面积扩大趋势不明显。我国华北、东北地区在降水量减少的同时，降水日数也在显著减少，最大连续无降水的时段增加，气温也显著升高，使干旱形势更加严峻。进入21世纪，干旱灾害更为严重。2000—2002年我国北方连续3 a发生了严重干旱，灾情最重的是2000年，其次是2001年，均为全国性的大旱年，全国农作物受灾面积达 $4\,054\times10^4\ hm^2$，其中成灾 $2\,678\times10^4\ hm^2$，绝收 $800\times10^4\ hm^2$，因旱灾损失粮食近 $600\times10^8\ kg$、经济损失510亿元，其影响超过了1959—1961年3 a自然灾害时期。

(2) 涝渍

涝渍灾害主要分布在我国东南部，在长江和黄淮河流域地区尤为严重，西北部受灾、成灾面积很小。自1990年以来，长江、珠江、松花江、淮河、太湖、黄河均连续发生多次大洪水，洪灾损失日趋严重。华北地区年降水量趋于减少，虽然极端降水值和极端降水平均强度趋于减弱、极端降水事件频数趋于减少，但极端降水量占总降水量的比例仍有所增加。西北地区西部总降水量趋于增多，极端降水量和极端降水强度未发生明显变化，但极端降水事件趋于频繁。长江及其以南地区的极端降水时间趋强、趋多。近年来长江流域降水总量虽然与多年平均值变化不大，但流域内降水在时间上和空间上的集中度都有明显的增加，降水时空分布的这种变化，不仅造成了汛期涝渍灾害的增加，也造成了非降水集中时段旱灾的增加。

(3) 冷害

近几十年来在气温显著上升的背景下，东北地区低温冷害呈明显的减少趋势。自20世纪70年代后期以来，低温冷害的出现频次迅速减少，特别是近几年几乎没有出现过大范围的严重低温冷害，冷害的影响也在相应地降低。如果原有农作物种植结构和品种不变，气温增加，极端低温发生的概率会因气候变暖而减小。但实际上，变暖同时意味着作物种植热量条件的改变，人们根据变暖的气候条件改变了农作物种植结构和品种，由于作物种植结构的改变或不同作物品种的临界低温不同，也会影响低温冷害发生的概率。

20世纪90年代黑龙江发生严重低温冷害，但从低温受灾面积占播种面积的比例来看，与80年代相比，受灾面积的比例反而略有上升。这种现象与人们适应气候变化的行为有关，人们通常追求的是最大的经济利益，而不是最小的灾害风险。由此，变暖带来热量条件的改善可以使一些地区改种偏晚熟的品种，从而获得更高的单产。在这些地区，人们如果为适应气候变暖而更换了更高产的品种，则这些地区出现低温冷害的概率不一定会减小，甚至可能会增加。

我国华东地区的小麦多数是早熟品种，冬季气候变暖缩短了作物越冬期，使作物提前返青拔节，从而减弱了植株的抗寒能力，使作物更易遭受冻害的侵袭。因此，热量条件改善的同时也会使作物稳产的气候风险性增加。

(4) 寒害

气候变暖并不意味着冬季没有剧烈降温，相反，严重寒害发生前期大多有明显的温暖期，而突发性天气使作物难以适应短时间的剧烈气温变化，从而更容易遭受危害。1999年冬季的严重霜冻，使广西农作物受灾面积约 $4\,264\times10^4\ hm^2$，大量的甘蔗、果树、蔬菜、海产品被冻死、冻伤，直接经济损失近200亿元，是中华人民共和国成立以来同类灾害中损失最为严重的。2004年2月9~10日，受强冷空气南下影响，广西先后有64个县、市出现霜冻、冰冻天气，这是自1978年以来，2月出现的范围最大的霜冻天气。近年来寒害频繁发生的事实说明，气候变暖的同时，仍然有极端气候事件发生，冬季明显变暖的气候，潜伏着寒害的可能性更大。

(5) 热害

在气候变化的背景下，温度升高，高温热害、伏旱更加严重，对我国亚热带农业生产的影响已十分突出了，暖温带地区也有不同的类似问题。高温热害限制了作物生产，影响玉米、大都、高粱、谷子等的种植和产量，水稻、棉花的生长发育也会受到强烈抑制。重庆和四川2006年7~8月平均气温43.6 ℃，为历年最高，而夏季平均降水量345.9 mm，为1951年以来历史同期最少，遭受了历史罕见的特大旱灾和持续的高温天气。

(6) 冰雹

农业冰雹灾害是我国农业自然灾害中处于第三位的农业气象灾害。我国有两个多雹日带，青藏高原是我国雹日最多、范围最广的地区，但成雹灾少。从青藏高原雹区往东，可分成南北两个多雹带。南方多雹日带包括四川、重庆、广西、云南、贵州、安徽、江苏、江西、湖南、湖北等省(自治区、直辖市)。南方多雹日带尽管雹日多，但雹粒小，灾害一般不重。北方多雹日带包括内蒙古、黑龙江、辽宁、吉林、山东、河南、河北、山西、陕西等省(自治区)。这是我国最宽、最长的一个多雹日带，灾害严重。虽然受灾面积与南方多雹日带相比较小，但成灾占受灾比重较大。青海省雹灾面积自20世纪60年代以来呈逐年上升的趋势，原因主要是该区东北部在近40 a中种植结构调整，种植面积扩大，从而导致了受灾面积的增加。1962—2002年全国雹灾发生频次也是逐渐上升，80年代出现高峰值，90年代后有逐渐减少的趋势。

3) 气候变化对农业病虫害的影响

气候变暖的幅度随纬度增加，使南北温差减小，夏季风相对加强，秋季副热带高压减弱东撤的速度相对缓慢。在这种环流影响下，黏虫、稻飞虱等迁飞性害虫，春季向北迁入的始盛期提前到2月中下旬至3月，迁入的地区由33°~36°N扩展到34°~39°N；秋季冷空气出现迟，造成黏虫向南回迁的时间推迟到9~10月上旬，危害的时间延长。在大气环流改变之后，黏虫等迁飞性害虫春秋往返迁飞的路径也将受到一定的影响，从而使害虫集中危害的地区分布发生相应的变化。

我国常年病虫害发生面积可达到2×10^8~2.33×10^8 hm^2，是耕地面积的2倍多，每年因病虫害造成的粮食减产幅度占同期粮食生产的9%。气候变暖后，因病虫害造成的粮食减产幅度会进一步增加。近10 a来，我国稻螟灾害频繁，范围扩大，程度加重，已达历史最高水平。其中二化螟灾害尤为严重，成为继稻飞虱、棉铃虫后又一影响国计民生的重大害虫。北方稻区二化螟越冬基数连年增大，发生世代数增加，水稻害虫发生面积增长、危害加重。

小麦赤霉病是我国长江流域及东北地区东部春麦区的主要小麦病害，近年来随着气候的变化，小麦赤霉病已开始向淮河和黄淮流域蔓延扩展。在江苏淮南、淮北地区的大流行年(病穗率50%以上，减产20%~50%)和中等流行年(病穗率20%~40%，减产10%~20%)每2~3 a发生一次，且几乎每年都有轻微发生。

4) 气候变化对主要粮食作物产量和品质的影响

(1) 作物产量

对于一种农作物而言，当温度、降水条件较好或达到非常适宜的情况时，产量会出现一个大幅度的提高，实现一个量的积累；反之，则减产。气温升高会使西北地区小麦和棉花等农作物增产。冬季气温升高，使冬小麦越冬死亡率大大降低，并且各地也会选用抗寒性或越冬性稍弱但丰产性较好的品种，使产量有所提高。春小麦的苗期和籽粒形成期发育速度受温度影响最大。1996—2000年与1986—1990年相比，甘肃河西各地春小麦的气候产量增加了10%以上。

降水也是影响粮食产量的另一个关键因素。但因各地降水条件及灌溉条件的差异，也对粮食产量产生了不同的影响。如限制华北地区冬小麦生产的主要因素之一就是水分匮乏，一般小麦生长的灌溉用水占农业用水量的80%，干旱趋势加剧是造成该地区冬小麦减产的主要原因。而长江中下游地区通常雨量和热量充沛，该区温度升高，但仍可保证小麦品种春化的温度要求，产量有一定的增加趋势。我国东北、西北春麦区和西南冬麦区小麦有明显减产，减幅大多集中在30%~60%。

总体来看，我国的主要粮食作物总产及单产均呈增加趋势。尽管影响粮食产量增加的因素很多，但气候变暖、降水分布格局变化还是一个举足轻重的因素。

(2) 作物品质

气候变化对作物品质的影响近年来也备受关注，但是目前这方面的研究也还处在宏观的分析层面。二氧化碳浓度增高会导致作物光合作用增强，使根系吸收更多的矿物质元素，有利于提高作物产品的质量。如水果中的糖、柠檬酸、比黏度等均有提高。但由于植株中含碳量增加，含氮量相对降低，蛋白质也可能降低，粮食品质就有可能下降。对豆科作物而言，一方面，二氧化碳增加可通过光合速率提高而增加其固氮能力，但温度的升高又会减弱固氮作用和增加固氮过程中氮的能量消耗，从而产生豆类的含油量和油分碘值下降而蛋白质增加的趋势；另一方面，二氧化碳浓度升高时水稻籽粒淀粉容量将有所增加，而对人体营养很重要的Fe和Zn浓度降低，且温度和二氧化碳浓度均升高将导致籽粒蛋白质含量减少。

5) 气候变化对农业生产成本的影响

气候变化给我国农业生产分布和结构带来的影响，将进一步增加农业生产成本。气候变化尤其是气温升高后，使土壤有机质分解加快，化肥释放周期缩短，加上气候变化使灌溉成本提高，进行土壤改良和水土保持的费用增大，同时，农业气象灾害增加，增加了粮食生产的不稳定性，因此农业投资加大，势必会导致农业成本提高。

肥效对环境温度的变化十分敏感，尤其是氮肥，温度升高，会加快氮肥的释放速度和释放量。温度上升1℃，氮向外释放量要增加约4%，释放期将缩短3.6 d。因此，要想保持原有肥效，每次的施肥量要增加4%左右。因而，肥料的施用量在20世纪80年代之后迅速增加，几乎呈指数增长，化肥施用量(纯量)由1981年的1 334.9×10^4 t增长为2006年的4 766.2×10^4 t，几乎增长了3倍。施肥量的增加不仅使农民投入增加，其挥发、分解、淋溶流失的增加对土壤和环境也十分有害。而降水减少和干旱加剧会引发有效灌溉增加，灌溉用水、用电量等也相应地增长，同时也造成水资源短缺。灌溉用电量由1981年的369.9×10^8 kW·h增长到2006年的4 375.7×10^8 kW·h，增长了约12倍。气候变暖会加剧病虫害的流行和杂草蔓延，农药的施用量增大，从1991年的76.5×10^4 t增加到2006年的146.0×10^4 t，增加了近1倍。

7.4.3.2 气候变化对林业的影响

林业是指保护生态环境和保持生态平衡，培育和保护森林以取得木材和其他林产品、利用林木的自然特性以发挥防护作用的生产部门，是国民经济的重要组成部分之一。树木的形态、生理特点与森林群落的复杂结构对气候条件有许多特殊要求与反应，栽培抚育对树木生长发育的调控能力又远弱于对农作物的影响，因此林木生长对气候有着更大的依赖性。

1) 气候变化对森林生态系统的影响

全球气候变暖增加了干旱发生的频率、强度和持续时间，干旱对森林生态系统的影响及森林对干旱的响应一直是极端气候事件研究中的焦点问题。干旱事件对森林地理分布格局、群落结构和组成、植物生长和生理特性、死亡和灭绝、植物生产力及碳循环功能等都有一定的影响。

(1) 干旱改变森林生态系统的地理分布格局

过去半个世纪的气候变化改变了世界上许多物种的物候、地理范围和种群数量。有研究预测了在人类引起的降水和温度状况下，植被分布正在以前所未有的速度进行着大规模的生物地理格局变化。模型模拟预测了未来气候情景下森林分布与当前森林分布的比较，发现各种森林类型都将发生大范围的转移。全球气候变暖加速了热带雨林的更新，并将热带雨林侵入亚热带或温带地区，从而雨林面积将会增加，而由于温度升高导致干旱频率、强度和持续时间的增加，有些地区降雨减少加速了季雨林和干旱森林向热带稀树草原的转变，温带森林景观向草原和荒漠景观的转变且面积不断缩小。干旱加剧将改变土地覆盖和土地利用，加剧森林片段化分布或面积缩小，改变植被分布格局。总体上，气候变化使地球植被分布在地理范围和幅度的变化上仍有很大的不确定性。

(2) 干旱对森林群落结构和组成的影响

在区域和全球尺度上，不同群落为适应所处的环境而拥有了各自独特的生理生态特征、物种组成和群落结构，快速的环境变化将改变这种结构与动态变化节律。特别地，干旱能够在短时间内使群落结构发生根本性变化。研究表明，区域和局部尺度上的干旱敏感性差异决定了热带森林中物种的分布特征，而土壤水分的有效性是热带物种间生态位分化的直接因素，全球气候变化和森林破碎化引起的土壤水分有效性差异可能改变热带物种分布、群落组成和多样性，增加相对更耐旱树种的比例。研究表明，干旱会导致树木落叶、顶梢枯死等现象，也会影响森林生态系统的结构和物种组成。

干旱降低了森林群落的物种多样性。由于耐旱物种密度相对增加而其他物种减少，明显改变了群落的种间关系，优势物种向耐旱性物种过渡，其他物种不能生存，使群落物种单一、林分层次结构简单。物种的生命周期发生改变也将加速物种的老化和死亡，使有害物种入侵，导致森林生态系统不同程度地退化，这些都将改变原有森林群落的结构和物种组成。

(3) 干旱对树木生长和生理特性的影响

植物生长对干旱胁迫的反应程度与适应能力是长期进化的结果，因植物种类而异。干旱胁迫导致植物发生不同程度的生长缓慢，物候提前，地上、地下生物量分配比例改变，萎蔫或死亡加剧等诸多树木生长特性的变化。干旱一方面通过促进植物根系生长，改变根表面积、侧根数、根冠比等调整地下生物量的积累和分配，另一方面诱导植株变矮、早期衰老及发芽和花期延迟等形态结构的变化。由于一些植物的抗旱性较强，能够在干旱胁迫下存活而不死亡，因而植物的应答机制可能是多种形态、生理、生化和分子适应等多种机制共同作用的结果。

目前关于植物对于干旱的响应机制尚不是十分清楚，相关研究表明植物适应干旱环境的能力，不仅与本身形态结构特征有关，同时也取决于植物内部的多种生理生化特征。对生理效应的改变会直接影响植物的生长，如干旱胁迫引起植物气孔导度和密度降低，导致光合和蒸腾速率降低，水分利用效率和植物适应能力下降。区域变暖和干旱胁迫减少了树木胸径生长和生物量积累。为了增加抗干旱能力，植物抗氧化酶活性被主动或被动地激活来增加自身抗氧化物质的积累，防止膜脂过氧化。干旱也会严重影响植物的代谢活动，损伤叶绿体。由于蛋白质休克、细胞脱水，导致渗透胁迫和活性氧的积累从而造成氧胁迫。植物通过渗透压调节来维持正常的生长发育、生理生化反应、光合作用和呼吸作用及物质代谢运输等过程以尽量降低伤害，在激活对干旱的反应机制后，植物会重建体内平衡以保护和修复受损的蛋白质和细胞膜来增强耐旱力。因此，在进行干旱对植物各方面功能系统的研究时，应结合分子生物学、水分运输、信号转导过程和日益成熟的基因组、转录组，以及蛋白质技术，全面理解森林物种对干旱的响应及对抗旱植物的培育。

(4) 干旱对森林树木死亡和灭绝的影响

全球升温已造成了大量的林木死亡事件，在不同尺度上对森林生态系统造成了严重影响。林木死亡已广泛存在于所有群落类型和生物群落中。许多模型表明任何森林树木死亡率发生较小的变化，都可能对森林的生产力、碳循环、结构组成和生态系统服务功能造成重大影响，大尺度的森林死亡还可能改变当地、区域，以及全球原有碳收支进而影响碳平衡。

根据对未来气候变化的预测，干旱可能严重威胁植物存活状态，预计将导致树木死亡率在全球范围内增加。研究发现干旱导致松甲虫暴发，使加拿大森林近几十年的死亡率显著增加。干旱不仅会增加病虫害爆发的频率、强度和持续时间，而且可能会改变植物对病虫害的抗性。研究表明亚马孙流域森林死亡率显著上升的原因主要是干旱。

(5) 干旱对森林植被生产力的影响

干旱胁迫通常导致光合作用比呼吸作用先下降，因此光合作用可能比呼吸作用具有更高的干旱敏感性。呼吸作用下降也会间接降低森林植被生产力。当然，不同树种的生产力受干旱影响下降的程度是不同的，植被生产力受干旱影响的程度也有所不同。干旱对森林群落的干扰形式、频率和强度也会很大程度地减少森林植被的生产力。例如，干旱会增加森林死亡、火灾、虫害和疾病的强度和频率，导致森林生态系统生产力降低。干旱和火灾导致的树木死亡进一步增加了森林的可燃性,形成正反馈效应,加剧这些地区的土地贫瘠。总之,大量的研究一致认为,干旱事件将会直接降低森林生态系统的生产力,虽然其影响强度和机制目前还存在较大争议。

(6)干旱对森林生态系统碳循环的影响

陆地生态系统碳循环对干旱的响应方式被认为是最不确定的。森林生态系统储存了陆地生态系统中近一半的碳,因此森林生长和死亡对极端干旱的反应在预测陆地碳循环反馈机制中也存在很大的不确定性。当前,干旱显著地改变了长时间陆地生态系统的碳平衡,也是陆地生态系统碳汇功能的重要胁迫因子,对生态系统生产力和呼吸都存在抑制作用,但生产力对干旱的敏感性一般高于呼吸,从而导致陆地生态系统碳汇功能的显著削弱,甚至使之变成碳源。在干旱的生态系统中,降水的滞后对土地碳汇的年际变化具有重要作用;遭遇严重干旱后的植被生长会产生遗产效应(legacy effect),树木生长会减缓1~4 a;在这一时期内不太能够充当碳汇,并且这一现象在温带和寒带森林生态系统中广泛存在。另外,干旱会导致树木碳分配的变化,减少对树干生长的分配,增加对根或叶的分配。但生长下降可能不会立即导致森林碳吸收减少,与没有滞后影响的森林生态系统相比,叶和根的快速更替仍会导致森林总体碳储量的减少。

2)气候变化对森林病虫害的影响

气候变化对我国森林病虫害的种类、发生、分布、危害程度等的影响已显现了出来,并且形势十分严峻。据统计,2000—2007年,我国年均森林病虫害发生面积为 829.9×10^4 hm^2,约占全国森林面积的4.7%。在诸多造成我国森林病虫害普遍发生和严重危害的因素中,气候变暖是重要的原因之一。

(1)气候变化造成我国森林病虫害的发生区域变化且发生范围扩大

在一定的气候条件下,随着地理条件的不同,森林植物和森林病虫害的分布、发生与流行、种群变动等在"物竞天择,适者生存"的原则下形成了明显和相对稳定的森林分布区和林带,以及相应的生境、生物区系,包括昆虫区系和病原体的原生地和适生区。但由于温度升高,有效积温增加,昆虫区系分布正在向北变迁。例如,分布在辽宁、北京、陕西、山西、山东等地的油松毛虫,近年来出现向北、向西的扩展趋势;热带、亚热带地区常见多发的白蚁,危害范围也在由南向北扩大,2005年在山西垣曲、沁水等地大暴发;过去很少发生病虫害的云贵高原近年来也病虫害频发,云南迪庆地区海3 800~4 000 m高山上冷杉林内的高山小毛虫常猖獗成灾。

(2)气候变化使森林病虫害的发生数量、强度、频率明显增加

由于气候变化、人工纯林面积增加、生物多样性差、外来林业有害生物入侵增多等原因,我国主要林业有害生物由中华人民共和国成立初期的几种扩增到290多种,其中气候变化是重要原因之一。气温升高、持续干旱和极端灾害性天气使多种不产生危害的次级害虫变为危害严重的主要害虫,森林病虫害的暴发周期相应缩短。有资料显示,历史上松毛虫每10 a左右暴发1次,但20 a来,缩短到每5 a左右暴发1次。天幕毛虫的发生周期一般为14 a、15 a,目前该周期也出现缩短趋势,黑龙江牡丹江地区在1995年、1985年、1971年,吉林白城地区在1965年、1974年、1984年和2002年相继大暴发。

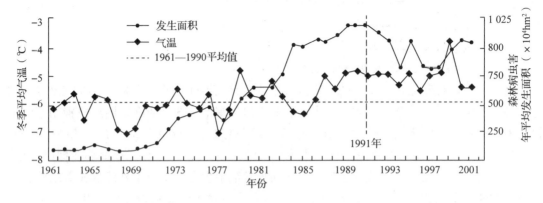

图 7-15　1961—2000 冬季平均气温与全国森林病虫害发生面积的关系
(引自赵铁良等，2003)

(3) 灾害性天气使突发性森林病虫害的发生风险增加

近年来，极端灾害性天气频发。暖冬使森林病虫害发生频次增多、面积扩大(图 7-15)。出现该现象的原因主要是久旱不雨和长期涝灾会造成林木树势衰弱，抗逆性降低，易于遭受有害生物侵袭；暖冬有利于病虫害越冬、滋生和蔓延，会使病虫害发生期提前，世代数相应增加，群落数量增大，对森林的威胁增大，危害期延长，危害程度加重。

3) 气候变化对森林火灾的影响

森林火灾是指失去人为控制的，在林地内自由蔓延和扩展的，达到一定面积的并对森林生态系统和人类造成一定危害和损失的林地起火。随着全球气候变暖，森林火灾发生的频率与强度亦随之增加，世界各地森林火灾潜在的危险将大幅增加。由于森林火灾突发性强、破坏性大，处置救助极为困难，因此成为当今世界最为严重的生态灾害和突发性公共事件之一。森林火灾是林业系统唯一列入国家 13 个重大公共安全灾害，并进入国家级应急预警预案的灾种之一。全球气候暖干化与森林火灾频发密切相关。气候暖干化引起植被干燥程度的变化，从而影响森林火灾的动态变化。气候变暖对森林火灾的影响主要通过降水格局的改变影响森林可燃物分布及载量的变化，进而对森林火灾发生的难易程度及火灾蔓延速度产生影响，从而改变森林的火行为，影响森林火灾发生的发展规律。同时，森林火灾对森林生态资源和全球气候产生了巨大影响，森林火灾排放物将对气候变化产生反馈作用，所产生的气候变化会进一步影响森林火灾，而森林火灾反过来又影响碳循环，碳循环又反作用于气候变化的正反馈机制。森林火灾排放物导致气候变暖，而气候变暖又对植被及森林火灾动态产生影响。

(1) 气候影响森林火灾发生频率

在气候变暖背景下，我国北方地区温度低于 0 ℃ 的天数显著减少，温度高于 35 ℃ 的天数增加，霜冻天数显著减少。降水量的时空分布也发生了变化，在我国南方地区的降水量增加，而北部的降水则有所减少；在西部地区，降水日数的频率和强度显著增加，而在长江流域，1961—2001 年，夏季极端降水事件每 10 a 增加 10%~20%。森林火灾的频率受温度、降水、风等气象因子及地形等因素的综合影响，2003—2016 年，我国森林火灾次数、过火面积等总体呈下降趋势(表 7-8、表 7-9)。

表 7-8 2003—2016 年各地区森林火灾次数统计　　　　　　　　　　　　　　次

年份	华中地区	华北地区	西南地区	华东地区	华南地区	东北地区	西北地区
2003	2 123	2 184	3 483	2 475	1 458	641	102
2004	4 627	2 327	2 304	3 967	1 737	403	105
2005	5 241	2 519	2 199	1 969	1 121	370	128
2006	3 001	2 485	2 604	838	758	385	105
2007	3 990	2 334	2 405	1 073	997	309	159
2008	7 243	2 208	3 327	1 838	942	463	131
2009	3 429	2 185	2 544	1 387	803	361	159
2010	2 248	2 162	3 580	566	895	107	175
2011	2 005	2 224	1 019	1 327	631	155	198
2012	1 635	2 184	1 111	396	377	141	134
2013	1 472	2 180	954	539	461	50	286
2014	759	2 280	1 018	639	622	209	190
2015	166	2 223	514	261	1 359	335	93
2016	469	2 151	387	225	522	192	104

注：引自张颖，2019。

表 7-9 2003—2016 年各地区森林火灾过火总面积统计　　　　　　　　　　　hm²

年份	华中地区	华北地区	西南地区	华东地区	华南地区	东北地区	西北地区
2003	31 962.8	214 642.0	3 084.4	37 449.0	23 135.4	800 019.1	31 864.6
2004	28 799.1	10 430.1	995.3	21 715.5	30 391.5	186 304.7	67 578.9
2005	27 202.2	53 862.0	626.0	30 795.0	16 999.0	132 831.0	30 320.0
2006	12 362.9	83 268.7	645.5	32 099.4	10 521.5	417 104.2	8 298.7
2007	20 127.0	15 893.0	636.0	21 743.0	16 537.0	40 287.0	11 911.0
2008	40 678.0	18 768.0	605.0	58 086.0	13 085.0	20 096.0	35 187.0
2009	22 298.0	23 382.0	667.0	28 921.0	10 020.0	101 594.0	28 766.0
2010	12 519.0	11 881.0	1 357.0	56 883.0	17 829.0	14 267.0	4 975.0
2011	11 041.0	12 319.0	1 970.0	9 277.0	8 579.0	2 558.0	19 693.0
2012	10 022.0	9 117.0	629.0	13 959.0	5 207.0	1 598.0	4 651.0
2013	9 091.0	5 443.0	1 533.0	16 279.0	4 937.0	312.0	7 308.0
2014	5 926.0	9 895.0	907.0	22 056.0	8 997.0	1 480.0	8 094.0
2015	1 037.0	7 148.0	490.0	6 596.0	11 862.0	3 250.0	4 713.0
2016	1 782.0	4 557.0	975.0	2 602.0	5 936.0	2 469.0	1 859.0

注：引自张颖，2019。

(2) 气候影响森林可燃物

气候变暖背景下，我国东北阔叶红松林分布区将发生明显北移趋势。据研究，未来气候若呈暖干化，兴安落叶松、长白落叶松和华北落叶松均可能向北退缩。森林生态系统的结构改变与植被带的迁移过程中，一些植被由于未能较好地适应新环境而死亡，进而造成森林可燃物的增加。随着可燃物载量增大，大多林分处于易燃状态，发生森林大火的可能性较大。气候变化还可能使森林可燃物理化性质发生改变，如森林可燃物的燃点、热值及挥发油含量等发生变化，进而影响森林的易燃性及燃烧性。在特别干旱的天气下，苏格兰松(*Pinus sylvestris*)的树脂含量相比苗木提高了39%。树脂含量的提高，降低了燃点，导致森林火灾发生的概率增加。

(3) 气候影响森林火源

气候变化对森林火源的影响是气象因子、植被状况和人为因子等交互作用的结果。随着气候变暖，极端气候出现的年份呈增加趋势，导致火险等级增强、火灾发生概率增加。近年来，气候变化造成雷击发生的频率呈暴发之势。2000年以后受高温、干旱等的影响，雷击火增加，导致森林火灾呈现增加趋势。美国雷击次数的增加导致着火点数量增加了40%左右。气候变暖还可能引起异常天气增加，从而影响森林可燃物的载量及燃烧性，增加着火几率，进而影响森林火源。气候变暖导致的高温、干旱、大风等火险天气容易导致森林火灾，同时由于气候变暖造成的辐射增强，蒸发量变大，导致地表植被干燥，也容易引发森林火灾。由此可知，气候变暖导致火险天气增加，植被燃烧性增强，雷击火频率增多，从而对森林火源产生重要影响。森林火灾虽多数是人为引发，但随着气候变暖与雷击山火出现频率的增加，增加了森林火源的来源。

(4) 气候影响森林火行为

森林火行为主要包括森林火灾的蔓延速度、森林火灾强度和森林火灾烈度等。气候变化影响了森林燃烧的火环境，从而影响火行为的发生发展及火行为的表现，造成特殊火行为发生的频率升高，导致巨大的人、财、物的损失。与森林火灾发生发展相关的气象要素很多，包括气温、气压、风、湿度、云、降水和各种天气现象，以及各种气象要素的有机组合。气象因素可通过森林可燃物干湿条件的改变，进而对森林火灾的发生、火蔓延速度和火行为产生影响。随着气候变暖，气温升高，降水量下降，森林内空中、地表和地下可燃林均变得日益干燥，从而导致森林火行为的变化多样与复杂化，尤其是特殊火行为的增加，进而增加森林火灾扑救的危险性及火灾损失程度。森林可燃物类型、含水率及环境的相对湿度、气温和风速等因子都会对森林火灾蔓延产生重要影响。2008年初由于我国南方的低温雨雪冰冻灾害，造成树木大批折断，地表可燃物猛增，平均地表可燃物载量超过50 t/hm^2，达成森林大火发生的条件。

(5) 气候决定森林火灾周期

气候变化对森林火灾周期的影响，主要包括全球循环模式(如厄尔尼诺—南方涛动)等对森林火灾动态的影响。全球气候变化对森林火源和森林可燃物的分布产生重要影响，并影响森林可燃物载量与燃烧性，从而导致森林火灾呈现周期性。研究发现，我国森林火灾的年际变化有5~6 a和10 a左右的准周期变化规律。森林火灾的发生具有准周期性，这主要取决于气候的变化。一般而言，春夏连旱、持续增温，森林防火期明显延长。近几年来，由于气候变暖的结果，尤其是极端气候现象的出现，严重影响了森林火灾的发生发展，造成森林火灾周期性缩短，过火面积增大。

季节性和地域性是森林火灾发生的独有特征，由于气候条件发生准周期波动，导致森林火灾发生呈准周期波动。研究发现在北半球，北回归线至北极圈均发生过较大森林火灾；特别是在高纬度地区，高温干旱时，森林火灾发生的频率和强度增加。森林火险期延长，尤其是北方森林火灾明显增加，从而对森林火灾周期产生重要影响。

(6) 气候影响森林火灾的时空分布

我国森林火灾的月际变化规律(季节变化规律)非常明显。在我国一年四季，只要降水量少，高温干旱，均有可能发生森林火灾。我国东北地区（包括黑龙江、吉林、辽宁及内蒙古东部）森林火灾一般在春、秋两季发生，而我国的广大南方地区森林火灾主要在秋季、冬季和春季发生。研究发现，我国夏季森林火灾发生次数会表现出增加趋势。我国森林火灾一日之内主要在4:00~18:00发生，其中11:00~15:00是森林火灾发生频率最高的。通过对福建省武夷山的森林火灾研究发现，中午时段森林火灾发生概率最大；黑龙江省大兴安岭森林火灾主要发生在11:00~15:00这个时段。时间尺度不同，森林火灾发生的控制因素也不同。通常，在一天之内天气是森林火灾发生的控制因素，在不同季节间植物的生长状况，以及气候条件是森林火灾发生的控制因素，在一年之中降雨的分配是控制因素。

在全球气候变化背景下，森林火灾的地理空间分布在不断增加，森林火灾发生的时间延长，森林燃烧性加大，受森林易燃性的影响，森林火灾呈现新的地理空间规律。森林火灾一般于干旱季节发生，因而森林火灾在我国的空间分布会随着降水量的影响而发生变化。

7.5 中国气候与中国气候区划

7.5.1 中国气候的基本特征

我国位于地球上最大的陆地——亚欧大陆东南部，太平洋西岸，陆地总面积960×10^4 km^2，约占亚洲的1/4。我国地势西高东低，呈阶梯状分布，地形地貌极为复杂。东西相距约5 200 km，南北间距离约5 500 km，大陆海岸线长达18 000 km，气温降水的组合多种多样，形成了丰富多样的气候特征。中国气候的基本特征可以概括为季风气候显著、大陆性气候强、气候类型多种多样。

7.5.1.1 季风气候显著

季风气候造成我国四季分明，降水集中，气候随区域、季节和年季差异大。我国季风气候显著主要表现在风的季节交替、温度与降水的时空分布与变化等方面。

(1) 风的季节交替

冬半年，我国大部分地区受蒙古冷高压的控制和影响，盛行西北、北和东北风，统称冬季风。9月冬季风已开始影响西北、华北和东北，10月中旬以后，冬季风系统在东亚地区完全建立，冬季风随季节变化逐月加强，盛行于11月至翌年3月，1月最强盛。

夏半年，我国东部及南方的广大地区受副热带高压的影响，盛行东南、南和西南风，统称夏季风。从3月初开始，夏季风影响华南地区，4月扩展到长江中下游地区，5月影响淮河流域，6月到达华北、东北，7月达到极盛期，可影响到55°N附近地区以大青山、贺兰山以东以南地区，8月夏季风减弱南退。每当夏季风出现一次明显的进退时，气温便有一次明显的下降或上升。各地夏季风开始，雨季亦开始；夏季风撤退，雨季即结束。冬、夏季风在各地持续的时间不同，随季节交替，且冬季风强于夏季风。

(2) 季风气候显著在温度方面的表现

冬季，我国大部分地区在蒙古高压和太平洋上阿留申低压的作用下，盛行由陆地吹向海洋的冬季风，气候普遍寒冷干燥，温度低于世界同纬度的地区；夏季，大陆内部在印度低压和太平洋上夏威夷高压的作用下,我国大部分地区盛行由海洋吹向陆地的夏季风,带来大量暖湿空气,使各地气候具有高温、潮湿、多雨的特点,温度高于世界同纬度的地区。从表7-10可以看出,我国各个地区与世界同纬度的其他地区相比,温度年较差偏大8.1~38.5℃,且纬度越高,温度年较差越大,偏大的幅度也越大。

表 7-10 世界各地同纬度的温度比较

项目	黑河	普利茅斯	北京	纽约	汉口	开罗	海口	孟买
纬度	50°N	50°N	40°N	40°N	30°N	30°N	20°N	20°N
1月平均气温(℃)	-23.7	6.2	-4.7	-0.8	2.8	12.4	17.1	24.3
7月平均气温(℃)	24.5	15.9	26.0	22.6	29.0	28.2	28.4	27.5
年较差	48.2	9.7	30.7	23.4	26.2	15.8	11.3	3.2

注:引自张嵩午,2007。

(3) 季风气候显著在降水方面的表现

我国的降水主要依靠季风从太平洋和印度洋输送水汽到陆地上。降水呈现以下显著特点。

①季风气候区内,雨季的起止日期与季风的进退日期基本一致。例如,华南夏季风盛行始于4月下旬,结束于9月下旬,而雨期则是始于4月末,止于9月下旬,雨期和风期都为5个月。华北夏季风始于7月上旬,结束于9月上旬,而雨期则始于7月上旬,止于8月末,雨期和风期都为2个月左右。各地季风进退日期与雨季起止日期所差天数不超过一周。

②大部分地区的降水主要集中在夏季风盛行的时期,少数地区降水分配较均匀,四季都有。江南春雨较多、伏旱明显;华北、东北夏雨多,春旱较重;西南夏秋多雨;新疆伊犁河谷四季降水均匀;台湾东北角冬雨多,夏雨少。

③各地降水量分布不均,空间差异性较大,总体呈现由东南沿海向西北内陆逐渐减少的特点(图7-16)。广东、广西、台湾和海南一带部分地区超过2 000 mm,其中广东阳江、海丰、恩平,广西东兴、防城港,云南西盟超过2 400 mm;东南和华南沿海及丘陵地区为1 500~2 000 mm;长江中下游在1 200 mm左右,秦岭、淮河至青藏高原东南边缘,平均年降水量普遍在900 mm以上。秦岭至淮河以北的西北东南部、华北中南部、四川东南部、西藏东部及东北大部分地区的年降水量在400~900 mm,其中四川雅安可达1 663.8 mm,最多年份为1966年的2 367.2 mm,是我国内陆降水量最多的地区之一。400 mm降水量等值线位于大兴安岭—张家口—兰州—拉萨至喜马拉雅山脉东缘,为划分我国干湿地区的分界线。此等值线西部大部分地区的年降水量在400 mm以下,新疆天山以北为100~300 mm,以南不足100 mm,柴达木盆地、塔里木盆地和吐鲁番盆地年降水量不足50 mm。

④降水年际变化大。季风进退的早晚及在某一地区持续时间的长短会对降水量的年际分布与变化产生重要影响。一般来讲,降水多的地区降水的年际变化相对较小;降水少的地区降水年际变化大。我国除西北干旱区,大部分地区年降水变率在10%~30%。长江以南、四川和西藏东部是我国降水变率最小的地区,大部分地区为10%~20%;东南沿海、台湾、海南及南海等地的年降水量受台风的影响较大,降水变率升高到20%~30%;北方

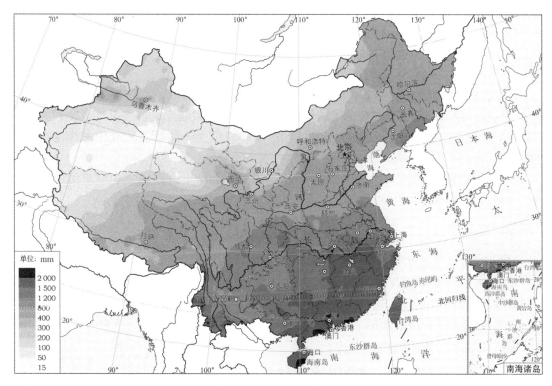

图 7-16　1981—2010 年我国年平均降水量分布(引自郑国光，2019)

地区年降水变率一般在 20%~30%；河北省中南部年降水变率达 30%~40%，是我国东部降水变率最大的地区；青藏高原的年降水变率多在 20% 左右，西北干旱区年降水变率在 30%~70%，其中塔里木盆地部分地区甚至超过 70%。

我国季风气候的优点是雨热同季。降水主要集中在夏半年，热量和水分配合良好使我国成为世界上农业最发达的国家之一。夏季风把热量和水汽输送到我国几乎最北的地区，水稻、棉花等热带亚热带作物的种植北界在我国境内大大北移。

我国季风气候的主要缺点是旱涝灾害频繁。如上所述，我国主要雨带的位置取决于夏季风的进退。一般年份里，北方春季温度回升很快，但夏季风前缘尚在江南一带，故北方多春旱；7、8 月夏季风到达最北位置，主要雨带在东北和华北一带，长江流域多伏旱。夏季风的进退与副热带高压强弱有关。副高过强，夏季风位置偏北，雨带位置也偏北，易出现北涝南旱；副高过弱，雨带位置偏南，又会造成北旱南涝的局面。我国西北内陆地区夏季风难以深入，水汽稀少，易形成干旱半干旱气候。

7.5.1.2　气候大陆性强

我国处于世界最大陆地——欧亚大陆东南部，气候受大陆的影响远比海洋的大。特别是在广大的内陆地区，气候受海洋影响很弱，一年内温度的变化幅度很大，具有强烈的大陆性气候特点。气候大陆性的强弱常用大陆度(continentality)来表示，在用以表征大陆度的气象要素中若以气温年较差为主要参数则称为温度大陆度；若以降水量为主要参数则称为降水大陆度；以多种气象要素为参数的称为综合大陆度。温度大陆度的计算方法有很多，其中以波兰学者焦金斯基(W. Gorczynski)于1920年提出的焦金斯基大陆度公式应用较广，公式如下：

$$K=\frac{1.7\Delta A}{\sin \varphi}20.4 \qquad (7-2)$$

式中，K 为气候大陆度；ΔA 为平均气温年较差；φ 为纬度。大陆性主要通过气温年较差来反映，除以纬度的正弦是为了消除纬度的影响，故大陆度是各纬度均可比较的气温年较差。K 值介于 0~100，0 表示海洋性最强，100 表示大陆性最强，50 为海洋性与大陆性的分界。

上式的缺陷是当纬度较小时，$\sin \varphi$ 较小，K 值不准确，而且该公式不能用于赤道地区。1946 年，康拉德(V. Conrad)将这一公式修正为：

$$K=\frac{1.7\Delta A}{\sin(\varphi+10)}-14 \qquad (7-3)$$

式(7-3)可以用于计算中低纬度的大陆度，但不适合高纬度的大陆度。大陆度取值范围为 0~100，0 为最强海洋性气候，100 为最强大陆性气候，50 为海洋性气候与大陆性气候的分界。由表 7-3 可知，我国气候大陆度由东南沿海向西北内陆逐渐增大。

表 7-11 给出了我国各地的大陆度，可以看出，我国大陆性很强，大陆度由南向北逐渐递增。

表 7-11 我国各地焦金斯基大陆度

地名	大陆度 K	地名	大陆度 K	地名	大陆度 K	地名	大陆度 K	地名	大陆度 K
乌鲁木齐	75	银川	68	呼和浩特	71	哈尔滨	80	漠河	81
吐鲁番	85	西宁	53	额尔古纳	85	沈阳	63	长春	76
敦煌	69	兰州	64	太原	63	北京	60	天津	62
酒泉	65	西安	63	石家庄	61	济南	62	青岛	60
冷湖	61	成都	47	郑州	62	合肥	64	上海	59
贵阳	52	南宁	48	武汉	66	南京	63	杭州	63
拉萨	40	腾冲	28	长沙	68	南昌	69	舟山	55
昆明	28	三亚	21	桂林	60	福州	50	台北	33
恒春	18	西沙群岛	16	广州	45	秦岭	50	杨凌	66

注：表中数据为 1981—2010 年平均年较差计算的大陆度。引自张嵩午等，2007；郑国光，2019。

我国气温年较差分布呈北方大，南方小的特点，气温年较差等值线与纬圈平行(图 7-17)。除黑龙江东南部，黑龙江、内蒙古地区 45°以北，以及新疆局地气温年较差在 40 ℃以上，最北部地区可达 48 ℃。37.5N°以北，大约石家庄、太原、榆林、银川、张掖一线，以及新疆大部气温年较差在 30 ℃以上。华南地区、贵州、四川西南部、西藏南部、台湾等地年较差低于 20 ℃，其中云南、海南、广东雷州半岛只有 10~15 ℃，海南岛最南部和三沙市不到 5 ℃。1981—2010 年我国平均气温年较差最大的气象站是黑龙江漠河，为 47.7 ℃，平均气温年较差最小的气象站是西沙群岛，为 6.0 ℃。

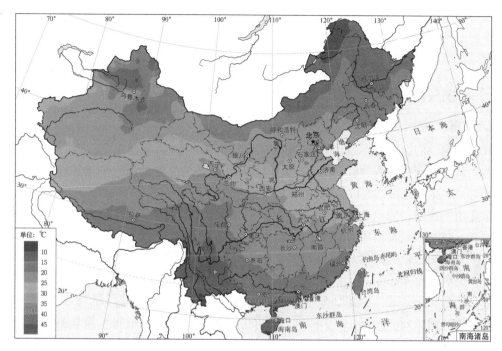

图 7-17 我国气温年较差分布(1981—2010)(引自郑国光，2019)

7.5.1.3 气候类型多种多样

我国幅员辽阔，自北向南，跨越冷温带、暖温带、副热带、热带和赤道气候带。又由于各地与海洋距离差异大，再加上地形错综复杂、地势相差悬殊，致使我国具有除极地气候和地中海气候外的所有气候类型。

我国东北属湿润、半湿润的暖温带地区，仅大兴安岭北部属寒温带地区，冬季严寒漫长，夏季短促，对农业生产的最大限制因素是低温和干旱；华北为湿润、半湿润的暖温带地区，冬季寒冷干燥，夏季炎热多雨，春旱严重，影响农业生产的限制因素是夏季旱涝灾害频繁；华中和华南中部为湿润的亚热带地区，冬季湿冷，春雨连绵，初夏梅雨，盛夏高温伏旱，夏秋多台风侵袭，但夏季风变化大，往往会造成雨水失调，易发生旱涝灾害；华南热带湿润地区仅限于滇南河谷、雷州半岛、海南岛及南海诸岛，气候终年暖热，长夏无冬，降水丰沛，干湿季分明，春旱夏涝是这里农业生产最大的障碍，偶尔侵袭的强寒潮对热带经济作物危害很大，夏秋台风频繁入侵也危害严重。

内蒙古中西部地区属半干旱、干旱季风气候，冬长且寒冷、夏短而温暖，降水量少而变率大，春旱尤其严重；西北地区主要属于温带和暖温带，干旱少雨，昼夜温差大，冬夏温变剧烈、风大、日照丰富、辐射强烈，利用风能和太阳能资源的条件优越，但风沙天气对农牧业生产有较大危害。

青藏高原主体部分，寒冷而干旱是其气候特征。随着海拔和纬度的降低，气候从寒带、寒温带、暖温带、亚热带过渡到热带。因此，青藏高原各地之间的气候差异很大。西藏墨脱一带年降水量可达 3 000~4 500 mm，气候湿润暖热，被誉为"西藏的西双版纳"；察隅一带年降水量为 1 000~2 500 mm，气候温和，有"西藏的江南"之称。雅鲁藏布江流域和三江流域已是温带气候，从东部的湿润逐步过渡到西部的干旱。除羌塘高原西北部为寒带，青藏高原其他地区都是寒温带气候。

7.5.2 中国气候区划

7.5.2.1 概述

气候区划（climatic regionalization）即按气候特征的相似和差异程度，以一定的指标对一定的区域范围所进行的气候区域划分。我国第一个较为完整的国家气候区划方案是 1929 年由竺可桢先生提出的。竺可桢认为柯本气候分类法（cohen classification of the climate）并不完全适用于我国，因此在借鉴的基础上，根据我国的气候特征将全国划分为华南、华中、华北、东北、云贵高原、草原、西藏和蒙新共 8 个气候区。1949 年以后，中国科学院、中央气象局（现中国气象局）都开展了中国气候区划工作。如 1959 年中国科学院自然区划工作委员会公布的中国气候区划方案中，根据热量指标将全国划分为赤道带、热带、亚热带、暖温带、温带、寒温带 6 个气候带和 1 个高原气候区（青藏高原）。1966 年中央气象局在上述气候区划的基础上，用 1951—1960 年全国 600 多个站的气候观测资料进行补充和修正，绘制了中国气候区划图；此后，又将所用气候资料更新为 1951—1970 年，对原来的部分区划界线进行了修订，最终将全国划分为 10 个气候带（climatic belt）、22 个气候大区。

气候类型也不是一成不变的，特别是随着 20 世纪 80 年代以来全球快速变暖，我国气候的总体格局虽然没有发生明显变化，但某些气候区的边界线出现了一定程度的移动。2013 年，中国科学院郑景云等根据 1981—2010 年中国气候标准值数据集重新编制了中国气候区划，下面就对这一气候区划进行介绍。

7.5.2.2 中国科学院气候区划

根据 1981—2010 年中国气候标准值数据集重新编制的中国气候区划，将我国划分为 12 个温度带（temperature belt）、24 个干湿区（wet and dry area）和 56 个气候区（climatic region）（图 7-18）。与之前根据 1951—1980 年资料所得到的气候区划相比，我国亚热带北界与暖温带北界均出现了北移，寒温带和中温带面积减小，暖温带、北亚热带、南亚热带及热带面积增大，北方地区的半湿润与半干旱分界线也出现了不同程度的东移与南扩。其中，北亚热带北界东段平均北移 1 个纬距以上并越过淮河一线，中亚热带北界中段则从江汉平原南沿移至江汉平原北部，青藏高原亚寒带范围缩小、高原温带范围增加，东北温带地区的湿润—半湿润东界东移，大兴安岭中部与南部的半湿润—半干旱界线北扩。这些变化在我国农业生产和种植制度的变化上得到了印证，小麦、水稻和玉米三大粮食作物种植北界持续北推，黑龙江地区已大面积扩种水稻。未来随着全球气候继续变暖，我国大部分气候带可能会继续北移，一些粮食作物的种植北界也将继续北推，北方森林或草原的面积会有所减少。各级气候区划单位和区划指标如图 7-18 所示。

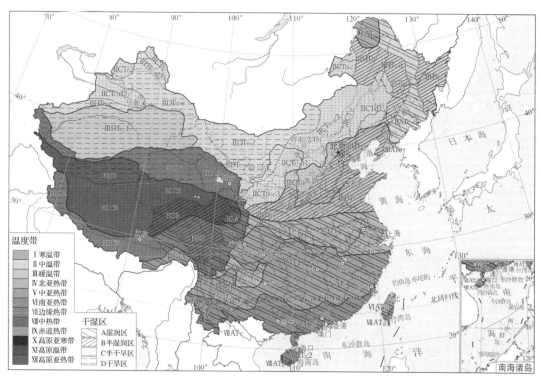

图 7-18　中国气候区划(引自郑景云，2013)

1) 区划指标

(1) 温度带区划指标

气候最主要的特征是由热量和水分状况反映的，对于自然界植物的分布来说，热量起着主导作用，因此，热量条件常被取作第一指标。这里以日平均气温稳定≥10 ℃的日数作为划分温度带的主要指标，以日平均气温稳定≥10 ℃的积温为参考指标。同时以 1 月平均气温作为划分温度带的辅助指标，以极端最低气温的多年平均值为其参考指标。由于青藏高原地势差异大，气候垂直差异悬殊，植物能否良好生长，不仅取决于其能否越冬，还取决于其生长期间的热量强度，因此对青藏高原，我们还同时将 7 月平均气温作为辅助指标。各温度带的具体划分标准见表 7-12，其中，在同一水平地带中，云贵地区(特别是云贵高原)因受地形影响较大，因此其温度带的划分标准较东部低海拔地区低。

(2) 干湿区划分指标

区域干湿状况主要取决于降水与潜在蒸散之间的平衡，其中降水是一个地区最主要的水分来源，潜在蒸散则反映在土壤水分充足的理想条件下的最大可能水分支出。因此，本区划以年干燥度(annual aridity index，潜在蒸散多年平均与年降水量多年平均的比值)作为干湿区划分的主要指标，以年降水量作为辅助指标。其中在计算潜在蒸散时，本文采用 1998 年联合国粮食及农业组织改进的 FAO56-Penman-Monteith(彭曼-蒙泰斯)模型，并根据我国实测辐射对模型有关参数进行了修正，使之更适合我国的气候特点(表 7-13)。

表 7-12　划分温度带的指标体系及划分各温度带的标准

温度带	主要指标	辅助指标		参考指标	
	日平均气温稳定≥10℃天数(d)	1月平均气温(℃)	7月平均气温(℃)	日平均气温稳定≥10℃的积温	年极端最低气温多年平均值(℃)
Ⅰ寒温带	<100	<-30		<1 600	<-44
Ⅱ中温带	100~170	-30 至 -12~-6		1 600 至 3 200~3 400	-44~-25
Ⅲ暖温带	170~220	-12~-6 至 0		3 200~3 400 至 4 500~4 800	-25~-10
Ⅳ北亚热带	220~240 210~225 (云贵高原)[a]	0~4		4 500~4 800 至 5 100~5 300 3 500~4 500 (云贵高原)	-14~-10 至 -6~-4
Ⅴ中亚热带	240~285 225~285 (云贵高原)	4~10		5 100~5 300 至 6 400~6 500 4 000~5 000 (云贵高原)	-6~-4 至 0 -4 至 0 (云贵高原)
Ⅵ南亚热带	285~365	10~15 9~10 至 13~15 (云南高原)		6 400~6 500 至 8 000 5 000~7 500 (云南高原)	0~5 0~2 (云南高原)
Ⅶ边缘热带	365	15~18 >13~15 (云南高原)		8 000~9 000 7 500~8 000 (云南高原)	5~8 >2 (云南高原)
Ⅷ中热带	365	18~24		9 000~10 000	8~20
Ⅸ赤道热带	365	>24		>10 000	>20
Ⅹ高原[b]亚寒带	<50	-18 至 -12~-10	<11		
Ⅺ高原温带	50~180	-12~-10 至 0	11~18		
Ⅻ高原亚热带	180~350	>0	18~24		

注：a 为在云贵高原用该标准划分中亚热带，其他括号含义同；b 为高原范围根据张镱锂等(2002)界定的范围划定。引自郑景云等, 2013。

表 7-13　划分干湿区的指标体系及其标准

干湿状况	主要指标 年干燥度指数	辅助指标 降水量(mm)
湿润	≥1.00	>800~900 >600~650(东北、川西山地)*
半湿润	1.00~1.50	400~500 至 800~900、400~600(东北)
半干旱	1.50~4.00、1.50~5.00(青藏高原)	200~250 至 400~500
干旱	≥4.00、≥5.00(青藏高原)	<200~250

注：*指在东北、川西山地地区，以年降水量>600~650 mm作为该指标的划分标准，其他括号含义相同。引自郑景云等，2013。

(3) 气候区划分指标

温度带和干湿区划分主要体现了气候的地带性差异，然而气候还受许多非地带性因素影响。在我国，7月平均气温的地理分布能较为综合地表现出非地带性因素对气候的影响作用，因而本区划采用7月平均气温作为气候区的区划指标。划分标准见表7-14。

表 7-14　气候区的划分指标(7月平均气温)及其标准

	气候区代码						
	Ta	Tb	Tc	Td	Te	Tf	Tg
7月平均气温(℃)	≤18	18~20	20~22	22~24	24~26	26~28	≥28

注：引自郑景云等，2013。

2) 区划结果

根据上述区划原则、方法和1981—2010年各站的气候指标值及各指标的地理分布特征，将我国划分为12个温度带、24个干湿区、56个气候区(见图7-17)，其中除青藏高原外的全国其他区域共包括9个温度带、15个干湿区、44个气候区；青藏高原包括3个温度带、9个干湿区、12个气候区。各区的位置及代表站的气候指标值见表7-15。其中在利用各指标体系划分温度带和干湿区时，均分别先以各站的主要指标值为依据进行划分。当因主要指标值差异较小而不能明确指示该站所属区域，或因一些站点受地形及非地带性因素影响而致该地带内少数站点的主要指标值与多数站点差异较大时，则以辅助指标进行区域划分。当主要及辅助指标统计结果空缺或据主要及辅助指标仍无法进行区域界线划分时，则以参考指标作为依据确定界线。而在划定区划界线时，则主要依据指标的等值线确定界线走向；并根据空间分布连续性与取大去小原则，在保证区域气候特征相对一致性的基础上，参照地形(如山麓、分水岭等)划定界线的具体位置。

各温度带的气候特征简述如下：

Ⅰ. **寒温带**　我国寒温带(cold temperate zone)的范围很小，仅出现在大兴安岭北部。寒温带是我国最冷的气候带，代表站点图里河，1月平均气温约-28.4℃，7月平均气温约16.8℃。该区气温年较差最大的是漠河，气温年较差49.2℃，为全国之冠。本带生长季只有约3个月，年降水量为400~500 mm。因温度低、蒸发小，属湿润气候。

表 7-15 1981—2010 年中国气候区划结果

温度带	干湿区	气候区代码	包含区域	站点名称	≥10℃日数(d)	1月气温(℃)	7月气温(℃)	年干燥度	年降水量(mm)
寒温带	湿润区	ⅠATa	大兴安岭北部	图里河	93	-28.4	16.8	1.0	440
中温带	湿润区	ⅡATc-d	小兴安岭与长白山	伊春	126	-21.3	20.9	0.8	626
		ⅡBTc	三江平原及其以南山地	宝清	147	-16.8	22.2	1.4	491
		ⅡBTc-d	松辽平原	长春	158	-14.7	23.2	1.3	577
	半湿润区	ⅡBTb	大兴安岭中部	额尔古纳右旗	113	-27.8	19.6	1.4	361
				赤峰	164	-10.4	23.7	2.2	370
		ⅡCTd1	西辽河平原	林西	144	-13.5	21.6	2.0	369
		ⅡCTc1	大兴安岭南部	海拉尔	119	-24.8	20.4	1.7	352
		ⅡCTb-c1	呼伦贝尔平原	锡林浩特	131	-18.2	21.6	3.1	264
		ⅡCTb-c2	内蒙古高原东部	呼和浩特	160	-11.0	23.3	1.8	396
		ⅡCTd2	鄂尔多斯高原与东河套	海源	148	-6.2	20.3	2.4	359
		ⅡCTb-c3	黄土高原西部	青河	124	-21.5	19.6	3.1	189
	半干旱区	ⅡCTb-c	阿尔泰山地	塔城	158	-9.7	23.1	2.7	291
		ⅡCTc2	塔城盆地	乌鲁木齐	157	-12.1	23.8	2.8	299
		ⅡCTb-c4	天山天地与伊犁谷地	伊宁	180	-7.8	23.3	2.4	299
	干旱区	ⅡDTc-d1	内蒙古高原西部、西套与河西走廊	银川	178	-7.2	23.9	4.6	183
				张掖	163	-9.1	22.3	6.1	133
		ⅡDTe-f	巴丹吉林与腾格里沙漠	额济纳旗	176	-10.6	27.5	34.2	33
		ⅡDTd-e	准噶尔盆地	奇台	152	-17.0	22.7	4.2	201
		ⅡDTc-d2	萨吾尔山、额尔齐斯谷地	福海	154	-18.6	23.4	5.6	131
		ⅡDTb-c	天山南麓	阿克苏	196	-7.2	24.1	9.8	80
暖温带	湿润区	ⅢATd	辽东低山丘陵	庄河	181	-7.3	23.2	0.9	736
		ⅢBTe	燕山低山丘陵与辽东半岛	锦州	188	-7.6	24.6	1.4	568
	半湿润区	ⅢBTf	华北平原与山东半岛	济南	222	-0.3	27.5	1.5	693
		ⅢBTe-f	汾渭平原山地	西安	219	0.3	27.1	1.3	561
		ⅢBTd	黄土高原南部	铜川	181	-2.8	23.3	1.4	568
	半干旱区	ⅢCTd	黄土高原东部与太行山地	太原	186	-5.0	24.0	1.8	423
	干旱区	ⅢDTe-f	塔里木与东疆盆地	敦煌	179	-7.9	25.2	22.5	40
北亚热带	湿润区	ⅣATf	大别山与苏北平原	信阳	227	2.4	27.3	0.7	1 106
		ⅣATg	长江下游平原	芜湖	238	3.4	28.7	0.7	1 225
		ⅣATe-f	秦巴山地	安康	236	3.7	27.0	0.9	824
		ⅣATb-c	黔西北、川西南、滇北高原	黔西	223	3.8	23.1	0.6	944
				越西	212	4.0	21.1	0.6	1 115
				丽江	223	6.4	18.2	1.0	980

(续)

温度带	干湿区	气候区代码	包含区域	代表站点与主要、辅助气候指标值					
				站点名称	≥10℃日数(d)	1月气温(℃)	7月气温(℃)	年干燥度	年降水量(mm)
中亚热带	湿润区	ⅤATg	江汉平原及江南丘陵	南昌	250	5.5	29.5	0.5	1 613
		ⅤATf	湘鄂西山地	沅陵	243	5.1	27.6	0.5	1 385
		ⅤATd-e	贵州高原山地	兴义	245	6.5	22.2	0.6	1 322
		ⅤATe-f	四川盆地及其东南山地	成都	256	5.9	25.6	0.7	834
		ⅤATc-d	滇东、中山地及横断山南段山地	会理	265	7.3	20.9	0.7	1 162
				华坪	345	11.8	24.3	1.0	1 088
南亚热带	湿润区	ⅥATg1	台湾北部山地平原	台北	—	16.1	29.6	—	—
		ⅥATg2	闽粤桂低山平原	广州	330	13.9	28.9	0.5	1 801
		ⅥATd-e	滇中南山地及金沙江谷地	景东	348	11.6	23.6	0.7	1 154
		ⅥATc-d	滇西南山地	临沧	349	11.7	21.7	0.7	1 149
边缘热带	湿润区	ⅦATg1	台湾南部山地平原	恒春		20.7	28.4		2 022
		ⅦATg2	琼雷低山丘陵	海口	363	18.0	28.8	0.6	1 697
		ⅦATe	滇南山地	勐腊	365	16.5	25.0	0.6	1 513
中热带	湿润区	ⅧATg	琼南低地与东、中、西沙诸岛	三亚	365	21.7	28.6	0.8	1 453
赤道热带	湿润区	ⅨATg	南沙群岛		—	—	—	—	—
高原亚寒带	湿润区	HIA	若尔盖高原	若尔盖	26	-9.6	11.2	0.9	643
	半湿润区	HIB	果洛那曲高山谷地	达日	140	-12.0	9.8	1.1	558
	半干旱区	HIC1	青南高原	五道梁	1	-16.2	6.0	2.0	302
		HIC2	羌塘高原	申扎	15	-9.4	10.0	2.6	325
	干旱区	HID	昆仑山高原		—	—	—	—	—
高原温带	湿润区	HIIA	横断山脉东、南部	康定	115	-1.9	15.7	0.7	858
	半湿润区	HIIB	横断山脉中、北部	昌都	135	-1.6	16.3	1.4	489
	半干旱区	HIIC1	祁连青东高山盆地	西宁	140	-7.3	17.4	1.6	398
		HIIC2	藏南高山谷地	拉萨	158	-0.6	16.2	2.0	439
	干旱区	HIID1	柴达木盆地与昆仑山北翼	大柴旦	95	-12.6	16.2	8.2	93
		HIID2	阿里山地高原	狮泉河	85	-12.0	14.4	13.4	66
高原亚热带	湿润区	HIIIA	东喜马拉雅山南翼至横断山西南缘山地	察隅	193	4.7	19.0	0.9	792

注：引自郑景云等，2013。

Ⅱ. **中温带** 中温带(middle temperate zone)是我国九个气候带中面积最大的气候带。主要分布在东北和西北地区，带内包含从湿润到干旱4种类型。最热月平均气温在19.6~27.5℃，最冷月平均气温为-27.8~-6.2℃，生长季为3.5~5.5个月。年降水量从湿润区的626 mm以上到干旱区的80 mm以下，降水主要集中在7、8月，温度年较差从东向西逐渐增大。

Ⅲ. **暖温带** 暖温带(warm temperate zone)主要位于辽东低山丘陵、燕山低山丘陵与辽东半岛、华北平原与山东半岛、汾渭平原山地、黄土高原南部、黄土高原东部与太行山地及塔里木与东疆盆地。前者属于湿润气候，年降水量为500~800 mm，降水集中在7、8月；后者属于半干旱、干旱气候，年降水量不足50 mm。最热月气温23.3~27.5℃，最冷月气温-8.6~3.0℃。气温年较差约30℃左右，生长季5.5~7.5个月，极端最低气温在-30~-20℃，一般年份在-20℃以上。

Ⅳ. **北亚热带** 北亚热带(northern subtropical)主要位于大别山与苏北平原、长江下游平原、秦巴山地、黔西北、川西南、滇北高原。各代表站点1月平均气温在4℃以上，生长季7.5~8个月。本带均为湿润气候，但东部和西部受不同的季风环流影响，气候差别较大。西部的滇北地区受西南季风影响，有明显的干湿季现象，雨量集中在6~9月，气温年较差较小，平均约15.0℃，极端最低气温-10~-5℃。年降水量为824~1 225 mm，以6、7月降水为多，常有伏旱现象。气温年较差约25℃，极端最低气温-20~-10℃。

Ⅴ. **中亚热带** 中亚热带(mid-subtropics)主要位于湘鄂西山地、贵州高原山地、四川盆地及其东南山地和滇东、中山地及横断山南段山地，均为湿润气候。各代表站点1月平均气温在5.1~11.8℃，生长季8~9.5个月，湘鄂西山地、贵州高原山地一带年降水量为1 300 mm左右，以4~6月为多，气温年较差23~25℃，极端最低气温-10~-5℃；四川盆地年降水量为800 mm，以6、7月为多，气温年较差在20℃左右，极端最低气温为-5~0℃，滇中区年降水量约1 000 mm，集中在夏季，气温年较差约12℃，极端最低气温-5~0℃。

Ⅵ. **南亚热带** 南亚热带(south subtropical)包括台湾北部山地平原，闽粤桂低山平原、滇中南山地、金沙江谷地及滇西南山地。最冷月平均气温为11.6~16.1℃，生长季为9.5~12个月。本带中除了金沙江河谷区为亚湿润气候，其他地区均为湿润气候。东部地区年降水量在1 600~2 000 mm，以5、6月降水为多，气温年较差10~15℃，极端最低气温-5~0℃。西部型南亚热带的滇南区年降水量在1 000~1 500 mm，集中在夏半年，气温年较差为10℃左右，极端最低气温-2~0℃。

Ⅶ. **边缘热带** 边缘热带(edge of tropical)包括台湾南部山地平原、琼雷低山丘陵和滇南山地，带内均为湿润气候。各代表站点年降水量为1 513~2 022 mm，最冷月平均气温16.5~20.7℃，气温年较差7.7~10.8℃，极端最低气温-5~0℃，本带全年为生长季。

Ⅷ. **中热带** 中热带(mid-tropics)包括琼南低地与东、中、西沙诸岛海域，属于湿润气候。年降水量约1 500 mm，年内有干季和湿季之分，大致以6~11月为湿季，12月至翌年5月为干季。气温年较差6℃左右，最冷月平均气温19~26℃，极端最低气温为15℃左右。

Ⅸ. **赤道热带** 赤道热带(equator tropical)包括南沙群岛至曾母暗沙的南海南部海域，

为湿润气候。年降水量 1 500～2 000 mm，年内有干湿季之分。最冷月平均气温不低于 26 ℃，气温年较差 2 ℃左右，极端最低气温高于 20 ℃。

Ⅹ．**高原亚寒带**　高原亚寒带(highland subfrigid zone)包括若尔盖高原、羌塘高原、果洛那曲高山谷地、昆仑山高原及青南高原。海拔从东部的 3 400 m 升高至西部的 4 800 m。本带日平均气温≥10 ℃的天数少于 50d，种植农作物难以成熟，以牧为主。降水量自东向西显著减少。东部年降水量 600～700 mm，集中在夏秋两季；中部 300～600 mm，那曲附近多雷暴及冰雹。本带西部多风沙，全年大风日数在 200 d 以上。

Ⅺ．**高原温带**　高原温带(plateau temperate zone)范围较广，包括横断山脉东、南部、横断山脉中、北部、祁连青东高山盆地、藏南高山谷地、柴达木盆地与昆仑山北翼及阿里山地高原。带内地势高差大，日平均气温≥10 ℃的天数在 80 d 以上，海拔较低处可达 150～180 d。年降水量从川西山地的 500～900 mm 到柴达木盆地中心的 60 mm 以下，差异很大。带内存在包括从湿润到干旱的全部 4 个干湿气候类型。藏东区、雅鲁藏布江谷地及西宁等地年降水量约 400～600 mm，是青藏高原主要农业区。阿里地区年降水量仅 50～100 mm，不能满足农作物所需。

Ⅻ．**高原亚热带**　高原亚热带(subtropical plateau zone)山地位于东喜马拉雅山南翼至横断山西南缘山地，谷地海拔在 2 600 m 以下，垂直高差大。日平均气温≥10 ℃的天数为 180～350 d，年降水量在 1 000 mm 以下，属湿润气候。本带可种喜温作物，一年两熟。夏季受西南季风影响降水充沛，多在 2 500 mm 以上，其中巴昔卡年降水可达 4 500 mm。

7.6　中国气候资源

7.6.1　气候资源概述

7.6.1.1　气候资源的概念

气候资源(climatic resources)是指对人类的生产活动和生活活动有利的气候条件；其不利的气候条件，常常引起气候灾害。因此，气候条件应包括气候资源和气候灾害两个主要方面。现在，也有人把气候资源和气候条件等同起来，把气候灾害包括在气候资源内，把灾害看作负资源。当然，气候资源和气候灾害是矛盾的两个方面，它们既相互制约，又相互转化。因此，对气候资源可作这样广义的理解。

气候资源是基于环境本身在自然界中长期形成的特殊自然资源，涉及能源、水利、农业等行业或部门开发利用。气候资源的成分多种多样，表现形式也各不相同，其中主要包括太阳能资源、热量资源、降水资源、风能资源及其综合形成的农林业气候资源、旅游资源等。

7.6.1.2　气候资源的主要特点

气候资源与其他类型资源相比，有着普遍的共同点，即一方面能为人类生产生活提供原料、能源和必不可少的物质条件，另一方面资源的开发利用也需要一定的技术条件和资金投入。同时，气候资源又是一种很特殊的资源，与其他资源不同，主要有以下几种特点。

(1) 气候是光照、温度、湿度、降水、风等要素的有机组成

气候资源的多少，不但取决于各要素值的大小及其相互配合情况，而且取决于不同的服务对象，以及和其他自然条件的配合情况，不像黄金、煤炭等矿产资源那样可以多多益善。例如，对于农作物而言，温度在一定范围内时我国西北地区利用风能发电内是资源，过高可能成热害，过低可能成冷害或冻害；降水在一定范围内是资源，过多可能成涝灾，过少可能成旱灾。干旱区的光、热资源虽很丰富，但水资源短缺，限制了光、热资源的充分利用，使其价值大为降低。再如，阴雨天气对某些农作物的生长也许是有益的，但对旅游、晒盐业则可能带来不便甚至是有害的；积雪覆盖能够保护某些作物的安全越冬，是有益的，而使牛羊吃草困难，又可能有害了。

(2) 气候资源在时空分布上具有连续性和不稳定性

以太阳能资源为例，其在我国的分布有着显著的地域性和季节性差异。从总体上来说西部多于东部，干燥地区多于湿润地区，高原地区多于平原地区；从季节上看，夏季多于冬季。因此，气候资源的利用，必须因时制宜。中国最古老的农书《氾胜之书》一开头就说："凡耕之本，在于趣时，和土，务粪泽，早锄早获。"《孟子》也说："不违农时，谷不可胜食也。"这都说明，栽种作物要掌握时机。如果错过时机，资源稍纵即逝，就白白浪费了。

(3) 气候资源是一种可再生资源

气候资源之中很大一部分是可以再生的资源，这种意义上的再生并不同于传统意义上的用完了还有，而是体现在气候资源的使用之中。如果利用得当，这种气候资源便是取之不尽，用之无竭的，然而一旦利用不当，就会造成资源的损失，这或将是永久性的损失。从长期来看，大部分的气候资源是年复一年循环着的，可以反复、永久地利用，存在一定周期性，其总量基本维持不变。但是对于某个特定区域，每年的辐射量、热量、降水量是有限的，而且不尽相同。

(4) 开发利用气候资源的风险与挑战

气候资源有着诸多优点，但在对其的开发利用中，也伴随着隐藏的风险与隐患，即气候资源遭损毁或过度开发所引发的灾害。所以，在开发利用气候资源的过程中必须要考虑到防灾减灾，这是相当重要的前提条件。

(5) 气候资源的保护与可持续发展

在时代发展的进程中，可持续发展的理念贯穿整个前进的道路。在资源的利用方面，则更需要注重资源的可持续发展。可持续发展的战略强调社会经济与生态环境相结合，依靠科技进步，促使社会、生态、资源的协调发展。气候资源是一种可以受到人工影响的资源，一方面，利用人工降雨技术，在旱季为干旱地区带来一定程度的降水资源的补充，这有利于农业生态的发展；另一方面，有时人为的影响剧烈，会对气候资源造成难以想象的破坏。大规模开垦土地、城市建设迅速发展，以及过度滥伐引起生态系统的平衡被打破，造成气候变化，进而引发旱涝、沙漠化等严重的自然灾害，对人类社会和生态环境均造成巨大的损失。所以，在气候资源的开发利用过程中，要争取做到气候资源的合理利用和适度开发，同时注意自然环境的保护，利用气候资源的可再生性，达到可持续发展的目的。

气候资源自身存在一定的特殊性，从某种意义上来说也有一定的局限性。为了更好地

深入了解气候资源和利用气候资源,需要进一步对气候资源进行研究,才能为未来发展提供最为坚实的保障。

7.6.2 中国气候资源

中国气候资源丰富多样。我国各地经纬度分布、地形地貌地势及距离海洋的远近不同,大气环流对不同地区的影响也不同,这导致全国各地气候差异很大,从而使中国气候资源及类型呈多样性。下面讨论太阳能资源、热量资源和水分资源的分析与这些资源在我国的分布情况。

7.6.2.1 太阳能资源

(1) 太阳能资源的特征

太阳能资源(solar energy resource)是指以电磁波的形式投射到地球,可转化成热能、电能、化学能等供人类利用的太阳辐射能。从广义上来讲,地球上绝大部分能量都来自太阳,如传统化石能源、风能、生物质能等。这里的"太阳能资源"仅从狭义上来讲。太阳能资源属于可再生能源,它可以在自然界不断生成并有规律地得到补充。同时,作为气候要素的重要组成部分,太阳能资源也属于气候资源,能够为人类的生产和生活提供能量。

太阳辐射经过大气层到达地面的过程中,会受到云、气溶胶及各类大气气体成分的影响。根据 IPCC 报告(2007),大气层顶平均的入射太阳辐照度为 342 W/m^2,在辐射传输过程中,云、气溶胶和大气成分的反射作用会削弱大约 77 W/m^2 的太阳辐射,大气层的吸收作用会削弱大约 67 W/m^2,能够到达地球表面的太阳辐射约 198 W/m^2,其中 30 W/m^2 会被地球表面反射回外太空。因此,地球表面可以利用的太阳能资源约为 168 W/m^2,占大气上界的49%;如果反射回外太空的 30 W/m^2 也能被捕获利用,则可占大气上界的58%。

太阳能资源的主要特点包括如下几个。

①总量巨大 到达地球大气上界的太阳辐射功率为 $1730×10^8$ MW,约为 2010 年全世界消耗功率的 1 万倍。

②取之不尽、用之不竭 根据目前太阳产生核能的速率估算,其产生的能量足够维持上百亿年,而地球的寿命为几十亿年,从这个意义上讲,可以说太阳的能量是用之不竭的。

③清洁无污染 相比于传统化石能源,太阳能资源的利用不会产生任何污染物和温室气体的排放。

④分布广泛 太阳光普照大地,无论陆地或海洋,还是高山或岛屿,处处皆有,可直接开发和利用,且无须开采和运输。

⑤能量分散,密度较低 例如,中国中纬度地区到达地表面的年平均总辐射辐照度仅为 200 W/m^2 左右。因此,在利用太阳能时,要想得到一定的转换功率,往往需要面积相当大的一套收集和转换设备,造价和成本都较高。

⑥能量不稳定 由于昼夜、季节、地理纬度和海拔等自然条件的限制及云、气溶胶、大气成分等气象因素的影响,到达某一地面的太阳能资源既是间断的又是极不稳定的,存

在着较大的年际变化、年变化和日变化，这些变化既有规律性，又有随机性。

(2) 太阳能资源总量

从全球范围来看，每年到达地球表面(包括陆地和海洋)的太阳辐射总能量约为 $74.2×10^{16}$ kW·h，太阳辐射总功率约为 $847×10^8$ MW，单位面积平均辐照度约为 168 W/m²，约占大气上界太阳辐照度的 49%。如果将海洋扣除，则每年到达地球陆地表面的太阳辐射总能量约为 $21.5×10^{16}$ kW·h，太阳辐射总功率约为 $246×10^8$ MW，大约相当于全世界 2010 年一次能源消费总量的 1 500 倍。

从中国区域来看，每年到达我国陆地表面的太阳辐射总能量约为 $1.47×10^{16}$ W/m²，太阳辐射总功率约为 $16.8×10^8$ MW，约占全球陆地表面太阳能资源的 6.8%，大约相当于全国 2010 年一次能源消费总量的 540 倍。全国单位面积平均辐照度约为 175 W/m²，比全球平均值高约 5.4%。

(3) 我国太阳能资源的分布

①水平面上太阳总辐射在我国的分布　根据水平面上太阳总辐射年总量的多少，可将全国太阳能资源划分为最丰富区、很丰富区、丰富区和一般区。如图 7-19 和表 7-16，青藏高原及内蒙古西部是我国太阳总辐射资源"最丰富区"(>1 750 kW·h/m²)，占国土面积的 22.8%；以内蒙古高原至川西南一线为界，其以西、以北的广大地区是资源"很丰富区"，普遍有 1 400~1 750 kW·h/m²，占国土面积的 44.0%；东部的大部分地区，资源量一般有 1 050~1 400 kW·h/m²，属于资源"丰富区"，占国土面积的 29.9%；四川盆地由于海拔较低且全年多云雾，一般不足 1 050 kW·h/m²，是资源"一般区"，占国土面积的 3.3%。

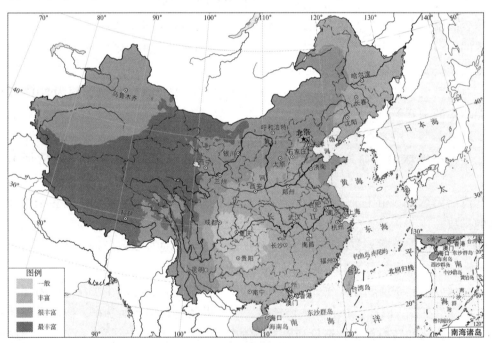

图 7-19　我国陆上太阳能资源基本分布(引自郑国光, 2019)

表 7-16　我国陆上太阳能资源分布区域

名称	主要分布地区	占陆地面积(%)
最丰富区	内蒙古阿拉善盟西部、甘肃酒泉以西、青海大部、西藏中西部、新疆东部边缘地区、四川甘孜部分地区	约 22.8
很丰富区	新疆大部、内蒙古阿拉善盟以东呼伦贝尔以南、黑龙江西部、吉林西部、辽宁西部、河北大部、北京、天津、山东东部、山西大部、陕西北部、宁夏、甘肃酒泉以东大部、青海东部边缘、西藏西部、四川中西部、云南大部、海南	约 44.0
丰富区	内蒙古呼伦贝尔、黑龙江大部、吉林中东部、辽宁中东部、山东中西部、山西南部、陕西中南部、甘肃东部边缘、四川中部、云南东部边缘、贵州南部、湖南大部、湖北大部、广西、广东、福建、台湾、江西、浙江、安徽、江苏、河南	约 29.9
一般区	四川东部、重庆大部、贵州中北部、湖北西南部、湖南西北部	约 3.3

注：引自郑国光，2019。

②光合有效辐射在我国的分布　太阳辐射是植物通过光合作用形成生物量的最基本的能量来源，在太阳辐射中波长为 0.4~0.76 μm 的可见光部分可被绿色植物直接吸收利用，这部分能量称为光合有效辐射（photosynthetically active radiation，PAR）。光合有效辐射约占太阳辐射的 41%~50%，光能资源具有巨大潜力，地球上植物的光能利用率尚不到 1%。

我国光合有效辐射的分布具有明显的地域差异（图 7-20）。年光合有效辐射通常为 $14.5 \times 10^8 \sim 36.0 \times 10^8 \ \text{J/m}^2$，高低相差幅度超过 $20.0 \times 10^8 \ \text{J/m}^2$。总体而言，我国西北地区

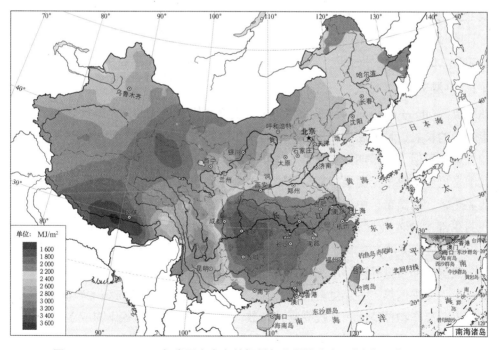

图 7-20　1981—2010 年我国光合有效辐射年总量的分布（引自郑国光，2019）

全年光合有效辐射量明显高于东北、中东部及南方大部分地区。内蒙古中东部、西北部、青藏高原大部、西南地区西部年光合有效辐射较多。西北及西南地区西部年光合有效辐射在 $24.0×10^8$ J/m² 以上，东北及南方大部地区在 $24.0×10^8$ J/m² 以下。光合有效辐射最高值仍主要位于青藏高原南部地区，全年总量达 $36.0×10^8$ J/m² 以上；最低值主要位于四川东部、重庆、贵州、湖南大部、湖北南部，年总量在 $20.0×10^8$ J/m² 以下。

应该指出，通常只有在生长季内，即气温≥5 ℃时，光合有效辐射才可能被绿色植物利用，因而植物可能利用的光合有效辐射要比光合有效辐射年总量小些，各地的可利用量与年总量相比也发生了较大变化，具体情况见表7-17。

表7-17 我国各地区生长季内光合有效辐射总量　　　　　　　×10⁸ J/m²

地区	光合有效辐射	地区	光合有效辐射
东北北部和中部	12.6~16.7	新疆南部	>23.0
东北南部、内蒙古和河北北部	18.8	藏南谷地	>25.1
海河、黄河、淮河流域和长江中下游	18.8~20.9	柴达木盆地	>20.9
温州、吉安、零陵、兴仁、西昌一线以南	23.0~25.1	青藏高原其他各地	<8.4
新疆北部	16.7~18.8		

注：引自张嵩午等，2007。

③日照时数在我国的分布　我国年日照时数总体呈现出北多南少的分布格局。北方大部地区及西南地区西部年日照时数（duration of sunshine）在 2 200 h 以上，南方大部地区在 2 000 h 以下。东北地区大部、华北、内蒙古、西北地区及青藏高原大部地区年日照时数为 2 200~3 200 h，尤以内蒙古西部、新疆东部、青藏高原西部地区最为明显，达 3 200 h 以上，年日照时数最长。西南地区东部及北部、长江中下游及华南大部、西藏东部年日照时数为 1 000~2 000 h。四川东部、重庆西南部年日照时数最少，不足 1 000 h。

7.6.2.2　热量资源

热量资源（thermal resources）是农作物生长发育和产量形成的基本条件之一，它决定着作物生育期的长短、种植制度的形式，影响农作物的产量和品质。常用的热量资源指标有年平均气温、积温、无霜期等。

我国是世界上热量资源最丰富的国家，由南往北相继出现了热带、南亚热带、中亚热带、北亚热带、南温带、中温带、北温带。青藏高原有高原亚寒带、高原温带和高原亚热带。我国东部主要农业区面积较大，其中亚热带和中、南温带约占全国陆地总面积的42.5%，其热量与美国主要农业区相近。我国热量资源随季节变化明显，农事活动气候依赖性强。我国东部与世界同纬度相比，冬季过冷，夏季偏热，而且纬度越高越明显，冬季比夏季突出。夏季偏热，一年生喜温作物（水稻、玉米等）可种植在纬度较高的东北地区，有利于扩大喜温作物种植面积和提高复种指数。冬季过冷，使越冬作物或多年生亚热带和热带经济果木林的种植北界偏南。这一热量特点也是形成我国种植制度多样性的原因之一。

(1) 我国年平均气温的分布

年平均气温(annual average temperature)能够综合反映某地区的热量状况,其数值大小和分布特征是热量资源丰富程度和地区差异的具体表现。我国年平均气温(图7-21)大多在0℃以上,南方大多在15℃以上,热量条件总体较好,利于作物生长发育。年平均气温的分布总体呈现出由东南向东北、西北逐渐减少的趋势。年平均气温低值区主要位于西藏东北部、天山山脉、内蒙古东北部、黑龙江西北部地区,为0℃以下,作物生长季短、产量低;0~10℃的区域包括青藏高原大部、东北、内蒙古和西北大部、华北北部和西部等,作物主要有春玉米、春大豆和一季稻;10~15℃的区域包括西北东南部、华北东部和南部、黄淮、江淮中北部、江汉北部及西南大部,主要作物有冬小麦、油菜、一季稻、夏玉米、棉花等;15~20℃的区域包括江南大部、江汉南部、四川盆地东部、华南北部、云南中部,华南中南部则达20℃以上,包括云南、福建、广西、广东大部、海南全部地区,这些地区有利于双季稻、亚热带及热带经济林果的生长。

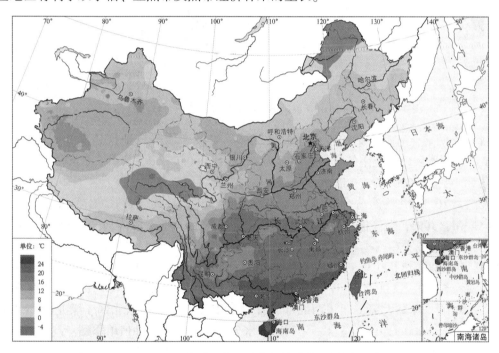

图7-21 1981—2010年我国年平均气温的分布(引自郑国光,2019)

(2) 我国活动积温的分布

活动积温是经常用到的重要热量指标,通常以≥0℃的活动积温反映农耕期的热量资源,以≥10℃的活动积温反映喜温作物生长期间的热量状况。我国≥0℃积温总体上由东南向西北内陆逐渐减少(图7-22)。≥0℃的活动积温地区差异很大,总体为1 000~9 000℃·d。青藏高原海拔高,积温最少,大多在2 000℃·d以下,以草原畜牧为主;东北地区、内蒙古、西藏大部、青海北部和东部、新疆除盆地外地区、甘南、四川西北部,积温为2 000~4 000℃·d,以草原畜牧业、农牧过渡带为主,作物一年一熟;黄土高原区、华北平原东部、内蒙古西部、新疆盆地等地区积温在4 000~5 000℃·d,作物两年

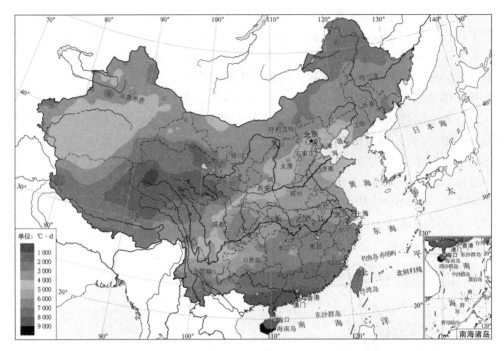

图 7-22　1981—2010 年我国 ≥0 ℃ 积温的分布(引自郑国光,2019)

三熟或一年两熟。海河、秦岭至长江流域北部一带及西南部分地区积温为 5 000~6 000 ℃·d，长江流域以南至南岭之间，积温为 6 000~8 000 ℃·d，其中广东和广西沿海、海南、云南河谷在 8 000 ℃·d 以上，作物一年两熟到一年三熟。

我国 ≥10 ℃ 积温的分布趋势与 ≥0 ℃ 积温基本一致。≥10 ℃ 积温总体为 0~9 000 ℃·d，其中，最高值位于云南、广西、广东南部局部、海南岛全部地区，达 8 000 ℃·d 以上，可以种植三季稻；云南、福建、江西南部、广西、广东大部地区 ≥10 ℃ 积温也较高，达 6 000~8 000 ℃·d，以双季稻为主，部分地区可以种植三季稻；长江中下游一带的积温为 5 000~6 000 ℃·d，可以种植一季稻或双季稻，5 300 ℃·d 是双季稻的安全界限。在西藏、青海大部、四川西北部、甘肃东南部、内蒙古东北部、黑龙江西北部地区，积温低于 2 000 ℃·d，适合一年两熟，水分条件允许则可种植单季稻。

(3) 无霜期在我国的分布

无霜期(frost-free period)是重要的热量指标之一，其长短关系到农作物的熟制。我国无霜期的分布主要呈现出由东南向西北逐渐缩短的趋势(图 7-23)。北方大部及西南地区西部无霜期较短，基本在 200 d 以下；西南、华北平原大部及其以南地区无霜期较长，达 200 d 以上。高值区主要位于四川东南部、云南、福建东部、广西、广东、海南全部地区，达 350~366 d；低值区主要位于青藏高原大部、新疆西北局部、内蒙古东北部、黑龙江西北部地区，无霜期短至 10~150 d。其他地区无霜期主要介于 150~350 d。

我国热量资源总体呈东南、西南部较高的空间分布格局。温度过高会使高温热害增多，尤以长江中下游一季稻和华南早稻受高温热害最为明显。黄淮海及长江中下游地区冬小麦也会发生高温逼熟，灌浆期缩短，产量下降等现象。较高的温度也会使农业病虫害频

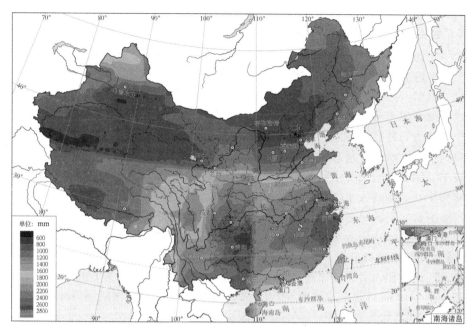

图 7-23 1981—2010 年我国无霜期的空间分布(引自李萌等,2016)

发重发,其危害损失日益严重。

温度低的年份可能发生低温冷冻害。如北方冬麦区终霜冻日期偏晚会对冬小麦拔节生长和发育造成不利影响;在江南、华南双季稻种植区,早稻播栽期会发生倒春寒(春季低温),晚稻抽穗扬花期会发生寒露风(秋季低温);东北地区热量资源相对不足,喜温作物比例又较大,夏季遭受低温冷害的风险(夏季低温)也较大。

7.6.2.3 云水资源

(1) 云水资源的概念

云水资源(cloud water resources)是指存在于空中,能够通过一定技术手段被人类开发利用的水汽凝结物。云水资源的开发和利用必须首先对空中水汽凝结物总量(云水总量)的分布演变规律进行评估研究。大气中的云有多种类别,不同类别的云含水量及垂直分布有很大差异,天气系统、海陆分布、地理纬度、地形(如青藏高原)和季节等是影响云类别和云含水量的主要因素。水汽含量和云含水量在垂直方向上的积分量分别称为水汽量和云水量。一定时间内,区域中的水汽量平均值或云水量平均值与平均降水强度的比值称为水汽更新周期或云水更新周期。一定时段内,区域中初始时刻的水汽量、由区域各边界流入的水汽量、由地面蒸发进入空中的水汽量和云水蒸发(升华)转变而成的水汽量的总和,称为水汽总量。一定时段内,区域中初始时刻的云水量,由区域各边界流入的云水量,以及由水汽凝结的云水量总和,称为云水总量。其中,有一部分通过自然云降水过程降落到地面形成降水,降水与云水总量的比值称为云水的降水效率。剩下那部分留在空中的,为最大可能开发的云水资源量,称为云水资源总量。

2010 年起,我国开始云水资源评估的相关研究,提出了利用地面降水、大气温度、湿度、云等的遥感观测和诊断开展云水资源评估的方法,从云水的瞬时量、平流输送和云水资源总量等方面,研究给出云水资源的时空分布特征。

(2)我国云水资源总量的时空分布特征

2008—2010年,我国云水年总量的平均值约为 7.15×10^{12} t,云水的降水效率约为70%。水汽年总量的平均值明显高于云水年总量,约为 36.9×10^{12} t,但降水效率仅14%。由此可见,虽然云水在大气中的含量较低,但由于其更新周期快、降水效率高,对水循环和空中水资源开发十分重要。

由于云的分布特征在各地、各季节有明显差异,云水总量和降水效率也有其时空分布特征。我国东南区域的云水总量平均值最大,中部区域次之,西北和华北区域的云水总量平均值较小,结合各地的降水特性,东南和西南区域的云水降水效率也较高,约70%;东北、西北和华北区域的云水降水效率较低,约50%。

我国空中云水资源总量在东南沿海的浙江、西南地区的贵州等地最为丰沛,而北方的新疆、内蒙古等地云水资源总量相对较少,空间分布极不均匀。

(3)我国年降水量的分布

降水是陆地一切水资源的来源。我国陆面多年平均降水量约为630 mm,小于亚洲陆面平均降水量(740 mm)和全球陆面平均降水量(1 000 mm)。我国陆面降水资源量多年平均(1981—2010年)约为 6.1×10^{12} m³,但由于人口众多,每年人均占有的降水资源量约为4 489.1 m³,约为世界平均的1/6,按照国际标准,我国属于水资源缺乏的国家。我国降水的时空分布极不均匀,干旱灾害频繁发生且影响面积大,西北地区及大城市缺水严重。我国各省份年降水资源量见表7-18。

(4)我国干燥度的时空分布

干燥度(aridity index,AI)是根据水分的支出和收入来反映地区干湿状况的一个量,不同的学者所定义的干燥度不尽相同。此处采用的干燥度是指可能蒸发量与同期降水量之比,即:

$$AI=\frac{E_o}{r} \tag{7-4}$$

式中,E_o 为可能蒸发量;r 为同期降水量。

E_o 值可以用彭曼公式求得(见第4章),也可以用经验公式计算,在我国常用 $E_o=0.16\sum t$,其中,$\sum t$ 为日平均气温≥10 ℃的活动积温,故有:

$$AI=\frac{E_o}{r}=\frac{0.16\sum t}{r} \tag{7-5}$$

这样求得的干燥度是指日平均气温稳定通过10 ℃时期的干燥度。干燥度指数反映了某地、某时段水分的收入和支出状况。显然,它比仅仅使用降水量或蒸发量反映一地水分的干湿状况更加确切。由于可能蒸发量的计算方法不同,干燥度的表示方式也有多种。有以年平均气温或高于10 ℃积温的0.1倍表示可能蒸发的,有以辐射差额反映可能蒸发的,但目前国内外大多采用Penman-Monteith(彭曼-蒙泰斯)公式计算。

当某地降水量大于蒸发力时,$AI<1$,表示该地降水量满足蒸发之外还有剩余,气候湿润;反之则为气候干燥(表7-19)。世界气象组织将干燥度大于10的地区定义为严重干旱或沙漠区,我国干旱地区($AI>1$)的面积占全国总面积的一半,严重干旱和沙漠、戈壁地区($AI>10$)超过百万平方千米。

表 7-18　全国各省份年降水资源量(1981—2010 年平均)

名称	人口 (万人)	面积 (×10⁴km²)	降水量 (m)	降水资源量 (×10⁸ m³)	人均占有降水量 (m³/a)
黑龙江	3 833.40	45.48	526.81	2 395.95	6 250.18
吉林	2 746.60	18.74	613.97	1 150.58	4 189.11
辽宁	4 374.90	14.59	647.32	944.44	2 158.77
北京	1 961.90	1.68	545.57	91.66	467.18
天津	1 299.29	1.13	533.01	60.23	463.56
重庆	2 884.62	8.23	1 127.77	928.16	3 217.61
上海	2 302.66	0.63	1 178.00	74.21	322.30
河北	7 193.60	18.77	503.49	945.05	1 313.74
山西	3 574.11	15.63	474.90	742.27	2 076.78
陕西	3 735.23	20.56	633.88	1 303.26	3 489.11
甘肃	2 559.98	45.44	401.92	1 826.33	7 134.16
宁夏	632.96	6.64	275.67	183.04	2 891.89
新疆	2 185.11	166.00	165.89	2 753.72	12 602.22
西藏	300.72	122.80	460.17	5 650.94	187 912.44
内蒙古	2 472.18	118.30	318.97	3 773.40	15 263.44
青海	563.47	72.23	372.15	2 688.01	47 704.63
山东	9 587.86	15.38	644.20	990.79	1 033.37
河南	9 405.47	16.70	745.25	1 244.57	1 323.24
江苏	7 869.34	10.26	1 020.62	1 047.16	1 330.68
浙江	5 446.51	10.20	1 494.87	1 524.77	2 799.54
安徽	5 956.71	13.97	1 216.45	1 699.38	2 852.89
湖南	6 570.10	21.18	1 410.28	2 986.98	4 546.32
湖北	5 727.91	18.59	1 204.06	2 238.35	3 907.80
江西	4 462.25	16.70	1 676.52	2 799.79	6 274.40
广西	4 610.00	23.60	1 533.95	3 620.13	7 852.77
广东	10 440.96	18.00	1 782.77	3 208.99	3 073.47
福建	3 693.00	12.13	1 649.62	2 000.99	5 418.34
云南	4 601.60	38.33	1 092.12	4 186.10	9 097.04
贵州	3 478.94	17.60	1 179.12	2 075.25	5 965.17
四川	8 044.92	48.14	956.30	4 603.64	5 722.41
海南	868.55	3.40	1 774.26	603.25	6 945.46
台湾	2 316.00	3.60	2 474.06	890.66	3 845.69
香港	706.80	0.11	2 398.50	26.38	373.28
澳门	54.50	0.002 5	2 013.00	0.50	92.34
合计	136 462.17	964.74	35 045.48	61 258.94	4 489.08

注：人口、面积资料引自《中国统计年鉴 2010》。引自郑国光，2019。

表 7-19　干湿状况与干燥度

干湿状况	年降水量(mm)	干燥度 AI
半湿润	500~800	1.00~1.49
半干燥	250~500	1.50~3.49
干燥	<250	≥3.50

注：引自肖金香，2014。

7.6.2.4　风能资源

空气流具有的动能称风能(wind energy)。空气流速越高，风能越大。风能是人类利用最早的能源之一，早在 1 000 多年前人类就用风车来利用风能。随着全球气候变暖和能源危机，各国都在加紧对风力的开发和利用，尽量减少二氧化碳等温室气体的排放，保护我们赖以生存的地球。风能的利用主要是以风能作动力和风力发电两种形式，其中又以风力发电为主。合理地开发利用风能对我国社会经济发展具有重要的战略意义。

1) 风能的特点

(1) 风能是一种清洁的可再生能源，是一种永久性的能源

风能是太阳能的一种转化形式，不会因人类的开发而枯竭。

(2) 风能的能量密度低

风能的能量密度大约是水能的 1/816，但风能资源分布广泛，地球上可利用的风能资源约为可利用的水力发电量的 10 倍。

(3) 风能资源具有水平分布不均匀和不稳定、间歇性的特点

风向的随机性很大，风速随空气中的温度、气压不同而变化，还受季节变化影响。现有的风能利用技术主要是利用距地面 30~200 m 高度上的风能资源，这个高度上的风能是大气边界层气流运动与地表相互作用的结果，天气系统的运动和发展、地表吸收太阳辐射产生的热力作用和地形起伏产生的湍流动力作用都对近地层风速的影响很大。

(4) 风受海洋和地形影响显著

山隘和海峡能改变气流的运动方向，使风速增大，在丘陵、山地由于摩擦力大，会使风速减少。

(5) 风能可就地取材，不需要燃料和运输费用

不管是对沿海岛屿、交通不便的边远山区，地广人稀的草原牧场，以及远离电网和近期内电网还很难到达的农村、边疆，风能都是人们解决生活能源的一种可靠途径。

2) 我国风能资源的分布

我国幅员辽阔，风能资源十分丰富，可开发利用的风能储量仅次于俄罗斯和美国，在世界排名第三，拥有可供大规模开发利用的风能资源。据中国气象局估算，全国风能平均密度为 100 W/m^2，风能总储量为 32.26×10^8 kW，实际可开发利用的风能储量为 2.53×10^8 kW，加上近海的风能资源，全国可开发的风能资源估计在 10×10^8 kW 以上。我国年平均风速的时空分布特征与季风气候和地形作用密切相关(图 7-24)。隆起的高原使其顶部产生较大的风速，如内蒙古高原、青藏高原、云贵高原；高原上风速随时间变化的规律基本一致，5 月

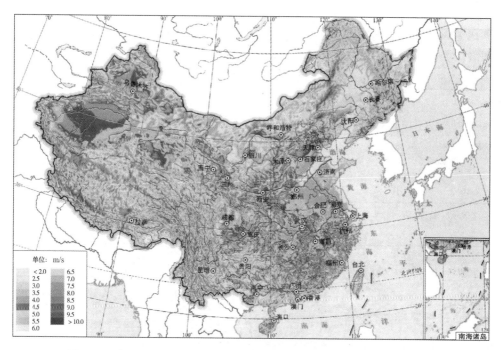

图 7-24 我国陆上 80 m 高度 30 年平均风速分布图(引自郑国光，2019)

风速开始下降，7~8 月达到最小，10 月风速迅速回升，青藏高原年内的风速变化幅度最大。"三北"地区省份如新疆、甘肃、宁夏、内蒙古、河北、黑龙江、吉林和辽宁，其月平均风速变化趋势和幅度非常一致，6 月风速开始下降，7~8 月达到最小，10 月风速迅速回升。东南沿海在海陆季风的作用下形成较高的风速，冬季风速明显大于夏季。新疆塔里木盆地和准格尔盆地位于蒙古高原和青藏高原西侧，地势较低，低层偏西气流在此处于爬坡运动状态，因此常年风速偏低。四川盆地和林芝南部均处于青藏高原东侧的背风区中，也常年风速偏低，四川盆地地势较低，是我国年平均风速最低的地区。

我国年平均风速大于 8 m/s 的地区主要分布在西北、华北、东北、东南沿海、青藏高原和云贵高原；年平均风速低于 5 m/s 的地区主要分布在新疆塔里木盆地和准格尔盆地、四川盆地、西藏林芝南部、河北燕山和太行山东侧、秦岭和大巴山东端的河南和湖北平原地区、安徽大别山区经湖北东部到江西九岭山西部地区及浙闽丘陵地区。

综合考虑风电理论可利用小时数和土地利用率，将我国风能资源可利用区域划分为一般区、较丰富区、丰富区和低风速开发区，区划指标见表 7-20。

图 7-25 为我国陆上 80 m 高度风能资源地理区划，图中有颜色的区域均为可利用风能资源分布区。四级可利用风能资源表示风能资源非常丰富且土地面积可开发利用率很高。四级可利用风能资源主要分布于新疆阿勒泰地区的额尔齐斯河河谷和哈密地区西北部；甘肃酒泉市马鬃山北部和玉门、瓜州地区；内蒙古的巴音淖尔北部、包头北部、乌兰察布中部、锡林郭勒南部和东部、赤峰东南部、通辽南部和呼伦贝尔巴尔虎旗地区；吉林白城地区；黑龙江大庆南部地区、河北张家口和承德北部地区。此外，还零星地分布于青海、西藏、宁夏西部和陕北地区等。

表 7-20 可利用风能资源等级划分标准

可利用面积比	80 m 高度主流机组理论可利用小时数(h)				90 m 高度低风速机组理论可利用小时数≥1 800 h 5 m/s≤风速<6 m/s
	>3 000	2 500~3 000	2 200~2 500	1 800~2 200	
0.8<R≤1.0	4	4	3	3	D
0.6<R≤0.8	4	3	2	2	D
0.4<R≤0.6	3	2	2	1	D
0.2<R≤0.4	2	1	1	1	D
0.0<R≤0.2	1				

注：1 表示一般；2 表示较丰富；3 表示丰富；4 表示非常丰富。D 表示低风速开发。引自郑国光，2019。

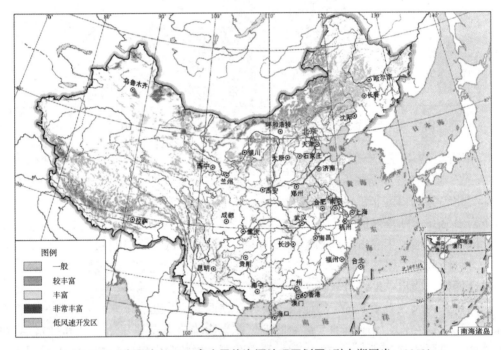

图 7-25 我国陆上 80m 高度风能资源地理区划图（引自郑国光，2019）

二级和三级可利用风能资源表示风能资源比较丰富且土地面积可开发利用率较高，主要分布于新疆哈密、甘肃酒泉、内蒙古阿拉善盟、鄂尔多斯市、锡林郭勒盟、呼伦贝尔市、青海柴达木河和青海湖地区。风能资源较丰富区主要分布在内蒙古大兴安岭东侧地区和赤峰南部、宁夏中部、陕西靖边地区、山西北部、河北张北地区、从河南兰考到山东东营的沿黄河以北地区、山东半岛沿海及潍坊市东部地区、江苏沿海地区、福建、广东和广西沿海地区、海南岛东部沿海、云南昆明市北部和曲靖、四川西部、西藏南部。此外，还零星地分布于青海、贵州、广西内陆、辽宁和黑龙江等省。

一级可利用风能资源表示风能资源达到了可开发利用标准，但土地面积可开发利用率较低。一级可利用风能资源几乎分布于我国每个省份，其中连片分布且覆盖面积较大的区域位于黑龙江、吉林和辽宁。

低风速开发区是指其风能资源采用低风速风电机组可开发但达不到主流风电机组的盈利要求，一般 90 m 高度上年平均风速为 5~6 m/s。由于"三北"地区风能资源丰富，西部地区远离电力负荷中心，我国中、东和南部地区是低风速资源开发的重点。低风速风能资源较集中地分布在河北南部、山东、河南中东部、安徽北部、江苏、湖北中部地区和陕西北部。

我国近海风能资源丰富，沿海海域的风能资源等级都在三级以上，满足建设并网型风电场对风能资源的要求。风能资源最丰富的近海海域是福建、浙江南部和广东东部沿海，其次是广东西部、海南、广西北部湾、浙江北部和渤海湾的近海海域，江苏、山东东部和南部近海海域的风能资源等级均为三级。满足近海 25 m 水深风能开发条件的区域主要分布在江苏、渤海湾和北部湾的近海海域。

思考题

1. 气候形成的因素主要有哪些？试据气候形成因素分析我国西北干旱气候的成因。
2. 人类活动对气候的影响主要表现在哪些方面？举例说明。
3. 冰雪覆盖如何影响气候的形成？
4. 天文辐射影响下的气候带有哪些？
5. 简述大陆性气候和海洋性气候的特点。
6. 气候变化的可能原因有哪些？
7. 查阅相关资料，了解自己家乡气候资源的特点，并有针对性地提出开发气候资源的措施。

参考文献

陈永生，才玉石，2008. 气候变化对林业生物灾害的影响广泛而深远——访国家林业局森防总站总站长马爱国[N]. 中国绿色时报，2008-03-14(2).

段洪浪，吴建平，刘文飞，等，2015. 干旱胁迫下树木的碳水过程以及干旱死亡机理[J]. 林业科学，51(11)：113-120.

姜世中，2020. 气象学与气候学[M]. 北京：科学出版社.

李萌，申双和，褚荣浩，等，2016. 近 30 年中国农业气候资源分布及其变化趋势分析[J]. 科学技术与工程，16(21)：1671-1815.

蒲晓娟，陈辉，2007. 小蠹类害虫发生危害的关键因素分析[J]. 西北林学院学报，22(1)：87-90，101.

气候变化研究进展，2006. 温室气体的种类和特征[J]. 2(6)：300.

乔泽宇，房磊，张悦楠，等，2020. 2001—2017 年我国森林火灾时空分布特征[J]. 应用生态学报，31(1)：55-64.

任国玉，2007. 气候变化与中国水资源[M]. 北京：气象出版社.

申彦波，赵宗慈，石广玉，2008. 地面太阳辐射的变化、影响因子及其可能的气候效应最新研究进展[J]. 地球科学进展，23(9)：915-923.

石广玉，2007. 大气辐射学[M]. 北京：科学出版社.

陶玉柱，邸雪颖，金森，2013. 我国森林火灾发生的时空规律研究[J]. 世界林业研究，26(9)：75-79.

王炳忠，张富国，李立贤，1980. 我国的太阳能资源及其计算[J]. 太阳能学报，1(1)：1-9.

王福祥，肖开转，姜身飞，等，2019. 干旱胁迫下植物体内活性氧的作用机制[J]. 科学通报，64(17)：1765-1779.

王世华，崔日鲜，张艳慧，2020. 农业气象学[M]. 北京：化学工业出版社.

魏书精，罗斯生，罗碧珍，等，2020. 气候变化背景下森林火灾发生规律研究[J]. 林业与环境科学，36(2)：133-141.

肖春旺，周广胜，马风云，2002. 施水量变化对毛乌素沙地优势植物形态与生长的影响[J]. 植物生态学报，26(1)：69-76.

肖金香，2014. 气象学[M]. 北京：中国林业出版社.

张镱锂，李炳元，郑度，2002. 论青藏高原范围与面积[J]. 地理研究，21(1)：1-8.

张颖，丁昱菲，2019. 我国森林灾害的空间分布分析[J]. 北京林业大学学报，41(3)：68-78.

赵铁良，耿海东，张旭东，等，2003. 气温变化对我国森林病虫害的影响[J]. 中国森林病虫，22(3)：29-32.

郑国光，2019. 中国气候[M]. 北京：气象出版社.

郑景云，卞娟娟，葛全胜，等，2013. 中国 1951—1980 年及 1981—2010 年的气候区划[J]. 地理研究，32(6)：987-997.

郑景云，尹云鹤，李炳元，2010. 中国气候区划新方案[J]. 地理学报，65(1)：3-12.

中国气象局气候变化中心，2020. 中国气候变化蓝皮书 2020[M]. 北京：科学出版社.

中华人民共和国国家统计局. 中国统计年鉴 2008[EB/OL]. http://www.stats.gov.cn/tjsj/ndsj/2008/indexch.htm.

周国逸，李琳，吴安驰，2020. 气候变暖下干旱对森林生态系统的影响[J]. 南京信息工程大学学报（自然版），12(1)：81-88.

周淑贞，1989. 世界气候分类刍议——城市气候与区域气候[M]. 上海：华东师范大学出版社.

周淑贞，张如一，张超，2011. 气象学与气候学[M]. 北京：高等教育出版社.

朱教君，郑晓，2019. 关于三北防护林体系建设的思考与展望——基于 40 年建设综合评估结果[J]. 生态学杂志，38(5)：1600-1610.

AHLSTROM A, RAUPACH M R, SCHURGERS G, et al., 2015. The dominant role of semi-arid ecosystems in the trend and variability of the land CO_2 sink [J]. Science, 348(6237): 895-899.

ALLEN C D, MACALADY A K, CHENCHOUNI H, et al., 2010. A global overview of drought and heat-induced tree mortality reveals emerging climate change risks for forests[J]. Forest Ecology and Management, 259(4): 600-684.

ALLEN R G, PEREIRA L S, RAES D, et al., 1998. Crop evapotranspiration-guidelines for computing crop water requirements[J]. FAO Irrigation and Drainage Paper 56. Rome: United Nations Food and Agriculture Organization, 15-86.

ANDEREGG W R L, SCHWALM C, BIONDI F, et al., 2015. Pervasive drought legacies in forest ecosystems and their implications for carbon cycle models[J]. Science, 349(6247): 528-532.

BLUM A, 2017. Osmotic adjustment is a prime drought stress adaptive engine in support of plant production[J]. Plant, Cell & Environment, 40(1): 4-10.

BONAN G B, 2008. Forests and climate change: forcings, feedbacks, and the climate benefits of forests[J]. Science, 320(5882): 1444-1449.

COCHRANE M A, 1999. Positive feedbacks in the fire dynamic of closed canopy tropical forests[J]. Science,

284(5421): 1832-1835.

EMANUEL W R, SHUGART H H, STEVENSON M P, 1985. Climatic change and the broad-scale distribution of terrestrial ecosystem complexes[J]. Climatic Change, 7(1): 29-43.

FARRIOR C E, DYBZINSKI R, LEVIN S A, et al., 2013. Competition for water and light in closed-canopy forests: a tractable model of carbon allocation with implications for carbon sinks[J]. The American Naturalist, 181(3): 314-330.

GALMÉS J, CONESA M A, OCHOGAVÍA J M, et al., 2011. Physiological and morphological adaptations in relation to water use efficiency in Mediterranean accessions of Solanum lycopersicum[J]. Plant Cell & Environment, 34(2): 245-260.

GECHEV T S, 2006. Reactive oxygen species as signals that modulate plant stress responses and programmed cell death[J]. Bioessays, 28(11): 1091-1101.

GRZESIAK M T, RZEPKA A, HURA T, et al., 2007. Changes in response to drought stress of triticale and maize genotypes differing in drought tolerance[J]. Photosynthetica, 45(2): 280-287.

HARTMANN H, 2011. Will a 385 million year-struggle for light become a struggle for water and for carbon? How trees may cope with more frequent climate change-type drought events[J]. Global Change Biology, 17(1): 642-655.

IPCC, 2007. Climate Change 2007: The Sciencetific Basib. Houghton J T, et al., Contribution of Working Group I to the Third Assesment Report of the Intergovernmental Panel on Climate Change[M]. Cambridge: Cambridge University Press.

IPCC, 2014. IPCC 第五次评估报告[EB/OL]. http://www.ipcc.ch/.

JALEEL C A, MANIVANNAN P, WAHID A, et al., 2009. Drought stress in plants: a review on morphological characteristics and pigments composition[J]. International Journal of Agriculture and Biology, 11(1): 100-105.

KURZ W A, STINSON G, RAMPLEY G J, et al., 2008. Risk of natural disturbances makes future contribution of Canada's forests to the global carbon cycle highly uncertain[J]. Proceedings of the National Academy of Sciences of the United States of America, 105(5): 1551-1555.

LAWLOR D W, 2002. Limitation to photosynthesis in water stressed leaves: stomatavs. metabolism and the role of ATP[J]. Annals of Botany, 89(7): 871-885.

MANTGEM P J V, STEPHENSON N L, 2007. Apparent climatically induced increase of tree mortality rates in a temperate forest[J]. Ecology Letters, 10(10): 909-916.

NEPSTAD D C, VERSSIMO A, ALENCAR A, et al., 1999. Large-scale impoverishment of Amazonian forests by logging and fire[J]. Nature, 398(6727): 505-508.

NIU S L, LUO Y Q, LI D J, et al., 2014. Plant growth and mortality under climatic extremes: an overview[J]. Environmental and Experimental Botany, 98: 13-19.

PARMESAN C, 2006. Ecological and evolutionary responses to recent climate change[J]. Annual Review of Ecology, Evolution, and Systematics, 37: 637-669.

PHILLIVS O, ARAGAO L, LEWIS S, et al., 2009. Drought sensitivity of the Amazon carbon sink[J]. Earth and Environmental Science, 6(4), DOI: 10.1088/1755-1307/6/4/042004.

SMITH T M, LEEMANS R, SHUGART H H, 1992. Sensitivity of terrestrial carbon storage to CO_2-induced climate change: comparison of four scenarios based on general circulation models[J]. Climatic Change, 21(4):

367-384.

VINOCUR B, ALTMAN A, 2005. Recent advances in engineering plant tolerance to abiotic stress: achievements and limitaions[J]. Current Opinion in Biotechnology, 16(2): 123-132.

WYCKOFF P H, CLARK J S, 2002. The relationship between growth and mortality for seven co-occurring tree species in the southern Appalachian Mountains[J]. Journal of Ecology, 90(4): 604-615.

YIN Y H, WU S H, ZHENG D, et al., 2008. Radiation calibration of FAO56 Penman-Monteith model to estimate reference crop evapotranspiration in China[J]. Agricultural Water Management, 95(1): 77-84.

ZHOU G Y, HOULTON B Z, WANG W T, et al., 2014. Substantial reorganization of China's tropical and subtropical forests: based on the permanent plots[J]. Global Change Biology, 20(1): 240-250.

第8章 小气候

小气候(microclimate)是指在相同的大气候背景下,因局部下垫面特性的影响而形成的小范围内的独特气候。在一个地区的每块地方(如农田、温室、庭院等)都要受到该地区气候条件的影响,同时因下垫面性质不同、热状况各异,就会形成小范围特有的气候状况。小气候中的温度、湿度、光照等气象条件,将直接影响作物的生长,人类的工作环境,家庭的生活情趣等。人类可通过一定的技术措施改善小气候,使其朝着有益于人类活动的方向变化。

8.1 小气候及其形成的理论基础

8.1.1 小气候的概念

小气候是受到下垫面局部特性的影响,在近地面层(地面边界层)和土壤上层形成的小范围内的独特气候,又称近地层气候。在相同的大气候背景下,由于地形方位、土壤条件、植被覆盖物和人类活动的影响,使局部地区具有独特的气候状况。因此,大气候是小气候的背景,而小气候是大气候在不同下垫面条件下的具体表现,它们两者之间存在着共性和个性、一般和特殊的关系。

8.1.2 小气候的特点

小气候影响的水平范围因下垫面性质的均一性而定,铅直范围一般从下垫面到几米甚至百米,越接近下垫面,小气候特征越明显,到某一高度后,小气候效应完全消失。与大气候相比,小气候具有范围小、差异大、稳定性强、易调控的特征。

(1) 范围小

范围小是指小气候的空间尺度小,垂直尺度包括整个贴地气层,并能延伸到100 m,或更高一些,但主要局限在2 m以内的薄层(人类活动、动植物生存的主要空间);水平方向可以从几毫米到几十千米,甚至更大。因此,常规气象站的观测不能反映小气候的差异。小气候的观测要求测点密度大,仪器精度高。

(2) 差异大

小气候要素的空间分布不均匀,差异很大。无论水平方向还是垂直方向都存在较大的要素梯度。垂直梯度远大于水平梯度,温度的垂直梯度在1 m高度要比大气候大100多倍,湿度、风速等其他要素也类似。小气候系统所占空间尺度较小,系统内外物质和能量交换传输速度缓慢,比自由大气中小几百倍甚至上千倍。在水平方向不同下垫面之间的过渡区域,气象要素的分布会出现不连续的现象,这种差异在大气候中是见不到的。

（3）稳定性强

在大气成分、所处大气候与天气背景及其他外界环境不变的情况下，小气候内部的小气候特征比较稳定。在相同的小气候条件下，几乎总能观测到相似的气象要素时空变化规律。如农田小气候，一般选择在作物的不同生育阶段、不同季节和典型的天气状况下进行短期观测，即可确认农田小气候系统的特征。

（4）易调控

正是由于小气候系统的空间尺度小，其内部小气候特点和形成机制较容易掌握，故人工调控小气候的可能性很大，容易实现。在农林业生产中，为适应不同生物需要和达到不同的生产管理目标，可人为创造不同的农林小气候环境。

8.1.3　小气候形成的理论基础

8.1.3.1　小气候的形成因素

小气候的形成和变化主要受到辐射因素和局地平流或湍流因素的影响，局地平流是小气候形成和变化的动力基础。由于小范围内下垫面性质和构造不同，产生辐射收支差异所形成的小气候，称为"独立小气候"(isolated microclimate)。而由于受到迁移而来的性质不同的气团所影响而形成的小气候，称为"非独立小气候"(non-isolated microclimate)。这两者是相对而言的，因为辐射因素和平流因素也并非完全独立的，而是相互影响的。在晴朗无风的天气下，辐射因素占主导地位，此时独立小气候特征表现的最为突出，观测获得的小气候资料才具有典型性。而在大风、阴雨的天气下，辐射因素是次要的，平流因素才是主导，这时小气候为非独立小气候。"独立"和"非独立"是相对而言的，某些情况下，不但没有"独立小气候"和"非独立小气候"的区别，就连小气候和大气候的界限也不清晰了。

8.1.3.2　活动面和活动层

活动面(active surface)又称作用面，是指能够吸收和放射辐射能，并与邻近气层、土层进行热量和水分交换，从而调节邻近气层、土壤的温度、湿度等气象要素的物质表面，如地面、水面、冰面、植物表面等。实际上，辐射能的吸收和放射及热量和水分的交换不只局限于活动面，而发生作用的是具有一定厚度的层次，这一层称为活动层(active layers)或作用层。

下垫面的特性和结构不同，活动面的位置也不同。在裸露地，土壤表面是活动面；在水域上，水面是活动面。在农田、果园和森林中，由气层—植物—土壤构成的交界面有两个作用面，一个是气层与土壤表面的交界面，通常称为内活动面；另一个在植物茎叶或林冠中枝叶最密集处，通常称为外活动面。农田中活动面是变化的，在作物幼苗期，活动面主要是地面（内活动面），而在作物的旺盛生长期，活动面则主要是作物茎叶最密集的面（外活动面）。森林作用层一般可分为林冠作用层和林地作用层，这两个作用层合称为森林作用层。

8.1.3.3　小气候形成的理论基础

小气候的形成主要取决于活动面（层）的辐射平衡、热量平衡和近地层空气的乱流运动。

(1) 活动面的辐射平衡(净辐射)

活动面的辐射平衡(净辐射)是小气候形成的能量基础。在近地气层中，太阳辐射是最重要的能源，其地面净辐射表达式可用下式表示：

$$R=(S'+D)(1-r)-F \tag{8-1}$$

式中，S'为太阳直接辐射；D为散射辐射；r为下垫面的反射率；F为地面有效辐射。

由式(8-1)可得，活动面的辐射平衡主要取决于太阳总辐射、地面反射率和地面有效辐射。其中，受活动面影响最大的是反射率，因为不同性质的活动面，可以有极不相同的反射率，在太阳辐射相同的条件下，各种活动面反射率相差很大。如潮湿黑钙土反射率为5%~8%，水稻田12%，森林15%，棉田20%~22%，新雪80%~95%。

总之，由于活动面的状况和性质不同，其获得的能量产生了差异，从而引起温度等要素状况不同。净辐射是形成小气候的能量基础，而下垫面状况和性质的不同，会引起辐射收支的差异，从而形成各种类型的小气候。

(2) 活动面的热量平衡

活动面的热量平衡是形成小气候要素变化的依据。活动面温度的变化取决于活动面热量收支差额的变化。对于不同的下垫面，其热量平衡方程的形式基本是相同的，即方程式各项中除了上面提及的辐射平衡，还有乱流通量、潜热通量和土壤热通量，但在农田和森林里，方程式的项目有所增加，并且各分量的大小与裸地差异很大，下面以农田活动层的热量平衡为例进行说明。

农田活动层的热量平衡方程可写为：

$$R=P+B+LE_C+I_A+Q_C+Q_T \tag{8-2}$$

式中，R为农田活动面的净辐射；P为农田活动面与大气之间的乱流热交换；B为活动面与下层土壤之间的热交换；LE_C为农田蒸散耗热；I_A为作物净光合作用消耗的热量；Q_C为叶片积累的热量；Q_T为叶片与株茎内部的热交换。

由于I_A、Q_C、Q_T很小可以忽略不计，上式可简化为：

$$R=P+B+LE_C \tag{8-3}$$

该式和裸地的热量平衡方程式形式相同，但由于农田中作物的需水性及人工灌水的结果，表现在各个分量上就有很大区别了。

摩敏诺夫在棉花、马铃薯农田及沙漠裸地上热量平衡各分量的观测结果(表8-1)表明，农田热量主要用于土壤蒸发和植物蒸腾，蒸散耗热较多，已接近或超出净辐射的供热能力，而在沙漠、半沙漠蒸发耗热为零，热量主要用于加热空气与土壤。由于农田需水量要远多于裸地，所以从各分量上看差异较大，特别表现在农田蒸散耗热上。白天，农田活动面获得的50%净辐射(R)消耗于农田蒸散(LE_C)；37%消耗于空气增温(P)；13%消耗于土壤增温(B)。

(3) 活动面的乱流交换

乱流交换是小气候形成的动力基础。乱流运动的结果是使大气层中各种物理属性(温度、水汽、二氧化碳等)从高值区向低值区扩散，使其空间变化趋于缓和。在近地气层中空气运动具有高度的乱流性，乱流扩散作用对近地层空气中各种物理属性的输送起着决定性作用。乱流交换直接影响着小气候要素的时空分布，使其具有不同特点，并对花粉、孢

表 8-1　农田及沙漠上正午时热量平衡各分量的平均值　　W/m²

下垫面种类	各分量			
	R	P	B	LE_C
棉田	676.87	-125.60	90.71	711.76
马铃薯田	676.87	-55.82	69.87	662.91
半沙漠	460.55	369.83	90.71	0.01
沙漠	467.53	362.86	104.67	0.0

注：引自翁笃鸣等，1981。

子及其他微粒的输送具有重要意义。

乱流交换的强弱主要取决于空气的乱流扩散能力和近地气层中温度、水汽、二氧化碳等物理量的垂直梯度。活动面的乱流通量(P)可表示为：

$$P = -\rho C_P k \frac{\Delta T}{\Delta Z} \tag{8-4}$$

式中，ρ 为空气密度，地面附近等于 0.001 3 g/cm³；C_P 为空气的定压比热，等于 1.008 J/(g·℃)；k 为乱流扩散系数(cm²/s)；$\frac{\Delta T}{\Delta Z}$ 为温度的垂直梯度。

由式(8-4)可得，乱流热通量与乱流扩散系数及温度梯度成正比，乱流扩散系数越大，表示乱流越强，空气块对热量的输送能力越强；温度梯度越大，表示上下层间温度分布越不均匀，温度高的一层把热量输送到温度低的一层，使之趋于平衡。温差为正，意味着下层温度比上层高，热量由地面向上输送；反之温差为负，则有热量由上层向下输送。一般来说，白天乱流热通量为正，夜间为负。乱流交换的这种变化，决定了近地气层中气温的昼夜变化。另外，农田中乱流交换强度还与作物种类、种植方式、植株密度、高度等因子有关。

8.2　农田小气候

农田小气候(agricultural microclimate)是受到农作物覆盖的下垫面影响而形成的小气候，它是农田贴地气层、土层与农作物群体之间生物学和物理学两种过程相互作用的结果。不同作物、同一作物不同生育期、不同种植方式与不同栽培管理措施的小气候特征均不相同。一般来说，高度在 2 m 左右的气层和 0.5 m 左右的浅层土壤耕作层中，在农作物整个生长期中受人工活动影响较大，所以，农田小气候是一种低矮植被小气候，也是一种人工小气候。

研究农田小气候的目的，在于利用和改善小气候条件，防御农业气象灾害和农业病虫害，改革耕作制度，为作物生长发育创造良好的生存环境，为农业生产的高产、优质、高效服务。由于作物种类繁多、品种不同，栽培技术措施也不相同，所以小气候特征不尽相同。

8.2.1 农田中的太阳辐射和光能分布

8.2.1.1 农田中的太阳辐射

太阳辐射到达作物冠层表面后,一部分辐射被作物茎叶吸收,一部分辐射被反射,其余部分透过枝叶空隙或叶片到达地面。作物对太阳辐射的吸收、反射和透射多少,因作物种类、生育期及叶片特征不同而不同。作物苗期由于植株高度和密度都比较小,所以类似于裸地状况;而生长旺盛时期对太阳辐射以吸收为主,吸收的能量用于进行光合作用和蒸腾作用;作物生长后期随叶片衰老,生理活动减弱,对太阳辐射吸收率降低,而反射率和透射率提高。

植物叶片对太阳辐射光谱的吸收、反射和透射能力也是不同的。绿色叶片对太阳辐射的反射率、吸收率和透射率之和为1。影响叶片对光的反射、透射和吸收能力的因素包括植物种类、生育期、叶龄、叶片形态、颜色、叶片含水量,此外还受到光的投射角度、天气状况、季节的影响。反射率、透射率和吸收率不是一个常数,有一定变化幅度(表8-2)。作物群体对光的反射率和透射率要比单叶明显小,而吸收率明显高于单叶。叶片向上斜立生长的稻、麦作物,其反射率和透射率几乎比单叶减少一半左右。一般在抽穗开花期,群体的反射率5%~7%,透射率4%~7%,而群体的吸收率则高达85%~90%。

表 8-2 绿叶对不同波段的平均反射率、透射率和吸收率

类型	光合有效辐射 0.38~0.71 μm	红外线辐射 0.71~4.0 μm	短波辐射 0.35~3.0 μm	长波辐射 3.0~10.0 μm
反射率	0.09	0.51	0.30	0.05
透射率	0.06	0.34	0.20	0.00
吸收率	0.85	0.15	0.50	0.95

注:引自张嵩午等,2007。

植物叶片对太阳光谱有两个吸收带,一个在光合有效辐射部分;另一个在长波辐射部分。植物通过叶片吸收光合有效辐射进行光合作用积累干物质,而吸收的长波辐射部分将其转化为热能。

植物叶片对于太阳辐射的反射能力,取决于叶片本身的特点和太阳光谱成分。在植物旺盛生长期,绿色叶片对太阳光谱反射能力的最高值在近红外区,其次在可见光的黄绿光波段。另外,随着叶片由绿变黄总反射率逐渐增大。

绿色叶片的透射能力与叶片的反射能力相当,最高值也在近红外($0.8\ \mu m$ 左右),次高值在可见光区的黄绿光($0.55~0.58\ \mu m$)波段。透过植物冠层的太阳辐射光谱中黄绿光和红外光谱所占比例增大,它们具有光形态建成和光合作用。

8.2.1.2 农田中的光能分布

农田中的光分布主要取决于作物种类、生育期、群体结构、栽培方式等因子,同时还与太阳高度角、天气状况有关。

门司正三和佐伯敏郎(1953)假定叶片的空间分布是均匀的,排列是随机的,叶片能吸

收全部入射光,叶层是由叶片等植物器官所组成的均一介质,符合朗伯-比尔定律(Beer-Lambert Law),将定律引入到植物群体中光强垂直分布,提出了门司-佐伯公式:

$$I_z = I_0 e^{-KF} \quad (8-5)$$

式中,I_z 为作物层中高度 z 处的光强;I_0 为冠层顶部光强;e 为自然常数;F 为冠层顶部向下至高度 z 处的叶面积之和;K 为群体消光系数。

K 值是作物群体结构的一个特征量,其大小取决于作物的种类、种植密度、生育期、群体结构、叶片排列状况、叶倾角和太阳高度角等。K 值是一个无量纲数,一般小于 1。I_z/I_0 即透光率,描述了叶片的遮阴程度,当上层叶面积大时,光强衰减就明显(表8-3)。

表 8-3　小麦、油菜的叶片透光率及消光系数

作物	F	I_z/I_0(%)	K
小麦	2	2	0.35
	4.5	11	0.53
油菜	2	3	0.55
	4.5	18	0.64

注:引自冯新灵等,1987。

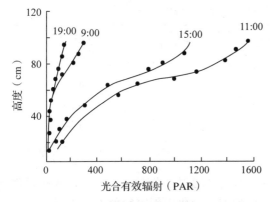

图 8-1　小麦群体中不同时间光合有效辐射的垂直分布(引自张嵩午等,2007)

光强在株间随高度的分布,与作物光能利用有着密切关系,如植株稀少,密度不足,群体内各层光强较大,漏光严重,虽单株光合作用较强,但群体光能利用不充分,影响产量。若农田密度过大或群体结构不合理,造成株间各层光强相差较大,产生植株顶部光强过大,中下部光强不足,导致植株生长不良,易倒伏,产量受到影响。总之,在作物栽培中,要采用适当的种植方式,合理密植,并选用株型好的品种,水稻、玉米选用叶片紧凑型品种,棉花选择宝塔形株型,以满足个体和群体对光照的要求,使个体生长健壮、群体发育良好,才能获得高产。

图 8-1 是小麦群体中不同时间光合有效辐射(PAR)的垂直分布曲线。作物群体光强的垂直分布规律表现为由上向下递减,在群体顶部由于叶片较少使光强递减较慢,在中间活动层枝叶密集处光强迅速减弱,再往下又缓慢下降。光强的这种垂直分布规律和作物群体叶面积的垂直分布有关。

8.2.2　农田中温度的分布

农田中的温度状况,主要取决于辐射和乱流交换状况。在作物生长初期,植被密度较小,农田中外活动面尚未形成,热量收支状况与裸地相似,此时温度的垂直分布变化也与

裸地相似,即白天为日射型,夜间为辐射型分布。农田中最高、最低温度出现在植株高度的2/3处。

在作物生长旺盛期,即封行后,农田的外活动面形成。白天,由于作物茎叶对内活动面的遮蔽作用,使内活动面附近温度较低。外活动面热量收支差额为正,其附近温度较高,不断有热量向上、向下输送。中午前后,外活动面吸收太阳辐射能量最多,同时,枝叶密集使乱流交换弱,损失热量减少,因此外活动面处温度最高,向上向下逐渐降温。夜间,内外活动面热量收支差额为负,温度降低。内活动面由于受到茎叶遮挡降温慢,而外活动面无茎叶遮挡,并且可以向上、向下两个方向放热,所以,通过有效辐射损失能量最多,并且夜间冠层上部冷空气下滑到外活动面附近被截留,造成外活动面温度最低(图8-2)。在作物生长后期,部分叶片枯落,外活动面逐渐消失,农田中温度垂直分布又和裸地相似。

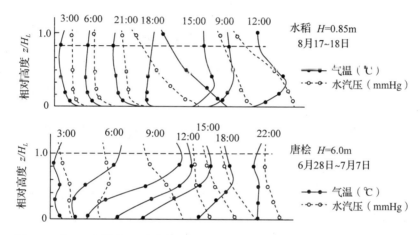

图 8-2 大田不同作物植被内气温和水气压的垂直分布(引自钟阳和等,2009)

受某些条件影响,植被内外的气温垂直分布曲线可能发生变化,与上述典型气温分布状况有所不同。例如,因充分灌溉和降雨多而使土壤湿润的农田,全天气温分布呈逆温或等温分布(图8-3);图8-4为有热平流经过农田时,会造成气温垂直分布曲线(气温廓线)

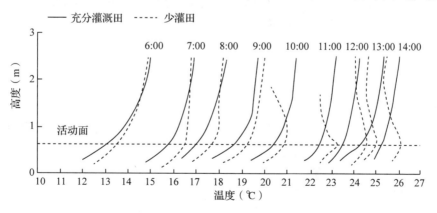

图 8-3 不同灌溉处理麦田的气温廓线(引自钟阳和等,2009)

变形,这是由于当时盛行西南风,正好从少灌田吹向充分灌溉田,10:00 以后充分灌溉田植被上方在热平流影响下,1.0~2.5 m 处气温廓线变形,明显向高温方向凸出,12:00~13:00 出现峰值,15:00 左右消失。

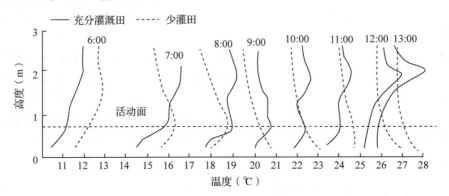

图 8-4 有热平流时不同灌溉处理麦田的气温廓线(引自钟阳和等,2009)

由于农田中作物的蒸腾作用,空气湿度较大,从而使其白天的温度(包括地温、气温)比裸地低;而夜间农田温度又比裸地高。农田中温度变化缓和,温度日较差较小。农业上常用放水烤田的方法来提高白天水田的温度,促进植株生长,夜间用深水灌溉防止低温危害。所以,就温度日较差来看,农田比裸地小,水田比旱地小,密植农田比稀植农田小。

8.2.3 农田中湿度的分布

农田中的湿度分布和变化,除取决于温度和农田蒸散,还受乱流交换强度的影响。白天农田中的水汽压由地表向上随高度的增加而减小,与裸地湿度分布类型相似,属湿型分布;夜间地面水汽凝结生成霜或露,则水汽压的分布随高度增加而增大,属干型分布。

作物生长初期,植株矮小,土壤表面是农田的活动面,也是主要蒸发面。此时,农田水汽压分布与裸地一样。作物生长旺盛期,茎叶密集,地表由植被覆盖,农田活动面已经移到作物枝叶最密集的层次,农田的蒸腾量加大,外活动面是主要的蒸腾面。此时农田中水汽压的分布白天靠近外活动面附近的水汽压最大(见图 8-2);夜间外活动面上生成大量露水,水汽压较小,但各高度平均水汽压都比裸地大。

相对湿度分布,受温度和水汽压的影响。一般在作物生长初期与裸地相似,随叶面积增大作物封垄后各高度上的相对湿度都比较接近,并且都比裸地大。

8.2.4 农田中风的分布

农田风速的分布,主要同作物生长密度、高度和栽培措施有关。风速日变化是中午前后风速最大,夜间风速最小,风速具有明显的阵性。

(1) 农田中风的垂直分布

作物生长初期,植株矮小,土壤表面就是活动面,这时农田中风速的垂直分布与裸地相似,越接近地面风速越小,风速趋于零时的高度在地表附近,随高度的增加风速增大。

作物生长旺盛时期,农田外活动面已经形成。进入农田中的风受作物的阻挡,一部分

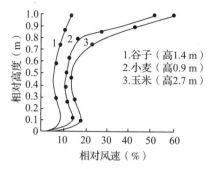

图 8-5 不同作物田风速随高度的变化
（引自钟阳和等，2009）

气流被被迫抬升从植株冠层顶部越过，风速随高度增加按指数规律增大；另一部分气流进入作物层中，株间风速与生长初期不同，变化曲线呈"S"形分布（图 8-5）。在作物茎叶密集的部位，摩擦阻力大，风速下降较多，但风速随高度变化平缓。靠近植株基部，相对风速有一个次大值，这是由于农田外气流能通过枝叶较少的基部深入农田所致，在地表附近风速又趋于零。

(2) 农田中风的水平分布

农田中风速的水平分布也有差异，总是由外向内不断递减。它的大小与作物种类、生育期、播种密度等有关。一般来说，农田冠层内任一高度上风速的水平分布可以用如下经验函数来描述：

$$U_x = U_0 e^{-ax} \tag{8-6}$$

式中，U_x 为边行到农田中距离为 x 处的风速；U_0 为边行风速；a 为作物群体对风速的削弱系数，可通过经验途径取得；x 为农田中观测点到边行的距离。

在农田近地层中，风速的日变化是中午前后风速最大，夜间风速最小，风速具有明显的阵性，所以在小气候观测时要取一定时间内的平均风速。

8.2.5 农田中二氧化碳的分布

农田中的二氧化碳主要通过乱流交换从大气和土壤中得到。输送量的多少取决于乱流交换系数的大小和田间上下两层间的二氧化碳浓度的差值。乱流交换系数越大和二氧化碳浓度的差值越大，则二氧化碳的输送量就越多。

农田中二氧化碳的浓度有明显的日变化，在作物生长季，白天，作物通过光合作用大量吸收二氧化碳，使农田中二氧化碳的浓度降低，因而，通过乱流交换农田从大气中获得二氧化碳补充，此时大气是二氧化碳的源，农田是二氧化碳的汇。夜间，作物因呼吸作用释放出大量二氧化碳，使作物群体内的二氧化碳浓度逐渐增加并向上层的大气输送，此时大气是二氧化碳的汇，农田是二氧化碳的源（图 8-6）。在通风良好的农田中，由于二氧化碳水平交换和垂直

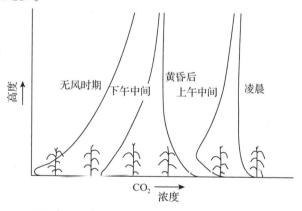

图 8-6 玉米田二氧化碳浓度垂直分布示意
（引自钟阳和等，2009）

输送较强，农田中的二氧化碳浓度保持在大气平均浓度的水平上，日变化较小。反之，通风不好（风小或密植时），日变化明显增大。在静稳的晴天会使农田二氧化碳浓度降至最低，有时可使植物处于二氧化碳饥饿状态。短时间的积云影响，使光合有效辐射迅速减弱，农田中二氧化碳浓度相应地增大，阴天、大风天会使作物群体内的二氧化碳浓度全天少变。

由于作物的光合作用和呼吸作用具有周期性日变化，作物层和大气之间日夜进行二氧

化碳源汇的交替作用，形成了农田中二氧化碳浓度垂直分布的特殊性。由图8-6可以看出，夜间，由于作物的呼吸作用和植物根系、土壤及其他有机物释放二氧化碳，二氧化碳浓度廓线(垂直分布曲线)多为由地面向上递减，被称为呼吸型廓线。白天，作物光合作用吸收消耗二氧化碳，使二氧化碳浓度曲线产生弯曲，二氧化碳浓度的最低点出现在作物层的某一高度上，并由此向上、向下浓度明显增大，被称为光合型廓线。自上午到下午，作物层中二氧化碳汇的高度是逐渐降低的，这可能是由于中午以后上部叶片处供水不足或是气孔关闭，使光合作用减弱。这种现象在静风时更为突出。静风条件下，当二氧化碳汇的强度增大时，植物表面的二氧化碳浓度迅速减少，空气中二氧化碳扩散又太慢，不足以维持快速的光合作用，使汇的高度更靠近地表。这时上下层间的二氧化碳浓度差别也很大。

8.2.6 农业技术措施的小气候效应

农业技术措施能在一定程度上改善农田小气候条件，为作物生长发育创造良好的生态环境。农业生产实践中常见的耕翻、镇压、起垄、灌溉、栽培方式等措施都能产生一定的小气候效应。

(1) 灌溉的气象效应

灌溉(irrigation)使土壤水分增加，颜色变深，地表反射率降低，使地面吸收的太阳辐射增加，农田净辐射收入加大。白天，灌溉地的温度较低，空气湿度较大，地面有效辐射比未灌溉地小；夜间灌溉地地上温度较高，地面有效辐射比未灌溉地略高，但从全天来看，灌溉地有效辐射低于未灌溉地，最终会使农田净辐射收入增加。在干旱地区，这种效应特别明显，据有关试验资料证明，灌溉可使正午时的净辐射增大40%或更大。

灌溉后水分充足，白天土壤的蒸发量增加，蒸发耗热也随之增大；夜间水分凝结量增加，释放潜热也多，所以，热量平衡各分量发生显著变化：潜热交换显著增大，乱流热通量和土壤热通量明显减少。

可见，灌溉后地表将其所得的能量绝大部分用在了蒸发耗热上，使地面和大气之间的热量交换明显减少。据观测，在干旱地区，灌溉地蒸发耗热量是未灌溉地的2倍以上，当灌水量很充足时，在中午前后，地表常因蒸发失热过多，从而使地面温度低于空气温度，近地气层出现逆温，使乱流热交换的方向由气层指向地表。

灌溉后农田的净辐射值增大，灌溉地的土壤质量定容热容、导热率、导温率都显著增大(表8-4)，并且地面热量平衡状况改变，潜热交换显著增大。所以，灌溉使白天地面受热时土温和气温不致升高很多，夜间降温也不多；同时土壤热容量和导热率的增大，使土

表8-4 灌溉地和未灌溉地0~20 cm的土壤热特性

处理	质量定容热容 [×10^4J/(m^3·K)]	导热率 [J/(m·s·K)]	导温率 (×10^4m^2/s)
灌溉	272	1.17	43
未灌溉	197	0.46	21
差值	+75	+0.71	+22

注：引自钟阳和等，2009。

温的升降变得缓慢,上下层土壤之间的热量传递加快,灌溉地土温日较差随深度的递减速度慢于未灌溉地(表8-5)。因此,灌溉地的温度效应白天和夜间不同,即白天有降温作用,夜间有升温作用。

表 8-5　灌溉地与未灌溉地土壤温度的日较差

处理	土壤深度(cm)		两深度土温日较差的差值(℃)
	0	5	
灌溉	14.0	8.0	-6.0
未灌溉	23.7	9.6	-14.1
差值	-9.7	-1.6	+8.1

注:引自钟阳和等,2009。

在不同的季节里灌溉的效应也不相同,春季灌溉可抗御春旱,防御春季低温;夏季灌溉有降温作用,可防御干热风和伏旱危害;秋灌可防御冷害,抗御秋旱和霜冻;冬季灌溉可以保护秋播作物安全越冬。

(2)间作套种的气象效应

间作套种(different crops are grown together)是将不同播期、生育期和株高的多种作物合理地搭配起来,种植在同一块土地上,由原来单一结构的作物群体,变为两种或多种作物构成的多层次复合群体,能够充分地利用生长季,提高光能和土地的利用率。山东等地区发展麦套棉两熟就有效地提高了对气候资源的利用,缓解了粮棉争地的矛盾。

高低作物合理搭配的间套种,使平面用光变为立体用光,增加了受光面积,延长了光照时间,使群体内光的垂直分布更加合理。作物高矮不一致,形成许多通风走廊,空气水平运动阻力减小,并促进空气的对流运动,使田间乱流交换作用加强,改善了田间的二氧化碳供应。通风透光变好,对高秆作物形成边行优势。

间套种对农田的温、湿状况也有影响。由于高秆作物的遮阴作用,矮秆作物带行中的地温、气温均较单作地偏低,湿度偏高,而且随带宽缩小,这种影响有加强的趋势。如北方常见的玉米与马铃薯间套种,利用玉米的遮阴作用,使薯块膨大期间的土壤温度不会太高,对马铃薯产量提高、品质改善有很大作用。

实际上,间套种也有很多问题需要在实践中加以研究并改善。在间作套种的农田中,存在高秆作物对矮秆作物遮光遮阴的现象。这种情况下高秆作物光照充足,而矮秆作物光照条件较差。处于苗期的矮秆作物若是喜阴作物,则小气候环境对两者都有利;反之,如果矮秆作物是喜光的作物,则小气候环境对其有不利的影响。这种影响随高秆作物的高度越高、带宽与行距越窄,以及共生期越长而越加严重。如麦套棉中小麦对棉行的遮阴程度,随麦棉行距的减小而加重(表8-6);小麦对棉行的遮阴时间,随着小麦生育期的推迟而延长。因此,小麦套春棉,应选用株高相对较矮、熟期较早的小麦品种,以减轻对棉行的遮阴程度,缩短对棉苗的遮阴时间。棉花应适当增加密度,充分发挥群体增产优势。

另外,间套种时,将那些对土壤中营养元素要求的种类、数量、吸收能力和深度各不相同的作物组合在一起,则可同时或先后利用土壤中的各层养分,加速营养循环。由于不同作物根系入土深浅不一致,则可合理利用土壤中的养分和水分。

表 8-6　套种棉田与平种棉田日照时数的比较

项目	麦棉行距(cm)		
	85	40	30
套种棉田日照时数占平种的百分比(%)	92	84~85	70~79

注：引自王世华，2020。

(3) 种植密度及种植行向的气象效应

种植密度(planting density)不同，可形成不同的群体结构，群体内通风、透光、温度、湿度等条件均有明显差异。密度过大，将加强植被对太阳辐射的减弱作用，株间的光照强度及透光率从株顶到株底迅速减小，株间的光照不足将会减弱光合作用，造成单株生长细弱，易倒伏，影响产量和品质。

合理的种植密度有利于形成良好的小气候效应，为作物的生长发育创造比较适宜的生活环境。合理的种植密度，株间透光和外活动面的受光情况较好，而且株间空气温度高、湿度小，保持空气流动亦较好。另外，密度过大还使农田中植被对气流运动的阻力增加，阻碍农田内外的空气交换。密度过大，使农田消耗的水分增多，土壤湿度降低，而空气湿度则因农田总蒸发量增加及乱流减弱使水汽不易扩散而增加。因此，一般中等种植密度的作物产量最高。

作物的种植行向(direction of planting row)不同，株间的日照时间和辐射强度都有差异，这是由于太阳方位角和日照时间是随季节和地方而变化的。夏半年，日出、日没的太阳方位角，随纬度增高而越来越偏北，日照时间越长，沿东西行向日照时数比沿南北行向的也要显著得多；冬半年的情况恰好相反，日出、日没的太阳方位角，随纬度增高而越来越偏南，日照时间越短，沿南北行向日照时数，比沿东西行向的相对地要长得多。因此，种植行向的太阳辐射的热效应，高纬度地区比低纬度地区要显著得多。换句话说，高纬度地区种植作物时，要考虑种植行向问题。越冬期间，对热量要求比较突出的秋播作物，取南北向种植要比东西向有利。而春播作物，特别是对光照要求比较突出的春播作物，取东西向种植要比南北向有利。东西行向种植玉米比南北行向的日均风速较大、日均光照强度较高和日均相对湿度较小，且产量高(表 8-7)。

当然，决定作物生育好坏的，不仅是透光条件，通风状况也是其中的重要因素之一。因为通风的好坏，除对热量状况有影响，对农田蒸发、株间湿度、作物的水分保证和二氧化碳的分布也有重要影响。于是，为了给作物创造良好的通风透光条件，在行向的选择上，也要注意使行向和作物生育关键时期的盛行风向接近，而制种田的行向与花期盛行风向垂直为好。

根据棉花种植行向的研究(表 8-8、表 8-9)：从日出开始，东西行向的株间光强高于南北行向。在 8:00 以后，随着太阳高度角的增大，东西行向的增光效应减弱，中午 12:00 左右，南北行向的光强大于东西行向。午后随着太阳高度角的减小，东西行向的光强又逐渐强于南北行向。由于东西行向的光强大于南北行向，东西行向的气温高于南北行向，东西行向的土壤湿度低于南北行向。

表 8-7　种植密度、行距和行向配置对玉米产量的影响

密度 （株/hm²）	行距 （cm）	行向（kg/hm²）	
		东西行向	南北行向
60 000	50	10 582.5	10 104.0
	60	10 408.5	9 753.0
	70	10 029.0	9 445.5
	80	8 151.0	8 845.5
67 500	50	10 528.5	10 447.5
	60	10 462.5	9 772.5
	70	8 934.0	8 680.5
	80	6 717.0	7 096.5

注：引自余利，2013。

表 8-8　棉花各生育期间日平均气温　　　　　　　　　　　　　　　　　　℃

行向	生育期			
	三叶期	现蕾期	开花期	吐絮期
东西行向	27.2	25.1	29.1	26.5
南北行向	26.7	24.9	28.7	26.1
差值	0.5	0.2	0.4	0.4

注：引自王世华，2020。

表 8-9　棉花各层土壤湿度　　　　　　　　　　　　　　　　　　　　　%

行向	深度（cm）			
	5	10	20	30
东南行向	14.2	18.2	17.7	18.7
南北行向	16.8	19.7	18.6	19.5
差值	-2.6	-1.5	-0.9	-0.8

注：引自王世华，2020。

（4）耕翻与镇压的气象效应

耕翻（ploughing up）使土壤疏松，表层土壤粗糙，反射率变小，表层土壤得到太阳辐射增加，同时耕翻以后孔隙度加大，从而使土壤表层的热容、导热率变小，所以耕翻后白天表层土壤为增温效应，深层土壤为降温效应；夜间表层土壤为降温效应，而深层土壤为增温效应（表 8-10），所以耕翻以后增加了表层土壤的日较差。耕翻后土表疏松，增加透水性和透气性，提高了土壤蓄水能力，同时由于耕翻后切断了土壤的毛细管供水力，对下层土壤有保墒效应。耕翻层的水分效应在不同的时期作用是不同的。例如，干旱的时候，耕翻能切断上下层土壤间的毛细管联系，减弱上下层水分交换。下层水分只能沿毛细管作用上升到耕翻底层处，土表形成干土层，蒸发减小。但下层土壤湿度增大，对下层土壤来说

表 8-10　耕翻的土温效应　　　　　　　　　　　　　　　　　　　　　　　　　　℃

处理	5:00			15:00		
	0 cm	5 cm	10 cm	0 cm	5 cm	10 cm
耕翻地	9.6	12.4	16.4	36.4	29.0	23.8
未耕翻地	11.6	13.8	15.4	31.0	27.6	24.2
差值	-2.0	-1.4	+1.0	+5.4	+1.4	-0.4

注：引自王世华，2020。

有保墒作用。在雨季，土壤含水量增加，为了提高地温防止土壤板结，通常用耕翻来提高地温，疏松土壤，因耕翻后土壤表面积加大，可以促进水分蒸发。

研究结果显示，耕翻的耕作方式能够降低土壤容重与土壤紧实度，增加土壤孔隙度，提高土壤蓄水能力，促进作物生长发育，提高产量（表 8-11）。

表 8-11　不同耕作方式对夏玉米产量的影响

年份	处理	产量（kg/hm²）	千粒重（g）	穗粒数	穗数（hm²）
2012	RN	7 965	276	510	56 505
	MN	10 037	292	582	59 145
	MR	11 038	304	585	62 100
2013	RN	9 296	309	519	58 029
	MN	11 345	324	580	60 289
	MR	11 401	322	563	62 957

注：RN-冬小麦播前旋耕夏玉米播前免耕；MN-冬小麦播前翻耕夏玉米播前免耕；MR-冬小麦播前翻耕夏玉米播前旋耕。引自李霞等，2015。

镇压（repression）是压紧土壤耕作层的技术措施。土壤镇压产生的小气候效应与耕翻作用相反。土壤镇压后土表紧实，土壤的孔隙度减小，毛细管供水增加，水分蒸发加快。镇压会使土壤的热容和热导率显著增大，对于表层，镇压地在白天有降温效应，夜间有增温效应，镇压有减小地面温度日较差的作用。据测定，5~10 cm 的土温日变幅，镇压的比未镇压的小 2.2~2.4 ℃。白天地面增温时，镇压土表向深层传导的热量比未镇压地要多，使下层增温较多，但土表温度较低；夜间地面降温时，镇压地从深层向表层输送的热量较多，使镇压表土温度较高。不同的土壤在不同的天气条件下，镇压的温度效应也有差别。一般疏松的土壤适于在回暖天气结束前进行，偏黏的土壤可在寒潮后一两天内进行镇压，黏土不适宜采取镇压措施，以免引起土壤板结。

镇压对土壤水分的效应依土表的湿润程度而有所不同。在土表干燥情况下，镇压减少了表层土壤孔隙与水分蒸发，同时使毛细管作用加强，表层水分增加，有提墒作用（表 8-12）。在土表湿润的情况下，镇压加强了土壤毛细管作用，表层水分增加，特别是黏重土壤，甚至会引起土壤板结，出现渍害。北方春季播种时，为保证种子正常发芽，常采取先"踩格子"后播种的方法，就是要接通地下毛细管，使地下层水分上升到上层，从而起到提

表 8-12 镇压对土壤湿度的影响

土壤种类	处理	干土层(cm)	各层土壤水分含量(%)				
			干土层	干土层~10cm	10~20cm	20~40cm	40~60cm
黄土	镇压	2.0	2.9	14.5	16.4	17.4	17.4
	未镇压	5.0	3.6	14.0	15.4	15.9	15.1
	差值		-0.7	+0.5	+1.0	+1.5	+2.3
黑土	镇压	3.0	7.0	19.7	20.2	23.6	20.4
	未镇压	6.0	5.4	16.4	19.8	20.4	22.3
	差值		+1.6	+3.3	+0.4	+3.2	-1.9

注：引自王世华，2020。

墒作用，增加耕作层的土壤湿度。耕翻地后为了防止土壤水分过快散失，常常在整地打垄后，用"石滚子"轻压土表，目的就是减少土壤孔隙度，起到保墒作用。

8.3 设施农业小气候

设施农业小气候(facility agriculture microclimate)具有很大的可塑性，采用各种人工设施控制小气候已经非常普遍。设施农业打破了传统农业受自然环境制约的不利情况，不受环境、季节条件的限制，为种植业和养殖业创造了适宜的环境条件。设施农业是改善不利农业气象条件的一种有效手段。目前，生产上应用较多的保护设施有地膜覆盖、塑料大棚、日光温室等。主要用于蔬菜、花卉、育苗等经济效益较高的作物栽培。不同的设施条件，造成的小气候效应也不尽相同。

8.3.1 地膜覆盖小气候

地膜覆盖是用塑料薄膜紧贴地面进行覆盖土表的一种栽培方式。由于地膜覆盖改变了地表辐射和热量平衡，从而使土壤上层和贴地层小气候发生变化。采用地膜覆盖，能够改善田间小气候条件，为作物生长创造适宜的生态环境，在蔬菜、西瓜、花生、棉花及其他多种作物上有明显的早熟及增产作用。据李风歧(1982)考证，起始于明代中叶的"砂田"就是一种最早使用的地膜覆盖方式，适宜我国甘肃兰州及西北地区干旱、半干旱地区独特的、传统的抗旱覆盖方法。我国自20世纪70年代开始引进地膜覆盖技术，如今已成为世界上地膜栽培面积最大的国家。

地膜的种类有普通地膜(无色透明)、有色地膜(黑色、银色等)和特种地膜(除草膜、反光膜、渗水膜等)。覆盖方式多采用把膜直接盖在苗上或地表，待天气转暖或出苗后再破膜放苗。地膜覆盖可起到增温、保湿、改善土壤微环境和促进作物生长的作用。

(1) 增温、保温作用

覆盖地膜后改变了农田地面热量收支状况，将大幅度减少乱流热通量和潜热通量，因而白天地面吸收的能量会大部分贮藏在土壤中，能够明显提高耕作层的温度。降温时，深层土壤贮存的热量可以向表层传导，同时水汽大量地在膜内凝结释放潜热，所以夜间的地温

表 8-13　覆盖地膜对不同深度土壤温度的影响　　　　　　　　　　　℃

时间	处理	深度（cm）					平均
		0	5	10	15	20	
8:00	覆盖地膜	33.6	28.5	25.2	24.5	23.6	
	未覆盖	27.8	25.0	22.4	22.0	21.8	
	温差	+5.8	+3.5	+2.8	+2.5	+1.8	+3.3
14:00	覆盖地膜	41.2	33.2	30.3	25.7	25.8	
	未覆盖	33.0	29.5	27.4	23.5	23.7	
	温差	+8.2	+3.7	+2.9	+2.2	+2.1	+3.8
20:00	覆盖地膜	26.9	28.0	27.4	26.4	24.6	
	未覆盖	22.3	24.4	24.3	24.1	23.0	
	温差	+4.6	+3.6	+3.1	+2.3	+1.6	+3.0

注：引自王世华，2020。

也比较高。据观测（表 8-13），晴天白天覆盖地膜的地表温度可提高 5~8 ℃；增温值随深度的增加而减小，5~10 cm 深土层增加 3 ℃左右，20 cm 深土层仅增温 1.8 ℃。

(2) 保水、保墒作用

覆膜后，地膜切断了土壤水分同大气水分的交换通道，膜下土壤蒸发出来的水汽聚集在地膜与土表之间 2~5 mm 厚的"小气室"之内，水汽在薄膜内壁凝结成小水滴并形成一层水膜，增大的水滴又降至地表，这样就构成一个地膜与土表之间不断进行的水分内循环，大幅度减少了膜下土壤水分向大气的扩散。

灌水后第二天未覆膜的土壤各层含水量明显高于覆膜畦，灌水后第五天的覆膜畦高于未覆膜畦，第九天覆膜与未覆膜的差异更显著（表 8-14）。

(3) 改善土壤微环境和促进作物生长

地膜覆盖由于改善了农田的生态环境，增强了土壤微生物和酶活性，作物根系生长良好，并促进了土壤养分的有效化。覆膜后采用垄作沟灌，水分向覆盖畦渗透，避免了大水

表 8-14　地膜覆盖对土壤含水量变化的影响　　　　　　　　　　　%

灌水后时间	处理	深度（cm）			平均
		0~10	10~20	20~40	
第 2 天	地膜覆盖	26.4	26.8	20.8	24.7
	未覆盖	28.6	28.4	23.4	26.8
第 5 天	地膜覆盖	19.4	19.3	19.2	19.3
	未覆盖	13.6	17.5	17.8	16.3
第 9 天	地膜覆盖	16.9	13.6	18.8	18.1
	未覆盖	12.4	15.2	11.6	13.0

注：引自王世华，2020。

漫灌及大雨对地面的冲刷，减少了肥料的淋溶流失。地膜覆盖后，由于薄膜较土壤反射更多的太阳光，会使近地层空间的光强也有所增加，有利于提高植株下层叶片的光合效率。地膜覆盖还能抑制盐碱地的返盐作用，在膜下形成一个特殊的低盐耕作层，降低了土壤盐害。地膜覆盖后，由于土壤水分的运动是由下往上移动，表土的水分含水量高，相对降低了土壤盐分浓度。总之，地膜覆盖为作物生长发育创造了多因子的综合效应，为实现作物的早熟、优质、高产奠定了基础。

应该指出，在地膜普遍应用过程中，也出现一些值得注意和需要解决的问题。如何调控植株前期早发，后期早衰现象，如何更好抑制膜下杂草生长，以及大量残留地膜造成的"白色污染"等都是有待解决的重大问题。

8.3.2 塑料大棚小气候

塑料大棚(plastic greenhouse)俗称冷棚，是一种简易实用的保护地栽培设施，被世界各国普遍采用。利用竹木、钢材等材料，覆盖塑料薄膜，搭成拱形棚，有利于防御自然灾害，提高单位面积作物产量。塑料大棚在我国北方地区，主要有春季提前、秋季延后的保温栽培作用，一般春季可提前30~35 d，秋季能延后20~25 d，但不能进行越冬栽培；在我国南方地区，塑料大棚在冬春季节用于蔬菜、花卉的保温和越冬栽培，在夏秋季节可更换遮阴网用于的遮阴降温和防雨、防风、防雹等的设施栽培。

8.3.2.1 大棚内的光照

(1) 影响大棚内光照的因素

塑料大棚内的光照状况除受纬度、季节及天气条件影响，还与大棚的结构、方位、塑料薄膜种类及管理方法等有关。

塑料大棚结构从形式上可分为单栋大棚、连栋大棚等。结构不同的大棚，遮阴面积不同，透光率也有差别。据测定，单栋大棚的透光率要比连栋大棚透光率大。塑料大棚的方位主要有南北向和东西向两种，不同方位大棚的透光率存在一定差异。据测定，在春秋季，南北延长的大棚受光均匀，其透光率比东西延长的大棚高6%~8%；入冬后到翌年3月中旬期间，东西延长大棚的透光率则比南北延长的大棚高12%。因此，可根据使用时期确定建棚方位。一般的塑料薄膜透光率约在80%以上，较好的新膜透光率接近玻璃，可达90%，长期受紫外线或过高过低温度影响的老化膜透光率约降低23%~30%，薄膜上的尘埃和水滴也能使透光率下降20%~30%。因此，需要去除膜上尘土和水滴，选用加入去雾剂的"无滴膜"，可改善棚内的光照条件。

(2) 大棚内的光照状况

大棚内光照度的垂直分布特点是从棚顶向下逐渐减弱，近地面处最弱。并且棚架越高，近地面处的光照越弱，大棚内光照度的水平分布依棚向而异。南北延长的大棚，上、下午两侧均受光照，棚内各部位分布比较均匀，东、中、西3部位的水平光照相差10%左右；而东西延长的大棚，棚内光照度水平分布不均匀，南侧光照强，北侧光照弱，南、北部水平光照度相差25%。

8.3.2.2 大棚内的温湿度

（1）气温

大棚内的气温变化主要取决于天气、季节、棚的大小等因素。棚内晴天增温明显，阴雨天的增温效果不显著。一般情况下棚内平均气温比棚外高2~6 ℃。棚内昼夜温差因季节不同而异。在冬季(12月至翌年2月中旬)，由于外界气温低，棚内增温慢，昼夜差在10 ℃左右；而在春秋季，棚内增温快，昼夜温差可超过20 ℃。一般大型棚的比面小(棚面/地面)、容积大，白天贮存热量较多，夜间散热慢，比中、小型棚的保温效果好。

大棚内的气温日变化规律与露地基本相似，但日变化比露地强烈，日较差比露地大，特别是3~9月日较差超过20 ℃。白天，日出后随太阳高度增大温度随之上升，棚内达到最高气温比露地稍早，之后气温下降，最低气温出现在凌晨。夜间，大棚内气流活动减弱，棚四周处的气温比中部低。通常当棚外气温降至-4~-2 ℃时，棚内就会出现霜冻。因此，在晴朗无风的夜晚，有冷空气入侵降温时，棚外四周覆盖草帘、棚内采用多层覆盖等措施，防止棚内作物遭受冻害。在春季，随着太阳辐射的增强，白天棚内温度常常超过30 ℃，易造成高温危害，应提前及时通风降温。

（2）土壤温度

大棚内的土壤温度是确定作物播种期和定植期的重要依据。它随季节和棚内气温发生明显变化。在早春和晚秋时节，棚内土温均高于棚外裸地，而在晚春和早秋期间，棚内土温则比裸地低1~3 ℃。利用早春和晚秋棚内土温较高的特点，可以提早定植和延后栽培蔬菜。

（3）空气湿度

大棚内湿度主要取决于灌水量、灌水次数及蒸散量。白天，随着棚内温度的升高，土壤蒸发和植物蒸腾作用增强，棚内水汽含量增多，相对湿度经常在80%~90%及以上，夜间，因气温降低，相对湿度更大。为防止高湿引起的各种病害发生，要及时放风，降低棚内湿度。调节空气湿度的方法主要是覆盖地膜，减少土壤水分蒸发；浇水后进行通风换气；早春外界温度低、通风量很小时，应尽量减少灌水量；进入夏季放风量大，主要靠灌水调节土壤湿度。此外，在棚内空气湿度大时，土壤的蒸发量减小，土壤湿度增大，加之膜上凝结的大量水珠落回地面，局部地表会潮湿泥泞、容易形成板结层，但土壤下层水分不一定充足，不利于作用根系生长，应及时中耕，疏松土壤。

8.3.3 日光温室小气候

日光温室俗称暖棚，是一种具有保温和增温功能的农业设施，在保护地栽培中占有重要地位。温室的种类很多，按热量条件分为加温的日光温室和不加温的日光温室；按前屋面形式分，有二折式、三折式、拱圆式、微拱式等；按结构分，有竹木结构、钢木结构、钢筋混凝土结构、全钢结构、全钢筋混凝土结构、悬索结构、热镀锌钢管装配结构等。从20世纪七八十年代开始，连栋温室、智能温室、植物工厂、低碳物联网温室、智慧菜园等新技术不断出现。

我国北方各地普遍使用的日光温室(以下简称温室)多是由一面坡式温室改进而成的，由两侧山墙、北面后墙、支撑骨架及覆盖材料组成。这种温室以太阳能为热源，依靠透明覆盖物、加厚或中空的墙体、防寒沟及草苫等形成一封闭空间，进行御寒保温，是一种节能型温室，是寒冷地区冬、春蔬菜生产的主要方式。

8.3.3.1 温室小气候的形成

温室的辐射收支与热量收支是决定温室小气候的形成和特征的主要影响因素(图8-7)。白天，太阳辐射是主要能源，当它到达温室表面后，部分被反射和吸收，大部分透射进室内到达床面，这部分辐射除少量被反射外，其余被床面吸收，因此，温室内地面的辐射收支主要决定于太阳总辐射、地面反射辐射及温室的透光率。

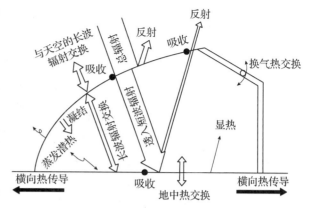

图 8-7 温室辐射收支与热量收支示意
(引自王世华，2020)

温室内的地面辐射收支($R_{内地}$)表达式为：

$$R_{内地} = \frac{Q\tau_m}{1+\beta_内\beta}(1-\beta) + h_\gamma(T_内 - T_外) \tag{8-7}$$

式中，Q为室外太阳总辐射；β为地面的反射率；$\beta_内$为覆盖物内表层的反射率；h_γ为长波辐射传热系数；$T_内$、$T_外$为温室内表面和外表面的温度；τ_m为温室透光率，对散射光为0.5~0.7，对直射光为0.55~0.80。

温室的热量交换可分为两方面，一是温室内的热交换：包括室内地表面与浅层土壤在昼夜之间进行的热交换B；由室内不同部位接受的辐射热差异造成的地面与空气的显热交换P；还有白天地面释放的水汽潜热LE_c保留在温室内，夜间因降温水汽凝结放出潜热，减慢了夜间的降温速度。二是温室内、外的热交换：包括温室结构外表面的辐射和分子传导失热Q_t，这种热传导取决于室内外温差、覆盖物的导热率、厚度及散热面积；通风窗的开启或通过缝隙可以漏出一部分热量Q_u。另外，在浅层土壤中，水平方向上沿着温室四周边界还要向外传导一部分热量Q_s。因此，温室内地面的热量收支R可表示为：

$$R = P + B + LE_c + Q_t + Q_u + Q_s \tag{8-8}$$

白天，由于室内地面净辐射比室外高，室内蓄热，气温、地温均高于室外。夜间，温室散热降温，室内温度的维持主要靠白天地中蓄热并通过地面辐射和乱流交换供热，室内净辐射比室外低，但由于土壤热交换比室外多，加之各种保温措施，使气温、地温仍比室外高。

温室是一种半封闭的小气候系统，其围护结构阻止了温室内外空气的交换，从而具有"封闭效应"。由于温室向外传递的热量减少，便可有保温的作用。但封闭效应也阻止了温室内外的物质交换，温室内易形成高湿和低二氧化碳浓度的特点。

8.3.3.2 温室内的小气候状况

温室内的光照要低于室外，主要受到温室结构和覆盖材料等因素的影响。温室建造方位可影响透光率，如在冬、春季，东西延长温室的透光率比南北延长的温室平均提高10%。另外，温室的屋面倾角对太阳直接辐射的透过率也有明显影响，当太阳光入射角为

0~40°时，反射率大约为7%~8%；入射角超过60°时，反射率急剧增大，所以，设计合理的东西延长温室屋面倾角，使其冬至日前后的太阳光入射角小于45°，就可以将反射率控制在10%以下，室内光照不会明显减弱。计算温室的屋面倾角公式为：

$$A = 90° - h_\odot - \alpha \tag{8-9}$$

式中，A为屋面倾角；$h_\odot$为冬至日正午时刻太阳高度角；α为太阳光的入射角。

由于各种因素的影响，温室内的光照度只有室外的50%~80%，并且在室内的分布很不均匀。东西延长的温室，其南侧为强光区，北侧为弱光区；在东西方向上，由于两侧山墙的影响，在上、下午分别有一阴影区；在垂直方向上，温室南侧光照度自上向下递减。据测定，当温室顶部光照为外界自然光照度的80%时，0.5~1 m高度处减为60%，距地20 cm外减为55%，北侧弱光区光照度则上、下层弱，中间强。

温室内的温度主要取决于温室的比面积大小、通风换气情况、潜热消耗和覆盖材料的辐射特性等因素，并随室外光照和温度的变化而变化。温室内的气温具有明显的日变化。晴天，最低气温出现在揭草席等覆盖物后的短时间内，之后随太阳辐射增强迅速上升，13:00左右达到最高值。夜间最低气温平均比室外高11~18 ℃；白天最高气温平均比室外高13~28 ℃，阴天室内外的温差减小，多在15 ℃左右，且日变化不明显，说明天气条件对温室的增温效果影响很大(表8-15)。

表8-15　日光温室不同天气条件下的增温效果　　　　　　　　　　　　　℃

日期 （月/日）	天气条件	最低气温			最高气温			平均气温		
		室内	室外	温差	室内	室外	温差	室内	室外	温差
12/25	晴	9.7	-5.8	+15.5	29.0	0.9	+28.1	16.1	-2.8	+18.9
12/27	阴有小雪	7.2	-10.0	+17.2	9.2	-2.8	+13.0	8.6	-7.3	+15.9
12/30	连阴3d	7.4	-4.2	+11.6	14.5	-0.8	+15.3	9.6	-2.9	+12.5

注：引自王世华，2020。

温室内气温的分布很不均匀，室内各部位的温差最大可达5~8 ℃。在水平方向上，白天南侧光照条件好，温度可比北侧高2~3 ℃；夜间南侧降温快。由于南部昼夜温差大，光照条件好，有利于蔬菜生长。在垂直方向上，白天气温随高度增加而升高，垂直梯度较大，高温区位于温室的中上部。夜间各部位温度的垂直梯度均减小。

温室内的土温不仅影响蔬菜根系生长，而且是室内热量的直接来源。温室内各个深度的土壤温度都明显高于外界。白天，土壤在水平方向上向外传导热量的结果，室内中间地段的温度较高，向四周逐渐降低，降温梯度在0.5 ℃/m左右；夜间由于后墙的保温作用，温度自北向南递减，南墙下温度最低。

温室内相对湿度经常在90%以上，由于在密闭的温室中温度较高，蒸散量较大，在夜间或阴天温度低时，相对湿度更大，处于饱和或接近饱和状态。这样的高湿条件可以抑制蔬菜的蒸腾作用，甚至会引起一些病害的发生。

温室内的二氧化碳主要源于土壤有机质分解和作物呼吸作用释放，消耗于作物的光合作用。温室内二氧化碳浓度具有明显的日变化，整个夜间是二氧化碳的积累过程，清晨，温室内二氧化碳浓度达到高峰，为500~1 000 μL/L，比裸地高1~2倍。日出后，随着作物光合作用的增强,二氧化碳浓度迅速下降,但此时温室内的光、温条件对光合作用有利,二氧化碳浓度过低,将限制作物对光能的充分利用。须及时通风换气,改善二氧化碳供应,满足作物光合需要。

8.3.3.3 温室小气候的调控

为使温室内有充足的光照,在建造温室时要选择受光多的方位及合理的屋面角。设法减少支柱和框架的遮阴,选用优良的透明覆盖物。当阴天或日照时数少时,根据需要选用人工补充光照,要注意其光照度和光谱成分对光合效率的影响。"生物效应灯"(植物生长灯)通过光质调节、控制植株光合作用和形态建成。波长类型丰富,可按照需要组合获得纯正单色光与复合光谱,不仅可以调节作物开花与结实,而且还能控制株高的营养生长。

在夏季,为防止温室内高温强光,可在屋顶表面涂白或改用窗纱遮光帘等。据观测,遮光20%~40%,可使室内温度下降2~4℃,玻璃屋面流水能遮光25%左右,室温降低3~4℃。在冬季和夜晚,温室内温度较低时,可采用的增温保温措施:一是在温室四周挖防寒沟。据观测,5 cm地温有防寒沟的比无防寒沟的可提高2~4℃。二是加盖草帘或使用双层薄膜。据观测,加盖一层不透明覆盖物可提高3~5℃,一层保温幕可提高2℃左右。在寒潮入侵时,可临时人工加温措施。增施有机肥、地膜覆盖、加设塑料小拱棚等。

在春、秋时节,晴天室温过高、湿度过大,要在中午前后及时通风降温除湿,通风方式有自然通风和强制通风。实际生产中常以自然通风为主,以天窗和侧窗的开闭时间和开口大小控制通风量。

8.4 地形和水域小气候

在起伏不平的山区,由于地形、斜坡方位的影响,山区各地具有不同的小气候特点。方位的差别形成坡地小气候;地形高低的差异则形成山顶和谷地小气候。而在湖泊、水库及较大的江河上及其邻近地区,受水体的影响,可以形成水域小气候。

8.4.1 地形小气候

地形小气候(topographic microclimate)是指在一个区域小环境内,由于地形因素(如地势、下垫面等)的不同造成的区域气候。该气候只在一定范围内有作用,而不具备普适性。地形的差异对小气候的影响是显著的,由于山脉的走向、坡度、坡向,地形的起伏不同,导致下垫面得到的热量和水分不同,同时由于地形的阻挡作用使气流运动发生变化,造成山坡和谷地及不同坡地温度、湿度、风等要素分布状况的差异,进而直接影响植被的分布和发育状况。我国地形西高东低,山地、高原和丘陵约占陆地面积的2/3,盆地和平原约占1/3,因此研究地形小气候,可以开发和充分利用山地的气候资源。

8.4.1.1 坡地小气候

由于坡向和坡度的不同,不同坡地上的可照时间和太阳辐射有很大差异,并进一步影响到温、湿度状况,这样就会形成具有多种特点的坡地小气候。

(1)坡地对可照时间的影响

在地形起伏地区,由于地形相互遮蔽,日照时间一般都比平地少。当周围无其他障碍物遮蔽时，就北半球孤立山丘而言，其南坡坡面上的可照时间可通过下式计算：

$$\omega = \arccos[-\tan(\varphi-\alpha)\tan\delta] \tag{8-10}$$

式中，ω 为时角；φ 为纬度；α 为坡度；δ 为赤纬。

可见，南坡坡面上的可照时间与向南 α 个纬度的水平面上的可照时间相同。在夏半年，中纬度地区，日出日落时太阳方位偏北，南坡受自身山坡的阻挡而无日照，随着太阳高度角逐渐增大，太阳方位角逐渐南移，至某一时刻南坡才开始受到光照。因此，夏半年南坡上的可照时间是随坡度增大而减少的，坡度愈大被遮蔽的时间愈长，可照时间愈短。同时，当坡度大于纬度（$\alpha>\varphi$）时，随着赤纬的增加，因早晚的太阳方位越偏北，南坡本身遮蔽阳光的时间越长，可照时间也越短；当坡度等于纬度（$\alpha=\varphi$）时，南坡上每天可照时间为 12 h，且不随太阳赤纬而改变；当坡度小于纬度（$\alpha<\varphi$），太阳赤纬 $\delta=0°$ 时，可照时间为 12 h；$\delta>0°$ 时，可照时数大于 $\delta<0°$ 时的可照时数，即相同坡度的南坡上，夏半年可照时数多于冬半年。

北坡坡面上可照时间的计算公式为：

$$\omega = \arccos[-\tan(\varphi+\alpha)\tan\delta] \tag{8-11}$$

由上式可看出，北坡的坡面上可照时间与向北 α 个纬度的水平面上的可照时间相同，但最长不超过当地水平面上的可照时间。在夏半年，当坡度 α 小于或等于正午太阳高度角（$90°-\varphi+\delta$）时，坡地对阳光无阻挡，全天有日照；当坡度大于正午太阳高度角时，随着坡度的增大可照时间急剧减小。在冬半年，北坡的日照时间随着坡度的增大而迅速减小，坡度每增加 1° 相当于纬度升高 1° 水平面上的可照时数；当坡度大于正午太阳高度角时，全天无光照。东西坡地上，每天可照时数全年均随坡度增大而减少。由于坡向和坡度的影响，比水平面日照时间少。

（2）坡地对太阳辐射的影响

南坡和北坡的坡度大小，对坡地上太阳辐射总量的影响最大，而接近东坡或西坡的坡地，其坡度大小对太阳辐射总量的影响最小。在中纬度地区，南坡的坡度每增加 1°，等于水平面的纬度向南移 1°；北坡的坡度增加 1°，等于水平面的纬度向北移 1°。

夏半年偏南坡的太阳辐射总量，在低纬度（如 20°N 的海南岛以南）地区，都比水平面少，随坡度增大迅速减小；在较高纬度（如 40°N 的北京以北）地区，偏南坡地上太阳辐射总量比水平面多，当南坡增大而未超过一定限度时，坡地太阳辐射总量，随坡度增加而稍有增多。偏北坡的情况，则恰好与南坡相反。

冬半年偏南坡的太阳辐射总量，都比水平面的多，而在一定坡度以下，纬度越高，坡度越大，相差越多。而偏北坡的太阳辐射总量都比水平面少，并随坡度和纬度的增加而迅速减小。

在 30°~50°N 的温带地区，偏南坡可能获得的太阳辐射总量，都比水平面上多，而偏北坡都比水平面少。夏半年，南北坡的差别比较小，冬半年的差别则非常明显。东坡和西坡介于南坡和北坡之间，差别不大。冬半年纬度越高，坡度越大的南坡，太阳辐射总量增加得越多。因此在我国华北、东北和西北地区，种植作物和果树时，为了创造良好的越冬条件，要注意对偏南坡的利用。

（3）坡地对温度的影响

由于不同坡度和坡向，接受到的太阳辐射能不同，各坡地温度状况会有所差异。土壤最低温度，几乎终年都出现于北坡，而土壤最高温度，一年之中出现的方位各有不同，冬季，土壤温度最高是西南坡，此后即向东南坡移动，夏季，则位于东南坡。夏秋之间，又逐渐移向西南坡。一般来说，东坡受热最早，最高温度出现在正午前，南坡接受太阳辐射比平地多，温度较高。西坡受热最迟，最高温度出现的时间相应较迟。北坡是阴坡，其最高温度值最低。

各坡地上的气温分布趋势与地温一致，但各坡地的气温差异比地温小，随着离坡地高度的增加，由于乱流混合作用加强，坡地对气温的影响逐渐减小。

（4）坡地对湿度的影响

一般来说，由于南坡的土温和气温高于北坡，所以南坡土壤水分蒸发快，土壤较为干燥；北坡土壤水分蒸发慢，土壤比较潮湿。坡地方位对空气湿度的影响也很显著，其分布规律与土壤湿度分布趋势基本一致。在比较湿润的气候条件下和雨后不久的晴天，蒸发主要取决于温度，所以南坡空气湿度比北坡大；在比较干燥的气候条件下和久晴的日子，南坡土壤干燥，所以空气湿度比其他坡向低。在阴雨、大风天气这种差异减小。

孤立山丘对局地风速和降水都有影响，由于气流的变形，山丘的迎风坡和其两侧的风速最大，背风坡的风速最小。这时如有降水，它的分布规律和大地形恰好相反。风大的地方，降水量少；而风小的地方，则降水量多。

综上所述，在高纬地区，南坡（阳坡）所得的太阳辐射的光和热较多，温度比较高，土壤水分蒸发较多，土壤较干燥，湿度较低；而北坡（阴坡）的情况则恰好相反。在寒冷地区，冬季阴坡经常积雪时间较长，回暖和积雪的融化较慢，增温少，蒸发弱，土壤温度较低。因此，早春时节，阳坡干暖、阴坡湿冷。进入暖季，阳坡上部干而暖，下部湿而热；阴坡上部湿而凉，下部最湿且最凉。在低纬度地区，由于阳坡和阴坡的太阳辐射热流入量差别不大，湿度不如高纬度地区显著，作物生长是影响湿度的首要条件。

8.4.1.2 谷地小气候

在山地中，除不同坡向的小气候有差异，低洼的谷地和山顶的小气候也有明显不同。周围山地对谷地的遮蔽作用，是谷地小气候形成的地理因素，它使谷地的日照时间比空旷平地的短，得到的太阳辐射总量少。同时，由于谷地受谷坡的包围，和邻近空旷地段的空气交换受到很大限制，热量和水汽的交换，与坡顶有很大不同。

白昼，由于谷底和谷坡接受太阳辐射热量的面积大，使单位体积空气吸收较多热量而强烈增温。加之受热空气和周围空旷地段的交换较慢，而坡顶空气与周围自由大气的交换比较畅通。因此，白昼谷地的气温比坡顶高；夜间，谷地空气接触谷坡和谷底冷却的面积比较大，单位体积空气受到冷却的影响比较显著，特别是从坡顶和谷地径流来的冷空气沉积在谷底，造成谷底气温比坡顶低得多（表8-16）。同时，这里出现的逆温现象，比空旷地更为明显。

山谷风呈周期性昼夜交替，白天为谷风，夜间为山风。夏季昼夜交替表现最明显，冬季则比较微弱。在晴朗白昼，谷风把谷地的水汽带至坡顶，在正午前后的几小时内，这种作用最为强烈。因此，这时坡顶的空气湿度增加，谷底的空气湿度减小。夜间，山风把水汽带入谷中，使谷底的湿度增大，坡顶的湿度降低。然而在阴天大风条件下，坡顶与谷底的温度和湿度的差别减小，有时甚至坡顶的温度和湿度同上述相反。

表 8-16　坡顶和谷底夜间 1.5 m 高度的气温　　　　　　　　　　　　　℃

地段	强烈辐射冷却的夜间							
	1:00	2:00	3:00	4:00	5:00	6:00	7:00	8:00
坡顶	4.3	3.9	3.8	2.5	2.2	1.1	0.9	0.8
谷底	-1.5	-1.8	-3.0	-4.1	-4.5	-5.0	-5.5	-3.7
差值	5.8	5.7	6.8	6.6	6.7	6.1	6.1	4.5
地段	一般辐射冷却的夜间							
	1:00	2:00	3:00	4:00	5:00	6:00	7:00	8:00
坡顶	12.0	11.3	10.9	9.8	9.6	9.7	8.5	8.5
谷底	6.7	6.3	5.5	5.3	4.9	4.5	4.2	4.9
差值	5.3	5.0	5.4	4.5	4.7	5.2	4.3	3.6

注：引自王世华，2020。

　　从农业生产来看，地形起伏对作物冻害的影响很大。冬季辐射型天气下，由于冷空气向低洼地段汇集，谷地的温度很低，常引起作物冻害。但在冷平流的天气下，坡顶迎风面的温度最低，谷地的温度较高，受冻害重的地方不是谷底，而是坡顶。所谓"风打山梁霜打洼"，就是上述两种情况的总结。当然，温度分布除和本身地形有关，夜间辐射冷却，谷底最低温度和谷底汇集面积大小也都与其有密切关系。在夜间，汇集面积不同的谷地，其最低气温差别相当大（表 8-17）。汇集面积大的谷底，从地面以上 2 cm 到 4 cm 高处的最低气温，比汇集面积小的谷底要低 1.3~1.7 ℃。同时也可以看出，汇集面积大的谷底，逆温现象更为明显。即使在谷底，由于冷空气汇集面积的大小不同，低温强度也各异。甚至缓坡浅谷和陡坡深谷，低温强度后者比前者更为极端。如果发生冻害，则后者比前者重。在山坡的中上部地带霜冻出现机会较少而且轻，形成山地的"暖带"，它是山区无霜冻害或轻霜冻害的地带。在华中和华南地区常利用山地暖带栽培那些要求热量较多的亚热带和热带作物。

表 8-17　不同大小谷底夜间的最低气温　　　　　　　　　　　　　℃

谷底汇流面积 (km^2)	高度（cm）				
	2	20	150	250	400
0.5（大）	-5.4	-4.9	-3.8	-4.0	-3.6
0.01（小）	-3.7	-3.2	-2.5	-2.5	-2.1
差值	-1.7	-1.7	-1.3	-1.5	-1.5

注：引自王世华，2020。

8.4.2　水域小气候

　　由于水体本身所具有的热特性，热容大，导热率大，平均反射率小，同时又是半透明的，因此，无论是在接受太阳的辐射上，还是本身温度的变化上都是有特点的。水体与陆地相比较,水面吸收的太阳辐射比陆面要多 10%~20%;水的质量定容热容为 4.18 J/(cm³·℃),土壤的质量定容热容为 2.09~2.51 J/(cm³·℃),因此,在增温幅度相同时水体的贮存热量能力比土壤大一倍;另外,水体本身具有的垂直输送能力强和水面蒸发耗热多等特点,使水体表面温度比土壤表面温度的日变化小得多。在增温期间,水域上空气温度比邻近陆地的空气温度低,白天,水域上空气温度表现为降温效应,气温垂直分布经常出现逆温或等温现象,所以,大气层结比较稳定;在降温期间比邻近陆地温度高,表现为增温效应,水域上空气会出现层结不稳定。同时,由于水面蒸发量大,导致空气中湿度大。另外,水面的摩擦力小,其上方风速一般比陆地上要大。

水域上方的小气候特征,可以通过水域和陆地之间的局地环流,影响到邻近的陆地,就会形成有限水域岸边的小气候。最显著的是对温度的影响,在暖季和白天,使水域岸边有降温作用;而冷季和夜间有增温作用。由于水域和陆地之间的热力差异,形成了与海陆风相似的水域和陆地之间的局地环流——水陆风,白天风由水面吹向陆地,称为水风;夜间则由陆地吹向水面,称为陆风。

有限水域对其岸边小气候的影响与水域大小、深浅、距水域远近及盛行风向有关,一般情况下,面积越大、越深、越接近圆形的水域,对其岸边小气候的影响越大,而且对处于下风方向的岸边小气候影响最大。

水域对邻近陆地的春季升温和秋季降温有延缓作用,对农作物生育有一定的影响。当冬季陆地强烈降温时水域气温比较高,对邻近陆地作物和果树的越冬有良好的作用。江苏省太湖沿岸的无锡和苏州一带,正是这个缘故,使产于浙闽一带的常绿果树能安全越冬。北方大型水库周围的麦区干热风发生率几乎为零。

8.5 林地小气候

林地小气候(woodland microclimate)是指在自然森林植被或人工种植林活动层的影响下所形成的局部地区的气候,包括森林小气候和防护林小气候。

8.5.1 森林小气候

森林小气候(forest microclimate)是指由于森林下垫面的存在所形成的一种特殊的局部地区的气候。森林小气候的特征取决于树种组成、结构、郁闭度、林龄等因素,主要表现为林内太阳辐射减少,林内及其附近的温度变化缓和,空气湿度和降水量增大及风速减弱等小气候特征。不同类型的森林,小气候特征有显著差异。

8.5.1.1 森林中的辐射状况

太阳辐射进入森林后,会被多次反射和散射,然后一部分被森林植物吸收;一部分透射到林地表面,形成光斑、阴影和半阴影,在森林内部形成独特的辐射状况。森林的辐射状况一方面取决于林冠上部的太阳辐射强度和其光谱成分,另一方面取决于森林的结构和森林植物器官的光学性质。

(1)森林中的太阳辐射

森林中,林冠对太阳辐射起着吸收、反射和透射的作用,从而使林内的太阳辐射状况发生显著改变,使林内的太阳光照强度、光质、光照时间都与空旷地不同。森林具有庞大的林冠层，太阳辐射投射到林冠层时，一部分辐射被吸收，一部分辐射被林冠表面反射，一部分辐射透射到林地。据测定，在郁闭度为0.7的马尾松幼林中，晴天时，林冠的反射率为12.0%，吸收率为79.4%，透射率为8.6%。

太阳总辐射投射到林冠上方时，一部分被林冠表面反射，大部分被林冠中的叶子吸收，还有一部分是透过林冠层，经林内大气衰减，然后到达林地表面。显然，林地上的总辐射要比空旷地少得多(表8-18)。林内太阳总辐射的理论表达式十分复杂，相对较容易测量。太阳总辐射日变化与和空旷地一样，即随太阳高度的增大而增加，中午达最大值，午后随着太阳高度的减小而减少。

表8-18 落叶林松林内的太阳总辐射

位置	时间					
	5:30	6:30	9:30	12:30	15:30	18:30
林内(W/m²)	20.9	34.89	132.58	174.45	146.54	20.93
空旷地(W/m²)	90.71	125.61	327.97	376.31	334.94	132.58
林内辐射占空旷地辐射的百分比(%)	23	28	40	46	44	16

注：引自严菊芳等，2018。

影响林内太阳辐射的因子除太阳高度，还包括森林类型和林冠结构，如森林郁闭度、森林密度、林龄等，且它们之间是相互影响的，对太阳辐射起综合作用。一般来说，阔叶林中透入的太阳辐射要比针叶林大；当林分密度增加时，森林郁闭度增大，林内太阳辐射减小；随着林龄的不同，树冠大小和枝叶量不断发生变化，壮龄期，林冠郁闭度最大，林内太阳辐射明显减小。幼龄期和老龄期的林内的太阳辐射相对增加；叶面积指数越大，林内的太阳辐射越少。

此外，晴天林内太阳辐射量不仅大大衰减，而且分布极不均匀，尤其在水平方向上，这是因为水平方向上有光斑、半阴影和阴影之分的缘故。在垂直方向上，不同高度上太阳辐射强度是不同的，太阳辐射在林冠中的衰减，以林冠中部最快，林冠的上部和下部则较缓慢，这是由于林冠层的枝叶主要集中在林冠的中部，吸收和反射了太阳辐射。总辐射在林冠层中的分布，以林冠上层最强，下部最弱。由于太阳辐射绝大部分在林冠层已经损失掉了，到达林冠下的树干部分时，损失就很少了。总辐射在林冠下的分布，是越接近林地，太阳辐射到达量越少，随高度增加变化不明显。

(2)森林中的净辐射

①林冠层的净辐射　林冠层中辐射能收支的示意如图8-8所示，对于短波辐射，投射到林冠层表面为总辐射通量(S_r)、林冠表面反射辐射通量(S_{rr})；林冠层透射通量(S_{rt})在林冠层底部输出。这样，林冠层吸收总辐射通量为$S_r-S_{rr}-S_{rt}$，透射通量为S_{rt}，经林内大气衰减，被地面接受。同样，地面也有反射作用。反射通量也被林冠层吸收，但数量很小，可忽略不计。

对于长波辐射应从3个方面分析：第一，大气逆辐射通量(L_r)到达林冠层时，一部分被林冠反射，以L_{rr}表示，透过林冠的辐射通量为L_{rt}，林冠层吸收大气逆辐射通量为$L_r-L_{rr}-L_{rt}$；第二，地面发射长波辐射，到达林冠底部的通量为L_0，经反射和透射后，林冠吸收的通量为$L_0-L_{0r}-L_{0t}$，L_{0r}为反射通量，L_{0t}为透射通量；第三，林冠层的上表面和底部都能向外发射长波辐射，分别用 L_1 和 L_2 表示。把短波辐射和长波辐射通量合并在一起，便得林冠层的净辐射表达式为：

$$B' = (S_r - S_{rr} - S_{rt}) + (L_r - L_{rr} - L_{rt}) + (L_0 - L_{0r} - L_{0t}) - (L_1 + L_2) \tag{8-12}$$

如果用反射率和透射率表示，式（8-12）可改写成为：

$$B' = S_r(1-r-t) + (L_r + L_0)(1-r'-t') - (L_1 + L_2) \tag{8-13}$$

式中，r，t 分别为林冠层的短波反射率和透射率；r'，t' 分别为林冠层的长波反射率和透射率。

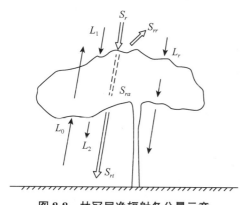

图 8-8　林冠层净辐射各分量示意
（引自贺庆棠等，2010）

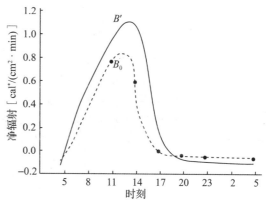

图 8-9　云天时马尾松幼林净辐射的日变化
（引自贺庆棠等，2010）

[林龄 7 年，树高 1.2 m，密度 1 株/(1.2 m×1.5 m)]
林冠下离地面 20 cm 的净辐射

② 林冠下的净辐射　如果地表的短波和长波反射率分别为 r_s 和 r_s'，不计林冠下至地表间大气的衰减作用，则林地表短波辐射通量的收入为 $S_{rt}(1-r_s)$；长波辐射通量的收入为 $(L_{rt} + L_2)(1-r_s')$。地面发射长波辐射 L_0，则林内地表净辐射的表达式为：

$$B_S = S_{rt}(1-r_s) + (L_{rt} + L_2)(1-r_s') - L_0 \tag{8-14}$$

图 8-9 是云天时，马尾松幼林中测得的净辐射。图中代表林冠净辐射，为林冠下离地面 20 cm 的净辐射。一般情况，白天林冠表面获得的净辐射比林冠下多；夜间，林冠层阻挡了长波辐射，呈相反的分布状况。

8.5.1.2　森林中的温度

森林中的温度状况决定于热量收支状况，森林活动层热量收支方程表示为：

$$R = P + B + LE_C + I_A + Q_C \tag{8-15}$$

式中，R 为森林活动层的净辐射；P 为乱流热通量；B 为土壤热通量；LE_C 为蒸散耗热；I_A 为森林净光合作用耗热；Q_C 为森林植物体贮热。

由于森林的生物量很大，一般情况下光合作用耗热和植物体贮热的变化是不能忽略的。据测定，一般森林净辐射的 60% 左右用于蒸散；30% 左右用于乱流热交换；10% 左右

---

*　1 cal = 4.18 J。

用于土壤、植物体贮热及光合作用。

(1)森林中温度的日变化和年变化

森林冠层对林内气温的一种作用是可以缓和林内温度变化,气温日较差和年较差均比林外小。在白天或暖季时,林冠对太阳辐射的吸收和反射作用,使林内净辐射(正值时)也减少,同时蒸散耗热多,用于乱流热交换加热空气的能量少,使森林对气温有缓热效应;在夜间或冷季,林冠层向下放射和反射地面发射的长波辐射,被地面吸收,使夜间或冷季时林内净辐射(负值时)增加,同时林内湿度大,水汽易发生凝结,即森林对气温有缓冷效应。

另一种作用是使林内温度变化激烈,日较差和年较差增大。在林冠的摩擦作用下,林内风速和乱流减弱,林内外及林冠上下之间的热量交换减少。这样,白天或暖季时,林冠有保温效应,夜间或冷季时,林冠有保冷效应。

由此可见,一种作用使林内温度变化趋于缓和,称为林冠对温度的正作用。另一种作用使林内温度趋于极端,称为林冠对温度的负作用。在同一森林内总是同时存在的,林冠对林内温度的两种作用中必有一种作用占主导地位。一般情况下,森林中正作用大于负作用,密林内温度变化比林外要缓和。但在疏林中负作用大于正作用,其温度变化比林外距离。总的说来,密林内具有冬暖夏凉的特征。据观测,红松林内夏季日较差比林外低4.4 ℃(表8-19)。红松林内气温年较差比林外小3.5 ℃(表8-20)。

表8-19 小兴安岭红松林内与林外气温的比较(夏季) ℃

气温	林内	林外	差值	气温	林内	林外	差值
日平均	17.0	17.4	-0.4	最低气温	10.4	8.7	1.7
最高气温	25.4	28.1	-2.7	日较差	15.0	19.4	-4.4

注:引自王世华,2020。

表8-20 小兴安岭红松林内与林外气温的比较 ℃

位置	月份												年平均	年较差
	1	2	3	4	5	6	7	8	9	10	11	12		
林内	-16.4	-16.8	-10.7	2.4	10.7	14.8	18.4	16.3	8.6	2.5	-6.9	-16.6	0.5	35.2
林外	-19.2	-19.4	-10.7	3.6	11.5	15.5	19.3	17.5	9.7	2.5	-6.1	-17.4	0.6	38.7
差值	2.8	2.6	0.0	-1.2	-0.8	-0.7	-0.9	-1.2	-1.1	0.0	-0.8	0.8	-0.1	-3.5

注:引自王世华,2020。

在一天中,林内外气温差,最大差值出现在9:00和17:00左右。这是因为日出后,林外无遮蔽,地面增热很快,气温也随之迅速增高,而在林内,因为林冠遮挡,阳光透入不多,空气增热很慢,同时,林内外风速和乱流交换作用都很小,林内外温差逐渐增大,至9:00左右出现林内外温差的极大值。9:00以后随太阳高度角增大,温度升高,乱流及风速增强,林内外温差逐渐减小,至午后气温达到最高值附近,乱流最强,林内外气温差出现极小值。此后,随着太阳高度角逐渐减小,气温逐渐降低,乱流交换也逐渐减弱,林内外气温差逐渐增大,至17:00左右出现极大值,而且因为热量积累的关系,林外气温高于林内气温的差值比上午更大。17:00以后,由于林外强烈放热冷却,气温逐渐降低,而林内因热量不易散失，气温降低较慢，直至夜间林内气温高于林外。

(2) 森林中温度的垂直分布

森林内气温的垂直分布与其结构和郁闭度有密切关系。在密林中，白天最高温度出现在林冠表面，由林冠到林地温度逐渐降低，夜间情况正相反。在中等密度的森林中，白天林冠截留了大部分太阳辐射，最高温度仍出现在林冠表面，但在林地表面有一次高值。夜间，林冠表面冷却最强烈，但一部分冷空气下沉，造成林内呈现不明显的逆温分布，有时呈等温分布。在疏林中，太阳辐射大部分射入林内，白天最高温度常常出现在林地表面，由地表向上温度逐渐降低，在林冠表面有一个次高值。夜间则因林冠上冷空气下沉并且地面辐射受阻挡较少，最低温度也出现在地面，林冠表面有一次最低值。

在森林中，土壤温度受林冠、林地上的枯枝落叶层和土壤物理性质等多方面的影响。一般说来，由于投射到林内土壤上的太阳辐射减少许多，因此林内土壤温度比空旷地低。据研究，全年除4月外林中地面最高温度都比空旷地低，多数月份地面最低温度比空旷地高(表8-21)。

表 8-21 红松林中与空旷地的地温比较 ℃

项目	测点	1	2	3	4	5	6	7	8	9	10	11	12	年平均
地面最高温度	林内	-4.7	-5.3	4.7	31.8	41.8	36.4	35.1	32.9	23.1	27.5	8.7	-4.5	22.1
	林外	1.6	1.3	13.1	27.1	42.1	46.6	49.5	43.1	33.2	29.7	19.0	1.4	26.4
地面最低温度	林内	-27.4	-27.1	-23.0	-9.3	-3.2	3.7	10.2	6.4	-1.3	-11.5	-19.2	-33.1	-11.4
	林外	-39.3	-41.0	-33.7	-8.8	-5.3	4.6	9.2	7.1	-2.2	-14.1	-29.3	-43.4	-16.5

注：引自王世华，2020。

8.5.1.3 森林中的湿度和降水

(1) 森林中的湿度

林内水汽除源于水平输送，植物蒸腾及林地蒸发也有一定的作用。由于林内水汽来源丰富，气温低，风速又小，乱流交换弱，所以一般来说，林内水汽压和相对湿度全年都略高于林外。水汽压比林外高1~3 hPa，夏季相对湿度比林外高2%~11%。红松林内空气湿度的最大值出现在夏季，最小值出现在冬季，春、秋季介于期间。红松林内空气湿度几乎全年高于林外空旷地的湿度(表8-22)。

表 8-22 红松林内外空气湿度年变化比较

项目	测点	1	2	3	4	5	6	7	8	9	10	11	12	年平均
水汽压(hPa)	林内	1.0	1.5	2.1	4.3	7.9	13.3	20.1	16.4	12.0	5.8	2.9	1.8	7.4
	林外	0.8	1.3	2.0	4.2	7.8	13.2	19.8	16.3	11.4	5.2	2.3	1.5	7.2
相对湿度(%)	林内	81	75	69	65	66	71	88	87	86	81	72	85	77
	林外	76	77	65	59	62	74	81	83	80	73	63	77	72

注：引自王世华，2020。

（2）森林对降水的影响

森林对降水的影响，主要表现在林冠对降水的截留作用，以及森林对水平降水（指露、霜、雾凇、雨凇等近地层水汽凝物）和大气垂直降水（指从云中降下的雨、雪、冰雹等）的影响等。大气垂直降水落到森林表面，受到林冠截留，截留降水中的一部分直接从叶片表面蒸发并进入大气，这部分水量称为截留损失。林内的降水量在数量上等于降落到林冠表面的降水量与截留量之差。

林冠截留损失随树种、树冠特性、降水量和降水强度而异。一般是林冠郁闭度大，截留损失多。在甘肃省祁连山寺大隆林区云杉林内观测，在郁闭度为 0.3% 的林分中，截留量为 14.7%~24.7%，郁闭度为 0.6 的林分中，截留量为 22.9%~31.2%。阵性降水的强度大，林冠截留损失小。毛毛雨历时长，截留的降水均匀地湿润枝叶表面，并蒸发到大气中，截留量比阵性降水多。降水量大，截留量也大，但二者不是直线关系。

林区的水平降水比旷野多，近地层空气温度低，湿度大有利于雾、露、霜和雾凇等水汽凝结物生成。林木枝叶的表面积较大，捕获的水量多，这就是一般常说的林内能增加水平降水。在西双版纳原始林区，一天浓雾要增加 1 mm 左右的水量，把它计入年降水量内，则该林区的水平降水占年降水量的 13%。

关于森林能否增加大气垂直降水的问题，许多学者都作过探讨。概括起来存在以下两种观点。

一种观点认为森林能增加降水量。森林增大了地面粗糙度，气流经过时被迫抬升，同时林冠上空乱流强，促进水汽向上输送，凝结高度降低，林区相对湿度高于无林地区，有利于形成云和降水。据研究，人工林郁闭后的有林期平均降水量比无林期增加了 144 mm，即增加率达 28%。此外，有的学者用森林周界长度与降水量作统计分析，也得出了类似的结论。另一种观点认为森林并不能增加降水量或增加极少。由于森林多分布于山坡上，所以林区实测降水量增加是地形爬坡作用造成的。由于地形影响而产生的降水量每年为 40~80 mm/hm^2。林区风小，雨滴几乎垂直下落，雨量器内接受的降水量比旷野多，约可增加 3%。

8.5.1.4 森林中风的状况

森林对空气运动有阻碍作用，使气流运动的方向、速度和结构发生改变。当风由旷野吹向森林时，受到森林阻挡，大约在森林迎风面林高 5 倍距离处风速开始减弱，在距林缘 1.5 倍林高处，大部分气流被迫抬升，在森林上空造成流线密集，风速增大。由于林冠起伏不平，引起强烈的乱流运动可达几百米高度。风越过森林后，形成一股下沉气流，在距林缘背风面 30~50 倍林高处才恢复到原来的风速。

（1）林内风速的水平分布

气流进入林内，由于受到树干、枝叶的阻挡、摩擦、摇摆，使气流动能消耗，风速很快减弱，深入林内 200 m 以上，风速减至仅为旷野的 2%~3%。据研究，森林对风速的减弱与离林缘距离的关系可表达为：

$$U_d = U_0 - kd \tag{8-16}$$

式中，d 为从林缘算起的林内距离；U_0 为旷野风速；U_d 为离林缘距离 d 处的林内风速；k 为常数，其大小与树种组成、林分结构、森林密度、大气层结等因子有关，通常变化在 0.02~0.06。

森林密度不同，对林内风速的减弱程度不一样，密度越大，减弱越显著。在同一密度的森林中冬季落叶期的风速，比夏季大 10%~20%。

(2) 林内风速的垂直分布

林内风速的垂直分布与空旷地上的风速有所不同，林内风速的垂直分布通常是从地面向上随高度增加而缓慢增大，当接近林冠下表面时，风速又随高度增加而减小，林冠中的风与林地附近差不多，而林冠以上风速随高度增加而急剧增大。年平均风速昼间大于夜间，昼间风速则以中午最强，下午次之，上午最弱(图 8-10)。

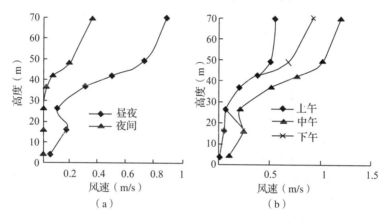

图 8-10　森林中风速的垂直分布(引自张一平等，2006)

此外，在天气晴朗，大气比较稳定的情况下，林地与周围空旷地的增热和冷却情况不同，林缘附近会产生一种热力环流。白天，林内气温低于旷野，空气由林地流向旷野，而旷野上空的空气则流向森林上空；夜间，由于林冠的阻挡，林内比旷野冷却缓慢，则形成与白天相反的局地环流。

8.5.2　防护林小气候

营造防护林带是人工改造小气候的一种有效措施，它使林带间各种气象要素发生一系列有利的变化，形成特殊的防护林小气候(shelter forest microclimate)，有效地防止强风、飞沙、吹雪、平流霜冻及水土流失和干旱，从而大大提高农田产量。

8.5.2.1　林带的防风效应

林带最显著的小气候效应是使风速和乱流交换减弱。林带的防风效果决定于穿过林带气流的动能消耗程度，以及穿过林带气流与翻过林带气流互相混合造成的动能消耗情况。动能的消耗与林带结构、风向与林带所成的交角、林带宽度及有无林带等因子有关。透风系数是当风向垂直于林带时，林带背风面林缘在林带高度以下范围内的平均风速与旷野同一高度范围内的平均风速之比。疏透度(透光度)是林带纵断面透光孔隙的面积占林带纵断面的总面积的百分比。

林带的防风效能与林带结构有密切关系。一般根据林带的透风系数或疏透度把林带分为透风结构、紧密结构和疏透结构 3 种。

(1) 透风结构的林带

林带上部林冠为紧密或疏透结构，下部树干有相当大的透光孔隙，透风系数0.6以上，疏透度也在60%以上。这种林带气流容易通过，很少被减弱，仅少量气流从林带上翻越而过，引起的气流混合作用也很微弱，气流中的动能被消耗很少，所以防风效能不强。风速最小区出现在背风面5~10倍树高处，有效防风距离为林带高度的15~20倍。

(2) 紧密结构的林带

透风系数0.3以下，疏透度20%以下。林带纵断面枝叶稠密，透光空隙很少，看上去像一道绿色城墙。气流大部分从林带上越过，与其他气流几乎没有混合就很快到达地面，动能消耗很少。因此，在林带背风面，靠近林缘处有一极显著的平静无风区。距林缘稍远处，风速很快恢复原状。有效防风距离为树高的10~15倍。

(3) 疏透结构的林带

疏透结构林带从上到下，具有均匀的透光空隙，或是上密下稀；透风系数0.4~0.5，疏透度30%~50%，大约有50%的气流从林带内部穿过。最小弱风区在背风面3~5倍树高处。据研究：有效防风距离树高的25倍的区域，可降低风力40%~70%。透风系数0.5或疏透度30%的林带，防风效能最大。

三种结构的林带相比较，在背风面较远距离内(25倍树高)，防风效能以疏透结构的林带为好。在林带背风面较近距离内(10倍树高)，以紧密结构林带防风效果为好。对乌兰布和沙漠地区防护林带进行风速观测表明，防风效益与林带高度、结构、疏透度等因子有关，稀疏型林带防风效果最佳，平均为41.37%，疏透型次之，为29.58%，通风型防风效果最差，为23.92%。

在不同大气层结下，林带的防风效应也不一样。因为大气层结稳定时，气流不易上升，气流穿过林带的部分越多，与树木摩擦消耗的动能越多，所以防风作用也越大。在大气处于不稳定层结时，林带对风速影响的水平距离急剧减小，但在垂直方向影响的高度较大。在中性平衡时，林带对风速影响的水平距离和高度介于大气稳定与不稳定之间。

林带与风向所成交角对防风效果也有影响，当风向与林带垂直时，林带的防风效果最好，防风距离也最大。当风向不与林带垂直时，林带的防风距离要减小些。一般情况下，林带偏离主风方向45°以内，林带防风效能减小不多。

林带宽度是组成林带结构的因素之一，但不能决定防风作用的大小。林带的防风效能主要决定于透风系数或疏透度。只要有适当宽度，形成良好的透风系数或疏透度，就具有良好的防风效能。因此，在营造防护林带时，本着少占耕地的原则，林带宽度不要太大，一般有4~8行乔木，宽6~12 m即可。

林带的防风距离与林带高度成正比。因此，林带应尽量选用高大的乔木。林带防风作用的大小与一个地区林带的多少及是否形成林网有很大关系。风速随气流通过林带数目的增加而逐渐削弱；并且，形成林网后风向总会与某条林带垂直方向的交角小于45°。因此，林网的防风效果比单条林带好得多。另外，林带网格的形状与防风效能也有关系。在网格面积相同时，长方形的林网防风效果比正方形林网为好。小网格林网防风效能比大网格显著。

8.5.2.2 林带的温度效应

林带对温度的影响比较复杂,与林带结构、季节、天气条件、风速等因子有关。由于林带减弱了风速和乱流交换强度,改变了林带附近的热量收支状况,加上树木自身的生理作用,最终会引起被保护区内的温度变化。

不同结构的林带相比较,以紧密结构的林带温度效应最大,透风结构的林带温度效应最小。各种林带都是在背风林缘附近,由于风速和乱流交换减弱最多,温度效应最明显。研究表明,在林带间距很大的情况下。林网内(林带附近除外)温度状况和旷野差异不大。晴朗的白天,林带网格的上下层之间热量交换较弱,气温稍高于旷野。农田上的空气温度从日出开始逐渐升高,最高值出现在14:00左右,随后气温逐渐降低,日出前出现最低值。夜间,林带的存在加强了辐射冷却作用,阻碍了上下层空气的交换,林网内气温稍低于空旷地。

在冷平流天气条件下,在林带网格内,任何时刻的温度都比空旷地高。广东省农田林网科研协作组的观测结果表明:在冷空气入侵时,林网内大都有增温效果,一般增温 0.3~1.0 ℃。在冷空气稳定控制和逐渐回暖期,林网同样有增温效应。尤其是白天增温更显著,中午前后几小时增温达 2.4~2.8 ℃。在暖平流天气条件下,林带有降温作用。在林带网格中,不论最高温度、最低温度及日平均温度都比空旷地低。特别是在干热风天气条件下,林带可降低温度 1.0~2.0 ℃。

8.5.2.3 林带的湿度效应

由于林带有效地减弱了风速和乱流交换,网格内作物蒸腾和土壤蒸发出来的水汽比较容易保持,能够较长时间停留在近地气层中,所以,近地面气层的绝对湿度和相对湿度都比空旷地高。据新疆农业科学院林业研究所的观测,网格内各测点的绝对湿度和相对湿度都比旷野高。在林带 1~25 倍树高范围内,在 80 cm 高度处,日平均绝对湿度提高 2.1 hPa,日平均相对湿度提高 12.5%;在 150 cm 高度上,日平均绝对湿度提高 0.7 hPa,日平均相对湿度提高 4.8%。林带对空气湿度影响与大气湿润程度有关,尤其在出现干热风时,林带作用更明显。干热风观测结果表明,干热风发生 3 h 后,旷野的相对湿度大幅度降低,在 80 cm 和 150 cm 高度上分别降低 53% 和 49%,而在林带背面 1~10 倍树高范围内,80 cm 和 150 cm 高度上分别降低 3%~14% 和 26%~40%(表 8-23)。

此外,林带能够增加积雪厚度,减少地面径流,降低地下水位。营造防护林也有占地

表 8-23 干热风下林网内空气的相对湿度 %

高度(cm)	时间	林带后距离(树高 H 的倍数)					1~30H 平均值	空旷地
		1H	3H	7H	15H	30H		
80	10:00	39	41	40	42	36	40	21
	16:00	32	35	35	37	30	34	14
150	10:00	42	45	46	44	39	43	24
	16:00	38	39	37	43	32	38	17

注:张嵩午等,2007。

和遮阴的问题，但总的情况是利大于弊。占地和遮阴问题可以通过林网、水渠和道路等的综合规划来解决，尽量减少林带的不利影响。

思考题

1. 试阐述小气候的概念，小气候有哪些特点，小气候与大气候有哪些差异？
2. 什么叫作用面和作用层？
3. 试阐述小气候形成的能量基础、动力基础和小气候要素变化的依据。
4. 了解农田小气候的一般特征，试述农田中光、温和风的分布特点。
5. 地形小气候与水域小气候有哪些主要特征？
6. 技术措施小气候包括哪些内容？怎样利用农业技术措施改善农业小气候为农业增产、优质和高效服务？
7. 了解森林小气候的一般特征。
8. 防护林小气候有哪些主要特征，影响林带防风效能的因子有哪些？

参考文献

王旭清，王法宏，任德昌，等，2003. 小麦垄作栽培的田间小气候效应及对植株发育和产量的影响[J]. 中国农业气象，24(2)：5-8.

余利，刘正，王波，等，2013. 行距和行向对不同密度玉米群体田间小气候和产量的影响[J]. 中国生态农业学报，21(8)：938-942.

娄善伟，饶翠婷，赵强，等，2010. 不同种植密度下的棉田小气候特点[J]. 中国农业气象，31(2)：255-260.

李凤歧，张波，1982. 陇中砂田之探讨[J]. 中国农史(1)：33-39.

段娜，刘芳，徐军，等，2016. 乌兰布和沙漠不同结构防护林带防风效能[J]. 科技导报，34(18)：125-129.

翁笃鸣，陈万隆，沈觉成，等，1981. 小气候和农田小气候[M]. 北京：农业出版社.

钟阳和，施生锦，黄彬香，2009. 农业小气候学[M]. 北京：气象出版社.

李霞，任佰朝，范霞，等，2015. 冬小麦-夏玉米生产体系中播前耕作对夏玉米产量形成的影响[J]. 中国农业科学，48(6)：1074-1083.

王世华，崔日鲜，张艳慧，2020. 农业气象学[M]. 北京：化学工业出版社.

冯新灵，张群芳，1987. 作物群体的消光系数问题[J]. 西南科技大学学报(哲学社会科学版)(1)：44-48.

张嵩午，刘淑明，2007. 农林气象学[M]. 杨凌：西北农林科技大学出版社.

贺庆棠，陆佩玲，2010. 气象学[M]. 北京：中国林业出版社.

张一平，宋清海，于贵瑞，等，2006. 西双版纳热带季节雨林时空变化特征初步分析[J]. 应用生态学报(1)：11-16.

附　录

1　日地关系与昼夜形成

地球的能量主要来自太阳辐射。它是地球上一切生命的源泉，它直接影响着地球大气中各种物理现象的发生、发展及气候的形成。地球上各个地区获得的太阳辐射能，与地球的运动密切相关。

1.1　日地关系

太阳是距离地球最近的一颗恒星，是太阳系的质量中心、引力中心和运转中心。太阳的质量约为 $1.989×10^{24}$ kg，是地球质量的 33 万多倍，这使其对太阳系的所有星体都具有强大的引力。地球就是在这种引力作用下围绕太阳作公转运动的。地球是太阳系的八大行星之一。它是一个南北方向略扁的椭球体，其体积为 $1.083\,207×10^{12}$ km³，质量为 $5.973\,7×10^{24}$ kg，赤道半径为 6 378.136 6 km，极半径为 6 356.751 9 km，平均半径约 6 371 km。在研究昼夜、四季的形成等问题时，地球可近似为正球体。

地球的运动主要有绕太阳的公转和绕地轴的自转两种。地球绕太阳公转的轨道是一个椭圆。太阳位于椭圆的一个焦点上，因此日地距离会在一年中不断变化。日地距离最近（近日点）的时间大约出现在每年的 1 月 3 日，距离约为 $1\,471×10^4$ km；日地最远距离（远日点）大约在 7 月 4 日，为 $1\,521×10^4$ km。雷达测算的日地平均距离目前可精确为 $1.495\,978\,92×10^8$ km。地球以平均 29.783 km/s 的速度环绕太阳公转 1 周 360°，需用时 365 d 5 h 48 min 46 s，通常称此时间为一年。正是由于地球的公转形成了一年四季。从北半球上空看，地球是按逆时针方向绕太阳公转的（附图 1）。

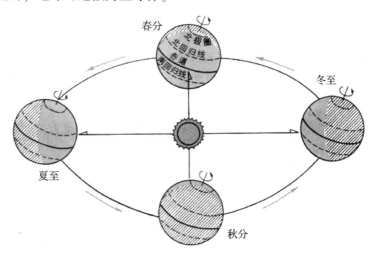

附图 1　地球的公转

地球公转有两个重要特点：①地轴与公转轨道面(即黄道面)的夹角是恒定的，为66°33′；②地轴在宇宙空间的倾斜方向始终不变。这两个特点是形成地球各地的昼夜长短变化及四季变更的主要原因。

1.2 昼夜形成与日照长短的变化

(1) 昼夜形成

地球绕太阳公转的同时，也绕地轴进行自西向东的旋转，称为地球自转。地球自转一周360°，需23 h56 min4 s，称为一日。从北半球上空看地球的自转是逆时针方向的。

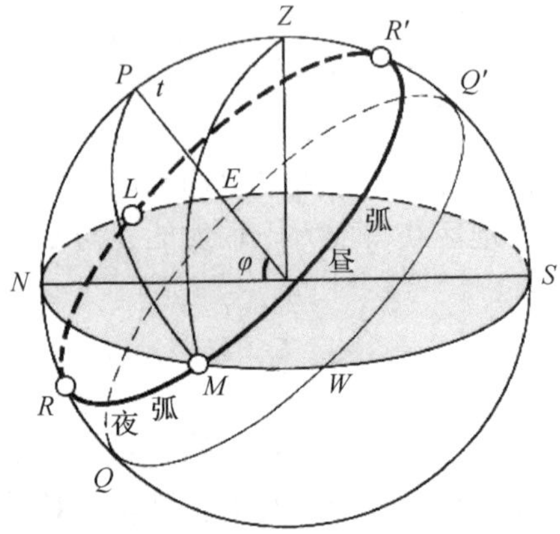

由于地球是一个近似的正球体，在自转时平行太阳光只能照射到半个球面。接受阳光照射的半球称为昼半球，处在白天；接受不到阳光照射的半球称为夜半球，处在黑夜。昼夜两个半球的分界线是一个大圆，称为晨昏线。晨昏线与纬圈相交割，把纬圈分成两段弧。在昼半球的弧段为昼弧，是太阳周日圈处于地平面以上的弧段(附图2，$LR'M$)；在夜半球的弧段为夜弧，是太阳周日圈处于地平面以下的弧段(附图2，MRL)。

附图2 昼弧和夜弧(引自缪启龙，2016)

当地球自西向东自转时，昼半球东部区域依次进入黑夜，夜半球东部区域依次进入白天。地球不停地自转就形成了昼夜交替的现象。从理论上讲，晨昏线是一个平分昼夜半球的大圆。但一方面由于地球大气的折射作用，会使地平面以下34′的光线折射到地平面以上；另一方面由于太阳并非一个点光源，而是一个具有约16′视半径的发光面，即当太阳中心位于地平圈以下16′时，地平面上就已能够接收到太阳光。这两个因素使昼半球扩展了50′，晨昏线往夜半球平移了约100 km，昼半球大于夜半球。在实际应用中为了简化，可按晨昏线等分昼夜半球来考虑。

(2) 昼夜长短变化

地球上各地区的昼夜长短与其所处纬圈的昼弧、夜弧长短有关。昼弧与夜弧长度相等，则昼夜平分；昼弧长于夜弧，则白昼长、黑夜短；昼弧短于夜弧，则白昼短、黑夜长。除春、秋分日外，昼半球与夜半球的交界面(也称分光面，附图2，$RMLR'$)与地轴处在不同的平面上，不同纬圈上昼弧和夜弧的长短也不相同。虽日地相对位置因季节而异，但地轴的方向及其与公转轨道平面的夹角始终不变，使地轴与分光面的交角不断地变化，太阳直射点也在南北回归线之间往返移动。因此，同一纬圈的昼弧、夜弧长短也随着季节而改变(赤道除外)。所以，昼夜长短既随纬度不同而变化，又随季节交替而改变。

赤道上终年昼弧等于夜弧，所以赤道上终年昼夜相等，各为12 h。春、秋分日太阳直射赤道，晨昏线通过南、北两极，全球各个纬度上昼夜平分。夏至日太阳直射北回归线，晨昏线与南北极圈相切，北半球各纬度白昼达到全年最长，黑夜为全年最短，纬度越高白昼越长，极昼范围扩至北极圈。冬至日太阳直射南回归线，北半球各纬度白昼为全年最短的一天，黑夜为全年最长的一天，纬度越高黑夜越长，至北极圈以北为极夜。由于太阳赤纬存在季节性变化，同一地点的昼夜长短也随之发生变化。

2 时间及其计量

由于地球的自转，产生了天然的时间单位——日。一日是地球自转一周的时间，一日的24等分就是时。人们常以观测恒星和太阳在该地连续两次上中天的时间间隔作为日的标准，故有恒星日和太阳日之分。一年中，太阳在黄道上的视运动速度是变化的，因而太阳日又有真太阳日和平太阳日之分。由于时间和经度有关，在使用上又不能完全以各地所在的经度的时间为准，于是又分为地方时和区域标准时。这里主要介绍现在人们常用的计时单位。

2.1 真太阳时

视太阳中心连续两次对准某一经线的时间间隔为1个真太阳日。一个真太阳日等分为24个真太阳时，1个真太阳时等分为60个真太阳分，1真太阳分等分为60真太阳秒，这个计时系统就是真太阳时，简称真时(视时)。真太阳时通常用真太阳时时角表示，是指在太阳周日视运动轨道面上视太阳中心位置和正午太阳位置之间的角距。我国古代用日晷测定的时间就是真太阳时。人们习惯以真子夜作为0:00，为一日的起点。当太阳位于上中天(当地正午)，真太阳时为12:00，此时太阳的时角为0°。故真太阳时在数值上与太阳视圆面中心的时角相差12。下午和前半夜的时角为正，上午和后半夜的为负。当真太阳时为12:00~18:00和18:00~24:00，时角分别为0°~90°和90°~180°；当真太阳时为0:00~6:00和6:00~12:00，时角分别为-180°~-90°和-90°~0°。由于太阳周日视运动1周为360°，经历24 h，所以每差1 h，时角相差15°。若用$t_{真}$表示真太阳时，则真太阳时时角ω可用下式计算：

$$\omega = t_{真} \times 15°/h - 180 \tag{附-1}$$

地球公转的轨道是一个椭圆，而且在不同位置，公转的速度不同。在近日点附近时快，在远日点时慢。与之相应的太阳周年视运动也是不匀速的。又因赤道平面与公转轨道平面(黄道面)并不重合，存在23°27′的夹角。这两个原因使真太阳时在一年中是变化的，真太阳日也长短不一，在"两分"点附近的真太阳日比"两至"点附近的短，最长和最短的真太阳日可相差51 s。所以，用真太阳计时很不方便。为此，需要引入一个做匀速运动的虚拟天体——平太阳。

2.2 平太阳时和地方时

为了消除真太阳日长短不一，计时不方便的缺陷，人们假想有一个以真太阳周年视运动的平均速度做匀速运动的太阳，称为平太阳。相邻两次平太阳正午之间的时间间隔称为一个平太阳日，相应可以得到平太阳时、分、秒。由于平太阳是一个不能观测的假想点，平太阳时要通过测定真太阳时来换算。天文界规定同一瞬间的真太阳时与平太阳时之差为时差，可用下式表示：

$$n = t_{真} - t_{平} \tag{附-2}$$

式中，n 为时差；$t_真$ 和 $t_平$ 分别表示真太阳时和平太阳时。时差与观测点的位置无关，只与观测的日期有关。一年中，时差有两次极大，两次极小，并有四次为零，分别在 4 月 16 日、6 月 15 日、9 月 1 日和 12 月 24 日前后出现。任意日期的时差都可从天文年历中查得。时差的周年变化，反映了真太阳日的周年变化。现在人们使用的时间都是某地平太阳时。

某地平太阳时称为该地的地方平均太阳时，简称地方时。同一条经线上的地方时相同。经度相差 15°，地方时相差 1 h；经度相差 1°，地方时相差 4 min。

2.3 标准时（区时）和世界时

（1）标准时（区时）

同一时刻，不同经度上的观测点，地方时不相同。在地区间交流活动日益频繁时，使用各自的地方时很不方便。为此，在地方平太阳时的基础上，建立了标准时制度。

因地球自转 360° 需 24 h，则经度每相差 15°，地方时差 1 h，全球可分为 24 个时区。同一时区内，以中央经线的地方平太阳时为本区共同使用的标准时，也称区时。英国格林尼治天文台子午仪所在的子午线被定为 0° 经线（本初子午线），作为计量时间和经度的标准参考子午线。以 0° 经线为标准时线的时区称为 0 时区，东、西经 7.5° 经线分别是 0 时区的两条边界线。由 0° 经线分别向东、西每隔 15° 定一条经线为时区的标准时线。时区划分时，东经半球的东时区可用"+"表示，西经半球的西时区可用"−"表示。以 15°E 为标准时线的东 1 时区（+1），包含 7.5°E 到 22.5°E 的区域。以 15°W 为标准时线的西 1 时区（−1），包含 7.5°W 到 22.5°W 的区域。依此类推，则东、西 12 区就只有半个时区，都以 180° 经线为标准时线，故将两者整合成为一个时区，称东西 12 区，或 12 区。任意两个时区间的标准时差为两时区的区号之差。偏东时区的标准时早于偏西的时区，如北京所在的东 8 区 10：00，在东 5 区则为 7：00。标准时系统的优势在于不同时区间的时间差是整小时，而分和秒都相同。

（2）世界时

在天文、气象和其他领域中，需要有全球共同的时间标准。国际上规定，以 0 时区的标准时为统一的世界标准时，称为世界时（universal time，UT）。各时区的标准时与世界时的时数之差恰好等于时区号。例如，7 时区（中央经线 105°E）与世界时相差 7 h，8 时区（中央经线 120°E）与世界时相差 8 h。

2.4 北京标准时

尽管按时区确定的标准时比较合理，但在实际应用中，一些国家会横跨几个时区，而有些国家只在半个时区内。为更方便、合理地使用时间，一些国家、地区将某个时区的标准时或某条经线的地方时作为本国或本地区的标准时统一使用。这样规定的时间称为国家标准时。我国横跨东 5 至东 9 共 5 个时区，采用首都北京所在的东 8 区标准时为全国统一的国家标准时，称为"北京时间"。北京时间是东经 120° 的地方时，与北京（东经 116.4°）地方时相差约 14 min 40 s。

北京时与世界时及地方时之间的换算关系如下：

$$\text{北京时} = \text{世界时} + 8 \qquad (\text{附-3})$$

$$t_\text{平} = t_\text{北} - (120° - \text{当地经度}) \times 4 \text{ 分/度} \qquad (\text{附-4})$$

下面举例说明时间的换算。

【例题】 已知西安的经度为 108°56′E，求 2000 年 5 月 1 日 9:00（北京时）西安的真太阳时及真太阳时时角。

解：西安的地方时 $t_\text{平}$ 应为：

$$t_\text{平} = 9 \text{ 时} - (120° - 108°56′) \times 4 \text{ 分/度} = 8 \text{ h} 15 \text{ min} 44 \text{ s} \approx 8 \text{ h} 16 \text{ min}$$

查时差表得 2000 年 5 月 1 日的时差为 3 min，应用式（附-2）可得西安的真太阳时 $t_\text{真}$ 为：

$$t_\text{真} = 8 \text{ h} 16 \text{ min} + 3 \text{ min} = 8 \text{ h} 19 \text{ min}$$

将 $t_\text{真}$ 代入式（附-1），得真太阳时时角 ω 为：

$$\omega = 8 \text{ h} 19 \text{ min} \times 15°/\text{h} - 180° = -55°15′$$

3 季节与二十四节气

3.1 季节的形成

地球绕太阳公转的过程中，日地距离虽有变化，但对地球接受太阳辐射能的影响不大，变化幅度不超过±3.5%。然而不同纬度地区获得的太阳辐射能仍有季节性变化。这主要是由于黄赤交角的存在和地轴倾斜方向的始终不变，使一年中太阳直射点在南北回归线之间往复，进而引起各地太阳高度和昼夜长度发生周期性改变，形成了寒暑交替的四季变化。

除了天文因素，地理因素也影响着季节的形成。赤道附近的低纬度地区获得的太阳辐射能多、气温高，太阳高度和昼夜长短全年变化也不大，季节交替不明显。而在南北极的高纬度地区全年太阳高度角都很小，接收的太阳辐射能少，只有冬、夏两季，没有春、秋季节的过渡。中高纬度地区的太阳高度和昼夜长短全年变化大，四季分明。季节的划分有不同的标准，以下是几种常见的划分方法。

(1) 天文季节

地球绕日公转时，根据地球在黄道上的位置而划分的季节称为天文季节，主要指在地球大气的上界，全球范围内太阳辐射按时间分配的状况。夏季是一年中太阳高度最高、白昼最长、气温最高的时期，冬季则是一年中太阳高度最低、白昼最短、气温最低的时期。春、秋两季是冬、夏两季之间的过渡季节。欧美等国以"两分两至"为四季的起点，而我国的天文四季以"四立"为季节的开始：立春到立夏为春季，立夏到立秋为夏季，立秋到立冬为秋季，立冬到次年立春为冬季，"两分两至"分别为四个季节的中点。我国大部分地区处于中纬度，四季的天文特征明显。

上述四季的划分只考虑了天文因素。而实际上地球大气和下垫面对太阳辐射的反射、吸收和透射作用以及大气与洋流的运动，都影响着太阳辐射的时空分配，所以四季的划分还需考虑气候因素。

（2）气候季节

与天文四季不同，气候学上划分的四季更多地考虑了气候要素的分布状况。我国目前常用的气候四季是依据平均气温划分的，也称温度四季。根据气象行业标准《气候季节划分》(QX/T 152—2012)的规定：常年滑动平均气温序列连续 5 d≥10 ℃时，常年气温序列中的第一个≥10 ℃的日期为春季起始日；常年滑动平均气温序列连续 5 d≥22 ℃时，气温序列中第一个≥22 ℃的日期就为夏季的起始日；当滑动平均气温序列连续 5 d< 22 ℃时，序列中第一个< 22 ℃的日期为秋季起始日；滑动平均气温序列连续 5 d< 10 ℃，气温序列中第一个< 10 ℃的日期为冬季起始日。冬季结束的日期是下一个春季起始日的前一日。

我国幅员辽阔，东西南北跨度很大。受地理纬度和地形的影响，各地的气候季节特征不尽相同。按照气候季节的划分标准，全国各地四季的开始、结束时间差异较大，但多数地区四季分明。四季分明的地区在我国中东部的中纬度地区，包括东北中部及南部、西北东部、华北、黄淮、江淮、江汉、江南、西南东部，以及新疆大部、内蒙古西部；四季不分明的地区主要分布在高原或高山等高海拔，以及纬度偏高或偏低的地区。例如，常冬区主要在青藏高原中部，常夏区在我国南海，无冬区在华南中部和南部、云南南部。无夏区主要分布在黑龙江北部、吉林东部、内蒙古东北部、甘肃南部、青海、西藏、四川西部、云南的西北部及东北部。气候四季的划分，兼顾各地区的差异，更能切合实际地为农业服务。

（3）自然天气季节

根据大气环流、天气过程和气候特征划分的季节，称为自然天气季节。我国属于东亚季风盛行的地区，东部比西部的季风气候明显，华南及东南沿海较华中、华北和东北明显。我国大部分地区冬季晴朗干燥，盛行西北风；夏季高温多雨，盛行东南风。大气环流在每年发生改变和调整的时段相对固定，且各时段内的天气特征不同。因此，我国科学家将东部季风气候区分为初春、暮春、初夏、盛夏、秋季、初冬、隆冬 7 个自然天气季节。这 7 个自然季节的始末时间及天气特征分别为：①初春，3 月初至 4 月中旬，冬季风首次明显减弱，夏季风开始出现在华南；②暮春，4 月中旬至 6 月中旬，冬季风再次减弱，华南的雨季开始，夏季风北上开始影响华中，雨量增多；③初夏，6 月中旬至 7 月中旬，华南的夏季风最盛，降水量略有减少，并开始影响华北地区，东南的丘陵地带、南岭附近出现干季；④盛夏，7 月中旬至 9 月初，华南夏季风减弱，梅雨结束，相对干季开始，华北、东北夏季风开始盛行，雨季开始；⑤秋季，9 月初至 10 月中旬，冬季风迅速南下到达华南，此时我国大陆几乎都受冬季风影响；⑥初冬，10 月中旬至 12 月初，夏季风完全退出我国大陆，冬季风盛行；⑦隆冬，12 月初至翌年 3 月初，此时为冬季风的全盛时期。

3.2 二十四节气

二十四节气源于我国黄河中下游地区，是劳动人民集体智慧的结晶。最早在春秋时期有记载，而后逐步发展并推广到全国，成为安排农业生产活动的依据。二十四节气是太阳在黄道上做周年视运动时 24 个具有季节意义的位置日期。从春分点起，把黄道等分为 24 份，每间隔 15°为一个节气，每 6 个节气为 1 季，四季共有 24 个节气。它在阳历中的日期是很有规律的，上半年在 6 日、21 日，下半年在 8 日、23 日，前后最多相差 1~2 d。这与

3个因素有关，即一年的天数不能被24整除，地球运动轨道并非正圆及地球在近日点和远日点的公转速度不同。

二十四节气主要体现了黄河流域四季的寒暑变化，用歌诀可表述如下："春雨惊春清谷天，夏满芒夏暑相连；秋处露秋寒霜降，冬雪雪冬小大寒；上半年逢六廿一，下半年逢八廿三；每月两节日期定，至多相差一两天。"二十四节气的命名各有其明确含义，反映了季节交替和天气气候的演变，以及物候的更新，具有自然历的特征。

二十四节气中的四立（立春、立夏、立秋、立冬）各自代表了天文四季的开始，二分（春分、秋分）表示昼夜平分，分别处于春、秋季的中间；夏至、小暑和大暑表示一年中最热时期的到来，处暑则标志炎热季节的结束；冬至、小寒和大寒表示一年中最寒冷的时期逐渐开始了；白露、寒露和霜降表示气温的下降程度逐步加深，并伴有露水和霜等水汽凝结物的出现。

其他的节气中，惊蛰是寓意春雷响动，冬眠的蛰虫逐渐复苏，出土活动；清明是天气转暖的开始，草木更新；小满时节草木开始繁茂，夏熟的谷物子粒开始充实饱满。这几个节气都通过动植物的物候传递出气温升高的信号。芒种是一年中农事最繁忙的时期，需要进行夏种、夏收和夏管，以农事活动来表示夏季来临。

此外，雨水和谷雨表示雨水开始增多，对谷物生长有利；小雪、大雪则代表降雪季节的开始。这4个节气反映出一年中降水期开始的时间、降水性质和降水量的大小。

我国地域广阔，南北纬相差近49°，东西横跨经度达62°。因此，同一节气在不同地区的农事意义相差较大。例如，冬小麦的播种，在黄河流域是"白露早，寒露迟，秋分种麦正当时"，到了华中就成为"寒露点麦"，在华南则是到了"立冬"才种麦。因此，黄河流域外的其他地区应用二十四节气来安排农事活动时，尤其要注意因地制宜。

参考文献

缪启龙，林文实，吴息，等，2016. 地球科学概论[M]. 4版. 北京：气象出版社.

罗佳，王海洪，2012. 普通天文学[M]. 武汉：武汉大学出版社.

钱允祺，1997. 农业气象学[M]. 西安：世界图书出版公司.

余明，2016. 地球概论[M]. 2版. 北京：科学出版社.